Confucius

孔子新传

（典藏版）

金景芳
吕绍刚
吕文郁
著

新世界出版社
NEW WORLD PRESS

图书在版编目（CIP）数据

孔子新传：典藏版 / 金景芳，吕绍纲，吕文郁著
. -- 北京：新世界出版社，2020.7
ISBN 978-7-5104-7000-4

Ⅰ. ①孔… Ⅱ. ①金… ②吕… ③吕… Ⅲ. ①孔丘（前 551– 前 479）—传记 Ⅳ. ① B822.2

中国版本图书馆 CIP 数据核字 (2019) 第 285570 号

孔子新传（典藏版）

作　　者：金景芳　吕绍刚　吕文郁
责任编辑：秦彦杰
责任校对：宣　慧
责任印制：王宝根　苏爱玲
出版发行：新世界出版社
社　　址：北京西城区百万庄大街 24 号（100037）
发 行 部：（010）6899 5968　（010）6899 8705（传真）
总 编 室：（010）6899 5424　（010）6832 6679（传真）
http://www.nwp.cn
http://www.nwp.com.cn
版 权 部：+8610 6899 6306
版权部电子信箱：nwpcd@sina.com
印　　刷：北京亚通印刷有限责任公司
经　　销：新华书店
开　　本：880mm × 1230mm　1/32
字　　数：370 千字　　印　　张：15.25
版　　次：2020 年 7 月第 1 版　2020 年 7 月第 1 次印刷
书　　号：ISBN 978-7-5104-7000-4
定　　价：75.00 元

金景芳（中）　吕绍刚（右）　吕文郁（左）

序

这本书的名字叫《孔子新传》。它是由我创议，由我设计，由我和吕绍纲、吕文郁三人共同完成的。其中《论孔子思想的两个核心》《孔子的天道观与人性论》《孔子的这一份珍贵的遗产——六经》是我写的，《孔学流传述评》《孔子的教育思想》《孔子的政治、经济、军事思想》是吕绍纲写的，其余是吕文郁写的。

本书之称“新传”，新在哪里呢？新在本书不是把孔子的生活经历放在主要地位，而是把孔子的学术思想放在主要地位。在评述学术思想时，力戒不深不透。遇到重大问题，决不回避，一定阅读大量资料，经过深入仔细的研究，求得肯定确切的答案。不赞成模棱两可、闪烁其词，或泛泛征引一些似是而非的论点撑持门面。

在中国，自秦亡以降，二千余年的封建社会，一般都尊孔子为圣人，这是事实。当今海外各国，特别是韩国、日本、新加坡，依旧尊崇孔子，这也是事实。孔子在历史上，曾经遭受过无数次冷遇、奚落，以至于长时期挨批，这也不能说不是事实。为什么会这样呢？有人曾因此而困惑。本书开篇即设“如何评价孔子”这样一个题目，就是为说明这个问题。

我们认为《孟子·滕文公下》所云“天下之生久矣，一治一乱”是对的。人类社会的历史，就是通过一治一乱或者说量变质变交替进行向前发展的。应该看到，中国自孔子生时起，一般说，凡是治世都尊孔，凡是乱世都反孔。其道理在于孔子的学说对维护社会安宁秩序有利，对破坏社会安宁秩序不利。而社会当革命时期重在破，不破除旧秩序，不能建立新秩序。社会当建设时期，也就是建立新秩序的时期重在立，不能再破了，再破，旧的新的将同归于尽，不会有好的结果。由此可见，该破的时候要破，该立的时候要立，这就叫辩证法。持形而上学观点的人是不懂得这个道理的。

中国自“五四”至中华人民共和国成立是革命时期。革命时期批孔是正确的。因为它有利于推倒帝国主义、封建主义、官僚资本主义三座大山。今日不同了，今日中国正在进行社会主义建设，对孔子这样一个有重大影响的历史人物，就不能不重新加以评价了。

毛泽东同志说过：“从孔夫子到孙中山，我们应当给以总结，承继这一份珍贵的遗产。”看来我们今日就行动起来，努力做承继孔子这一份珍贵的遗产的工作是不会有过错的。不过，毛泽东同志曾提到“总结”“珍贵”等字样，说明在孔子思想中还有精华与糟粕之分，全盘继承是不能允许的。

那么，应该用什么标准来区分精华与糟粕呢？我有一个不成熟的看法，认为有真理性的是精华，没有真理性只有时代性的是糟粕。具有真理性的应当继承，没有真理性只有时代性的应当批判。亦即自今日看来，凡是具有奴隶性的、封建性的都要批判。

根据我们的看法，认为在孔子学术思想中，精华是大量的，当然不能说没有糟粕。

在谈继承孔子的珍贵遗产的时候，有一个问题，想提出来谈一谈，这就是孔学与儒学问题。今人习称孔学为儒学，往往把孔学与儒学并为一谈。我觉得这种做法不恰当。因为今人所谓儒学，实际上包括汉儒之学和宋儒之学。据我看来，汉儒、宋儒虽然打的都是孔子的旗号，实际上他们所传承的多半是孔子学说中的糟粕，至于精华部分，他们并没有传承，反而肆意加以歪曲和篡改。因此，今日应把真正孔子之学正名为孔学，以与汉儒之学、宋儒之学相区别。

那么，什么是真正的孔子之学呢？我认为主要是“六经”和《论语》。七十后学的记述及《孟子》《荀子》二书的一部分，也应包括在内。在上述著述中，最能反映孔子思想的，首推《易传》，其次是《春秋》，再次则是《论语》。其余诸书亦时有精语，不宜忽视。

什么是孔学中具有真理性的精华呢？因限于篇幅，不能在这里详谈。在这里只简要地谈谈孔子的宇宙观和人生观问题。我认为孔子的宇宙观和人生观是正确的，是具有真理性的。作为孔子的宇宙观和人生观当然贯穿在他一生的言论和实践之中，但是，集中表现则在《易传》与《论语》二书。

谈《易传》不能不先谈《易经》，因为《易传》是解说《易经》的。《易经》是什么书呢？向来都说是卜筮之书。这种说法不能说不对，但不够全面。正确地说，它是具有卜筮的形式与哲学的内容的一个矛盾统一体。殷周之际，周人之所以制作这样一种书，目的何在呢？目的在于使统治人民的手段达到完善而有效。因为在当时的历史条件下，人民的认识水平普遍低下，他们只听命于宗教迷信，不能直接用哲学思想进行说教。当时的统治者乃采取另一种办法，即利用卜筮的形式而赋以哲学的内容，间接地进行说教。《易·系辞传上》说：“其孰能与于此哉，古之聪明睿知神武而不杀者夫！”正是说明这个问题。这个秘密，经过多少年没有人发现。只有孔子，如“世人皆醉我独醒”，他第一次发现了这个秘密。《史记·孔子世家》说：“孔子晚而喜《易》，读《易》韦编三绝。”这就是孔子发现秘密时，喜不自胜，于是惨淡经营，而写成《易传》的真实情况。《易·系辞传上》说：“子曰：‘夫《易》何为而作也？夫《易》开物成务，冒天下之道，如斯而已者也。’”这正是孔子明确地在说：《易经》是哲学著作，不是别的什么东西。古人说“唯英雄能识英雄”。因此我认为，《易经》的哲学思想，既是《易经》作者的，也是孔子的。

《易·系辞传下》说：“《易》之为书，广大悉备。有天道焉，有人道焉，有地道焉，兼三才而两之，故六。六者非它也，三才之道也。”《说卦传》说：“昔者，圣人之作《易》也，将以顺性命之理。是以立天之道曰阴与阳，立地之道曰柔与刚，立人之道曰仁与义。兼三才而两之，故《易》六画而成卦。”上述两段话说的是什么问题呢？是说《易经》的全部内容是讲天地人三才之道的。《易经》六十四卦的每一卦都是兼三才而两之。即每一卦都是六画。这六画由下往上数，初二两画为地道，三四两画为人道，五上两画为天道。即每一卦都代表天地人三才之道。而天之道是阴与阳，地之道是柔与刚，人之道是仁与义。什么是道呢？从文字学的意义来说，道是人用脚踩出来的。例如说“桃李无言，下自成蹊”，蹊就是道。用哲学的语言说，道就是规律。“天之道”“地之道”或“天地之道”是自然规律，“人之道”则是社会规律。

在《易传》里，《乾文言》说“与天地合其德”，“先天而天弗违”，这里的“天地”与“天”是一个意思，都指的是大自然。所不同的是，“天地”是全称，而“天”是简称。《系辞传上》说“天之道”，《系辞传下》说“天地之道”，《说卦传》说“天之道”，又说“地之道”，也是一个意思，都指的是自然规律。所不同的是“天地之道”是合在一起说，说了“天之道”又说“地之道”是分开来说。单称“天之道”实是“天地之道”的简称。

《说卦传》所说的“阴与阳”“柔与刚”“仁与义”，其实不是别的，就是辩证法的对立的统一。结合《易经》全部内容来看，可以断言，《易经》作者已认识到对立的统一规律是宇宙的根本规律。

为什么《说卦传》说“立天之道曰阴与阳”，而《系辞传下》说“乾，阳物也。坤，阴物也”呢？这是说单把天作为一个整体来看，天是由阴与阳构成的。把天地共同作为一个整体来看，则天是阳物，地是阴物。应当指出，上边所说的天或天地是指“天之道”的天或“天地之道”的天地，而不单纯是指大自然的天或天地。

例如《说卦传》说“乾为天”，就不能理解为只是苍苍者，而应理解为决定它发展变化的那个天。据我看，这就是日，一般称为太阳。《礼记·郊特牲》说：“郊之祭也，迎长日之至也，大报天而主日也。”是其证明。《易经》开篇两卦是乾坤，乾象天，坤象地。《乾》卦《卦辞》说：“元亨利贞。”“元亨利贞”象天的发展变化。天的发展变化，具体说就是春夏秋冬四时。《系辞传下》说：“寒往则暑来，暑往则寒来，寒暑相推而岁成焉。”《系辞传上》说的“变通莫大乎四时”也是说明这个问题。天的变化为春夏秋冬，正是太阳在起作用。《坤》卦《卦辞》说：“元亨，利牝马之贞。”“元亨利贞”象地的发展变化。但多了“牝马之”三字。这“牝马之”是什么意思呢？我认为“牝马之”当依《黑鞑事略》说：“其牡马留十分壮好者，作移剌马种。外余者多扇了，所以无不强壮也。移剌者，公马也，不曾扇，专管骒马群，不入扇马队。扇马骒马各自为群队也。又其骒马群，每移剌马一匹管骒马五六十匹。骒马出群，移剌马必咬踢之，使归。他群移剌马逾越而来，此群移剌马必咬踢之。”依此作解，即坤与乾的发展变化虽是共同的，所谓“阴阳合德”。然而坤对乾当如骒马对移刺马，要“后”，不要先，要“顺”，不要逆。《乾·彖传》说：“大哉乾元，万物资始，乃统天。”《坤·彖传》说：“至哉坤元，万物资生，乃顺承天。”就说明这个问题。从生活实际来看，《诗·豳风·七月》说“春日载阳”就是乾元的“万物资始”。《礼记·月令》说“草木萌动”就是坤元的“万物资生”。一个是“统天”，一个是“顺承天”，可以看得清清楚楚。《序卦传》说：“有天地，然后万物生焉。”说的就是这个问题。《系辞传上》说：“乾坤，其《易》之缊邪？”《系辞传下》说：“乾坤，其《易》之门邪？”说的也是这个问题。其他如《系辞传上》说：“在天成象，在地成形，变化见矣。是故刚柔相摩，八卦相荡。鼓之以雷霆，润之以风雨。日月运行，一寒一暑。乾道成男，坤道成女。”《筮法》说：“《乾》之册二百一十有六。《坤》之册百四十有四。凡三百有六十，当期之日。”等等，说的都是这个问题。所有上述这些，说的都是什么问题呢？我敢肯定地说，它们说的都是自然，自然规律。从《易经》作者和阐释《易经》的孔子对自然的看法来说，则反映他们的宇宙观。

我认为《易经》作者和阐释《易经》的孔子的宇宙观是正确的。因为他们把自然的发生发展看作是有规律的，看作是按照唯物的、辩证的规律发生发展的。其所以是唯物的，是因为天地生万物是由于天地自身的变化，而“资始”，而“资生”，没有上帝鬼神存在的余地；其所以是辩证的，是由于他们把对立的统一规律看作是宇宙的根本规律。当然，如质量互变规律、否定之否定规律，《易经》也有反映。限于篇幅，就不在这里详谈了。下面谈谈立人之道曰仁与义问题。

我认为《易》之为书虽然是讲天地人三才之道，但这天地人三才之道并不是平列的，而是以天地之道为主体，其目的或落脚点则是人之道。例如《系辞传上》说："八卦定吉凶，吉凶生大业。"《乾·大象》说："天行健，君子以自强不息。"《乾文言》说："夫大人者，与天地合其德，与日月合其明，与四时合其序，与鬼神合其吉凶。"就是证明。"吉凶""大业""大人""君子"，无疑都是人之道的问题。但有一点需要说明，这就是《易》与孔子的思想与老聃、庄周不同，也就是说它并不是消极地效法自然。例如《泰·大象》说："天地交，《泰》。后以裁成天地之道，辅相天地之宜，以左右民。""裁成"是裁成其有余，"辅相"是辅相其不足。这也同说"赞天地之化育""与天地参"一样，在某种程度上说有改造自然的意义，值得重视。

那么，"仁与义"应当怎么理解？我认为仁与义的确切含义，最好依据以下两段文字作解，《系辞传下》："天地之大德曰生，圣人之大宝曰位。何以守位？曰仁。何以聚人？曰财。理财正辞，禁民为非，曰义。"《中庸》："故为政在人，取人以身，修身以道，修道以仁。仁者人也，亲亲为大；义者宜也，尊贤为大。"

《系辞传下》说："天地之大德曰生。"这是把自然的功能概括为一个"生"字。我看这种概括是对的。不生则人类及其他生物都将灭绝了。"圣人之大宝曰位"。这个"位"是指君位，亦即文明社会的最高政治地位，有君德而没有君位，只能空言，不能见之于行事，故称君位为"大宝"。"何以守位？曰仁。"这个"仁"，应释为行仁政的仁。可见君位之所以被称为"大宝"，在于能行仁政，能"博施于民而能济众"，而不是使"播其恶于众"。不行仁政，位是保不住的。"何以聚人？曰财。"是说行仁政并不是一句空话，必须使人民得到实惠。即首先要让人民有饭吃，有衣裳穿。这样，就非财不可。"理财正辞，禁民为非，曰义。"这是说义的内容主要包括三点。一是“理财”，即做好经济工作。经济工作做不好，财从哪里来？二是“正辞”，“辞”指发号施令。孔子说：“政者正也。子帅以正，孰敢不正？”所以，辞需要正。三是“禁民为非”，则是礼与法上事，所谓“礼禁未然之前，法施已然之后”。上述这些，总的说，就是“仁与义”的内容。所以称为人之道，说明人类社会的存在与发展它是不可缺少的。

《中庸》说：“修身以道。”这个“道”显然是“人之道”，也就是社会规律。“仁者人也”，仁、人二字音同，古又通用，从文字学来说，这样解释无疑是对的。但是古时如《逸周书·本典》说：“与民利者，仁也。”《墨子·经说下》说：“仁，仁爱也。”有释仁为人的。释仁为人，应自孔子始。这一点应看成是孔子的特识。释仁为人，表明孔子是从全体人类的高度看问题的。孔子的特识是什么？即他认为仁这个概念只适用于人类。因此，《吕氏春秋·爱类》说“仁也者，仁乎其类者也”是对的，《庄子·天运》说“虎狼，仁也”是不对的。

“亲亲为大”，是说仁虽适用于全人类，但实行起来，应自亲亲始。什么是亲亲呢？亲亲是血亲之间的爱。这种爱，最初应始于母子间的爱。稍进则有父子间的爱。人类在群婚时代，知母不知有父，谈不到父子间的爱。《礼记·昏义》说：“男女有别而后夫妇有义，夫妇有义而后父子有亲。”说明父子间的爱是自男女有别，即自实行个体婚制时开始的。出现了“父子有亲”之后，才有《礼记·丧服小记》所说“亲亲以三为五，以五为九，上杀、下杀、旁杀而亲毕矣”的礼制。由是而推广，则有如《孟子·梁惠王上》所说“老吾老，以及人之老；幼吾幼，以及人之幼”，以及《尽心上》所说“君子之于物也，爱之而弗仁；于民也，仁之而弗亲。亲亲而仁民，仁民而爱物”。

“义者宜也”，是讲完仁，又讲义。这是因为仁与义二者之间有密切关系。《礼记·郊特牲》说：“父子亲然后义生。”同书《礼运》说：“仁者，义之本也。”是其证。不过，《郊特牲》说“父子亲然后义生”，不如《昏义》说“男女有别而后夫妇有义”更接近事实。恩格斯说：“在历史上出现的最初的阶级对立，是同个体婚制下的夫妻间的对抗的发展同时发生的，而最初的阶级压迫是同男性对女性的奴役同时发生的。”(《马克思恩格斯全集》，第 21 卷第 78 页）恩格斯所说的“阶级对立”，大体上说，相当于中国所说的义。

“义者宜也”，“宜”是合适。所谓合适，实际上就是主观与客观一致。例如，因材施教就是宜，圆凿方枘就是不宜。

“尊贤为大”是说在“义”中，“尊贤”头等重要。“尊贤”与“亲亲”不同。“亲亲”是血缘关系，“尊贤”是政治关系。人类自进入文明社会以来，这两种关系是始终存在的。“尊贤为大”是说在一个有组织的社会中，最重要的，应使贤者在上位，不应使不贤的在上位。如果反其道而行，使不贤的在上位，贤者在下位，就是不义，社会就不会安宁，人民将遭受灾难。仁与义二者是对立的，又互相渗透。例如《汉书·艺文志》说：“仁之与义，敬之与和，相反而皆相成也。”就是从对立的一面说的。《论语·里仁》说：“子曰：‘惟仁者能好人，能恶人。’”其实“能恶人”就是义，说明仁里包含有义。《礼记·丧服四制》说：“门内之治恩揜义，门外之治义断恩。”“恩揜义”就说明原来恩中有义，“义断恩”就说明原来义中有恩。一个社会人与人之间既能相亲相爱，又能“思不出其位”，各自遵照自己的本分行事，自然能长治久安。《易·说卦传》说“立人之道曰仁与义”，可见孔子思想以仁义为核心之一，确实是具有真理性的，不可等闲视之。

说孔子的宇宙观是唯物的、辩证的，在《易传》外，亦有可言者，兹略述如下：

一、《论语·阳货》说："子曰：'天何言哉！四时行焉，百物生焉，天何言哉！'"这是说百物之生，端由于四时之行。四时之行即《易传》所说的"寒往则暑来，暑往则寒来，寒暑相推，而岁成焉"。亦即由太阳的正射斜射。它是天体的自身变化，而不是有别的什么东西在主宰它、命令它。它与《序卦传》说"有天地然后万物生焉"的观点是一致的，很明显是唯物的。

二、《孟子·万章下》曾经把孔子跟伯夷、伊尹、柳下惠几个历史人物做过对比。他说："伯夷，圣之清者也；伊尹，圣之任者也；柳下惠，圣之和者也；孔子，圣之时者也。"并说："孔子之去齐，接淅而行。去鲁，曰：'迟迟吾行也，去父母国之道也。'可以速而速，可以久而久，可以处而处，可以仕而仕，孔子也。"《论语·微子》说："逸民：伯夷、叔齐、虞仲、夷逸、朱张、柳下惠、少连。子曰：'不降其志，不辱其身，伯夷、叔齐与！'谓：'柳下惠、少连，降志辱身矣，言中伦，行中虑，其斯而已矣。'谓：'虞仲、夷逸，隐居放言，身中清，废中权。我则异于是，无可无不可。'"以上两种说法完全一致。这说明孔子的思想是辩证的，不是形而上学的。

什么叫"无可无不可"？它是说可与不可不是固定不变的。它们在一定条件下可以互相转化。例如，冬祈寒，衣裘可，衣葛不可。夏溽暑，就变成衣葛可，衣裘不可。对于孔子来说，齐是异国，去齐速可，迟不可。鲁是父母之国，去鲁就变成迟可，速不可。可与不可不是固定不变的，这正是辩证思想的表现。

综上所述，可以肯定孔子的世界观与人生观是正确的，应该说基本上是唯物的、辩证的。今日欲弘扬中国传统思想文化，继承孔子这一份珍贵的遗产，无疑是有利的，并且是容易的。

现在可以回过头来谈谈儒学问题。

今人所谓儒学，据了解，主要是指汉儒之学和宋儒之学。

汉儒之学以郑玄为代表。郑玄释“三礼”确实好得很，释《易》则简直是信口乱道，流毒很深。

郑玄释《易》“大衍之数五十，其用四十有九”说：“天地之数五十有五，以五行气通，凡五行减五，大衍又减一，故四十九也。天一生水于北，地二生火于南，天三生木于东，地四生金于西，天五生土于中。阳无耦，阴无配，未得相成。地六成水于北，与天一并。天七成火于南，与地二并。地八成木于东，与天三并。天九成金于西，与地四并。地十成土于中，与天五并。”这种解释纯属不知妄作，违离传文原意远甚。“大衍之数五十”，实际就是“天地之数五十有五”，传抄误脱“有五”二字，哪里有“凡五行减五，大衍又减一”的事情呢？减五又减一说明什么问题呢？《系辞传上》说：“天一地二，天三地四，天五地六，天七地八，天九地十。”筮法之所以有取于由一至十这十个数字，实际是由于古人认为“数满于十”。《左传·庄公十六年》说：“曰：‘不可使共叔无后于郑。’使以十月入，曰：良月也，就盈数焉。”杜预于“盈数”注说：“数满于十。”同书《僖公四年》说：“十年尚犹有臭。”孔颖达疏说：“十是数之小成。”又《闵公元年》说：“万，盈数也。”孔颖达疏说：“数至十则小盈，至万则大盈。”这个“盈数”到底是什么意思呢？可引苏联学者柯斯文《原始文化史纲》的话来说明，他说：“在许多落后部落的语言中，‘二’这个数目仅仅意味着一件整个东西的两半。”又说：“这些部落从事计数时，往往只能到三为止。”又说：“安达曼人和其他一些落后的部落能够计数到十，十以上的数目就一概称之为‘多’或‘很多’。”证明我国古人计数知识也有到十为止的一个阶段。这个阶段仍残存在后人的意识中，所以称十为盈数。称万为盈数，说明万也标志古人计数知识发展的一个重要阶段。大衍之数之所以以十为起点，显然是视十为盈数，把十看作是一个小天地。至于“天一地二，天三地四”的天地与阴阳、奇偶一样，只表明是对立的统一，与“在天成象，在地成形”的天地完全不是一回事。郑玄完全不了解这回事，反把五行五方牵扯进去，为后世伪造河图、洛书的妄人和江湖术士大开方便之门，影响极坏。唐人李鼎祚《周易集解》称“刊辅嗣之野文，补康成之逸象”，什么是“康成之逸象”？说穿了不过如王弼所说“定马于乾，案文责卦”罢了。殊不知《说卦传》说“乾，健也；坤，顺也……”是说八卦的性质。“乾为马，坤为牛……”是说八卦的取象。说性质用“也”字表明是不变的，说取象用“为”字表明是可变的。但后世之宗郑者竟置王弼的批评于不顾，继续坚持“定马于乾，案文责卦”，并美其名曰“象数学”，公然与正确思想相抗衡。

宋儒之学以朱熹为代表。朱熹著有《周易本义》一书。名为“本义”，是认为《易》本是卜筮之书，后人以思想之书解说它，是不对的。其实，《周易》为卜筮之书，是尽人皆知的事实，并不是朱熹的创见。孔子作《易传》之可贵，端在他于这种卜筮之书中，发现了哲学的内容，他在《系辞传上》中明确地说过：“夫《易》何为而作也？夫《易》，开物成务，冒天下之道，如斯而已者也。”自荀子、庄子、董仲舒、司马迁以至王弼、程颐以来，无数学者，无不承认孔子的说法，以为《易》是讲思想的书。而朱熹独持异议，硬说它是卜筮之书，除了见其庸陋，又有什么新意可言呢？

不仅如此，我们还可以把宋儒中享有大名的周敦颐《太极图说》和程颢的《识仁篇》《定性书》翻开，看看到底是什么货色。

《太极图说》开篇说：“无极而太极，太极动而生阳，动极而静，静而生阴，静极复动，一动一静，互为其根，分阴分阳，两仪立焉。”这个“无极而太极”显然是在太极的头上又加上一个东西，与老子“道生一”的观点相同，不过把老子的道改称为无极罢了。但老子说“一生二”，这一点与《系辞传上》“易有太极，是生两仪”及“其用四十有九。分而为二以象两”的观点还是一致的。而《太极图说》说的一些东西，简直是一生一，怎能说是“分阴分阳，两仪立焉”呢？如果说这也是规律，在客观上有什么根据呢？

《太极图说》又说：“阳变阴合而生水火木金土，五气顺布，四时行焉。”《说卦传》说：“立天之道曰阴与阳。”“四时行”就是《系辞传上》所说“寒往则暑来，暑往则寒来，寒暑相推，而岁成焉”，亦即太阳之正射斜射，哪有什么水火木金土呢？五行之说在六经中最早见于《尚书·洪范》,《周易》不言五行。勉强地说，它只属于“立地之道曰柔与刚”的范围，与阴阳、四时有什么干涉呢？

《太极图说》又说：“无极之真，二五之精，妙合而凝，乾道成男，坤道成女。”《系辞传上》说“乾道成男，坤道成女”，其前提是天地变化，刚柔相摩、八卦相荡。亦即由于天地或乾坤内部的矛盾性。其表现在乾坤两卦则是所谓“大哉《乾》元，万物资始……至哉《坤》元，万物资生”。《系辞传下》说：“乾，阳物也。坤，阴物也。阴阳合德而刚柔有体，以体天地之撰，以通神明之德。”也是说明这个问题。哪有什么“无极之真，二五之精，妙合而凝”呢？《易·说卦传》明白说“立人之道曰仁与义”，而《太极图说》说“圣人定之以中正仁义而主静，立人极焉”，这不是明白无误地篡改孔子的观点吗？

《识仁篇》开篇说：“学者须先识仁。仁者浑然与物同体。”这个“仁者浑然与物同体”与《语录》说“仁者以天地万物为一体”

是一个意思，不过后者说得更具体些。孔子明白说："仁者人也。"孟子更具体说："君子之于物也，爱之而弗仁；于民也，仁之而弗亲。亲亲而仁民，仁民而爱物。"《吕氏春秋·爱类》说："仁也者，仁乎其类者也。"是仁这个概念只适用于人类，已非常明显，而《识仁篇》硬说"仁者与天地万物为一体"，怎能承认它是承传孔子的思想呢？

《识仁篇》又提到"孟子言万物皆备于我"，下文以"盖良知良能，元不丧失"释之，直是把"万物皆备于我"理解为人人"皆具佛性"。实际上孟子这句话是在讲"强恕而行，求仁莫近焉"时谈的。原文是"万物皆备于我矣，反身而诚，乐莫大焉。强恕而行，求仁莫近焉"。这句话的中心思想是说求仁，而求仁最切近的方法是行恕。怎样行恕呢？"万物皆备于我矣，反身而诚，乐莫大焉"。这是因为恕的正确含义是"己欲立而立人，己欲达而达人""己所不欲，勿施于人"。别人的欲与不欲我怎么知道呢？因为"万物皆备于我"。就是说我欲食，知道人亦欲食；我欲安，知道人亦欲安。反之，我不欲冻馁，亦知道人不欲冻馁；我不欲苦难，亦知道人不欲苦难。如果对待别人像对待自己一样，这就叫"反身而诚"。"乐莫大焉"是说能这样做是最大的快乐。怎能割裂全文，单单把"万物皆备于我矣"这句话挑选出来，理解为"良知良能，元无丧失"呢？这不是曲解了孟子的本意吗？

《定性书》说："夫天地之常以其心普万物而无心，圣人之常以其情顺万物而无情。"这同老子说"天地不仁，以万物为刍狗"有什么不同？在这句话下面紧接着又说："故君子之学，莫若廓然而大公，物来而顺应。"这句话我看就是《庄子·应帝王》"至人之用心若镜，不将不迎，应而不藏，故能胜物而不伤"的翻版。总之，宋儒之学不能说是承传孔子的思想。

写到这里，我想起两个唐人的诗句，就用它作为本文的结语吧！其一是“主司头脑太冬烘，错认颜标作鲁公”。我敬告有志于弘扬中国传统思想文化的同志们，不要错认儒学作孔学。其二是“斫却月中桂，清光应更多”。我认为如果把儒学从孔学中划分出来，将会使孔学的光辉更加灿烂。

金景芳序于吉林大学寓所，时年八十有九①

① 金景芳（1902—2001）序于1990年。——编者注

金景芳先生与孔子研究（代序）

今年（1991 年）6 月 9 日是金景芳先生 90 岁生日，今年又是他从事教育工作 70 年，《孔子研究》邀我写一篇文章，以兹纪念。我高兴地接受了这一任务。写些什么呢？我想，金先生一辈子都在研究孔子，对孔子这个人物特有兴趣，而且老来弥笃，文章又要发表在《孔子研究》上，于是想出了这个题目。

金先生带领吕文郁副教授和我新近写成一部《孔子新传》，大约 28 万字、12 章，已脱稿交由湖南出版社刊行。我就由这部《孔子新传》说开去。

这部书为什么叫“新传”？金先生当时对我说，孔子的经历问题从司马迁到现在，人们已经讲得够多了，我们就从简，重点放在孔子的学说和它的流传上。还有一层意义金先生没有说，那就是金先生的有些观点是别人此前不曾讲过的，拿出来必令人感到新。

书分 12 章，实际是 8 个单元：如何评价孔子，孔子的生平与事业，论孔子思想的两个核心，孔子的天道观与人性论，孔子的教育思想，孔子的政治、经济、军事思想，孔子的这一份珍贵的遗产——六经，孔学流传述评。

如何评价孔子是孔子研究中的一个大问题，无论谈孔子的哪一方面，最终都要落到这个问题上。金景芳先生对这个问题想了许多年，他发现一个规律，凡是治世都尊孔，凡是乱世都反孔。道理在于孔子的学说对维护社会安宁秩序有利，对破坏社会的旧秩序不利。当革命动乱时期，社会需要破，不破坏旧秩序，不能建立新秩序，而孔子学说是破的障碍，人们当然要反孔，至少要冷落他。当社会面临建设，要建立新秩序的时候，再破不止，旧的新的将同归于尽，不会有好的结果，而立是重要的，这时候孔子的学说必然受到重视。以往的历史恰恰又是一治一乱发展过来的。《孟子·滕文公下》说："天下之生久矣，一治一乱。"孟子已经看出社会的发展总是采取治乱交替的形式。孟子的见解符合以往的客观情况。这样说来，孔子的命运时好时坏，时而受尊，时而挨批，本是正常的事，不足奇怪。这就叫辩证法。孔子本人的思想就有这个辩证法。不过孔子不叫辩证法，孔子叫"无可无不可"，叫"时"。《论语·微子》记孔子说："我则异于是，无可无不可。"意思是一切依时而定。

孔子及其思想是客观存在，是什么就是什么，不可能再变。然而孔子思想的价值却是随着时代变化的。金先生举20世纪人们对孔子评价的变化为例论证这个问题。中国自"五四运动"至中华人民共和国成立是革命时期，当时的任务是推倒帝国主义、封建主义、官僚资本主义三座大山，是破坏旧秩序，批孔反孔是必要的、正确的。新中国成立以后，特别在今天，中国正在进行社会主义建设，对待孔子的态度不能不有所变化。此一时彼一时，不可用今日的情况回过头去派“五四”时代批孔反孔的不是。

孔子思想是中国传统思想文化的主干，总体上说要继承。继承本身包含着批判。“五四”时代对孔子的态度批判是主要的，也不曾否认继承。今日对孔子的态度继承是主要的，也不可不要批判。孔子思想中那超时代性的，至今仍具有真理性的精华，我们要继承。至于那些已失去真理性的糟粕，批判是不可避免的。

关于孔子思想的核心问题，学术界一直有争议，有人说是仁，有人说是礼，有人说是仁义。金先生说孔子思想的核心有两个，一个是“仁义”，一个是“时”。仁义是他的人生哲学，时是他的世界观。两个核心，属于世界观的时当然是根本的。但是如果说孔子思想的核心就是时，没有别的，那又不全面。仁义学说分明是孔子思想的重点，离开仁义则孔子就不成其为孔子了。

孔子思想有两个核心的观点，金先生已有专文发表（《论孔子思想的两个核心》，《历史研究》1990年第5期），讲得十分清楚，无须重复，这里我只谈两点。第一，孔子讲仁也讲义，仁义相连不可分。仁的实质是人，是爱有差等。金先生认为仁义连用不是孟子的专利品，孔子实际上早已仁义连用。《庄子》攻击孔子，言仁必连及义。《庄子》33篇中有17篇仁义连用。《天运》：“孔子见老聃而语仁义。”《天道》：“孔子曰：‘要在仁义。’”《让王》：“今丘抱仁义之道。”《渔父》：孔子“身行仁义”。庄子是孔子思想的反对派，若孔子本来不是仁义连言，庄子何必强加诸孔子。在《论语》中不见仁义二字连言，但《说卦传》有“立人之道曰仁与义”就是典型的一句。《周易》之传文是孔子作的，思想属于孔子。《论语》总是把“出则事公卿”与“入则事父兄”，“远之事君”与“迩之事父”，“君君臣臣”与“父父子子”并列而言，其实就是仁义连用。《论语·里仁》：“子曰：‘唯仁者能好人，能恶人。’”“能恶人”就是义。孔子言仁时，内里已经有义在了。这是仁义连用的问题。孔子的仁概念之含义问题，金先生常常同我谈起。给我印象最深的是，他说韩愈“博爱之谓仁”，张载“民吾同胞，物吾与也”，朱熹“仁是心之德，爱之理”，都不是孔子立言的本意。孔子讲的仁，可以理解为爱，但是爱有差等，不是博爱，不是对什么人都施以同样的爱，而且不但能爱人，还要能恶人。仁所要求的只是人类自身的爱，人对物的爱或动物之间的爱，都不可称之为仁。张载的“民吾同胞”，泯灭了爱的差等；“物吾与也”，否定了人类与物之间的界限。人对动物可以言爱而不可以言仁。《庄子·天运》记庄子说：“虎狼仁也。”这话不对。虎狼有爱子之本能，不能推及于同类，故不可谓仁。仁只在人类中存在。所以金先生对《中庸》所记孔子的那段话最重视，说那是关于仁义的最好注释。那段话是：“仁者人也，亲亲为大。义者宜也，尊贤为大。亲亲之杀，尊贤之等，礼所生也。”尊贤即尊尊。仁义来自于亲亲即人的血缘关系和尊尊即政治关系，而不是朱熹说的什么“心之德，爱之理”和“心之制，事之宜”。

关于孔子思想的两个核心问题，我要说的第二点是“时”在孔子思想中的重要地位。近些年来，金先生多次同我讲起孔子的时。以为孔子思想中最根本、最重要的东西就是时，就是变化，用今语表达就是辩证法，也就是要求人们看问题做事情要依时为转移。客观世界是变的，人处理问题的对策也要相应地变。掌握变化的分寸，不使过或不及，就是中。所以时里包括中，时也称时中。中，不是不偏不倚、取两端之中。中，实际上是说看问题做事情选出最合时宜的最佳方案。孔子有时也把时中称作中庸。《孟子·尽心上》：“子莫执中，执中为近之。执中而无权，犹执一也。所恶执一者，为其贼道也，举一而废百也。”执中要有权。孟子说的是子莫的执中。孔子的中也要有权，当属无疑。执中有权的时即时中、中庸。金先生说，为什么《中庸》记孔子说“天下国家可均也，爵禄可辞也，白刃可蹈也。中庸不可能也”？为什么说“中庸其至矣乎，民鲜能久矣”？因为中庸最难能。要人明确干一件什么事情或者不干一件什么事情，例如去死，去放弃地位，只要想干便可以干成；而要人在一切时候，对待一切问题，都能因时制宜，做到分寸恰当、最合尺度，却远不是想办就可以办到的。孔子时中的思想，孟子理解最为深刻，可惜后世人完全忽略了。

言及孔子的时、时中、中庸，金先生最近特别注意唐宋人说的道统问题。韩愈《原道》：“尧以是传之舜，舜以是传之禹，禹以是传之汤，汤以是传之文、武、周公，文、武、周公传之孔子。”韩愈说孔子的道统传自尧舜，不是孔子首创，但道统是什么，韩愈未明言。宋人提出所谓十六字，朱熹在《中庸章句序》中说：“道统之传有自来矣，其见于经，则‘允执厥中’者，尧之所以授舜也。‘人心惟危，道心惟微，惟精惟一，允执厥中’者，舜之所以授禹也。”这十六字心传原出伪古文《尚书》之《大禹谟》，不足凭信，但“允执其中”一语则见于《论语·尧曰》，其文曰：“尧曰：咨尔舜，天之历数在尔躬，允执其中。四海困穷，天禄永终。”《中庸》也说：“舜好问而好察迩言，隐恶而扬善，执其两端，用其中于民，其斯以为舜乎！”《论语》与《中庸》都言及“允执其中”的问题，尧舜禹相传的必是这个。金先生说“允执其中”“执其两端用其中”，实堪注意。为什么尧向舜交权，舜向禹交权，都什么也不说，只强调地交代这句话？必是这句话最重要，最有普遍意义。做到这一条，其余具体的要求无须说。“历数”是什么？金先生说，古训皆未得要领，应以《尧典》“乃命羲和，钦若昊天，历象日月星辰，敬授人时”为正解。天是有春夏秋冬四时的自然之天，历象是观测计算日月在经星二十八宿背景上的运行时间。据此制定历法，颁行天下遵循使用，就是“敬授人时”。人指上层人士，不是普通庶民百姓。庶民百姓称民不称人。古代颁行历法是件大事，是天子（先前是部落联盟酋长）才有的权力。天子每年颁朔给诸侯，这叫朔政制度。天子的权力以朔政为标志。故后世夷狄来服叫奉正朔。朔政起于“历象日月星辰”即“历数”，故“历数”便成为天子权力的另一种称谓。《论语》何晏注：“历数谓列次也。”朱熹《论语集注》：“历数，帝王相继之次第，犹岁时节气之先后也。”何、朱二说并误。

“允执其中”与“执其两端，用其中于民”意义相同。“允执其中”，须先执其两端。没有两端就谈不到中。中是两端的中。两端是什么？郑玄以两端为“过与不及”，朱熹以两端“谓众论不同之极致。盖凡物皆有两端，如小大厚薄之类”。金先生说郑、朱二人说是。“两端”用今语说就是矛盾。执中不是不偏不倚，正取中间，即折中主义、中间道路。程子说“不偏之谓中”，是不对的。不偏不倚，在两端的正中间，是执一，不是执中。执一是确定的、不变的，简单易能。执中是不确定的、多变的，几乎不可能。执中要像权（秤锤）那样依着轻重摆动不居，却又不像权那样容易把握。心中像有一杆秤一样，恰当准确地反映事物的变化，当然是极难的。这就是孔子说“中庸不可能也”和尧舜禹传代时什么都不说，只说“允执其中”这句话的缘故。一个人倘能做到“允执其中”，便任何问题都能解决，都能应对。唐宋人所说道统若指此而言，那么道统说是可信的。韩愈说道统至于孟子之后不传，也是对的。孟子的确深刻理解并把握了孔子的时中概念，孟子之后的人则大多不甚得要领，宋以后尤甚。

这是金先生的孔子思想两个中心说，已写进《孔子新传》。

孔子哲学是唯心论还是唯物论这个问题很麻烦，不易解决，许多人实际上把这个问题避开了。金先生则很明朗，一点不含糊地说孔子哲学是唯物论的。这里有两点是重要的。第一，金先生研究《周易》多年，越来越相信《易传》系孔子所作，《易传》的思想既是《周易》的，也是孔子的。因此，金先生主张研究孔子除《论语》外，还要根据《周易》一书。《论语·阳货》记孔子说："天何言哉？四时行焉，百物生焉，天何言哉！"人们都承认这几句话是唯物论的，这个天是自然之天，不是主宰之天，但是《论语》里能说明问题的话只有这么一段，等于孤证，所以人们又都不肯明言孔子思想是唯物论的。金先生将《论语》同《周易》联系起来看，情况就大不一样了。《系辞传》："易有太极，是生两仪，两仪生四象，四象生八卦。"太极是物质性实体，太极之前还有什么，它不说了，这显然是唯物论。至于《易传》的其他言论，如《序卦传》："有天地然后万物生焉。"《乾卦》辞："乾，元亨利贞。"《坤卦》辞："坤，元亨利牝马之贞。"《乾·彖传》："大哉乾元，万物资始，乃统天。"《坤·彖传》："至哉坤元，万物资生，乃顺承天。"《系辞传》："法象莫大乎天地，变通莫大乎四时。"等等，无不与《论语》"四时行焉，百物生焉"的观点如出一辙。第二，孔子在鬼神问题上模棱两可，不说有鬼神也不说没有鬼神，让人看不透他是无神论者还是有神论者。孔子说"祭如在，祭神如神在"（《论语·八佾》），"未能事人，焉能事鬼"，"未知生，焉知死"（《先进》）。这些话不否定鬼神也不肯定鬼神。许多人认为不否认鬼神就是相信有鬼神。金先生认为不肯定鬼神就是不相信有鬼神。当时的社会条件不允许孔子公开否定鬼神，不肯定也不否定，是最明智的办法。金先生举出《荀子·天论》的一段话揭开了儒家鬼神观的秘密。荀子说："日月食而救之，天旱而雩，卜筮然后决大事，非以为得求也，以文之也。故君子以为文，而百姓以为神。以为文则吉，以为神则凶。"信鬼神全是表面文章，不信鬼神才是实质。

孔学自孔学，儒学自儒学，儒学不等于孔学。后世著名的汉学、宋学都是儒学，不是孔学，儒学渐渐发展的过程，恰是孔学渐渐衰落的过程。这是金景芳先生的又一重要观点。金先生主张划分清楚孔学与儒学的界限，不要用后世的儒学冒充孔学。儒学，新儒学，现代新儒学，都可以研究，但要说清楚，它们就是它们，它们不是孔学。它们多是打着孔子的旗号搞自己的东西。例如人性论问题，孔子说“性相近也，习相远也”(《论语·阳货》)，是正确的。性是人的自然属性，大家都一样，所以叫性。近，说明人与人有共性，也有差异性，即个性。所以说相近而不说相同。习是后天习染，是人的社会属性。人在社会属性上差别是大的，所以说相远。社会属性人与人差别大，所以孔子不称性而称习。孟子言人性善，荀子言人性恶，都把后天的习当作先天的性，不是孔子立意所在。董仲舒说：“性者天质之朴也。善者王教之化也。无其质则王教不能化，无其王教则质朴不能善。”(《春秋繁露·实性》)董氏把性与善、自然属性与社会属性分开看，是正确的。至宋代，理学家们把理概念加入人性中，是唯心论的人性论，距孔子更远。朱熹《论语集注》释“性相近”引程子曰：“此言气质之性，非言性之本也。若言其本，则性即是理，理无不善，孟子之言性善是也，何相近之有哉！”宋人为了将理纳入人性，在气质之性即自然属性外提出所谓本然之性，本然之性就是理。金先生说，宋人的理相当于《老子》“道生一”的“道”，是事实上不存在的东西。他们把孟子说的性善看作性之本，比孟子悖离孔子的“性相近”观点尤甚。

金景芳先生认为汉儒的学问已严重地离开孔学。他以郑玄释《周易》为例说明问题。郑玄注《周易》，硬将五行说加入，说什么“天一生水于北，地二生火于南，天三生木于东，地四生金于西，天五生土于中。阳无耦，阴无配，未得相成。地六成水于北，与天一并。天七成火于南，与地二并。地八成木于东，与天三并。天九成金于西，与地四并。地十成土于中，与天五并”。纯属无知妄作，为后世伪造河图、洛书的妄人和江湖术士张目，影响很不好。郑玄是汉代杰出的注释家，精通“三礼”，擅长名物训诂，然而一涉及《易传》，涉及孔子思想，便相当蹩脚。郑玄尚且如此，余如京房、荀爽、虞翻之流，则无须提。

宋人中名气最大的是朱熹，宋学可以他作代表。他对孔学研究不深。《周易》这部书，孔子说它“开物成务，冒天下之道，如斯而已者也”(《系辞传上》)，以为是讲思想的书。荀子、庄子、董仲舒、司马迁，乃至王弼、程颐，许多学者，都承认孔子的说法。而朱熹作《周易本义》，以为《周易》本是卜筮之书，后人以思想之书说解它，是不对的。《周易》当然是卜筮之书，此不待朱熹言。孔子明明说《周易》是讲思想的，卜筮之中包含着哲学，朱熹竟不理解，一味从卜筮的角度说《周易》，足见其识见低浅。

朱熹之外，金先生特别提及周敦颐的《太极图说》和程颢的《识仁篇》《定性书》。指出宋人的这些论著，表面上讲孔子，其实是讲他们自己的东西。《太极图说》开篇说：“无极而太极，太极动而生阳，动极而静，静而生阴，静极复动，一动一静，互为其根，分阴分阳，两仪立焉。”孔子说“易有太极，是生两仪”，以太极这物质性实体为世界本原，周氏在太极之先加上无极，与《老子》在“一生二”之前加上一个“道生一”一样，陷入唯心论。周氏的无极与老氏的道并无二致。

《太极图说》又说：“阳变阴合而生水火木金土，五气顺布，四时行焉。”《易传》只讲阴阳寒暑，四时往来，不讲五行。五行之说最早见于《尚书·洪范》。《周易》书中没有一点五行的影子。把五行说拉入《周易》，完全违背孔子原意。

程颢的《识仁篇》开篇说："学者须先识仁，仁者浑然与物同体。"意谓仁者与天地万物为一体。金先生多次讲到这个问题，说与天地万物一体的思想绝对不是孔子的。孔子强调的是"仁者人也"。仁是讲人的，人以外的一切生物无生物，皆与仁无涉。《孟子》说："君子之于物也，爱之而弗仁；于民也，仁之而弗亲。亲亲而仁民，仁民而爱物。"《吕氏春秋》说："仁也者，仁乎其类者也。"最得孔子仁概念的真谛。孔子最重视人在天地之间的崇高地位，注意划开人与动物的界限，说"鸟兽不可与同群"（《论语·微子》），"立人之道曰仁与义"（《说卦传》），哪里有"仁者浑然与万物一体"的意思！

《孟子·尽心上》说："孟子曰：万物皆备于我矣。反身而诚，乐莫大焉。强恕而行，求仁莫近焉。"《识仁篇》以"盖良知良能，元不丧失"释"万物皆备于我"，以为"万物皆备于我"即人人皆具佛性。金先生则以为孟子讲"万物皆备于我"，恰恰体现孔子"己所不欲，勿施于人"，"己欲立而立人，己欲达而达人"的行仁方法。此"万物"之物宜训作人。"万物皆备于我"，不过是说，他人的欲与不欲，我全知道、全理解，我能做到"反身而诚"，就是仁。《识仁篇》显然歪曲了孟子，违背了孔子。

《定性书》说："夫天地之常以其心普万物而无心，圣人之常以其情顺万物而无情。"又："君子之学，莫若廓然而大公，物来而顺应。"天地无心，圣人无情，一切皆出自然，与《老子》之"天地不仁以万物为刍狗"同义。廓然大公，物来顺应，更不是孔子一贯力行的积极学习、奋斗进取的精神，倒是极像《庄子·应帝王》"至人之用心若镜，不将不迎，应而不藏，故能胜物而不伤"的观点，与《老子》"无为而无不为"的思想亦无不同。

金先生特别注意到宋学未能承继孔子学说这个事实，告诫切勿错把宋学作孔学。孔学中的唯物论、辩证法、仁义礼这些具有超时代意义的精华，今日仍有价值，建设社会主义精神文明不能不加以吸取。宋学中的理、心、性、命诸说，与孔学迥异，说它们是新儒学可，说它们是孔学则大不可。宋人的东西，清人已有过批判，尖锐地指出过它们的弱点和谬误，今日尤其有必要认识它们。金先生主张首先把历代强加到孔子身上的东西一一剥净，还孔子学说的真面目，然后把它介绍给当代社会。

金先生研究孔子除《论语》外，特重“六经”，以为研究孔子而与“六经”隔断，则孔夫子便成为空夫子。“六经”是孔子竭毕生之力学习先代历史文化，经过选择整理并加入自己的见解而著成的，是孔子留给我们的一份珍贵的文化遗产。据《史记·儒林列传》:“孔子闵王路废而邪道兴，于是论次《诗》《书》，修起《礼》《乐》。”什么是“论次”？论是去取，“次”是编排。“修起”则是由于礼坏乐崩，孔子努力搜讨，把它们修复起来。“论次”与“修起”，内里都含有孔子的用心。孔子编《诗》和编《书》，都经过精心挑选，颇动一番脑筋。例如《诗》十五国风的次第，“《尚书》独载尧以来”，皆不是任意安排，都是有深刻意义的。《春秋》是孔子据《鲁史》而作，《孟子》与《史记》已有定论，可无疑义。孔子对《周易》做的是诠释工作。这后两部书与孔子关系至深。《庄子》说“《春秋》以道名分”，董仲舒说“《春秋》以道义”，证明《春秋》是反映孔子之政治思想的书。《史记·司马相如列传》说“《易》本隐以之显”，《庄子》说“《易》以道阴阳”，证明《易》是讲哲学的书，反映孔子的宇宙观和方法论。

以上扼要地说了金先生关于孔子研究的几点见解。这些见解能否取得国内外学术界的认同，我现在不得而知，但我本人是心悦而诚服的。我坚信这些见解符合孔子的实际，符合中国历史的实际，它们一定会为大多数人所接受。我把这些话献给金先生 90 岁生日，也献给《孔子新传》的热心读者。

（原刊《孔子研究》1991 年第 3 期）

前　言

《孔子新传》一书的写作始于三十年前。最早提出写作此书创议的是先师金景芳教授。众所周知，金先生是著名的孔学研究专家。早在 1957 年，先生就曾在《东北人民大学人文科学学报》第 4 期上发表过《论孔子思想》的长篇学术论文。先生曾因这篇学术论文而招来横祸。其实在学术问题上有不同的见解或分歧本来是很正常的事，大家对这些学术问题在平等的基础上展开自由争鸣，进行批评或自我批评，这是繁荣学术、推动学术事业深入发展的必由之路。但是在那个时代却有一些以极左面目出现的所谓学者采用打棍子、扣帽子的方式，随意“上纲上线”，对先生进行批判和围攻，给先生造成极大的精神压力。但先生研究孔子的热情并未因此而稍减。改革开放后，先生连续发表了多篇研究孔子及其思想的文章，如《关于孔子研究的方法论问题》《孔子思想述略》《研究中国古史必须继承孔子这一份珍贵遗产》《论孔子思想的两个核心》《孔子对周易的伟大贡献》《孔子所讲的仁义有没有超时代意义？》《孔子的天道观与人性论》《孔子与现代化》《孔子与六经》等等。这些学术论文充分显示了先生在孔学研究方面的超强实力和真知灼见，在当时的学术界曾产生重大的影响。

20 世纪 80 年代初，著名教育家、理论家、吉林大学前校长、时任中国孔子基金会会长的匡亚明教授正在撰写《孔子评传》一书。匡亚明先生任吉林大学校长期间（1955—1963），就对中国古代著名教育家、思想家、儒家学派的创始人孔子表现出极大的研究兴趣，并经常与先师金景芳教授在一起探讨有关孔子的生平及其思想等学术问题，对先师有关孔子的许多学术见解深表赞同。匡校长非常钦佩先师的学问，虽然先师仅年长匡校长四岁，但匡校长却尊称刚刚五十出头的先师为“金老”，成为吉林大学最早称先师为“金老”的人。后来在写作《孔子评传》的过程中，匡校长经常给先师写信，就写作中遇到的一些问题与先师进行探讨、商量，有时还把刚刚写完的《孔子评传》某些章节的初稿寄给先师，征询先师的意见。先师每次都认真地阅读匡校长的来信和文稿，并尽快回函，坦率地与老校长交流自己的看法。1983 年我硕士毕业后被先师金老留在吉林大学古籍研究所工作。1984 年夏季，我随金老的学术助手吕绍纲先生带领教育部委托先师主办的先秦文献进修班学员到全国各地进行结业调研。途经南京时，受金老嘱托，特地带学员们去匡老校长府上拜访。当时老校长非常忙，正在昼夜兼程地对《孔子评传》一书进行后期加工、修改。平时他吩咐学术助手闭门谢客，以便专心致志地从事著述。但听说吉林大学金老的学生们来了，老校长破例接待了我们，与我们一起进行座谈。座谈中涉及先秦时代的“百家争鸣”、先秦思想史、文化史、孔子的思想等许多话题。我们在座谈中还关切地问到《孔子评传》的写作进程，老校长满怀信心地说："再有三四个月即可完稿。如果顺利，明年上半年有望出书。"老校长当时兴致颇高，原定半个小时的座谈会竟延长到一个半小时才结束。我们告辞时，老校长主动提出与我们一起合影留念。1985 年 3 月，《孔子评传》的第一版在齐鲁书社出版发行，老校长很快就给先师金老寄来一本，并再次诚恳地向金老征询修改意见，还说准备在广泛听取大家意见的基础上，对全书进行一次全面的修订和补充，几年后拟另出修订版。匡亚明老校长撰写和出版《孔子评传》一书与后来南京大学中国思想家研究中心的成立，以及由匡老主编的"中国思想家评传丛书"的推出都密切相关，可以说《孔子评传》的写作正是南大中国思想家研究中心成立和"中国思想家评传丛书"编纂的序幕。

1985 年我开始在金老指导下攻读博士学位，1988 年年底通过学位论文答辩，获历史学博士学位。论文答辩后不久，有一次我在古籍所资料室金老的信箱里取了一些信函和杂志等给金老送去。金老见了我很高兴，对我说：你来得刚好，我正有事要和你商量。然后就说：前一段我看匡校长写的《孔子评传》，觉得匡校长这本书还是下了很大的功夫，写得很不错，里面有不少自己的新见解，我因此也产生这样一个念头：我对孔子研究了大半辈子，已经有了不少现成的研究成果，匡校长能写出《孔子评传》，我们为什么不能写一部自己的孔子传呢？前两年我刚收到匡校长寄来的《孔子评传》时，就有了这一想法。但是当时吕绍纲正在整理《周易讲座》一书，紧接着又忙于写《周易全解》和《周易阐微》，你正在忙着写博士论文，都没有精力考虑其他的事。现在你的博士论文答辩完了，可以静下心来，集中精力做点研究工作，我们就一起来写孔子传好不好？我现在年岁大了，长时间伏案写作有困难，我想这部书就以我们两个人的名义来写，我负责全书的总体设计，你负责文字写作和加工整理。我已经发表的一些文章经过整理可以变成书中的一些章节，还缺哪些内容我们再陆续补充，你看怎么样？当时我对金老提出的这一创议没有思想准备。博士毕业后我已经有了自己的写作计划，准备对几年前已经答辩过的硕士学位论文进行修改和扩充，写成一部二十万字左右的学术专著，名曰《春秋战国时期的士阶层》。我在准备写作硕士学位论文时，积累了较多有关士阶层的研究资料，但因为当时的研究生处发文件规定人文社科学科的硕士学位论文字数不允许超过三万五千字。受篇幅的限制，我的硕士学位论文无法按照原先拟定的开题报告展开来写。答辩之后我一直有个心愿，就是集中精力把当年没有按原计划完成的这个研究课题继续做完。后来因为忙于博士学位论文的写作，硕士学位论文的改写和扩充计划便拖延了下来。现在我的博士学位论文刚通过不久，金老又提出了写作孔子传的构想，我当时有些迟疑。金老大概看出了我的顾虑，就说，你自己如果有什么课题或研究计划，可以往后放一放，写孔子传是件大事，一定把这个主要任务完成后再做其他的事。金老还说，我要你和我一起来写书，也是有意要栽培和提携你，希望你能在学术研究的实践中得到更大的锻炼和提高。我见金老已经这样说了，就表示愿意暂时放下其他工作，按照老师的吩咐准备写孔子传。但是也坦率地向金老表达了自己的顾虑，就是觉得自己在孔子研究方面虽然以往也有所关注，但毕竟下的功夫不多，担心要写这样一本大部头的孔子传，恐怕难以胜任，有负老师的厚望。金老鼓励我说：你的博士论文写得很好，受到大家的好评，表明你已经具备了较强的学术研究和写作的能力。我已经发表的有关孔子研究的文章你都读过了，只要把前人的相关研究成果尽可能搜罗齐备，刻苦钻研，大胆探索，我相信你一定能够做好这件事。当然要写出一部很有分量的孔子传也不是一件轻而易举的事，必须下大功夫，付出更多的辛苦努力才能完成。你在资料准备和写作的过程中遇到什么困难，可以随时来找我，我们一起来研究解决。

这次谈话之后不久，我又接连到金老家里去了两次，金老和我谈的主要都是如何写作孔子传的事，甚至于全书总共分几个大的部分，每个大的部分主要内容都是什么，应当先写什么、后写什么，这些在金老心里都已经有了初步的设想。金老提出，这部书最前面应该有个总论部分，相当于全书的总纲，概括地论述孔子在中国传统文化中的地位和主要贡献，以及今天我们应该如何评价孔子，对历史上反孔和批孔思潮应当如何加以反思和总结，还有研究孔子的方法论等问题，都应当明确地表明我们的观点和态度。在此基础上再论述孔子的生平和阅历。但金老强调，有关孔子的生平阅历这部分在全书中所占的比重不要太大。这部书一定要突出我们自己的特色，全书的重点应当是研究和评论孔子的思想。这部书最前面的这几个部分我想就由你来承担。我们的书名就准备叫《孔子新传》，你看如何？你对我的这些设想有什么补充或不同意见，也可以坦率地提出来，我们可以进一步商量。我答应回去后先把老师的全部设想进行归纳整理，仔细领会，特别是对我要承担写作的部分进行仔细思考，尽快拿出切实可行的写作方案，然后另找时间来向金老汇报。

一个多月后，已经到了 1989—1990 学年上学期期末，我再次到金老家里详谈《孔子新传》一书的出版准备情况。这一次我依据金老的总体设想，把金老让我承担的《孔子新传》最前面的几个部分各章节的详细目录和写作提纲都开列出来，还附了一份写作《孔子新传》前几章的主要参考书目，请金老过目。金老看后很高兴，说："不错！不错！很能体现我的总体构想。看来你确实是用心思考了，就先按照你这个提纲准备资料，争取尽快地动笔写作。写作过程中有些参考书如果你自己没有，或者图书馆、资料室借不到，可以到我这里来拿。至于具体的章节设置，可以暂时先这样，写作过程中还可根据实际的需要再进行适当调整。”

我正式动笔写作《孔子新传》大约是1990年年初才开始的。我们古籍研究所（以下简称古籍所）的教师虽然都是科研编制，但也要承担一些教学任务。我们古籍所里没有本科生，只招收硕士生和博士生，但我们古籍所和考古学系在行政上同属一个单位，考古学系本科生的部分课程也需要古籍所的教师来承担。我当时承担的教学任务比较重，每个学期至少都要给古籍所的研究生和考古学系的本科生开两门以上的课程，因此我只能用课余时间从事写作。

《孔子新传》第一章的总论部分涉及的问题太多，差不多中国古代和近现代孔学发展变迁全部过程的相关资料都要从头浏览，还需要认真地写读书笔记。仅查阅和积累资料就耗费了半年多的时间。加之开始写作时我的思路有些拘谨，每个问题都要顾及金老的相关论述，不敢按照自己的思路去随意发挥。有时自己冥思苦想，一天连几百个字也写不出来。有时勉强写了一些，回头看时自己都不满意，不得不通通撕掉。这使我想起唐代的散文大师韩愈在《答李翊书》中形容他自己当年写文章时常常遇到的那种困境：“戛戛乎其难哉！”我深有同感。当时自己心里很着急，也很苦恼，但又找不到更好的办法来摆脱这种境况，只好去找金老诉说。金老安慰我说：不要着急，学术研究本来就是很艰苦的事情，写作时如果思路不顺畅，或问题没有彻底搞清楚，常常会出现“卡壳”的情况。你原来是学中文的，应该知道，写学术文章不可能像写小说那样，灵感来了，洋洋洒洒，下笔万言，一挥而就。学术文章写不下去时不能硬写，要多看书，多研究，找到问题的症结所在，问题研究透彻了，思路清晰了，自然就知道该怎样进行论述了。咱们这部书的总体设想虽然是我提出的，但对于某些具体学术问题的探讨和论述，你要充分发挥自己的主观能动性和创造性，放开手脚，敢于大胆地说出自己的真实想法和学术见解，不要有那么多的条条框框，更不要前怕狼后怕虎。写作时要真正地解放思想，打消顾虑，大胆地说自己的话，否则就很难写出高质量的学术著作。金老的及时点拨使我豁然开朗，信心倍增。顾虑打消了，思路比以前开阔了，因此写作的速度也有了大幅度的提高。

大约在1990年8月上旬，暑假尚未结束，我去金老家就《孔子新传》写作中遇到的两个学术问题向金老请教。金老顺便问我到目前为止已经写完了哪些部分，初稿的字数总共已有多少，估计还需要多长时间能全部完稿。我说，总字数不会超过我们的原定计划，按照目前的进度年底前可望完成初稿。我联想到当年我们写作博士学位论文时，金老总是强调让我们写完一章就立即送给他看，然后再继续往下写，生怕我们写论文时走弯路，白白地浪费时间。我就说：已经写完的部分我准备下次都带来请您老审阅。金老说：我最近正在把我已经发表的那几篇有关孔子思想研究的论文进行加工、整理，改造成《孔子新传》中的几个章节。虽然内容没有太大的改动，但也要做些技术方面的处理，否则就不能与书中的其他章节相匹配。现在我暂时没有时间看你的稿子，等你的初稿全部完成了，我再一起看吧。金老还说：我们原先计划《孔子新传》最后的部分是孔学流传述评。现在吕绍纲的《周易阐微》一书已经脱稿，而且很快就要出版了。为了加快《孔子新传》的写作进度，我已与吕绍纲商定，请他也参加《孔子新传》的有关写作，让他承担孔子的教育思想、政治、经济、军事思想和孔学流传述评几个部分的写作。我说，那太好了，我非常赞同。这样既可以减轻我的压力，又能加快全书的进度，我就集中精力把我承担的几个部分尽快完成。

正在这时，我收到韩国著名学者、时任韩国孟子研究会会长的赵骏河教授的来信，为他主办的《孟子学刊》向我约稿。我征得了金老的同意，就把我写的《孔子新传》第一章标题改为《孔子及其学说的历史命运》，共分 9 个部分，用电子邮件发给了赵先生。很快，赵骏河先生就把我的文章在当年的《孟子学刊》第二期上全文刊出。

1990 年年底，我把我承担的《孔子新传》的全部书稿呈送金老。金老高兴地说：吕绍纲承担的那部分写作进度很快，用不了多久全书就能完稿了。还说，最近湖南出版社通过廖名春知道了我们正在写《孔子新传》，这家出版社的副社长给我打电话说很希望我们能把这本书交给他们出版社来出版，我已经答应把书稿给他们了，他很高兴。我现在正准备为《孔子新传》写一篇《序》。你的书稿我十天左右就可以全部看完，你十天之后就可以来取。十几天后我再次去金老家时，问金老我写的书稿是否还有需要修改和增补的地方，金老说：我都看过了，几个部分写得都不错，文字也很流畅，我只对个别字句或笔误之处略加改动。还说稿子你不用带回去了，等我的《序》和吕绍纲承担的部分全都写完了，就可以直接寄给湖南出版社了。

1991 年年底，全部精装版的《孔子新传》问世了。金老收到了湖南出版社寄来的装祯考究、印制精良的《孔子新传》样书，异常兴奋，连声称好，并让我在第一时间把他亲笔签名的《孔子新传》给家住南京的匡亚明老校长寄去一本。

2005 年 7 月，随着国内外研究中国传统文化的热度不断升高，吉林大学校友、长春出版社的编辑张中良先生分别找到吕绍纲和我，商量要为《孔子新传》出新版。此时先师金老已作古四年，而《孔子新传》距湖南出版社首版印行的时间已经过去十四年了。吕绍纲和我都表示同意再版。张中良编辑对我们提出两点建议：一是在这本书的前面增加一篇导读性的文章，便于当代青年读者加深对孔子及其思想的理解；二是在新版中增加一些插图，以加强一般读者的阅读兴趣。增加导读的任务自然就由吕绍纲先生来承担，他把自己发表于1991年《孔子研究》第3期的《金景芳先生与孔子研究》一文拿来当作导读，内容刚好适合。我则负责为全书挑选插图。书中的人物插图多选自各种相关的古籍，其他图片有的取自古代著名画家的画作，有的选自各种文物的拓片或描摹图，也有的是相关文物和文化古迹的摄影作品，全书选择的图片总共有六十多幅，都尽可能与这本书各章节的内容紧密相关。书的最前面由责任编辑张中良先生加写了一篇《出版说明》。这个插图版的《孔子新传》出版于2006年1月。

《孔子新传》作为一部学术著作，无论是湖南出版社的第一版，还是长春出版社的插图版，其印数都不算少，但是每一版印次发行若干年后市场上就再难寻找《孔子新传》这本书了，这表明广大读者对这样的书还是很有需求的。近年来我经常到各地参加有关孔子、儒学或中国传统文化方面的学术研讨会。会上会下经常有学者提起《孔子新传》这本书。学者们大都认为金老和我们合著的《孔子新传》以鲜明的特色在国内外众多的孔子传中独树一帜，颇受赞誉，可谓经得起时间的考验。我总是强调，我的作用微乎其微，主要应归功于金老的谋划和设计，吕绍纲先生也做出了重要贡献。最近几年，陆续有几家出版社与我联系，或探讨《孔子新传》再出新版的可能性，或打听这本书已签订的出版合同何时到期，表示了对出版此书的浓厚兴趣，其中就包括新世界出版社原常务副社长、现任新星出版社社长的马汝军先生。他还在中国大百科全书出版社工作时就曾找我商量，准备为《孔子新传》一书推出新版，但因当时与长春出版社签订的出版合同尚未到期而作罢。马汝军到新世界出版社后，第二版的出版合同已经到期，于是马社长很快就把出版《孔子新传》第三版的事提上日程。只是后来因为在签订出版合同书时出现了一点技术故障，使这本书的出版一度陷于停顿状态，因而出版时间推迟了将近两年。现在故障排除了，《孔子新传》的第三版即将面世，先师金老和吕绍纲教授若闻此讯，定当莞尔于九泉之下了。

《孔子新传》的第三版与前两版比较，改动主要有以下几点：

第一，新版删去了第二版增加的全部插图和文前的《出版说明》，仅保留了第二版正文之前由吕绍纲先生撰写的导读。

第二，考虑到先师金老和另一位作者吕绍纲教授都已先后作古，本书的正文部分不宜作太大的更改，我仅对由我承担的部分在个别文字上略加修改和润色，其余部分除前两版的校对错误外则尽可能保持原貌。

第三，我在本书前两版发行之后，陆续发表了几篇研究孔门弟子及其后学弘扬和发展孔学的文章，这些文章恰好是对《孔子新传》相关内容的重要补充，我从中挑选了三篇，即《子贡与孔学》《子夏与孔学》《荀况与孔学》，并略加整理，附于新版《孔子新传》正文之后，当作本书的附录，但愿这三篇附录能对读者阅读《孔子新传》有所助益。

从《孔子新传》第一版问世至今已经快三十年了，这三十年正是中国发生天翻地覆变化的三十年。很多中青年读者已经成为广大读者群中的主力。我作为本书三位作者中唯一的健在者，有责任在新版即将问世之际，把这本书的缘起和成书经过，以及本书初版发行后连续再版的情况略加回顾，因而加写了《三版后记》置于书末。本书责任编辑秦彦杰女士读后认为：从方便阅读、便于广大读者全面了解这部书的角度考虑，最好把这一部分放在文前面。于是我接受了这一建议，把《三版后记》略加修改，并更名为“前言”，从书后移到了文前。

本书在进行紧张的校对过程中，适逢我正在修改拙著《金景芳先生编年事辑》和编校论文集《先秦诸子蠡测》，忙碌异常。我只能抽空勉强完成我撰写部分的校对任务，先师金老和吕绍纲教授撰写部分的校对工作只好请我的学生李德龙博士代劳。在此对德龙博士的辛苦付出表示真诚的谢意！

吕文郁

2019 年 5 月 8 日

目录

第一章
如何评价孔子

孔子是世界文明史上最伟大的文化巨人之一。他的思想和学说对中华民族乃至全人类有极其深远的影响。从孔子生活的春秋晚期直到近现代，两千五百多年来风云变幻，治乱频仍，孔子及其学说也历尽沧桑。由于社会政治条件不同，人们对孔子及其学说的毁誉褒贬也极不相同。一般说来，当国家统一、社会安定的时候，孔子及其学说往往备受推崇和赞扬，而当国家分裂、社会动荡，或面临重大变革的时候，孔子及其学说则往往受到猛烈的抨击和诋毁。这就是孔子及其学说的历史命运。孟子曾经说过："天下之生久矣，一治一乱。"[①] 孟子详列上古史实，认为自尧迄战国，已经发生了多次治与乱。从战国再到近现代，中国又发生了许多次治与乱。历史的发展已经证明，孟子所说的"一治一乱"是符合历史发展规律

---

① 《孟子·滕文公下》。

的。实际上所谓“治”就是历史发展的量变过程，所谓“乱”就是历史发展的质变过程。一治一乱，则是历史发展由量变到质变的过程。这正是历史发展的辩证法。不同的历史时代需要不同的思想和理论，正如冬衣裘、夏衣葛一样。所以适用于治世的思想理论到了乱世就不再适用了。韩非说：“夫古今异俗，新故异备，如欲以宽缓之政治急世之民，犹无辔策而御馯马，此不知之患也。”[①] 这种说法是对的。所以孔子及其学说在不同的历史时代有不同的遭遇，这并不奇怪。应当说，自孔子学说产生以来，中国的一部治乱史也就是一部尊孔和反孔相互交替的历史。

一

春秋战国时期是西周以来中国历史上第一次长期分裂的时期，也是社会发生剧烈动荡和深刻变革的时期。孔子恰恰出生于春秋晚期。由于孔子博闻强识，门徒众多，又是儒家学派的开山始祖，在当时的社会上确实有广泛的影响，享有很高的声誉。诚如《列子》所说：“仲尼之望，不出诸侯之下。”[②] 但是，孔子的学说，特别是孔子的政治主张却不受当时统治者欢迎。孔子自己宣称：“苟有用我者，期月而已，三年有成。”[③] 可是他“干七十余君无所遇”[④]，所到之处，常常受到冷遇和奚落。“伐树于宋，削迹于卫，穷于商周，困于陈蔡，受屈于季氏，见辱于阳虎，戚戚然以至于死。”[⑤] 他的境

---

① 《韩非子·五蠹》。

② 《列子·力命》。

③ 《史记·孔子世家》。

④ 《汉书·儒林传》。

⑤ 《列子·杨朱》。

况的确够悲惨的了。和孔子同时代的齐国政治家晏婴，是最受孔子敬重的人物之一。他曾给晏婴以很高的评价。他说："晏平仲善与人交,久而敬之。"[①]《史记》曾记载："孔子之所严事：于周则老子，于卫蘧伯玉，于齐晏平仲……"[②]可是晏婴对孔子的学说却极不赞同，认为"其道也不可以示世，其教也不可以导民"。孔子去齐国时，齐景公一度想把尼溪之田封给孔子。晏婴进劝景公，结果齐景公对孔子"厚其礼而留其封，敬见而不问其道，仲尼乃行"[③]。晏婴作为一个务实的政治家，批评孔子的学说远离现实，不合时宜，因而不予采纳，是符合齐国利益的。《史记》一书中有这样一段记载：

（楚）昭王将以书社地七百里封孔子。楚令尹子西曰："王之使使诸侯有如子贡者乎？"曰："无有。""王之辅相有如颜回者乎？"曰："无有。""王之将率有如子路者乎？"曰："无有。""王之官尹有如宰予者乎？"曰："无有。""且楚之祖封于周，号为子男五十里。今孔丘述三五之法，明周召之业，王若用之，则楚安得世世堂堂方数千里乎？"……昭王乃止。[④]

可见，楚国的政治家子西也认为孔子的思想和学说对楚国不利。

不仅各国的当政者不接受孔子的主张，春秋战国时代儒家以外的其他各家学派对孔子的学说也都持批判的态度。《史记·老子韩非列传》说："孔子适周，将问礼于老子。老子曰：'子所言者，

---

① 《论语·公冶长》。

② 《史记·仲尼弟子列传》。

③ 《晏子春秋·外篇》。

④ 《史记·孔子世家》。

其人与骨皆已朽矣，独其言在耳。'”对孔子的学说表示轻蔑，并告诫他说：“去子之骄气与多欲，态色与淫志，是皆无益于子之身。”老子还对孔子提倡的仁、义、礼、知等伦理道德进行猛烈的抨击，认为仁、义、礼、知等都是道德沦丧的结果。老子说：“故失道而后德，失德而后仁，失仁而后义，失义而后礼。夫礼者，忠信之薄而乱之首也。”[①] 扬雄说老子“搥提仁义，绝灭礼学”[②]，是有根据的。稍晚于孔子的墨翟借晏婴之口这样尖锐地批评孔子说：

孔某之齐见景公，景公说，欲封之以尼溪，以告晏子。晏子曰：“不可！夫儒，浩居而自顺者也，不可以教下；好乐而淫人，不可使亲治；立命而怠事，不可使守职；宗丧循哀，不可使慈民；机服勉容，不可使导众。孔某盛容修饰以蛊世，弦歌鼓舞以聚徒，繁登降之礼以示仪，务趋翔之节以观众，博学不可使议世，劳思不可以补民，累寿不能尽其学，当年不能行其礼，积财不能赡其乐，繁饰邪术，以营世君；盛为声乐，以淫遇民。其道不可以期世，其学不可以导众。今君封之，以利齐俗，非所以导国先众。”公曰：“善！”于是厚其礼，留其封，敬见而不问其道。[③]

庄子对孔子及儒家学派的攻击尤为激烈。他说：

及至圣人，蹩躠为仁，踶跂为义，而天下始疑矣。澶漫为乐，摘辟为礼，而天下始分矣。故纯朴不残，孰为牺尊！白玉不毁，孰

---

① 《老子》第三十八章。

② 《法言·问道》。

③ 《墨子·非儒下》。

为圭璋！道德不废，安取仁义！性情不离，安用礼乐！五色不乱，孰为文采！五声不乱，孰应六律！夫残朴以为器，工匠之罪也；毁道德以为仁义，圣人之过也！[1]

庄子把儒者称为“独弦哀歌以卖名声于天下者”[2]，认为“圣人不死，大盗不止”，“殚残天下之圣法，而始可与议论”，“攘弃仁义，而天下之德始玄同矣”[3]。至于诋訾儒者以《诗》《礼》发冢，以舐痔得车，指斥孔子“乱人之性”，“偈偈乎揭仁义，若击鼓而求亡子焉”[4]，言辞尤为刻薄。庄子之反儒，真可谓不遗余力矣！

战国时期的法家代表人物商鞅和韩非也都极力反对孔子的学说。商鞅认为仁义“不足以治天下”[5],《诗》《书》“无益于治”[6]，把《礼》、《乐》、《诗》、《书》、仁、义等称之为“六虱”[7]。韩非认为“儒以文乱法”，是危害社会的“五蠹”之一，认为儒家“称先王之道以籍仁义”，“疑当世之法而贰人主之心，其言古者为设诈，称借于外力以成其私，而遗社稷之利”[8]。把孔子和儒家的这种主张称为“亡国之言”。[9]

以上称引，仅为春秋战国诸子百家反孔攻儒言论中较为昭著者。不难看出，不仅当时的各国统治者对孔子学说持否定态度，儒

---

① 《庄子·马蹄》。

② 《庄子·天地》。

③ 《庄子·胠箧》。

④ 《庄子·天道》。

⑤ 《商君书·画策》。

⑥ 《商君书·农战》。

⑦ 《商君书·靳令》。

⑧ 《韩非子·五蠹》。

⑨ 《韩非子·难言》。

家学派以外的其他各家学派也都激烈地反对孔子学说。而当时反孔的主要理由就是孔子学说不符合那个时代的需要。故汉代的司马谈在总括六家要旨时说："儒者博而寡要，劳而少功，是以其事难尽从。"[1] 这个批评是很中肯的。

二

秦始皇并吞六国，结束了长达五个多世纪战乱分裂的局面，中国在政治上又实现了"天下一统"。这一政局变化本来为儒家理想的实现创造了有利条件。但秦国由弱到强，最后统一华夏，主要依靠的是商鞅、韩非等人为代表的法家路线。在剧烈动荡和深刻变革的时代，法家路线对于富国强兵确实是行之有效的。可是统一之后，局势发生了重大的变化。秦始皇没有及时地调整统治策略，在社会急需稳定，人民亟盼安宁之时，秦始皇仍然依靠酷刑严罚等暴力手段来统治人民，甚至采用"焚书坑儒"等极端暴行来禁绝百家学说，终于导致秦王朝彻底垮台。汉人贾谊指出秦王朝二世而亡的原因是"仁义不施而攻守之势异也"。贾谊进一步指出：

秦王怀贪鄙之心，行自奋之智，不信功臣，不亲士民。废王道而立私爱，焚文书而酷刑法，先诈力而后仁义，以暴虐为天下始。夫并兼者高诈力，安危者贵顺权。推此言之，取与攻守不同术也。秦虽离战国而王天下，其道不易，其政不改，是其所以取之也，孤独而有之，故其亡可立而待也。借使秦王论上世之事，并殷周之迹，以制御其政，后虽有淫骄之主，犹未有倾危之患也。故三王之

① 《史记·太史公自序》。

建天下，名号显美，功业长久。[1]

贾谊正确地总结了秦王朝灭亡的历史教训，这给后代的统治者们以极大的启发。

汉高祖刘邦在建立和巩固西汉政权的过程中，对孔子和儒家学说的认识产生了重大转变。在楚汉相争时，刘邦非常讨厌儒生。他轻蔑地称隋何等人为“腐儒”，常说：“为天下安用腐儒！”[2]《史记·郦生陆贾列传》载：“沛公不好儒，诸客冠儒冠来者，沛公辄解其冠，溲溺其中。与人言，常大骂。”《史记·刘敬叔孙通列传》说：“叔孙通儒服，汉王憎之；乃变其服，服短衣，楚制，汉王喜。”同书《郦生陆贾列传》又载：

初，沛公引兵过陈留，郦生踵军门上谒曰……使者入通，沛公方洗，问使者曰：“何如人也？”使者对曰：“状貌类大儒，衣儒衣，冠侧注。”沛公曰：“为我谢之，言我方以天下为事，未暇见儒人也。”使者出谢曰：“沛公敬谢先生等，方以天下为事，未暇见儒人也。”郦生瞋目案剑叱使者曰：“走！复入言沛公，吾高阳酒徒也，非儒人也！”使者惧而失谒，跪拾谒，还走，复入报曰：“客，天下壮士也，叱臣，臣恐，至失谒。曰：‘走！复入言，而公高阳酒徒也’。”沛公遽雪足杖矛曰：“延客入！”

太史公这段精彩的记述生动地反映了刘邦打天下时对儒生的憎恶。后来刘邦登基做了皇帝，陆贾因出使南越，说服南越王向汉朝称臣，立了大功。高祖大悦，拜贾为太中大夫。于是又发生了下面

① 贾谊：《新书·过秦中》。

② 《史记·黥布列传》。

这段故事：

陆生时时前说称《诗》《书》。高帝骂之曰："迺公居马上而得之，安事《诗》《书》！"陆生曰："居马上得之，宁可以马上治之乎？且汤武逆取而以顺守之，文武并用，长久之术也。昔者吴王夫差、智伯极武而亡；秦任刑法不变，卒灭赵氏。乡使秦已并天下，行仁义，法先圣，陛下安得而有之？"高帝不怿而有惭色。迺谓陆生曰："试为我著秦所以失天下，吾所以得之者何，及古成败之国。"陆生乃粗述存亡之征，凡著十二篇。每奏一篇，高帝未尝不称善，左右呼万岁，号其书曰"新语"。①

还有一事对刘邦触动也很大。司马迁在《史记》中有这样一段记载：

汉五年，已并天下，诸侯共尊汉王为皇帝于定陶，叔孙通就其仪号。高帝悉去秦苛仪法，为简易。群臣饮酒争功，醉或妄呼，拔剑击柱，高帝患之。叔孙通知上益厌之也，说上曰："夫儒者难与进取，可与守成。臣愿征鲁诸生，与臣弟子共起朝仪。"高帝曰："得无难乎？"叔孙通曰："五帝异乐，三王不同礼。礼者，因时世人情为之节文者也。故夏、殷、周之礼所因损益可知者，谓不相复也。臣愿颇采古礼与秦仪杂就之。"上曰："可试为之，令易知，度吾所能行为之。"于是叔孙通使征鲁诸生三十余人。……习之月余，……汉七年，长乐宫成，诸侯群臣皆朝十月。……引诸侯王以下至吏六百石以次奉贺。自诸侯王以下莫不振恐肃敬。至礼毕，复

① 《史记·郦生陆贾列传》。

置法酒。诸侍坐殿上皆伏抑首，以尊卑次起上寿。觞九行，谒者言“罢酒”。御史执法举不如仪者辄引去。竟朝置酒，无敢喧哗失礼者。于是高帝曰：“吾乃今日知为皇帝之贵也。”[①]

刘邦在打天下时对儒生深恶痛绝，而当了皇帝之后却逐渐尝到了儒家礼仪给自己带来的甜头，感到孔子及其学说对于维护君主尊严、稳定统治秩序是大有裨益的。于是这位出身于地痞无赖，常以儒冠溲溺，大骂“安事腐儒”的皇帝，在路出山东时，竟然特地到孔庙“以太牢祠焉”[②]。刘邦对孔子和儒学的态度发生的重大转变恰好反映了这样一个重要事实：社会政治条件变化了，人们对孔子及其学说的态度也必然发生变化。汉儒叔孙通所说的“儒者难与进取，可与守成”，恰当地道出了儒学的本质特征。在变革或动乱的年代里，孔子的学说由于“迂远而阔于事情”，当然不受统治者欢迎。一旦天下已定，急需安稳秩序之时，孔子的学说便有了用武之地。《新唐书·儒学列传序》云：

尝论之，武为救世砭剂，文其膏粱欤！乱已定，必以文治之。否者，是病损而进砭剂，其伤多矣！然则武得之，武治之，不免霸且盗，圣人反是而王。故曰武创业，文守成，百世不易之道也。若乃举天下一之于仁义，莫若儒！儒待其人，乃能光明厥功，宰相大臣是已。

史学家们的这种认识是对中国历代王朝成败兴衰历史经验的概括和总结，在一定程度上反映了历史发展的某些规律性。

① 《史记·刘敬叔孙通列传》。

② 《史记·孔子世家》。

汉高祖刘邦登基后对孔子和儒学的态度虽然发生了重大转变，但对于儒学在维护皇权和封建秩序方面的重要作用仍然认识不足。儒学从诸子百家中的普通一家上升到一家独尊的地位，在汉初经历了尖锐复杂的斗争过程。西汉最初的六七十年，即高、惠、文、景时期，在意识形态领域里居主导地位的是黄老学说。《史记·儒林传》说：

孝惠、吕后时，公卿皆武力有功之臣。孝文时颇征用，然孝文帝本好刑名之言。及至孝景，不任儒者，而窦太后又好黄老之术，故诸博士具官待问，未有进者。

汉初的博士们在只是“具官待问”，实际上不受重用。惠帝时的相国曹参，文帝时的相国陈平，都是治黄老之术者。景帝初，窦太后执掌实权。《史记·外戚世家》说：“窦太后好黄帝老子言，帝及太子、诸窦，不得不读《黄帝》《老子》，尊其术。”儒生辕固与治黄老之学的黄生在景帝面前争论汤武是受命，还是篡弑，双方争执不下，最后景帝出来和稀泥，说：“食肉毋食马肝，未为不知味，言学者毋言汤武受命，不为愚。”就这样不了了之。这是儒生与黄老学派在汉初的一次正面交锋。后来，因辕固生在窦太后面前说黄老之学为“家人言耳”，窦太后大怒，罚他入圈中去刺杀野猪，险些被野猪吃掉。汉武帝即位之初，儒生御史大夫赵绾、郎中令王臧请立明堂，以朝诸侯，申公亦参与其事，因窦太后“不说儒术”，极力反对，结果申公被罢黜，赵绾、王臧皆被逼自杀。因儒生与黄老学派的冲突而导致人头落地，可见当时思想领域的斗争是何等激烈！此后不久，“窦太后崩，武安侯田蚡为丞相，绌黄老刑名百家之言，延文学儒者数百人，而公孙弘以《春秋》白衣为天子三公，封以平津侯，天下之学士，靡然乡风矣。”[①] 至此，黄老之学始告败北，而儒学之士在朝廷上占了上风。

汉代真正从理论上为儒家学说奠定独尊地位的是经学大师董仲舒。《汉书·董仲舒传》说：“仲舒遭汉承秦灭学之后，六经离析，下帷发愤，潜心大业，令后学者有所统一，为群儒首。”董仲舒“始推阴阳，为儒者宗”。他把阴阳家的学说与孔子学说相糅合，对儒学进行了加工改造。孔子本来是一位无神论者，他“不语怪、力、乱、神”，主张“敬鬼神而远之”[②]，实质上是不相信有鬼神。孔子学说与宗教本来是格格不入的，可是董仲舒却把荒诞不经的谶纬迷信强行塞进孔子学说，编织了一套“君权神授”“天人感应”等神学说教。经过董仲舒改造的儒学已经与孔子所创立的原始儒学大异旨趣。但经过董仲舒加工改造的新儒学却更加适应了汉代统治者的政治需要。董仲舒向汉武帝提出了著名的《天人三策》，“推明孔氏，抑黜百家，立学校之官，州郡举茂材孝廉，皆自仲舒发之。”[③] 他在《天人三策》中说：

《春秋》大一统者，天地之常经，古今之通谊也。今师异道，人异论，百家殊方，指意不同，是以上亡以持一统。法制数变，下不知所守。臣愚以为诸不在六艺之科孔子之术者，皆绝其道，勿使并进。邪辟之说灭息，然后统纪可一而法度可明，民知所从矣。

董仲舒从维护皇权和政治上大一统局面的高度，论述了“独尊儒术”的必要性和重大意义，为封建帝王实行专制统治找到了新的

---

① 《史记·儒林列传》。

② 《论语·雍也》。

③ 《汉书·董仲舒传》。

理论根据。汉武帝采纳了董仲舒的建议，在全国“卓然罢黜百家，表彰六经”[①]。桓谭说：“汉武帝材质高妙，有崇先广统之规……兴起六艺，广进儒术，自开辟以来，唯汉家为最盛焉。”[②]从此，经过董仲舒等人加工改造过的儒家学说在中国历史上第一次被正式宣布为官方学说。儒家的典籍被尊称为经，研究、解释儒家经典的学问被称为“经学”。“自此以来，则公卿大夫士吏，斌斌多文学之士矣。”[③]而读书人自此皆以治儒业、通经术为步入仕途之津梁。东汉史学家班固说：“自孝武兴学，公孙弘以儒相，其后蔡义、韦贤、玄成、匡衡、张禹、翟方进、孔光、平当、马宫及当子晏咸以儒宗居宰相位，服儒衣冠，传先王语。”[④]《旧唐书·儒学列传序》说：“汉家宰相，无不精通一经，朝廷若有疑事，皆引经决定，由是人识礼教，理致升平。”指的是汉武帝以后的宰相，这与西汉初期居卿相之位者皆治黄老之术或“武力之臣”的情景形成鲜明的对照。

汉代的经学在其发展过程中，内部也形成不同的流派，各流派之间经常相互争论、辩难，这对经学更好地为政治服务是有妨碍的。为了统一经术，西汉宣帝曾于甘露三年（公元前51年）在石渠阁主持召开了经师儒生会议，讨论五经同异。东汉时章帝也曾亲自出马，于建初四年（公元79年）在白虎观召开讨论经术的大会。《后汉书·章帝纪》载：“帝亲称制临决，如孝宣甘露石渠故事。”这两次会议之后，分别产生了《石渠阁议奏》和《白虎议奏》之类的钦定文献，成为研治经学者必须遵循的准绳，但经学内部的斗争并未因此而消除。

---

① 《汉书·武帝纪》。

② 《新论·通识》。

③ 《史记·儒林列传》。

④ 《汉书·匡张孔马传赞》。

东汉尊孔崇儒甚至超过西汉。东汉时代的皇帝为了抬高孔子的身价，提高经学的地位，往往亲自参与对孔子的祭祀，亲自登坛讲经。《后汉书·光武帝纪》载："建武五年冬十月，还幸鲁，使大司空祠孔子。"建武十四年四月，光武帝刘秀封孔子后裔孔志为褒成侯。汉明帝"永平十五年，幸孔子宅，祠仲尼及七十二弟子，亲御讲堂，命皇太子诸王说经"[①]。《后汉书·樊宏阴识列传》引樊准上疏云：

> 及光武皇帝受命中兴，群雄崩扰，旌旗乱野，东西诛战，不遑启处，然犹投戈讲艺，息马论道。至孝明皇帝，……垂情古典，游意经艺，每飨射礼毕，正坐自讲，诸儒并听，四方欣欣。虽阙里之化，矍相之事，诚不足言。

《后汉书·儒林传》也说：汉明帝讲经之时，"儒执经问难于前，冠盖缙绅之人，圜桥门而观听者，盖亿万计"，真是盛况空前。汉明帝之子汉章帝尊孔崇儒不亚于其父。除前述召集白虎观会议讨论经术外，还于元和二年亲到阙里，"以太牢祠孔子及七十二弟子，作六代之乐，大会孔氏男子二十以上者六十三人，命儒者讲论"。[②]《后汉书·安帝纪》云："延光三年……戊戌，祀孔子及七十二弟子于阙里，自鲁相、令、丞、尉及孔氏亲属、妇女、诸生悉会，赐褒成侯以下帛各有差。"

从上述大量记载中，不难看出，汉代的统治者对孔子和儒学是何等尊崇，儒学在汉代所处的地位是何等重要！

汉代的儒学取得了独尊的地位，被宣布为官方理论，绝不能归

---

① 《后汉书·明帝本纪》。

② 《后汉书·儒林传》。

结为某些统治者个人的好恶。从一定意义上讲，孔子和儒学在汉代被尊崇，乃是历史的必然。因为在大一统的王朝里，统治者们需要孔子和儒学，而孔子及其学说又恰好适应了统治者的政治需要。至于统治者及其御用儒生根据自己的需要对孔子进行重新打扮，对孔子的学说进行加工改造，那是题中应有之义，也可以说是历史的必然。尽管如此，孔子及其学说在汉代仍发挥了某些积极的作用，诸如：强化中华民族的大一统观念，稳定社会秩序，从而促进生产力的发展，弘扬中国传统文化的某些积极成果，这些都是应当给予充分肯定的。

三

东汉灭亡之后，自秦汉以来形成的大一统局面结束了，中国继春秋战国之后进入了第二次长期分裂动荡的时代。从魏、蜀、吴三国鼎立到隋文帝统一中国，在长达三个半世纪的时间里，除西晋曾一度实现短暂的统一局面外，中国经历了历史上最混乱纷扰的年代。这种政治局势的变化使两汉时代被奉为官方学说的儒学失去了正统地位。《北史·儒林传》云：

自永嘉之后，宇内分崩，礼乐文章，扫地将近。……自政朔不一，将三百年，师训纷纶，无所取正。

《南史·儒林传》也说：

洎魏正始以后，更尚玄虚，公卿士庶，罕通经业。时荀颉、挚虞之徒，虽议创制，未有能易俗移风者也。自是中原横溃，衣冠道尽。逮江左草创，日不暇给，以迄宋、齐，国学时或开置，而劝课未博，建之不能十年，盖取文具而已。是时乡里莫或开馆，公卿罕通经术，朝廷大儒，独学而弗肯养众，后生孤陋，拥经而无所讲习，大道之郁也久矣乎！

鱼豢《典略》一书也记载了当时的情景：

从初平之元，至建安之末，天下分崩，人怀苟且，纲纪既衰，儒道尤甚……正始中，有诏议圜丘，普延学士，是时郎官及司徒，领吏二万余人，虽复分布，在京师者，尚且万人。而应书与议者，略无几人。又是时朝堂公卿以下四百余人，其能操笔者，未有十人，多皆相从饱食而退。嗟夫！学业沉陨，乃至于此！①

大批的官吏不学无术，甚至目不识丁，这与儒学的衰落密切相关。自从九品中正制的选官制度实行以来，精通儒术已经不再是升官晋爵的门径。儒家经典从此对一般士人失去了吸引力。《隋书·儒林传序》说：

古之学者，禄在其中，今之学者，困于贫贱，明达之人，志识之士，安肯滞于所习，以求贫贱者哉？此所以儒罕通人，学多鄙俗者也。

儒学衰落之后，代之而起的是魏晋玄学。玄学是老庄之学与儒学合流的产物。自东汉以来，荒唐的谶纬之学和烦琐的章句之学越来越遭到人们的唾弃。更何况，那些荒淫无耻的统治者满口

① 《典略·儒宗传序》，《全三国文》卷43。

仁义道德，而在背地里却干尽了卑鄙下流的勾当，以自己的实际行动去败坏名教的声誉。因此，统治者们越是卖力地鼓吹名教，士人对名教就越加讨厌。一旦儒学失去了官方的庇护，这种逆反心理立刻就表现为对名教的公开反叛。可以说，魏晋玄学家们对儒家道德规范的冲击和批判正是“独尊儒术”这种专制主义文化政策造成的逆反效应。

为魏晋玄学开一代风气之先的是何晏与王弼。他们服膺老庄，崇尚玄虚，终日里高谈阔论，不问时事。清谈之风，遂大行于世。《颜氏家训·勉学》篇说：

何晏、王弼，祖述玄宗[①]，递相夸尚，景附草靡，皆以农、黄之化，在乎己身，周、孔之业，弃之度外。

此种风气，影响甚大，士大夫之流，群起效尤，遂成时尚。《晋书·儒林传序》云：

有晋始自中朝，迄于江左，莫不崇饰华竞，祖述玄虚，摈阙里之典经，习正始之余论，指礼法为流俗，目纵诞以清高，遂使宪章驰废，名教颓毁。

玄学家们对待儒学的态度并不完全一致。何晏、王弼等人虽然祖述老庄，但并不公开反对孔子和儒学。何晏与王弼两人都曾下功夫注释过儒家经典。何晏作《论语集解》，陆德明称该书“集孔安国、包咸、周氏、马融、郑玄、陈群、王肃、周生烈之说，并下己意”。王弼著《论语释疑》（已佚）、《周易注》、《周易略例》等。他

① 李周翰《文选注》云：“玄宗，道也。”

们都用老庄思想来解释儒学、改造儒学，从而使儒家思想玄学化。南朝皇侃作《论语义疏》，清人皮锡瑞谓是书“多以老庄之旨，发为骈俪之文，与汉人说经相去悬绝”①。这个评价是恰当的。在玄学家的头脑中，居主导地位的是老庄思想而不是孔子思想。有人说何晏、王弼等人“援道入儒”，实际上他们是“援儒入道”。

嵇康、阮籍一类玄学家对待孔子和儒学的态度与何晏、王弼等人大不一样。他们公开指斥周孔，反抗名教。嵇康“言论放荡，非毁典谟”②，他“以六经为芜秽，以仁义为臭腐”③，甚至公开表示“轻贱唐虞而笑大禹”④，“非汤、武而薄周、孔”⑤，主张“越名教而任自然”⑥。阮籍激烈地抨击儒家礼教所强调的等级名分，他是魏晋时代“无君论”的代表人物之一。他认为：“君立而虐兴，臣设而贼生，坐制礼法，束缚下民。”⑦这样的言论在皇权稳定、儒学独尊的汉代是无人敢说的。阮籍还“不崇礼典”，“见礼俗之士，以白眼对之”⑧。他把儒家的礼法看作是“残贼乱危死亡之术”，把那些“诵周孔之遗训，叹唐虞之道德”的“士君子”骂作裤裆里的虱子⑨。正因为如此，“礼法之士疾之若仇”⑩，把阮籍、嵇康等人都指为“名教罪人”。

---

① 《经学历史》第六章：《经学分立时代》。
② 《晋书·嵇康传》。
③ 《难自然好学论》。
④ 《卜疑》。
⑤ 《与山巨源绝交书》。
⑥ 《释私论》。
⑦ 《大人先生传》。
⑧ 《晋书·阮籍传》。
⑨ 《大人先生传》。
⑩ 同注⑧。

在魏晋南北朝那样动荡战乱的时代，儒学固然失去了规范社会、安定秩序的作用，而玄学家们崇尚的老庄之学也同样无补于世，甚至只能加深当时的社会危机。北朝人颜之推在《颜氏家训》一书里曾列举了很多著名的玄学家最终招致祸患，或为世人所讥议的可悲下场。他说：

平叔（何晏）以党曹爽见诛，触死权之网也；辅嗣（王弼）以多笑人被疾，陷好胜之阱也；山巨源（山涛）以蓄积取讥，背多藏厚亡之文也；夏侯玄以才望被戮，无支离拥肿之鉴也；荀奉倩（荀粲）丧妻，神伤而卒，非鼓缶之情也；王夷甫（王衍）悼子，悲不自胜，异东门之达也；嵇叔夜（嵇康）排俗取祸，岂和光同尘之流也；郭子玄（郭象）以倾动专势，宁后身外己之风也；阮嗣宗（阮籍）沈酒荒迷，乖畏途相诫之譬也；谢幼舆（谢鲲）赃贿黜削，违弃其余鱼之旨也：彼诸人者，并其领袖，玄宗所归。其余桎梏尘滓之中，颠仆名利之下者，岂可备言乎！直取其清谈雅论，剖玄析微，宾主往复，娱心悦耳，非济世成俗之要也。

颜之推对玄学家们的批评是比较公允的。

黄老学派与老庄学派是道家学派的两个不同分支。如果说汉初的黄老之学对稳定局势、巩固政权发挥了一定积极作用的话，那么魏晋时代的玄学在政治上却没有发挥任何积极作用。这一点就连当时的一些清谈家都有所认识。

玄学家王衍在西晋时曾任中书令、尚书令、司徒、司空、太尉等要职，是当时清谈家们的重要领袖人物。《晋书·王戎传》称：“衍既有盛才美貌，明悟若神，常自比子贡。兼声名藉甚，倾动当世，妙善玄言，唯谈老庄为事……朝野翕然，谓之‘一世龙门’

矣。”就是这样一位颇有影响的清谈家，后被石勒俘虏。临终前，他对自己因玄谈而误国的往事进行了深刻的反思。《王戎传》有这样一段记载：

衍将死，顾而言曰："呜呼！吾曹虽不如古人，向若不祖尚浮虚，戮力以匡天下，犹可不至今日！”

这是何等沉痛！与王衍同时代的另一位玄学家，西晋著名将领和文学家刘琨，后来被段匹磾所俘。在身陷囹圄之后他对自己的一生也有所醒悟。他在给朋友卢谌的一封信中说：

昔在少壮，未尝检括，远慕老庄之齐物，近嘉阮生之放旷，怪厚薄何从而生，哀乐何由而至。自顷辀张，困于逆乱，国破家亡，亲友凋残。负杖行吟，则百忧俱至，块然独坐，则哀愤两集……但分析之日，不能不怅恨耳。然后知聃、周之为虚诞，嗣宗之为妄作也。[①]

王衍和刘琨这两位身居要冲的玄学家，以自己的切身感受对玄学进行了深刻的反思。他们都以悲凉沉痛的心情道出了自己对迷恋玄学的悔恨。事实上也是临终之际在内心里由玄学向儒学回归的一种表示。

魏晋南北朝时代儒学的颓势虽然已无可挽回，但并不意味着儒学已经销声匿迹。此时的儒学虽然已经不能再居于独尊的地位了，但当时的许多统治者在政治上仍然是推崇儒学、尊重孔子的。如魏文帝曹丕说：

---

① 《答卢谌书》,《全晋文》卷108。

尊贵儒学，王教之本也。自顷儒官或非其人，将何以宣明圣道？其高选博士，才任侍中常侍者，申敕郡国，贡士以经学为先。[①]

黄初二年，曹丕下诏，称孔子“可谓命世之大圣，亿载之师表者也”，并亲封孔子后裔孔羡为宗圣侯，还“使诸儒撰集经传，随类相从，凡千余篇，号曰《皇览》”。[②]这些都表明魏文帝对孔子和儒学的尊崇。又如十六国时期，汉的刘渊、刘聪，前赵的刘曜，后赵的石勒、石虎，前秦的苻坚，后秦的姚兴，北魏道武帝拓跋珪、献文帝拓跋弘，北周武帝宇文邕等人，都是汉化程度较高的少数民族统治者，他们在称雄一方时，都非常重用儒生，并在自己的统治区域内提倡儒学，在道教与佛教极盛之时，仍然努力恢复儒学的正统地位，力图用儒学来稳定局势，巩固政权，促进北方少数民族的汉化进程，足见儒学在北方还有很大的影响。南朝的梁武帝也曾卖力地表彰儒学。《南史·儒林传》说：

（武帝）天监四年，乃诏开五馆，建立国学，总以五经教授，置五经博士各一个……各主一馆，馆有数百生，给其饩禀，其射策通明经者，即除为吏，于是怀经负笈者云会矣……武帝亲屈舆驾，释奠于先师先圣，申之以谦语，劳之以束帛，济济焉，洋洋焉，大道之行也如是。

梁武帝精通经术，他曾多次为臣下及诸生讲授儒家经典，并撰有《周易讲疏》《毛诗春秋问答》《尚书大义》《中庸讲疏》《孔子正言》《孝经讲疏》等经学著述。梁武帝晚年虽然佞佛过甚，但他在

① 《三国志·魏志·文帝纪》。

② 同注①。

位四十余年，曾为复兴儒学进行过长期的努力则是客观事实。

四

隋王朝的建立结束了三国以来的长期分裂、动乱和南北对峙的局面，中国再一次恢复了政治上的一统，这在客观上为儒学正统地位的恢复创造了有利条件。但是由于魏晋以来道教的迅猛发展和佛教的广泛传播，在思想文化领域里已经形成了儒、道、释三足鼎立的格局。在这种情况下要想使儒学恢复汉代那种一家独尊的地位已经不可能了。隋文帝践祚之始，颇用心于儒业。《隋书·儒林传》说：

高祖（隋文帝）膺期纂历，平一寰宇，顿天纲以掩之，贲旌帛以礼之，设好爵以縻之，于是四海九州强学待问之士靡不毕集焉。天子乃整万乘，率百僚，遵问道之仪，观释奠之礼。博士罄悬河之辩，侍中竭重席之奥，考正亡逸，研核异同，积滞群疑，涣然冰释。于是超擢奇俊，厚赏诸儒，京邑达乎四方，皆启黉校，齐、鲁、赵、魏，学者尤多，负笈追师，不远千里，讲诵之声，道路不绝。中州儒雅之盛，自汉魏以来，一时而已。

隋文帝晚年，“不悦儒术，专尚刑名”，学校渐废，儒业之隆，不似开皇之初。隋炀帝继位，儒学稍有恢复，然隋炀帝“空有建学之名，而无弘道之实，其风渐坠，以至灭亡，方领矩步之徒，亦多转死沟壑”。[①]

---

① 《隋书·儒林传》。

隋朝祚短，仅二世而亡。儒学虽然稍有恢复，但未能大发展。隋朝涌现出一位著名的学者，被推为儒家宗师，他就是王通。王通聚徒讲学，著书立说，声望甚高。虽然时代决定他在当时不可能有大的作为，但他却为唐代培养了一批精通儒术的人才。据传唐初重臣如李靖、魏征、杜如晦、房玄龄等皆出自王通之门。

李唐王朝取代了隋炀帝的统治之后，高祖李渊对儒学颇为重视。他大兴国子学和郡学，并于国子学内立周公和孔子庙各一所，四时祭祀。李世民即位前就锐意经籍，于秦王府内设文学馆，招揽杜如晦等一批儒生，号称十八学士，这些人实际上就是为他出谋划策的智囊团。《旧唐书·儒学列传序》说：

及（太宗）即位，又于正殿之左置弘文学馆，精选天下文儒之士虞世南、褚亮、姚思廉等，各以本官兼署学士，令更日宿直。听朝之暇，引入内殿，讲论经义，商略政事，或至夜分乃罢。又召勋贤三品已上子孙，为弘文馆学生。贞观二年，停以周公为先圣，始立孔子庙堂于国学，以宣父为先圣，颜子为先师。大征天下儒士，以为学官。数幸国学，令祭酒博士讲论，毕，赐以束帛。学生能通一大经以上，咸得属吏……是时四方儒士，多抱负典籍，云会京师。俄而高丽及百济、新罗、高昌、吐蕃等诸国酋长，亦遣子弟请入于国学之内。鼓箧而升讲筵者，八千余人，济济洋洋焉，儒学之盛，古昔未之有也。

自魏晋以来，经学逐渐形成南北两大学术流派。这是汉代的经学今古文之争消弭之后经学内部的又一次分裂。《隋书·儒林传》说："大抵南人约简，得其英华，北人深芜，穷其枝叶。"这是对南北两派不同学风的总体概括。隋文帝时开科取士，考生们论述经义或据南学，或据北学，竟使主考官和博士们无法判定是非高低。这种经学内部的流派之争影响儒学更好地为统一的中央王朝服务。因此，唐太宗登基之后，先命颜师古等考定五经文字，编成《五经定本》，又使孔颖达等撰定《五经正义》，从而使经学的南北之分得到统一。此后科举考试一律以《五经正义》为准绳。唐太宗采取的这些措施对唐代及后世的儒学发展都有重要影响。唐太宗始终把儒学当作治国安邦的根本。他说：

古来帝王以仁义为治者，国祚延长，任法御人者，虽救弊于一时，败亡亦促。①

又说：

是以为国之道，必须抚之以仁义，炙之以威信，因人之心，去其苛刻，不作异端，自然安宁。②

唐太宗在贞观之初曾对臣下说：

朕今所好者惟在尧舜之道，周、孔之教，以为如鸟有翼，如鱼依水，失之必死，不可暂无耳。③

在中国历代王朝中，唐代的文化政策是最为宽松的。唐太宗虽然推崇儒学，礼尊孔子，但他并没有像汉武帝那样实行严酷的

① 《贞观政要·仁义》。

② 同注①。

③ 《贞观政要·慎所好》。

文化专制主义。他崇儒，但却不搞“独尊儒术”，也没有用强硬的行政手段去禁绝儒家以外的其他学术或宗教流派。唐代的社会政治条件和文化氛围与汉代相比要宽松得多。有唐一代的统治者们对待三教的态度并不一致，他们或尊儒，或崇道，或信佛。唐高祖李渊曾宣称皇族李氏是道教始祖老子李耳的“圣裔”，因而在尊儒的同时对道教格外青睐，唐初官方曾正式宣布道教居三教之首。武则天时“兴佛抑道”，佛教曾一度占上风。唐中宗复位后“兴道抑佛”，唐玄宗继续崇道，结果道教再度占据优势。此后肃宗和代宗都信奉佛教，而武宗时又激烈反佛。纵观唐代的历朝统治者，无论崇道还是信佛，在政治上都不排斥儒学，而且在处理军国大事时，基本上都是遵循儒家理论的。唐玄宗是唐代皇帝中崇尚道教最甚的一个。他自封为“开元天宝圣文神武应道皇帝”，他把道教徒们伪托的道教始祖老子封为“大圣祖高上大道金阙玄元天皇大帝”，并把《道德经》举于儒家五经之上。然而辅佐他开创“开元天宝盛世”的名臣姚崇、宋璟、魏知古等人却都是深孚众望的儒生。唐代其他皇帝的宰辅之臣大多数也都是明经或者进士出身。《新唐书·选举志》云：

唐兴，世崇儒学，虽其时君贤愚好恶不同，而乐善求贤之意未始稍怠，故自京师外至州县，有司常选之士，以时而举。

对于统治者来说，无论是尊儒，还是崇道，抑或信佛，归根结蒂是为了政治的需要，个人的好恶或宗教虔诚并不起决定性作用。儒学可以维护封建王权，可以稳定社会秩序，统治者们对此都深信不疑。但是当统治者们发现道教或佛教的存在对他们的统治并不构成威胁，甚至还可利用这些宗教，让宗教与儒学一起来为政治服务时，他们也就不去“抑道”或“排佛”了，甚至乐得去维持三教并存的局面，并千方百计地调和三教之间的矛盾了。这在客观上为三教合流创造了有利条件。

从梁太祖朱温称帝到赵匡胤灭掉后周，史称五代十国。这是继春秋战国、魏晋南北朝以后中国历史上又一次短暂的分裂、战乱时代。在五十余年间，政权五易，先后称帝者计八姓十四君，统治者像走马灯一样换个不停。在这样的动乱时代，儒学理所当然地又要受到冷遇。遍翻新旧两部《五代史》，均无《儒林传》，儒学受冷落的程度即此可见一斑。五代十国实际上是唐代藩镇割据局面的继续和发展。那些称王称帝者基本都是行武出身的军阀。在那些乱世英雄的眼里，什么纲常礼仪、伦理道德，他们全然不顾。只要能够夺取权力、苟安于一时，什么罪恶勾当他们都干得出来，因此，当时反叛篡弑事件频繁发生是毫不足怪的。这些乱世英雄当然不会对儒学有什么兴趣。

宋太祖赵匡胤也是武夫出身，他通过发动兵变夺取了皇位，建立了北宋政权。他为了结束五代十国的纷乱局面，稳定自己的统治，连年用兵于四方，无暇顾及儒学。他至死尚未完成统一的使命。此后直至南宋灭亡，中国一直未能实现完全的统一。但是赵宋王朝的建立毕竟为儒学的复兴创造了条件。

太宗赵光义登基后采取了一些恢复儒学的措施。首先他启用了一大批文臣执政，又进一步完善了科举取士的制度，宣布免除孔府的一切税收，并加封孔子第四十四代孙孔宜为文宣公，以示对孔子和儒学的尊重。宋真宗继位后，封孔宜之子孔延世为曲阜县令，并袭封文宣公。大中祥符元年，宋真宗亲自到曲阜孔庙举行祭祀大典，并追封孔子为“玄圣文宣王”，同时厚赏孔氏家族。真宗亲自撰写了《文宣王赞》，又撰《崇儒术论》，并刻石立于国子监，把尊孔崇儒推向了高潮。他在《崇儒术论》中说：

儒术污隆，其应实大，国家崇替，何莫由斯！

宋真宗在推崇儒学的同时，也大力提倡道教和佛教。他认为“释道二门，有补世教”，并说：“三教之设，其旨一也。”他撰写了《崇儒术论》，又撰《崇释论》。他还命令宰相王钦若主持续修《道藏》，使《道藏》增至四千三百多卷。与此同时，又在全国各地大修道观。可见，宋真宗是把儒、道、释三教都当作维护封建统治的工具来提倡的。此时，三教合流的趋势已经无可逆转。一些学者、士大夫也都适应这种三教合一的潮流，博通儒、道、释。有人标榜“内修菩萨行，外为君子儒”，还有人主张“以佛修心，以道养身，以儒治国”。在这样的社会政治背景下，综合三教，创立一种新的思想体系的条件完全成熟了。宋代的理学（或称道学）就是在这样的背景下产生的。

以周、张、程、朱为代表的宋代理学家或援道入儒，或援佛入儒，他们吸收了道教或佛教的某些思想营养，对儒学进行了细致的加工改造，从而使儒学更加系统化哲理化。这是继汉代董仲舒之后，对儒学进行的第二次重大改造。这种经过宋儒改造的儒学被称作新儒学。这种新儒学就其精神实质来说，比董仲舒改造时的汉代儒学更加远离了孔子创立的原始儒学。董仲舒的儒学是适应汉代统治者的政治需要而产生的，程朱理学则是适应中国封建社会后期统治者的政治需要而创立的。经过宋代理学家们的加工改造，儒学在中国又恢复了一家独尊的正统地位。宋代以后的历代封建统治者都把理学当作护身法宝，当作专制统治的思想武器。就连蒙古和女真等少数民族入主中原之后，他们的统治者也都把理学奉为圭臬，用来对广大汉族民众实行最严酷的思想统治。元代的胡瑜说：“我朝崇儒重道之意，度越前古。”[①] 这并非夸张之辞。清朝康熙皇帝称程朱理学为“集大成而绍千百年绝传之学，开愚蒙而定亿万世遗承之规”[②]。这反映了清朝统治者对理学的推崇。

打着孔学旗号的程朱理学在中国居于统治地位的时间长达七百年之久。直到辛亥革命之后，理学的统治才从根本上开始动摇。

五

辛亥革命虽然推翻了清朝统治，但并未从思想上对历代君主制度进行彻底清算。袁世凯就是公开打着尊孔的旗号来反对民主共和、复辟君主制度的。1912 年 9 月，袁世凯发布《崇孔伦常文》。同年 10 月，陈焕章等人在袁的支持下于上海成立了孔教会。1913 年 6 月，袁又发布《尊孔祀孔令》。8 月，陈焕章、严复等人上书请愿，要求袁世凯定孔教为国教。11 月，袁发布《尊孔告令》。1914 年 9 月，袁号令全国各地举行大规模祭孔典礼。袁世凯死后，张勋继续打着尊孔的旗号进行复辟活动，终于在 1917 年 7 月把废帝溥仪推上了台，导演了一幕尊孔复辟的闹剧。因此，“五四运动”作为一场反帝反封建的新文化运动，首先把矛头指向了儒学和封建礼教，那是必然的。反孔是为了反封建、反复辟，要想反复辟、反封建，在当时就必须反孔。可见，“五四”的反孔斗争是时代的需要，是反帝反封建政治斗争的需要。正是在这样的历史背景下，那些激进的启蒙思想家才对孔子及其学说发起了猛烈的进攻，甚至提出了“打倒孔家店”的口号。对孔学和封建礼教的批判很快形成高潮。这场声势浩大、规模空前的批孔运动在当时的知识界

---

① 《元史·祭祀志》。

② 康熙皇帝题写的一副对联。

和广大民众中引起巨大反响，对于解放人们的思想、唤醒广大民众、使人们认清封建礼教的反动本质，促进新文化运动向纵深发展发挥了巨大的作用。

不可否认，“五四”时代的批孔运动存在着简单化的倾向。由于人们对封建礼教长期毒害的深切痛恨和对当时的尊孔复辟派的极大义愤，一些启蒙思想家对孔子及其学说的批判带有偏激的情绪，对孔子及其学说未能进行客观的、历史的分析，因而缺乏科学性，这是难以避免的。

应当指出的是，“五四”时期那些激进的民主主义者对孔子的态度并不完全一致。对孔子彻底否定、主张坚决打倒的只是吴虞、胡适和钱玄同等少数人。而李大钊、易白沙、鲁迅等人虽然也猛烈批孔，但他们批判的主要是封建礼教。他们对孔子本人仍能一分为二、给予较公正的评价。李大钊在1917年发表的《自然的伦理观与孔子》一文中说：

孔子于其生存时代之社会，确足为其社会之中枢，确足为其时代之圣哲，其说亦确足以代表其社会其时代之道德。使孔子而生于今日，或更创一新学说以适应今之社会，亦未可知……

余谓孔子为历代帝王专制之护符，闻者骇然，……历代君主，莫不尊之祀之，奉为先师，崇为至圣。而孔子云者，遂非复个人之名称，而为保护君主政治之偶像矣。……故余之掊击孔子，非掊击孔子之本身，乃掊击孔子为历代君主所雕塑之偶像权威也；非掊击孔子，乃掊击专制政治之灵魂也。[①]

---

① 《甲寅》月刊1917年2月4日，见《李大钊选集》，人民出版社1959年版，第79—80页。

李大钊批判孔子的态度和方法都是正确的，因而其结论也能经得起时间的考验。

正如中国历代封建王朝的统治者极力尊孔是政治的需要一样，“五四”时代的批孔也是当时政治的需要。在那种特定的历史条件下，一些人批孔的言论过于偏激，对孔子否定得太多，肯定得太少，那是正常的、可以理解的。“五四”狂飙过后，当年批孔的一些先锋人物也曾对自己的批孔言论做过反思，对孔子进行了重新评价。陈独秀后来在狱中写了《孔子与中国》一文。他在这篇文章中说：

孔子影响至深且大，每一封建王朝，都把孔子当作神圣供奉，信奉孔子是假，维护统治是真。农民起义之时，孔子就一时倒霉，新的王朝得胜，即刻又把孔子抬得天高。五四运动之时，我们提出“打倒孔家店”，就是这个道理。但在学术上，孔孟言论，有值得研究之处，如民贵君轻之说，有教无类之说，值得探讨。

胡适在 1934 年写了《说儒》一文，也对孔子进行了重新评价。他在《自传》中说：

有许多人认为我是反孔非儒的。在许多方面，我对那经过长期发展的儒教的批判是很严厉的。但是就全体来说，我在我的一切著述上，对孔子和早期的仲尼之徒如孟子，都是相当尊崇的。我对十二世纪新儒学（理学）开山宗师的朱熹也是十分崇敬的。

不难看出，陈独秀和胡适在“五四”之后对孔子和儒学的评价是比较客观、比较公允的，事实上也是对他们自己在“五四”时期那些批孔言论的修正。

“文化大革命”后期，“四人帮”出于篡党夺权的罪恶目的，也掀起了一场批孔运动。“四人帮”及其御用文人借古讽今，大搞影射史学，他们全然不顾最起码的历史常识，颠倒黑白，对孔子及其学说进行攻击和谩骂。由于他们的政治野心路人皆知，因此，随着“四人帮”的彻底覆灭，他们的批孔叫嚣也就很快烟消云散了。

孔子作为中国两千五百多年前的伟大学者、思想家和教育家，对中国乃至全人类产生过深远、巨大的影响，这是举世公认的。可是在政治上却成了中国历史上争议最大的人物之一。孔子及其学说的历史命运往往取决于社会条件和政治需求。每当社会面临重大变革时，孔子及其学说总是首当其冲，被列为批判和打倒的对象。一旦变革结束，社会又恢复平静时，孔子便又被奉为圣人，成为人们崇拜的偶像，他的学说自然也就恢复了往日的尊严。孔子及其学说两千多年来的历史命运就是如此：不断地被批判、否定，又不断地被尊崇、肯定。今天，是我们实事求是地、科学地评价孔子的时候了！我们应当剥去历代封建统治者强加在孔子身上的层层伪装，审视历代经师对孔学的加工改造，恢复孔子及其学说的本来面目。同时，继承孔子学说的精华，用这笔宝贵的文化遗产来为现代化建设服务。

第二章
孔子的生平与事业（上）

一、青少年时代

孔子的祖先原是宋国公族。

宋缗公之长子名曰弗父何，为孔子第十世祖。缗公死后，其弟炀公即位。缗公次子鲋祀弑炀公而以国授弗父何，弗父何不肯，鲋祀乃自立，是为宋厉公，《左传·昭公七年》说“弗父何以有宋而授厉公”，即指此事。弗父何之孙曰正考父，是宋国很有声望的卿大夫，连续辅佐戴公、武公及宣公，立有大功。正考父之子曰孔父嘉，为宋国大司马，因与世卿华氏有隙，被华氏杀死，其子木金父受逼于华氏，逃亡至鲁国安身[①]。木金父之孙任鲁国臧孙氏采地防邑之宰，故称防叔，是为孔子之曾祖。防叔之孙曰叔梁纥，即孔子生身之父。

① 此据胡仔《孔子编年》之说。《孔子家语》则云直至防叔时孔氏始逃至鲁国。

叔梁纥是一位武士，出任鲁国陬邑之宰，故又称陬叔纥或陬梁纥。叔梁纥身体强健，作战勇猛，曾于鲁襄公十年（公元前 563 年）和鲁襄公十七年（公元前 556 年）先后两次荣立战功，因此名闻诸侯。

叔梁纥与正妻施氏生了 9 个女儿[①]，没有儿子。与妾生有一子，曰孟皮。孟皮有足疾，不能做叔梁纥的继承人。叔梁纥身为武士，没有一个健康的儿子继承自己的事业，心有不甘。于是晚年又娶颜氏女为妾。颜氏名征在，即孔子之母。《史记·孔子世家》说："纥与颜氏女野合而生孔子。"叔梁纥与颜征在结婚时已年过花甲，而颜氏正值妙龄。古人认为男女双方年龄相差太悬殊，且又未经媒妁而结合，是不合礼仪的，故称"野合"。鲁襄公二十二年，即公元前 551 年，夏历八月二十七日，孔子出生[②]。

《史记·孔子世家》又说："祷于尼丘而得孔子"，"生而首上圩顶，故因名曰丘云，字仲尼"。按照司马迁的说法，孔子名丘，有两方面原因：一是因为孔子之母在尼丘祈祷而生孔子，二是因为孔子刚生下时头顶"圩顶"。司马贞《史记索隐》云"圩顶言顶上窳（洼）也"，即"中低而四傍高也"。古人之"字"往往与名有联系，孔子排行老二，又生于尼丘，故字曰仲尼。

孔子出生不久，其父叔梁纥不幸死去[③]。孔子之母颜氏带年幼的孔子离开陬邑，回到曲阜。颜氏年轻守寡，但对孔子教育很严。孔子后来成为伟大的学者和教育家、思想家，是与颜氏对孔子的辛勤培育分不开的。《史记·孔子世家》说："孔子为儿嬉戏，常陈俎豆，设礼容。"表明孔子自幼就对礼仪活动很感兴趣。

---

① 一说叔梁纥与施氏生了 12 女。

② 因推算方法不同，或云孔子生于夏历八月二十八日。

③ 《史记·孔子世家》："丘生而叔梁纥死。"

孔子稍大，迫于生计，不得不参加各种劳动，挑起生活的重担。孔子自己曾说过："吾少也贱，故多能鄙事。"[①]所谓"贱"，就是指地位低下，家境贫寒；所谓"鄙事"，就是指那些粗笨、繁重的体力劳动。

在孔子十六七岁时，孔母颜氏去世了。

孔母去世不久，发生了一件对孔子刺激很大的事。

鲁昭公七年，即公元前535年，鲁国的执政之卿季武子举办了一次招待士的宴会。士在春秋晚期是个重要的社会阶层。这个阶层中既包括大批贵族下层人物，也包括那些受过一定程度教育、有某些专长、从广大庶民中选拔出来的优秀人才。季武子设宴招待士，一方面是为了讨好士阶层，寻求他们的支持，借以巩固自己的政治地位；另一方面也是为了从这些士中物色自己需要的人才。孔子之父叔梁纥是"以勇力闻于诸侯"的武士，曾任陬邑大夫，又立过战功，在宗法制度下孔子的出身应是士。孔子少年时代受母亲家教，自己又刻苦好学，熟悉各种礼仪，也算是学有专长的人才。因此孔子听说季氏设宴飨士，便欣然前往。可是刚走到季氏门口，却被季氏的家臣阳虎拦住。阳虎对孔子说："季氏飨士，非敢飨子也。"[②]就这样把孔子拒之门外。阳虎这样做显然是有意羞辱涉世未深的孔子。不过这件事却使孔子认识到：父亲的身世并不能给自己增添荣耀，今后的路要靠自己去闯。

母亲去世之后，孔子所面临的问题首先是如何谋生。他渴求知识，酷爱学习，但现实生活逼迫他必须找到一种能够挣钱糊口的职业。孔子曾为人当"委吏"，即仓库管理人员。不久又为人做"乘田"，即替人放牧、管理牛羊。《孟子·万章下》记载："孔子尝为委

① 《论语·子罕》。

② 《史记·孔子世家》。

吏矣，曰：‘会计当而已矣。’尝为乘田矣，曰：‘牛羊茁壮长而已矣。’”“委吏”和“乘田”都是孔子所说的“鄙事”。

孔子十九岁那一年，娶宋国丌官氏女子为妻。第二年，丌官氏生下一子。据说此子降生后，鲁昭公曾派人送来一条鲤鱼，以示祝贺，孔子很高兴，因而孔子给儿子取名为鲤，字伯鱼。

随着年龄的增长，孔子更加勤奋好学。他白天为人管理仓库或放牧牛羊，晚上回到家里刻苦读书。

西周和春秋时代，贵族子弟在学校里接受正规教育，必修的六门课程是礼、乐、射、御、书、数，总称“六艺”。孔子虽然没有在学校里接受正规教育，但由于他刻苦自学，较早地熟悉了上述六门课程。

“礼”包括典章、制度和礼仪，是人们的社会行为规范，是“六艺”中最重要的内容。孔子少年时代就开始习礼，长大后又非常注意观察、学习各种礼仪活动。当时曲阜城内经常举行乡射礼、乡饮酒礼，还有各类祭祀活动以及丧葬、嫁娶活动，孔子经常参加或围观，对各种礼仪逐渐精通，以后又对古代的典章、制度进行了研究、探讨。孔子很重视在各种实践活动中学习。曲阜城内有一座祭祀鲁国始祖周公旦的大庙，称为太庙。太庙中保存着大批鲁国的器物和历史人物的牌位，堪称鲁国的历史博物馆。鲁国的许多重要典礼都在这里举行。因此太庙是学习礼仪和历史文化知识的重要所在。孔子每次来到太庙，都虚心向别人请教。有的人见孔子什么都问，就在背地里议论说：“孰谓鄹人之子知礼乎？入太庙，每事问。”孔子听到了这样的议论，就说：“是礼也。”[①] 意思是说：不懂的就问，这正是礼啊！

孔子对音乐也很感兴趣。他曾向师襄等有名的乐师学习弹琴、

① 《论语·八佾》。

击磬、欣赏乐曲。清人崔东壁在《洙泗考信录》中说，孔子在少年时代就已开始学弹琴。《史记·孔子世家》有这样一段记载：

孔子学鼓琴师襄子，十日不进。师襄子曰："可以益矣。"孔子曰："丘已习其曲矣，未得其数也。"有间，曰："已习其数，可以益矣。"孔子曰："丘未得其志也。"有间，曰："已习其志，可以益矣。"孔子曰："丘未得其为人也。"有间，曰有所穆然深思焉，有所怡然高望而远志焉。曰："丘得其为人，黯然而黑，几然而长，眼如望羊，如王四国，非文王其谁能为此也！"师襄子避席再拜，曰："师盖云《文王操》也。"

这段记载可能有夸大其辞之处。但孔子学琴于师襄，又见于《韩诗外传》五、《淮南子·主术篇》等书，其事大体可信。这个故事一方面反映孔子好学深思、勇于探讨、精益求精的学习态度；另一方面也表明孔子当时已经具备了很高的音乐鉴赏水平，否则就不可能领会乐曲中塑造的音乐形象，并依据音乐形象推断出乐曲的作者。《论语》一书中记载了不少孔子学习音乐的体会以及对音乐重要意义的认识。《史记·孔子世家》还说："孔子适齐……与齐太师语乐，闻《韶》音，学之，三月不知肉味，齐人称之。"这表明孔子对音乐的迷恋已经达到了如醉如痴的程度。这与孔子青少年时代酷爱音乐，并刻苦学习音乐有密切关系。

射、御是当时受教育者必修的军事体育科目。射就是射箭，御就是驾车。春秋以前官吏文武不分，每个受教育者既要学文，也要习武。各诸侯国的执政之卿既是最高的军事统帅，又是最重要的宰辅之臣。他们往往出将入相，战时率军出征，平时处理政务。一般的中下层官吏平时主要从事文职工作，战时则"执干戈以卫社稷”。所以当时的官府之学一方面要教授各种文化知识，同时对射、御等军事体育科目也很重视。孔子之父叔梁纥是个力举千钧的勇士。孔子少年时代经常参加体力劳动，身体强壮。《史记·孔子世家》称孔子身高“九尺六寸”。司马迁说的“九尺六寸”指的是汉代的尺寸。据研究古代度量衡学者的考证和地下出土文物的实际验证，每汉尺的长度约为 21.35 厘米，所以孔子的实际身高约为 205 厘米。这样的身体条件对于学习射、御等科目是非常有利的。孔子成年之后，有人议论说：“大哉孔子！博学而无所成名。”意思是说，孔子学识虽渊博，可惜没有树立名声的专长。孔子听说后，对弟子们说：“吾何执？执御乎？执射乎？吾执御矣！”① 这表明孔子射箭、驾车的技术都很精湛。《礼记·射义》记载：“孔子射于矍相之圃，盖观者如堵墙。”如果孔子射箭技术不高明，绝不会吸引众多围观者。

孔子年龄稍长，已不满足于一般贵族子弟所学习的礼、乐、射、御、书、数等课程了。孔子怀着强烈的求知愿望，更加广泛地涉猎《诗》《书》《易》和其他各种历史文化典籍。他如饥似渴地搜求、阅读他能得到的各种书籍。有不懂之处，或者遇到疑难问题，就虚心地向别人请教。孔子还经常到各地去访问、考察。为了研究夏商两代的历史文化，他曾先后到杞国和宋国去实地考察。因为杞国是夏代后裔的封地，都城就在今河南省杞县；宋国是殷商后裔的封地，都城就在今河南省商丘市，距离孔子的故乡曲阜都不远。孔子认为，杞、宋两国应当保留较多夏商两代的文化传统，他很想通过实地考察获得一些研究夏商两代历史文化的有用资料，可惜收获不多。后来孔子曾说：“夏礼，吾能言之，杞不足征也；殷礼，吾

---

① 《论语·子罕》。

能言之，宋不足征也，文献不足故也。足，则吾能征之矣。”[1]这表明孔子对夏商两代的礼仪制度很感兴趣，很想下功夫深入研究。

鲁昭公十七年，即公元前525年，孔子年二十七岁。这年秋天，郯国的国君到鲁国来访问。郯国是少皞后裔的封地。故地在今山东省郯城县，距鲁国都城曲阜不远。鲁昭公为郯君举行欢迎宴会，席间鲁大夫叔孙昭子问郯君：“少皞氏鸟名官，何故也？”郯君回答说：

吾祖也，我知之。昔者黄帝氏以云纪，故为云师而云名；炎帝氏以火纪，故为火师而火名；共工氏以水纪，故为水师而水名；太皞氏以龙纪，故为龙师而龙名。我高祖少皞挚之立也，凤鸟适至，故纪于鸟，为鸟师而鸟名：凤鸟氏，历正也；玄鸟氏，司分者也；伯赵氏，司至者也；青鸟氏，司启者也；丹鸟氏，司闭者也；祝鸠氏，司徒也；鴡鸠氏，司马也；鳲鸠氏，司空也；爽鸠氏，司寇也；鹘鸠氏，司事也。五鸠，鸠民者也。五雉为五工正，利器用、正度量，夷民者也。九扈为九农正，扈民无淫者也。自颛顼以来，不能纪远，乃纪于近。为民师而命以民事，则不能故也。[2]

郯君熟悉古代典章制度，他回答叔孙昭子时讲述的历史故事，反映了氏族公社时代的图腾崇拜。所谓“以云纪”“以火纪”“以水纪”“以龙纪”“纪于鸟”等等，实际上就是不同的氏族分别以云、火、水、龙、鸟等为图腾。有关图腾崇拜时代的历史传说在春秋晚期很多人都感到陌生了。孔子听说郯君知识渊博，便前去拜见，虚心向郯君学习。既而他深有感触地对人说：“吾闻之，‘天子失官，

---

① 《论语·八佾》。

② 《左传·昭公十七年》。

官学在四夷'，犹信。”[①] 意思是说：我听说周天子衰落了，有关古代的历史文化保存在比较偏远的小国。见到了郯国的国君，我才知道这个说法是可信的。

西周时代王朝的统治中心在镐京，即现今陕西省西安市长安区西北。那里是周人发迹之地，也是周人的宗庙所在地，故镐京又称宗周。但镐京地处偏西，远离中原，在交通很不发达的西周时代，诸侯们朝见周王、缴纳贡赋都很不方便。于是西周统治者决定在地处中原的洛邑修建新的都城。洛邑即今河南省洛阳市。新的都城建成后成为周王朝新的政治中心，这里又称成周或王城，实际上是西周王朝的副都。王室东迁之后，镐京和西部王畿都变成秦国的领地，因而洛邑就成了东周王朝唯一的都城。春秋时代虽然王室衰微，但洛邑仍是中国最重要的政治、经济和文化中心。那里有王室搜罗、保存的大量珍贵历史文物和文化典籍，聚集着一批学识渊博、声望很高的大学者。这正是求学心切的孔子日夜向往的地方。后来，孔子终于实现了到京师洛邑学习考察的夙愿。有关孔子适周之事，《史记》中的《孔子世家》《老子韩非列传》《十二诸侯年表》各篇以及《韩诗外传》八、《说苑·敬慎》《庄子·天道》等均有记载。但孔子适周的确切年代已无从考究[②]。从各种记载推断，孔子适周很可能不止一次。孔子曾参观了洛邑城内外的文物古迹，并有幸阅览了王室图书馆收存的珍贵典籍，从

---

① 《左传·昭公十七年》。

② 《孔子世家》云适周在昭公二十年，孔子年三十；《庄子·天道》云孔子年五十一南见老聃，应在定公九年；《水经注》云孔子适周时年十七，应在昭公七年。《史记索隐》云孔子适周在昭公二十四年，孔子时年三十四岁。然以上四说皆有可疑者，故一些学者怀疑孔子适周非信史。详见钱穆《先秦诸子系年考辨》卷一。孔子适周在三十岁前后。否定孔子适周亦无确据。

而使孔子大开眼界。当时周王朝有一位大夫叫苌弘，是著名的音乐理论家和博物学家。孔子曾向苌弘请教，还与苌弘一起讨论了古代的歌舞和音乐理论。苌弘对孔子虚心好学的精神和卓越的见识大为赞赏，从而使孔子这位布衣出身的鲁国青年学者在京师洛邑成为小有名气的人物。

孔子在洛邑还会见了当时最伟大的思想家老子。老子是周王室的守藏史，相当于现在的国家图书馆馆长，他学问渊博，思想深邃。老子大约比孔子年长三十岁，是孔子最景仰的人物之一。孔子能够阅览王室收藏的珍贵典籍，主要依靠老子提供的方便。孔子与老子长谈之后，对老子极为钦佩，同时对这位伟大的思想家也感到有些神秘莫测。孔子曾对人说：

鸟，吾知其能飞；鱼，吾知其能游；兽，吾知其能走。走者可以为罔，游者可以为纶，飞者可以为矰。至于龙吾不能知，其乘风云而上天。吾今日见老子，其犹龙邪！①

孔子到京师求学，尤其是会见苌弘和老子，是孔子一生中的重大事件。这一事件对孔子后来的事业、思想和声望有重大的影响。所以司马迁说：“孔子自周反于鲁，弟子稍益进焉。”②

孔子出身贫寒，没有资格进贵族学校接受教育，他完全依靠刻苦自学而成为知识渊博的学者。孔子学无常师。他虚怀若谷，不耻下问。《史记·仲尼弟子列传》有这样一段记载：

陈子禽问子贡曰：“仲尼焉学？”子贡曰：“文武之道未坠于

① 《史记·老子韩非列传》。

② 《史记·孔子世家》。

地，在人，贤者识其大者，不贤者识其小者，莫不有文武之道。夫子焉不学，而亦何常师之有！”

为了求学，年轻的孔子足迹遍布于鲁、周、卫、杞、齐、宋诸国。他不仅向师襄、齐太师、郯子、苌弘、老聃等人学习，也向太庙管理人员等社会底层人物学习，因而才能成为“博于诗书，察于礼乐，详于万物”[①]的学者。

孔子能够成为知识渊博的学者、伟大的思想家和教育家，与孔子及其先世生活成长的社会历史环境有密切关系。

孔子祖先为宋人。宋国是殷商后裔的封地，那里有殷商古老的文化传统。自西周以来，宋国的文化对各诸侯国有深远的影响。宋国直至春秋晚期，仍保存着许多殷商的典章制度。《左传》中有这样一段记载：

宋公享晋侯于楚丘，请以《桑林》。荀罃辞。荀偃、士匄曰：“诸侯宋、鲁，于是观礼。鲁有《禘》乐，宾祭用之。宋以《桑林》享君，不亦可乎？”舞，师题以旌夏，晋侯惧而退入于房。去旌，卒享而还。[②]

故事发生于鲁襄公十年，即公元前 563 年。因晋悼公联合诸侯灭掉了芸姓小国偪阳，并把偪阳送给了宋国，故宋国国君宋平公设宴答谢晋悼公。宋平公拟在宴会上表演《桑林》之乐舞。周代实行严格的等级制度，贵族中的天子、诸侯、卿、大夫、士，每一个等级适用于什么礼仪，都有明确的规定，违背礼仪即视为

① 《墨子·公孟》。

② 《左传·襄公十年》。

僭越。因为《桑林》是殷商时代天子所用的乐舞，而晋悼公是个诸侯。故晋国正卿荀罃连忙推辞，认为不妥。晋国的另外二卿荀偃、士匄以鲁、宋两国享有特权，可以用殷周天子之乐来打圆场，晋悼公才勉强同意。这个故事一方面说明春秋后期虽然“礼坏乐崩”，但诸侯们仍有所忌惮，不敢随意僭越。另一方面也证明，因为鲁国为周公之后，宋国为殷商之后，两国确实享有一些特权，保留的殷周制度和文化传统比其他诸侯国更多些。正因为宋国有着悠久的文化传统，在百家争鸣时代，宋国仍为重要的文化中心，产生了老子、墨翟、庄周、惠施等一大批学者和思想家，[①]他们的思想都不同程度地保留了许多殷商文化的基因。孔子的祖先长期生活于宋国，当然受殷商文化熏陶很深，故孔子临终仍念念不忘自己是殷商的后裔。

春秋时代的鲁国也是最重要的文化中心。这与鲁国的文化渊源有密切关系。鲁国是大汶口文化和龙山文化的重要发祥地。鲁国都城曲阜曾是传说中东夷族首领少皞的故都。少皞之族素以发达的农业和手工业著称。商代中期，商王朝曾以曲阜为都城。周武王灭殷之后，封西周开国元勋周公之子于鲁。《左传·定公四年》说：

昔武王克商，成王定之，选建明德，以蕃屏周。故周公相王室，以尹天下，于周为睦。分鲁公以大路、大旂，夏后氏之璜，封父之繁弱，殷民六族，条氏、徐氏、萧氏、索氏、长勺氏，尾勺氏，使帅其宗氏，辑其分族，以法则周公。用即命于周。是使之职事于鲁，以昭周公之明德。分之土田陪敦、祝、宗、卜、史，备物、典策，

① 关于老子是否为宋国人，学界尚有争议，但老子思想中的商文化基因却是不争的事实。

官司、彝器；因商奄之民，命以《伯禽》而封于少皞之虚。

《左传》中的这段记载详细地叙述了鲁国初封时的殊荣。伯禽赴封时，得到了周王的特别赏赐，他不仅把大批珍贵的器物、典籍带到鲁国，而且带去了一批有良好文化教养的官吏，同时还把原先为殷商王室服务、精通手工制造业的“殷民六族”也带到曲阜，再加上那里原有的文化素质较高的“商奄之民”，这一切都为鲁国文化的繁荣创造了极为有利的条件。此后，鲁国的文化传统一直受到各国的景仰。鲁襄公二十九年，即公元前544年，吴国的著名学者和政治家季札到鲁国访问，特地请求观赏鲁国的歌舞和音乐。他一边欣赏，一边赞叹不已，对鲁国的文化表示了极大的兴趣。

吴公子札来聘，……请观于周乐。使工为之歌《周南》《召南》，曰：“美哉！始基之矣，犹未也，然勤而不怨矣。”……为之歌《小雅》，曰：“美哉！思而不贰，怨而不言，其周德之衰乎？犹有先王之遗民焉。”为之歌《大雅》，曰：“广哉！熙熙乎！曲而有直体，其文王之德乎！”为之歌《颂》，曰：“至矣哉！直而不倨，曲而不屈，迩而不偪，远而不携，迁而不淫，复而不厌，哀而不愁，乐而不荒，用而不匮，广而不宣，施而不费，取而不贪，处而不底，行而不流。五声和，八风平。节有度，守有序，盛德之所同也。”见舞《象箾》《南籥》者，曰：“美哉！犹有憾。”见舞《大武》者，曰：“美哉！周之盛也，其若此乎！”见舞《韶》《濩》者，曰：“圣人之弘也，而犹有惭德，圣人之难也。”见舞《大夏》者，曰：“美哉！勤而不德，非禹，其谁能修之？”见舞《韶》《箾》者，曰：“德至矣哉，大矣！如天之无不帱也，如地之无不载也。虽甚盛德，其蔑以加于此矣，观止矣。若有他乐，吾不敢请已。”①

季札是吴国贵族，有渊博的学识和很高的鉴赏水平，因此到了鲁国非要欣赏鲁国乐师表演的乐舞，而且能够根据乐师的演奏准确地判断演奏的内容。鲁国乐师的演奏和舞者的表演充分显示了鲁国在当时的诸侯国中有深厚的文化底蕴。因为鲁国是周公的后裔，享有特权，在诸侯国中是唯一可以奏周乐、秉周礼的国家。晋国与鲁国都是姬姓国家。但晋国君臣都对鲁国的文化和特权羡慕不已。鲁昭公二年春季，晋国执政之卿韩宣子到鲁国访问，在鲁太史氏陪同下翻阅了鲁国公室保存的《易象》及《鲁春秋》，韩宣子看后大发感慨地说："周礼尽在鲁矣，吾乃今知周公之德与周之所以王也。"②由此不难看出，韩宣子对鲁国的文化是何等向往。

孔子对中国古代文化，特别是西周以来的礼乐文化怀有深厚的感情。他"信而好古"，自少年时代起就发愤学习，孜孜不倦地研究古代文化，再加上宋、鲁悠久文化传统的熏陶和哺育，孔子终于成长为中国古代最伟大的文化巨人。他"祖述尧舜，宪章文武"③，为继承和弘扬华夏的传统文化建立了丰功伟绩。

孔子生活的春秋晚期，正是中国社会发生剧烈动荡、面临重大变革的时代。西周以来的各种礼乐制度日趋崩溃。春秋后期，私有土地日益增多，土地的自由交换也出现了，这意味着以土地公有为前提的井田制开始瓦解。晋国"隶农"的出现④、"作爰田"和"作

---

① 《左传》襄公二十九年。

② 《左传·昭公二年》。

③ 《礼记·中庸》。

④ 见《国语·晋语》。

州兵”制度的实施[①]，鲁国“作丘甲”“用田赋”的出现[②]，郑国的“为田洫”及郑子产“作丘赋”[③]等等，都是春秋后期井田制度日渐瓦解的标志。

分封制是周代最重要的政治制度。随着政治权力的逐级下移，分封的权力也在不断下移。西周时代主要是天子分封诸侯，春秋前期主要是诸侯分封卿大夫，到了春秋后期，则主要是卿大夫分封陪臣[④]。分封制的最大弊病就是不可避免地造成尾大不掉的结局。天子分封的结果是诸侯称霸，诸侯分封的结果是大夫专权，大夫分封的结果是陪臣执国命。分封制的各种弊端充分暴露之后，统治者们不得不改变统治方略，于是郡县制产生了，分封制被逐渐取代。

宗法制度本来是周代统治者利用血缘关系为政治服务的一种宗族制度。在君权衰落的情况下，宗族之权却迅速膨胀，从而使天子、诸侯的君权受到严重的威胁。春秋后期，晋国的“六卿”，郑国的“七穆”，齐国的陈氏、崔氏，鲁国的“三桓”，等等，都是宗族势力侵凌君权的例证。这表明宗法制度已经不能再为天子、诸侯的君权服务，反而成为君权的对立物，这就注定宗法制必然走向没落。

井田制、分封制、宗法制等重要制度发生的深刻变化，预示着周代社会从经济基础到上层建筑都面临重大、深刻的变革，旧时安定和谐的社会秩序被剧烈动荡的局面所取代。《左传·隐公三年》有这样一段记载：

---

① 见《左传·僖公十五年》。

② 分别见《春秋·成公元年》,《春秋·襄公十二年》。

③ 见《左传·襄公十年》《左传·襄公十三年》及《左传·昭公四年》。

④ 参见吕文郁著《周代的采邑制度》，社会科学文献出版社 2006 年版。

卫庄公娶于齐东宫得臣之妹，曰庄姜，美而无子，卫人所为赋《硕人》也[①]。又娶于陈，曰厉妫，生孝伯，早死。其娣戴妫，生桓公，庄姜以为己子。公子州吁，嬖人之子也。有宠而好兵，公弗禁。庄姜恶之。石碏谏曰："臣闻爱子，教之以义方，弗纳于邪。骄、奢、淫、泆，所自邪也。四者之来，宠禄过也。将立州吁，乃定之矣；若犹未也，阶之为祸。夫宠而不骄，骄而能降，降而不憾，憾而能眕者，鲜矣。且夫贱妨贵，少陵长，远间亲，新间旧，小加大，淫破义，所谓六逆也；君义，臣行，父慈，子孝，兄爱，弟敬，所谓六顺也。去顺效逆，所以速祸也。君人者，将祸是务去，而速之，无乃不可乎？"弗听。

终于导致州吁弑庄公而自立，是为卫桓公。春秋时代类似卫大夫石碏所说的"六逆"时有发生。君臣之间无视礼法、犯上作乱的现象屡见不鲜。诸侯国之间以强凌弱，以众暴寡，凭借武力互相蚕食、吞并，战争日益频繁、激烈。春秋二百余年间，仅见于记载的军事行动可略举如下：

侵六十，伐二百又三，战二十三，围四十四，入二十七，迁十，灭国五十[②]。

西周初年，承认周王为"天下共主"的诸侯国总共有一千多个。《吕氏春秋·观世》篇说"周初所封四百余，服国八百余"，计一千二三百个。《史记·陈杞世家》说："周武王时，

① 《诗经·卫风》中的《硕人》。

② 粹芬阁藏本《春秋三传》卷首提要。

侯伯尚千余人。”《礼记·王制》《尚书大传》并云周初诸侯“千七百七十三国”。《汉书》中的《贾山传》《阜陵王延传》又云周初封爵“千有八百”。由于西周时代的诸侯国数目一直处于变动之中，很难有一个确切的统计数字。大体上说，周初有一千多个诸侯国是比较可信的。到春秋后期，大小诸侯国仅剩下几十个，其余的全部被吞并。

春秋晚期，鲁国因卿大夫专权，公室的土地、军赋全部被“三桓”瓜分，国君已经没有任何实权，成为听任“三桓”摆布的傀儡。鲁国当时又处于大国的包围之中。东有齐国，西北有晋国，西南有楚国，这三个国家实力都很强大，对鲁国构成极大威胁。当时的鲁国内有世卿专权，外有强敌胁迫，可谓内外交困。

面对这样的现实，年轻的孔子感到茫然。他一心想寻找机会施展自己的才能，为改变鲁国的落后面貌和危险处境贡献力量。但是，孔子向往文、武、周公时代，他把西周时代的礼乐文化当作社会制度完美的典范。而现实社会中那种“君不君，臣不臣，父不父，子不子”[①]的现象使孔子感到痛心疾首。他希望能通过自己的努力去改变“礼坏乐崩”的局面，使社会恢复旧时的安宁秩序。孔子一生都在为实现自己的政治理想而奔走呼号。可是他的执着追求与剧烈变革的社会现实之间存在着尖锐的冲突。这种尖锐的冲突注定孔子的一生必定要历尽坎坷。青年时代的孔子就已经树立了远大的理想，又具有杰出的才能。然而历史已经决定孔子不能成为伟大的政治家，他只能在文化教育方面施展自己的才能。这对孔子来说，既是他的不幸，也是他的万幸。

---

① 《论语·颜渊》。

二、从“而立”到“知天命”

孔子自谓：“吾十有五而志于学，三十而立，四十而不惑，五十而知天命，六十而耳顺，七十而从心所欲，不逾矩。”[①] 孔子依照年龄的自然增长，把自己的一生划分为几个阶段，每个阶段都标志自己在学业和道德修养方面进入一个新的境界。从“而立”之年到“知天命”之年，是孔子在人生道路上从逐渐成熟到对人生、社会和自然界有了深刻认识的时期，也是孔子在事业上从起步到取得成就的时期。

三十岁的孔子风华正茂，他满怀济世经邦之志，积极地寻找着施展抱负的机会，渴望为国家建立功业。孔子幼年丧父，少年丧母，从小就饱经困苦生活的磨炼。但他矢志不渝，长期坚持刻苦自砺。到了三十岁，孔子已经为自己一生的事业奠定了坚实的基础。这时的孔子在学识和道德等方面已经初露头角，赢得了人们的尊重，特别是引起了上层社会的注意，这更加坚定了孔子在政治上一展宏图的雄心壮志。可是现实社会却一次又一次地使他的政治理想化为泡影。这位年轻的学者对世事的艰难和人生旅途的坎坷依然缺乏足够的思想准备。

进入“而立”之年以后，孔子的主要志向仍在于政治。他寻找各种机会，希望步入仕途。他这样做的目的并不是为了贪图富贵，也不是为了光宗耀祖，而是为了实现他的政治理想。因为孔子清楚地认识到，要想对国家的政治生活产生影响，要想改变国家的政治局面，那就必须占据一定的职位，掌握一定的权力。一介平民，无论有多么宏伟的志向，多么美妙的政治蓝图，都不可能在政治上有

---

① 《论语·为政》。

什么大的作为。孔子渴望参与国家政治，就是想把自己的政治主张付诸实施。孔子曾满怀信心地说："苟有用我者，期月而已可也，三年有成。"[①] 这话既反映了孔子急于从政的心理，也表明了孔子在政治上的雄心。但是，在世卿世禄制度依然盛行的鲁国，大权完全操纵在"三桓"和其他世卿手中。这些大贵族怎么会轻易地让出身低微的孔子染指鲁国的政治呢?

当孔子在政治上感到报国无门时，历史却意外地为他选择了另一条成功之路：兴办私人教育。

孔子勤奋好学，知识渊博，又有良好的道德修养，从而赢得了人们的尊重。当时一些没有资格进入"国子"学接受教育，而又渴望学习知识的社会下层人士，都慕名投奔到孔子门下，拜孔子为师。孔子自己也因出身贫寒，未能接受正规教育，他的自学经历使他深深地同情和理解这些贫苦青年的求学愿望，于是孔子毅然办起了私学，开始向这些贫苦子弟传授知识。

由于孔子兴办的私学主要是面向社会底层，前来学习的人不用缴纳学费，只要向孔子交一束干肉做见面礼，孔子就承认他们为弟子。孔子说过："自行束脩以上，吾未尝无诲焉。"[②] 甚至有些品行不够端正，人生经历中有某些污点的人前来拜他为师，孔子也不拒绝。经过孔子的教导，这些人都改邪归正了。孔子的学生颜涿聚曾经是"梁父之大盗"[③]。孔子的另一个学生子路入学之前似乎是个歹徒。《史记·仲尼弟子列传》说："子路性鄙，好勇力，志伉直，冠雄鸡，佩豭豚，陵暴孔子，孔子设礼稍诱子路，子路后儒服委质，因门人请为弟子。"经孔子教育培养，颜涿聚后来到卫国和齐国做

① 《论语·子路》。

② 《论语·述而》。

③ 《吕氏春秋·尊师》。

官，当了齐国大夫，子路成为孔子的知心朋友，也到卫国做官，最后为卫国捐躯。

孔子的私学越办越兴旺。作为老师，孔子“好学不厌，诲人不倦”[①]，而又“循循然善诱人”[②]。前来拜师受业的弟子越来越多，孔子的私学名声也越来越大，其影响远远超出鲁国，其他一些国家渴望学习的青年也都慕名远道投奔到孔子门下。在孔子的知名弟子中，有许多来自其他国家，如端木赐、言偃、卜商、颛孙师、公皙哀、高柴、巫马施、梁鳣、公孙龙、壤驷赤、任不齐、奚容箴、公肩定、句井疆、廉絜、琴牢、陈亢等皆是。他们当中的大多数后来都成为孔门弟子中的佼佼者。孔门弟子中还有很多后世不知其姓名者也都来自其他国家。

孔子因为办学成功，在社会上的声望越来越高，一些上层社会的重要人物对孔子也刮目相看，甚至把他们的子弟送到孔子门下就读。《左传·昭公七年》有这样一段记载：

孟僖子病不能相礼，乃讲学之，苟能礼者从之。及其将死也，召其大夫，曰：“礼，人之干也。无礼，无以立。吾闻将有达者曰孔丘，圣人之后也……”臧孙纥有言曰：“‘圣人有明德者，若不当世，其后必有达人。’今其将在孔丘乎！我若获没，必属说与何忌于夫子，使事之，而学礼焉，以定其位。”故孟懿子与南宫敬叔师事仲尼。

孟僖子即鲁国大夫仲孙貜，是当时的鲁“三桓”之一。鲁昭公七年，孟僖子曾陪同昭公访问楚国。路经郑国时，郑简公亲自到城

① 《论语·述而》。
② 《论语·子罕》。

门外迎接鲁昭公一行。孟僖子身为鲁国之卿，又是这次出访的主要陪同者，竟然不懂答对的礼仪。到了楚国，楚灵王郊迎鲁君，孟僖子仍然不懂如何答对，在这样庄重的外交场合大丢其丑，孟僖子深以为耻。这使孟僖子真正懂得了学习礼仪的重要。孟僖子在临终前嘱咐家臣，让他的两个儿子孟懿子（说）和南宫敬叔（何忌）拜孔子为师。

孟僖子死于鲁昭公二十四年，当时孔子三十四岁。《左传》为行文方便，于昭公七年记孟僖子病重时，顺便把孟僖子临终前的嘱托记述下来。司马迁在《孔子世家》中说“孔子年十七孟僖子卒”，是因为错解了《左传》原文，误以为孟僖子死于鲁昭公七年。孟僖子的儿子南宫敬叔生于鲁昭公十一年，鲁昭公七年时，南宫敬叔尚未出生，怎么可能去拜孔子为师呢？

两位大贵族出身的青年到孔子门下就读，而不到官府专为贵族开办的学校里学习，这件事意义重大。第一，这表明孔子办学的影响已经远远超越了下层社会，私学已经取得了上层社会的承认。第二，表明孔子所创办的私学在与官学竞争方面已占据优势，因为本来有条件、有资格入官学的贵族子弟自愿地投奔到孔子门下，这无疑是对官学的有力挑战。

孔子兴办私学，完全适应了时代的需要。由于王官失守，学在官府的局面在春秋晚期已开始动摇。社会的变革和动荡必然引起阶级关系的剧烈分化。一些旧的世家大族渐次陵替。晋国的政治家叔向在与齐相晏婴讨论时局时说：“栾、郤、胥、原、狐、续、庆、伯降在皂隶。”[①] 叔向所说的栾、郤等八氏原来都是晋国的权门望族，在剧烈的社会动荡中这些大贵族日趋没落，渐次降至社会最底层。

---

① 《左传·昭公三年》。

与此同时，由于战争的频繁和战争规模的扩大，仅仅依靠“国人”进行战争已远远满足不了需要，兵源不得不扩充到“野人”。于是，国、野的界限打破了，原来的“野人”也有了“执干戈以卫社稷”的权利。这标志着“野人”社会地位的提高。国中原来的自由民希望接受教育以进入上层社会，那些上升为自由民的“野人”也希望学得知识，以改变世世卑贱的处境。这些平民在当时没有资格进入专为贵族开设的学校。在这样的历史背景下，私人办学恰好满足了广大平民读书、学习的需要。在孔子之前或与孔子同时，也有少数人聚众讲学，兴办私人教育。但他们办学的规模和影响远不及孔子。真正使私人教育取得合法地位、得到全社会的承认，正是孔子的伟大功绩。孔子兴办私人教育开一代风气之先，在中国文化史、教育史上是应当大书特书的。

就在孔子兴办的私学蒸蒸日上之时，鲁国发生了一次大内乱。这是鲁国统治集团内部矛盾的总爆发。这使孔子的教育事业受到了严重干扰。

季孙氏是鲁国执政时间最长、势力最大的世卿。鲁昭公后期，季平子执政。他专横跋扈，不可一世，不把鲁昭公放在眼里。鲁昭公早就对季孙氏感到忍无可忍，一心想寻找机会铲除季氏。

有一次，季平子与郈昭伯在一起斗鸡。季氏为了取胜，给鸡的头、颈装上了铠甲，郈氏当然也不示弱，在鸡爪上安装了锋利的金属刺钩。结果季氏之鸡败阵。季平子勃然大怒，倚仗自己的权势强占了郈氏的住宅，郈氏也是鲁国根深蒂固的大贵族，对季氏的霸道行径极为愤慨。季平子由于为非作歹，得罪了不少鲁国贵族，这些贵族都怨恨季氏。季公亥是季平子的庶叔，因季平子处理族内事务不公，也对季平子不满。季公亥为了寻找合适的机会，就把一张宝弓献给了鲁昭公的儿子公为，并与公为一起到郊外射猎，借机谋划如何铲除季平子。昭公的另外两个儿子公果、公贲也参与其事。鲁昭公为慎重起见，找来与季氏矛盾较深的臧孙氏和郈昭伯等人密谋，准备把季孙氏灭掉。鲁昭公二十五年（公元前 517 年）九月十一日，鲁昭公联合几家鲁国贵族讨伐季孙氏，攻入季氏宫门之后，季平子登台请罪，几次退让，请求昭公给季氏留一条生路，昭公不肯答应。郈昭伯对季孙氏怨恨最深，一再怂恿昭公杀死季平子。恰在这时，叔孙氏与孟孙氏援助季氏的家兵赶到，击溃了公室的军队，给季孙氏解了围。鲁昭公灭季孙氏未成，又不甘忍受季孙氏的欺凌，只好逃往齐国。此后直至鲁昭公客死于晋国的乾侯，在长达七年的时间里，鲁国没有国君，鲁国的大权仍由季孙氏操纵。

鲁国发生的这场内乱，孔子似乎早已有了预感。当孔子听说季氏“八佾舞于庭”时，就说过:“是可忍也，孰不可忍也?”[①]“八佾”即八个舞列。按照《周礼》,“八佾之舞”是只有天子才有权使用的，而季孙氏作为诸侯国的大夫，竟敢于在自己的庭院中用“八佾”的规模表演舞乐，季孙氏这种肆无忌惮的僭越行为让孔子感到忍无可忍。时隔不久，鲁国的“三桓”在祭祀祖先时，竟然唱着《诗经·周颂》中的《雍》这篇诗来撤除祭品，这也是只有周天子才能使用的礼仪，孔子得知之后气愤地说:“‘相维辟公，天子穆穆’,奚取于三家之堂?”[②]对“三桓”的僭越行径大加斥责。鲁国的卿大夫如此专横，无视礼法，发生把国君赶出境外的事，也就毫不足怪了。

面对鲁国内乱之后的险恶局势，孔子对鲁国的政治局势感到彻底绝望了。他在鲁国兴办的私人教育事业虽然方兴未艾，但在内乱之后却无法继续维持了。于是，孔子决定暂时离开混乱的鲁国，到

① 《论语·八佾》。

② 同注①。

相邻的齐国去另谋出路。

孔子来到齐国之后，首先投奔了齐国之卿高昭子，并做了高氏的家臣。孔子希望通过高昭子的推荐，能够拜见齐景公，以便在齐国施展他的才能。可是当时齐国的境况并不比鲁国强多少。齐国世卿专权的问题也很突出。高氏、国氏、陈氏等都是齐国累世执掌大权的巨卿。齐景公是个平庸的君主，在政治上没有什么作为。他在位时多亏有贤相晏婴支撑齐国的局面。在这种形势下，孔子要在齐国施展才能的愿望很难实现。

孔子入齐不久，齐景公听说他博学多才，便召见了他，孔子在齐景公面前侃侃而谈。齐景公向孔子询问，怎样才能管理好国家？孔子回答说：“君君，臣臣，父父，子子。”齐景公听后大加赞赏。他说：“善哉！信如君不君，臣不臣，父不父，子不子，虽有粟，吾得而食诸？”①

过了一段时间，齐景公再次召见孔子，又与孔子谈起了如何治理国家的问题。孔子说：“政在节财。”②孔子这样回答，显然是有针对性的。因为齐国的达官贵族们个个穷奢极欲，而普通百姓却日益贫困。诚如《左传·昭公三年》所描述：

民叁其力，二入于公，而衣食其一。公聚朽蠹，而三老冻馁，国之诸市，屦贱踊贵。民人痛疾，而或燠休之。

齐景公本身就是个极端奢侈的国君。他在宫中养良马四千匹③。他最珍爱的马都由专人饲养。有一次他最喜欢的一匹马突然死了，

---

① 《论语·颜渊》。

② 《史记·孔子世家》。

③ 《论语·季氏》。

他差点把养马人处死。齐景公在宫室、园囿、服饰等方面也都奢侈无度。为了修筑“路寝之台”，大兴土木三年。为了兴建长庲离宫，又连续两年大动土木，耗费了大量的人力物力，齐国百姓为此怨声载道[①]。《晏子春秋》还记载：

景公为西曲潢，其深灭轨，高三仞，横木龙蛇，立木鸟兽，公衣黼黻之衣，素绣之裳，一衣而五采具焉，带球玉而冠组。[②]

书中同篇又说：

景公为履，黄金之綦，饰以银，连以珠，良玉之绚，其长尺，冰月服之以听朝。

齐景公和他的臣下如此挥霍民众的血汗，所以孔子回答景公问政时，便有针对性地说：“政在节财。”这实际上是对齐国统治者奢侈之风的批评。不料齐景公听后并未生气，反而认为孔子说得很有道理，还准备把尼谿之田封给孔子，留孔子在齐国做官[③]。但齐相晏婴不同意景公的做法。晏婴是一位讲求实际的政治家，他对孔子倡导的“崇丧遂哀，破产厚葬”，“盛容饰、繁登降之礼、趋详之节”等很不赞同，认为这些主张会扰乱齐国的政令和风俗。景公接待孔子的礼仪规格虽然不低，可是并不让孔子担任具体职务，孔子无法施展自己的才能，他感到很失望。有一次，齐景公对孔子说：“吾

① 《晏子春秋·内篇谏下》。

② 同注①。

③ 《史记·孔子世家》。《晏子春秋·外篇》尼谿作“尔稽”，声相近。《墨子·非儒》与《孔子世家》同。《淮南子·汜论》《说苑·立节》等均作“廪丘”。

老矣，弗能用也。”这无异于对孔子下了逐客令。孔子只好带领弟子们离开齐国。《孟子·万章下》说：“孔子之去齐，接淅而行。”是说孔子离开齐国时走得很急，米淘好了，未及下锅，就匆匆上路了。孔子来到齐国，本来是为了寻求机遇，实现自己的政治理想。但是这个愿望落空了。孔子不得已又带领弟子们回到了自己的父母之邦。

孔子自齐返鲁之后，鲁国因昭公流亡而引起的政治危机仍未平息。在鲁昭公的归宿问题上，鲁国国内及各诸侯国之间仍在进行着错综复杂的斗争，流亡在外的鲁昭公进退两难，尝尽了寄人篱下的苦头，终于在公元前510年12月客死于晋国的乾侯。昭公死后，季孙氏尽废昭公诸子，立昭公之弟公子宋为国君，是为鲁定公。鲁国的大权仍掌握在季孙氏手中。至此，鲁国动乱似乎结束了，可是新的政治危机又在酝酿之中，鲁国的政局在进一步恶化。

孔子曾经用“礼乐征伐自天子出”“自诸侯出”“自大夫出”“陪臣执国命”[①]这样几句话来概括春秋时代政权依次更迭的过程。这几句话恰当地反映了王权衰微之后各诸侯大权旁落的普遍现象。这种现象在鲁国表现得最为突出。鲁定公即位之后，鲁国已经由“三桓”专权逐渐向“陪臣执国命”发展。

鲁国家臣权势恶性膨胀实际上在昭公时代就已开始。鲁国的“三桓”及其他世卿大族因为忙于互相争夺，无暇顾及自己采邑内部的事务，这些大采邑完全由家臣和邑宰控制。他们凭借采邑坚固的城廓和雄厚的财力以及采邑内的武装力量，逐渐把采邑主架空。董仲舒曾说当时是“大夫专国，士专邑”[②]，鲁国的情况正是如此。邑宰们动辄以采邑为根据地发动叛乱。从鲁昭公十二年到鲁定公八

---

① 《论语·季氏》。

② 《春秋繁露·王道》。

年，在二十多年里，鲁国就先后发生了四次家臣邑宰反叛事件。季孙氏的家臣阳虎不仅完全控制了专制鲁国多年的季孙氏，而且完全操纵了鲁国的大权。阳虎在鲁国为所欲为，鲁国的国君和卿大夫如同阳虎手中的玩物。一时间，偌大一个鲁国，竟然被阳虎之类的小小家臣搅得乌烟瘴气。

孔子曾经说过：

笃信好学，守死善道。危邦不入，乱邦不居。天下有道则见，无道则隐。①

这是孔子终身奉行的道德信条。孔子渴望有安定的社会秩序，以便为国家建功立业。可是眼下的鲁国却是一片混乱，他感到报国无门。他主张“危邦不入，乱邦不居”，然而这样的“危邦”和“乱邦”不是别处，恰恰是他的父母之邦。欲居不能，欲走不忍。他多么想改变鲁国的现实，可又不愿与那些从政的“斗筲之人”同流合污。在这样的“天下无道”之时，孔子只好暂时隐居。

孔子是不甘于贫贱的，但他更重视信仰，更重视他自己所遵循的“道”。他说：

邦有道，贫且贱焉，耻也；邦无道，富且贵焉，耻也。②

他还主张“君子谋道不谋食”,“君子忧道不忧贫”③。为了信仰，为了“道”，暂时的贫贱是可以忍受的。孔子对他的学生颜回在极

---

① 《论语·泰伯》。

② 同注①。

③ 《论语·卫灵公》。

端贫困的环境中坚持刻苦学习大加赞扬，他说：

贤哉，回也！一箪食，一瓢饮，在陋巷，人不堪其忧，回也不改其乐。贤哉，回也！[①]

孔子并不笼统地反对富贵。他认为追求富贵是人们合理的、正当的欲望。但是他认为富贵要有前提，即必须符合“道”，符合仁义。他所反对的是“为富不仁”。他说：

富与贵，是人之所欲也；不以其道得之，不处也。贫与贱，是人之所恶也；不以其道得之，不去也。君子去仁，恶乎成名？君子无终食之间违仁，造次必于是，颠沛必于是。[②]

孔子又说：

饭疏食饮水，曲肱而枕之，乐亦在其中矣。不义而富且贵，于我如浮云。[③]

可见，孔子在贫贱与富贵的问题上，首先强调的是道德标准。在可以富贵，而且又符合仁义时，孔子也在积极地追求富贵。在两者发生冲突时，孔子则首先看重的是“道”和仁义，宁可贫贱，不能叛道、违仁。孔子的学生问孔子：“贫而无谄，富而无骄，何

① 《论语·雍也》。
② 《论语·里仁》。
③ 《论语·述而》。

如？”孔子回答说：“可也，未若贫而乐，富而好礼者也。”[1]在孔子看来，安贫乐道，贫贱不移，那才是品德高尚的表现。不择手段地汲汲于富贵，为了富贵而不顾廉耻，那是孔子所鄙夷的。孔子的确时时都在盼望、等待着出仕的机会。这并非因为孔子热衷于功名利禄，而是因为他有一种历史责任感，他相信自己能够为拯时救世作出贡献。因此，即使在时局险恶之时，他虽坚持“天下无道则隐”，但内心里仍不甘寂寞。孔子自齐归鲁之后，在十几年的时间里，经常为出仕与否这一问题所困扰。他的内心经常充满了矛盾。这一时期发生的几件事充分反映了孔子内心矛盾的苦闷心情。

阳虎操纵鲁国大权时，极力拉拢孔子，想得到孔子的支持。他几次表示要与孔子见面，都被孔子拒绝了。孔子对阳虎其人非常讨厌，这并非因为当年阳虎曾把孔子拒之季孙氏门外，使孔子当众受辱，而是因为阳虎飞扬跋扈，僭越太甚。他位在陪臣，却执掌国柄，控制朝政，孔子对阳虎疾之若仇，可是孔子又不愿得罪他。孔子深知阳虎这种人什么事都干得出来。晋国林楚对季桓子说：“阳虎为政，鲁国服焉，违之征死，死无益于主。”[2]当时的情况确实如此。狡猾的阳虎为了见到孔子，便趁孔子不在家时，派人给孔子送去一头蒸熟的小猪。按照当时的礼节，大夫赐礼品给士，而士又不在家，未能当面接受礼品，那受礼者就应当亲自到大夫家去拜谢，否则就是失礼。阳虎虽然是家臣出身，可是他执掌鲁国的大权，地位相当于大夫。按礼节孔子应当到阳虎那里去道谢，可是孔子实在不想见到阳虎。于是孔子想出了一个对付阳虎的好办法：他派人打听阳虎的行踪，专等阳虎不在时去拜谢，这样既不失礼，又可避免与阳虎见面。可事情偏偏凑巧，在孔子从阳虎家回来的路上，孔子

---

① 《论语·学而》。

② 《左传·定公八年》。

与阳虎恰好走了个碰头。孔子无处躲藏，只好硬着头皮上前与阳虎寒暄。

阳虎盛气凌人地对孔子说："来！予与尔言。"

孔子没有作声。

阳虎接着说："怀其宝而迷其邦，可谓仁乎？"

孔子仍未作声。

阳虎继续说："不可。好从事而亟失时，可谓知乎？曰：不可。日月逝矣，岁不我与。"

孔子对阳虎虽没有好印象，可是觉得这几句话说得并不错，于是就回答说："诺；吾将仕矣。"[①]

孔子与阳虎这次戏剧性的会见就这样结束了。孔子答应准备出仕，可是在阳虎当政的情况下，孔子能做些什么呢？他只能坚守"有道则见，无道则隐"的信条，耐心地等待着时机。

孔子的学生子贡很了解此时此刻老师的矛盾心情。他何尝不希望自己的老师能够受到当政者的重用呢？子贡也是一位很有才能的人。他口齿伶俐，能说会道，擅长外交事务，如果老师受到重用，他也可以一显身手。子贡见孔子闷闷不乐，就有意问孔子："有美玉于斯，韫椟而藏诸？求善贾而沽诸？"

孔子对子贡的话心领神会。他回答说："沽之哉！沽之哉！我待贾者也。"[②]

孔子对阳虎说："吾将仕矣！"对子贡也表示"我待贾者也"。可是环顾鲁国，孔子竟然找不到一位真正的识货者。他不禁感到沮丧。

鲁定公八年，即公元前 502 年，季氏的家臣公山弗扰因不满于

---

① 《论语·阳货》。

② 《论语·子罕》。

季氏，准备在费邑发动叛乱[①]。公山弗扰又称公山不狃，字子泄，当时任费邑之宰。他打着“张公室”的旗号对抗季氏。孔子开始不大了解公山氏的底细，认为公山氏是可以用来对抗阳虎和季氏的力量。公山氏知道孔子急于出仕，便派人来邀请孔子。孔子接受了邀请，准备前往费邑。子路知道了此事，很不高兴，他对孔子说：

“末之也，已，何必公山氏之之也？”

意思是说，实在没有地方去，那就算了，为什么一定要到公山弗扰那里去呢？

孔子解释说：

“夫召我者，而岂徒哉？如有用我者，吾其为东周乎？”[②]

意思是说，公山氏并非白白地召我去，如果有人启用我，我将把文武周公之道在东方复兴起来！

孔子终于没有到公山氏那里去。因为事态的发展很快就暴露了公山弗扰的真实面目，原来他与阳虎是一丘之貉，幸好孔子没有冒然前往。

孔子自齐返鲁之后，直到他出任中都之宰，在这十几年中，因时局险恶，孔子在政治上欲进不能，欲罢不忍，精神经常处于苦闷之中。这个时期的孔子重操旧业，继续招收门徒，开办私学。他一面孜孜不倦地教诲学生，一面勤勤恳恳地研究中国古代历史文化。在教育和学术研究方面突飞猛进，取得了丰硕成果。孔子的学生比以前更多了，他的知名弟子中有很多都是在这一时期及门受教的。孔子在教学内容、教学方法上也都比前期有了重要改进，孔子向学

---

① 公山不狃见于《左传》定公五年、八年及十二年，但《左传》所载公山不狃事与《论语》中的公山弗扰不完全相符，故元人陈天祥在《四书辨疑》中认为公山弗扰与公山不狃为两人，仅录以备考。

② 《论语·阳货》。

生们讲述的知识更系统、更深刻，教学方法也更加生动、活泼，因而深受欢迎。《礼记·学记》云：

虽有至道，弗学，不知其善也。是故学，然后知不足；教，然后知困。知不足，然后能自反也；知困，然后能自强也，故曰：教学相长也。

这大概是孔子在自己的教学和研究实践中体会出来的深刻道理。学习和教育这两者的确可以互相促进。教育别人的过程也就是提高自己的过程。孔子正是在“教学相长”的过程中不断进取，因而才能成为一名博闻强识的学者和伟大的教育家。

第三章
孔子的生平与事业（下）

一、仕鲁

鲁定公八年十月，控制鲁国大权的阳虎与世卿季桓子之间的矛盾达到了白热化的程度。阳虎决心除掉季桓子，进而翦灭“三桓”。十月三日这一天，阳虎密谋要在曲阜东门外的蒲圃设宴招待季桓子，以便把他杀死。这一天，阳虎派林楚驾车去接季桓子赴宴，车两边有全副武装的卫士随从，后面还有阳虎的从弟阳越跟随。季桓子上车之后见阵势不妙，知道其中有诈，便私下里央求林楚帮他逃脱。林楚原来是季孙氏家臣，因阳虎专季孙氏之家，不得已而胁从阳虎。季桓子暗中告诉林楚把他送到孟孙氏那里去避难。林楚驾车到十字路口时，故意把马弄惊，马车便飞速驰往孟孙氏家。当时孟孙氏大门之外正好有几百名家奴在修筑房舍，待季桓子的马车进入孟孙氏大门之后，家奴们立即把大门关上，并把车后紧追不放的阳越乱箭射死。阳虎知道阴谋败露，便发兵攻打孟孙氏之家。孟孙氏家宰公敛处父早有防备，率领成邑的私属与阳虎激战。阳虎战败，带领残兵退守讙（今山东宁阳县西北）、阳关（今山东泰安县东南）两邑。鲁定公九年六月，"三桓"联合发兵攻打阳关，阳虎见寡不敌众，便放火焚烧阳关邑门，趁"三桓"军队一片惊慌时冲出重围，带领残兵逃到齐国。阳虎欲借齐国军队讨伐鲁国，以便东山再起，但未能得逞，便逃到了宋国。后来阳虎又逃往晋国，投奔了晋国正卿赵简子。孔子听说此事后，感叹道："赵氏其世有乱乎！"[①]

阳虎逃离鲁国，鲁国消除了一大祸患，政局较阳虎专制期间平稳了。鲁国上下都松了一口气，孔子也为此而欢欣鼓舞。但是摆在鲁国当政者面前的许多难题仍使他们感到一筹莫展。鲁定公是个昏庸无能的国君。他依靠季孙氏而即君位，是个有位无权的傀儡国君。阳虎虽被赶走了，但鲁国大权仍由季桓子掌握，定公依旧不掌实权。"三桓"连续几代把持鲁国大权，这些世卿只知道拼命扩大自己的权势，他们不学无术，在治国安民方面百无一能，而在搜刮百姓、穷奢极欲方面却都是行家。季桓子年纪尚轻，他在阳虎专鲁时，一筹莫展，险些在阳虎手中丧生。阳虎虽然跑了，可季桓子仍惊魂未定，当然不能指望季桓子来整治鲁国的乱摊子。

阳虎不过一介家臣，却能独揽鲁国大权，这并非偶然的历史现象。这是鲁国世卿专权、公室衰微、卿大夫采邑恶性膨胀的必然结局。阳虎虽然垮台了，可是祸根依然存在，鲁国还有一批专横强悍的家臣，他们握有实权，控制着"三桓"及其他大家族的采邑，他们都有可能步阳虎之后尘，发动政变，夺取"三桓"乃至鲁国的大权。在国际上，如何处理鲁国与邻国，特别是齐、晋、

① 《左传·定公九年》。

楚三国的关系，以免鲁国在大国相互争夺中遭损害、被吞并，这也是季桓子等感到棘手的问题。严峻的现实迫使季桓子等当政者必须选拔一些确有真才实学的人参与鲁国政治。孔子因兴办私人教育而赢得了人们的尊重，在鲁国深孚众望。而孔子自己长期以来一直盼望在政治上施展才能，只是没有这样的机会。阳虎逃走之后，这样的机会终于到来了。

鲁定公九年，即公元前501年，51岁的孔子被任命为鲁国中都之宰。中都在今山东省汶上县西，当时是鲁国的公邑。邑宰职位并不高，但这是孔子有生以来第一次担任公职。《史记·孔子世家》说：“孔子为中都宰，一年，四方皆则之。”看来孔子治中都政绩斐然，否则不会成为四方学习的榜样，仅一年的任职时间，孔子的行政才能就得到了证实。

第二年，孔子便升任鲁国的小司空。“司空”在周代铜器铭文中多写作“司工”，是掌管土木建筑工程的官职。小司空即司空的副职。孔子任小司空一职时间不长，很快又被提升为鲁国的大司寇。大司寇是掌管国家司法、刑狱和社会治安的最高长官，爵位为大夫。《论语》一书曾记载了这样一个故事：孔子晚年，他最得意的门生颜回不幸死了，颜回的父亲颜路（字无繇，也是孔子的学生）因为家里穷，只有棺而无椁（外棺）为儿子下葬，便与孔子商量，打算把孔子乘坐的车子卖了为儿子买椁。孔子虽然对自己的爱徒英年早逝感到很惋惜、很悲痛，对颜路的处境也非常同情，但是他没有同意颜路的请求。孔子说：“才不才，亦各言其子也。鲤也死，有棺而无椁。吾不徒行以为之椁。以吾从大夫之后，不可徒行也。”[①] 就是因为孔子当过鲁国的大司寇，位列大夫，按照当时的礼

① 《论语·先进》。

制，身为大夫，外出是不可以没有车子的。

孔子由布衣出身的学者而擢升为鲁国大夫，进入了鲁国政权的核心，实现了他多年的愿望。孔子满怀喜悦，信心十足，决计施展自己的才华，为改变鲁国的现状，实现自己的政治理想而大干一番。

鲁定公十年，齐、鲁两国的国君商定，要在齐国的夹谷（今山东省莱芜县）举行一次双边会谈。这次会谈事关重大，是“阳虎事变”之后齐、鲁两国之间最重要的一次外交活动。齐国作为东方大国，为了与晋、楚两个强国抗衡，急于得到中小诸侯国的支持，鲁国又是齐国的近邻，缓解齐、鲁两国的关系对齐国来说是当务之急。鲁国与晋国同为姬姓国家。自齐桓公霸业衰落之后鲁国一直是晋国的盟国。齐国要与晋国抗衡，当然希望把鲁国拉到自己一边。鲁国也想利用这一有利时机，讨还几年前被齐国强占的土地，以此为条件与齐国媾和。正因为如此，齐、鲁两国都对这次双边会谈十分重视。

鲁国为了赢得这次外交斗争的胜利，在会前进行了充分的准备。经反复商议，决定让孔子陪同鲁定公出国，并担任这次外交活动的傧相。按照鲁国的惯例，以往这样郑重的外交场合总是由卿来担任傧相的，这次破例让孔子担任这一重要角色，是因为孔子自幼习礼，十几年前又曾去过齐国，与齐景公打过交道，对齐国的情况也比较熟悉。孔子自己为此而感到荣耀，同时也深感责任重大。为了不出纰漏，保证鲁国取得这次外交斗争的胜利，孔子在临行前做了周密的部署。他对鲁定公说：“臣闻有文事者必有武备，有武事者必有文备。古者诸侯出疆，必具官以从，请具左右司马。”于是鲁定公让两位将军率部随行。

齐国听说鲁定公将由孔丘陪同前来会谈，大夫黎弥对齐景公说：“孔丘知礼而无勇，若使莱人以兵劫鲁侯，必得志焉。”[①] 齐景公听从了黎弥的意见。这预示夹谷之会从一开始就隐藏着重重杀机。

齐人在夹谷会盟之地修筑了坛位，从地面登上坛位设三级台阶。

鲁定公按预先商定的日期来到夹谷。宾主相见后，齐国的傧相请求以齐国的地方舞乐为两君助兴。齐景公答应了。于是一支手持各种兵器的舞队一哄涌至坛下，气氛立刻变得紧张。孔子见势不妙，急切地登上台阶，一面行礼一面厉声责问齐景公：

吾两君为好会，夷狄之乐何为于此！请命有司！[②]

这时，齐国的大臣们都注视着土坛上的齐景公，齐景公自知理亏，挥手示意让舞队撤走。此时气氛稍稍和缓。

这时，齐国的傧相又上来请示齐景公说：“请奏宫中之乐。”齐景公点头允诺，于是一群庸俗不堪的侏儒小丑之类立即上前嬉戏吵闹。孔子再次跨上台阶严辞质问：

匹夫而营惑诸侯者罪当诛！请命有司！[③]

齐景公无奈，只好下令把那群侏儒小丑杀掉。

黎弥见劫持鲁侯、愚弄鲁侯之计谋都未得逞，便想在双方的盟约上做文章 。

在签署盟约之前，齐国官员未经鲁国同意，在盟约上加了如下一段话：

---

① 《左传·定公十年》。

② 《史记·孔子世家》。

③ 同注②。

齐师出境而不以甲车三百乘从我者，有如此盟！[1]

孔子针锋相对，也在盟约上加了如下一段话：

而不反我汶阳之田，吾以共命者，亦如之！[2]

孔子又一次挫败了齐国的阴谋，捍卫了鲁国的利益。

会盟之后，齐景公准备设宴款待鲁定公。孔子担心宴会上再生意外，就对齐国大夫梁丘据说：

齐、鲁之故，吾子何不闻焉？事既成矣，而又享之，是勤执事也。且牺、象不出门，嘉乐不野合，飨而既具，是弃礼也；若其不具，用秕稗也。用秕稗，君辱；弃礼，名恶。子盍图之！夫享，所以昭德也。不昭，不如其已也。[3]

齐景公认为孔子所言句句在理，只好作罢。

齐、鲁两国的夹谷之会就这样结束了。由于孔子临危不惧，大义凛然，面对强敌，不卑不亢，进行了有理有节的斗争，使鲁国在这次外交斗争中取得了重大胜利。鲁国君臣从夹谷凯旋不久，齐国就派遣使者到鲁国来，把包括郓、讙、龟阴在内的汶阳之田归还鲁国，以表示谢罪。鲁国为了表彰孔子的功劳，在龟阴筑起一城，名曰谢城。[4]

---

① 《左传·定公十年》。

② 同注①。

③ 同注①。

④ 《史记·孔子世家》正义。

夹谷之会是孔子一生在政治活动中最为光彩的一页。孔子因为在夹谷之会上为鲁国赢得了巨大的荣誉，他自身的声望也随之倍增。夹谷之会的成功进一步增强了孔子在政治上为国立功的信心。孔子准备进一步施展自己的才华，在鲁国兴利除弊，使鲁国更加强大。

夹谷之会过后不久，孔子以司寇之职而摄行相事，即代替鲁国执政之卿管理鲁国最高的行政事务。这是因鲁定公在夹谷会盟之后对孔子更加信任，对孔子的才华也更加赏识。他想借助于孔子来挽救鲁国公室衰微、大权旁落的局面，实际上就是想利用孔子以钳制“三桓”。季桓子当时与孔子关系比较密切，他也愿意让孔子出面去处理那些烦杂而又棘手的行政事务，以便把更多的精力用于被阳虎等人搅得一塌糊涂的家政。为了防止其他家臣叛乱或专制家政，季桓子聘请孔子的学生子路担任家宰。子路为了协助季孙氏肃清阳虎余党，又荐举孔子的学生子高担任费邑之宰。“阳虎事变”给季孙氏的教训太深刻了。他决心整顿家政，以防后院起火，影响季氏与公室及其他卿族之间的激烈争夺。孔子正是在这样一种特定的历史条件下摄行相事，以司寇之职而兼管鲁国最高行政事务的。

鲁定公十年秋，鲁国又发生了一次陪臣叛乱事件。叔孙氏的郈邑马正侯犯杀死了郈宰公若，在郈邑发动了武装叛乱。叔孙州仇和仲孙何忌先后两次率军攻郈邑，并请来齐人协助围城，但由于郈邑城墙修得又高又坚固，城内又有充足的粮食储备，久攻不破。后来叔孙氏拉拢郈邑工师驷赤，让他从郈邑内部来瓦解侯犯，煽动郈人抵制侯犯叛乱，侯犯不得已而放弃郈邑，逃往齐国。

侯犯在郈邑的反叛引起鲁国上下惶恐不安。如若侯犯得逞，很可能成为阳虎第二。所以叔孙州仇叹道：“郈非叔孙氏之忧，社稷之患也。”[①]

孔子鉴于家臣、邑宰连续发生叛乱，极大地干扰了鲁国的政治生活，成为鲁国不得安宁的祸根，他决心设法铲除这一祸根。

孔子认为："陪臣执国命，采长数叛者，坐邑有城池之固，家有甲兵之藏故也。"[②] 于是孔子向鲁定公提出了一个大胆的计划：堕三都。所谓"三都"就是指季孙氏的采邑费、叔孙氏的采邑郈和孟孙氏的采邑成。这三家都为了加强自己的实力，在采邑内大兴土木、高筑城墙。可是这样做的结果却为邑宰们兴风作浪创造了方便条件，这是采邑主们始料不及的。邑宰们动辄以采邑为据点对抗采邑主，使他们吃尽了苦头。孔子主张"堕三都"，就是彻底摧毁三都高大而坚固的城墙，消灭邑宰们借以兴风作浪的老巢。所以这一倡议很快得到了季孙氏和叔孙氏的支持。孔子的这一主张表面上看是为"三桓"着想，实际上是为了强公室、杜私门，也就是为了削弱"三桓"的实力，改变"大都耦国"的局面，恢复公室早已丧失的权力。所以，"堕三都"的主张鲁定公也是积极支持的。这是"堕三都"的计划得以实施的首要条件。

鲁定公十二年（公元前 498 年）夏季，"堕三都"的计划首先在叔孙氏的郈邑开始。因郈邑前不久刚刚发生了侯犯叛乱事件，叔孙氏仍心有余悸，生怕家臣邑宰再次在郈邑闹事。侯犯叛乱时，郈邑的居民深受其害。那里的百姓们也希望早日拆掉高大坚固的郈邑城墙，免得再度受苦。因此，堕郈的计划进行得非常顺利，几乎没有遇到什么阻力。但郈邑被堕却打草惊蛇，盘踞在季孙氏费邑的公山弗扰等人立即提高了警惕，他们预感末日已到，如不采取措施，费邑城墙将像郈邑城墙那样毁于一旦。公山弗扰与叔

① 《左传·定公十年》。

② 何休：《公羊解诂》定公十二年引孔子语。

孙辄商议：与其坐以待毙，不如以攻为守，主动出击。于是费宰公山拂扰与叔孙辄带领费邑武装对鲁国都城曲阜发动了突然袭击。鲁定公和“三桓”毫无准备。当费人攻入曲阜时，鲁定公与“三桓”慌作一团，匆忙躲进季孙氏家中，登上了数丈高的季武子台。费人攻入季氏之家，团团围住季武子台，并向台上射箭，情况万分危急。此时只有孔子镇静，他命令鲁国大夫申勾须、乐颀冲下季武子台，与费人拼杀。公室军队也从外面包抄费人，费人乱了阵脚，被公室军队击退。费人败北，公室军队一直追至姑蔑，把反叛的费人彻底击溃。公山弗扰与叔孙辄逃往齐国，费邑的城墙终于被堕毁。

郈、费两邑被堕之后，三都只剩下孟孙氏的成邑。孟孙氏对于“堕三都 ”的主张虽然并未公开反对，但从一开始就不像季孙氏和叔孙氏那样积极支持。这是因为成邑没有像郈邑和费邑那样连续发生武装叛乱，邑宰操纵家政的情况也不像季孙氏和叔孙氏两家那样突出。孟孙氏虽然也担心成邑会发生叛乱，但他毕竟没有亲自品尝过邑宰叛乱的苦果。当时成邑之宰公歛处父对孟孙氏比较忠实，这更使孟孙氏难以下定堕毁成邑的决心。尤其堕毁费邑时，曾引起侯犯之乱，而郈、费两邑被堕，虽然缓解了两家与邑宰之间的矛盾，但两家的实力也受到损失，这些都增加了孟孙氏对堕毁成邑的疑虑。孟孙氏此时感到进退两难：当初他并未公开反对“堕三都”的主张。现在郈、费两都已堕，如果不堕成邑，他在鲁定公及叔孙、季孙两家那里不好交代。更何况提出并坚决实施“堕三都”主张的不是别人，恰恰是孟懿子曾亲聆教诲的老师、现任鲁国司寇而兼摄相事的孔子。所以，不堕成邑的话孟懿子在孔子面前难以启齿。成邑之宰公歛处父当然更不愿意堕毁自己经营多年的成邑。他向孟懿子献策说：“堕成，齐人必至于北门。且成，孟氏之保障也。无成，是无孟氏也。子伪不知，我将不堕。”[①]孟懿子采纳了公敛处父的意见，在堕成问题上实行了阳奉阴违的策略。表面上他不反对堕成，暗中却支持公敛处父抵制堕成。季桓子与叔孙州仇在郈、费两邑被堕之后，似乎也醒悟到“堕三都”归根结底对“三桓”是不利的。因此他们既不与孟孙氏攀比，也不参与堕成的行动。尽管“三桓”之间也有矛盾，但在与公室和其他世卿大族的争夺中，“三桓”的利益是一致的，因而季孙氏与叔孙氏两家也就默许了孟孙氏对堕成的敷衍。在这种情况下，孔子只好派公室军队去执行堕成的任务。公敛处父据守成邑，因成邑城墙高大坚固，公室军队久攻不克，只好撤退。堕成的计划就这样彻底失败了。

“堕三都”是孔子从政以来在鲁国实行的最重大的改革措施。这一措施如果得以贯彻实行，对改变鲁国公室衰微、“三桓”专权、陪臣横行的局面将发挥重大的作用。孔子没有料到，他的这一重大改革措施竟因自己的学生从中作梗而宣告失败。不能说孟懿子与孔子之间缺乏师生之谊，对孟懿子来说，家族的兴衰以及他个人在鲁国的政治地位比师生之谊更为重要。在两者发生冲突时，他首先考虑的是家族利益和个人前程，这是毫不足怪的。而对孔子来说，“堕三都”的失败也就是他政治改革的失败，这意味着他在鲁国的政治生涯即将结束。尽管孔子有济世安邦的宏愿，可是他毕竟缺少政治斗争的经验。孔子在审时度势，处理纷繁复杂的政治问题时，多少有些书生气。孟子在这方面似乎比孔子通达。孟子曾说过：

① 《左传·定公十二年》及《史记·孔子世家》。

为政不难，不得罪于巨室。巨室之所慕，一国慕之；一国之所慕，天下慕之；故沛然德教溢乎四海。[①]

孔子为政，在“堕三都”问题上得罪于“三桓”这样的巨室，他以后的日子就很难过了。

“堕三都”失败之后，孔子学生中有一位叫公伯寮的，偷偷地到季桓子那里去诽谤子路。子路当时正担任季孙氏家宰。公伯寮这样做实际上等于拆孔子的台。鲁国大夫子服景伯把这件事告诉了孔子[②]。孔子对公伯寮很恼火。他大发感慨地说：“道之将行也与，命也；道之将废也与，命也。公伯寮其如命何！”[③]结果季桓子很快就解除了子路所担任的季氏家宰之职。季氏这样做当然不是针对子路本人，而是针对孔子，也就是给孔子一点颜色看。孔子与季孙氏之间的融洽关系至此已经结束，季孙氏已经对孔子表示了不信任。孔子从政之初，“行乎季孙，三月不违”[④]。这已经成为过去。孔子与季孙氏的关系已濒临破裂，孔子预感到他在鲁国的政治地位已岌岌可危了。

齐国与鲁国自夹谷之会以后，关系有所缓和。齐国归还了鲁国的汶阳之田，鲁国与齐国结为盟国。此后一直没有发生过边境冲突。但齐国君臣在夹谷之会上受到孔子的指斥、责问，丢了脸面，因而想寻找机会报复鲁国。尤其是齐国大夫黎弥，在夹谷会盟之前曾为齐景公出谋划策，想用武力劫持鲁定公，逼迫他就范，结果弄巧成拙，反使齐国陷于被动，因而对鲁国，特别是对孔子耿耿于怀。黎

① 《孟子·离娄上》。

② 朱彝尊《孔子弟子考》云，孔子弟子之中也有人叫子服景伯。

③ 《论语·宪问》。

④ 《公羊传·定公十年》。

弥听说孔子摄相治鲁颇有成绩，就想出一个主意：在齐国挑选出十六名能歌善舞的美女[①]，又选出一百二十匹骏马，全部披上色彩美丽的锦缎，派人送往鲁国。这样既可以使贪财好色的鲁定公和季桓子荒于政事，又可以进一步离间孔子与鲁定公、季桓子的关系。鲁定公和季桓子等果然上了齐国的圈套，“往观终日，怠于政事”[②]。子路见到这种情景，就对孔子说：“夫子可以行矣。”孔子当时还抱有一线希望。他对子路说：“鲁今且郊，如致膰乎大夫，则吾犹可以止。”可是事态的发展使孔子彻底失望了。“桓子受齐女乐，三日不听政；郊，又不致膰俎于大夫”[③]。于是孔子决定离开鲁国，到其他国家去寻找出路。

鲁定公十三年春，在鲁国从政三年之后，五十四岁的孔子带着他的部分学生，满怀凄楚悲愤之情，又一次离开了他的父母之邦，开始了长达十四年的颠沛流离的羁旅生涯。

鲁国的乐官师己听说孔子走了，急忙赶到鲁都南郊的屯邑为孔子送行。师己安慰孔子说：“夫子则非罪。”孔子没有作声。过了一会儿，孔子对师己说：“吾歌可夫？”于是孔子唱道：

彼妇之口，可以出走。
彼妇之谒，可以死败。
盖优哉游哉，维以卒岁！

师己回来后，季桓子问道：“孔子亦何言？”师己把孔子临别时唱的那首歌向季桓子复述了一遍。季桓子喟然叹曰：“夫子罪我

---

① 《史记·孔子世家》及《家语》“十六”均作“八十”，误。
② 《史记·孔子世家》。
③ 同注②。

以群婢故也夫！”[①]

二、羁旅生涯

孔子师徒一行离开鲁国都城曲阜，向卫国进发。西去卫国，这是孔子与弟子们经过认真商讨而决定的。孔子二十年前曾去过齐国，与齐景公相处比较融洽。可是三年前在夹谷会盟时，孔子得罪了齐景公，也得罪了齐国的大夫，因此齐国是万万去不得的。卫国是鲁国的近邻，又与鲁国同为姬姓国家。鲁国为周公之后，卫国是康叔之后，周公与康叔都是周文王之子。卫国贤大夫公叔文子曾说过："太姒之子，唯周公、康叔为相睦也。"[②]太姒即周文王之妃，所以鲁、卫两国是名副其实的"兄弟之邦"。孔子在卫国声望很高。卫国贤大夫蘧伯玉在孔子仕鲁时，曾委派使者到鲁国去拜访孔子。孔子问使者："夫子何为？""夫子"即指蘧伯玉。使者回答说："夫子欲寡其过而未能也。"孔子早就听说蘧伯玉是从善如流、乐于改过、自我修养甚高的人。他曾赞扬过蘧伯玉："君子哉蘧伯玉！邦有道，则仕；邦无道，则可卷而怀之。"[③]孔子听了卫国使者的回答，赞不绝口地说："使乎！使乎！"[④]在孔子的学生中，有不少卫国人。孔子的得意门生卜商（子夏）、端木赐（子贡）、高柴（子羔）都是卫国人，还有一些较为知名的弟子如琴牢（子开）、句井疆（子疆）、奚容箴（子皙）、颜庚（涿聚）[⑤]

① 《史记·孔子世家》。

② 《左传·定公六年》。

③ 《论语·卫灵公》。

④ 《论语·宪问》。

⑤ 颜庚姓颜，名庚，字涿聚。或称仇由、烛邹、烛趋、斫聚、喙聚。

等人也都是卫国人。而颜庚又是子路的妻兄。这些人在卫国有广泛的社会联系，他们宣传孔子，颂扬孔子，因此孔子在卫国的影响不亚于鲁国。子路也积极主张到卫国去，他觉得卫国有不少同门师弟。既是师弟又是妻兄的颜庚几年前就已回卫国做官，到卫国之后有可靠的落脚点。同时也可以通过蘧伯玉和颜庚的关系，和卫灵公及卫国执政者建立联系，或许会得到卫国的重用。所以子路极力主张先到卫国去。孔子分析了各方面的情况，也觉得先去卫国最合适，就同意了子路的建议。

孔子师徒数十人取道西行，几天之后就进入了卫国边境。孔子坐在车上，举目四望，这里土地肥沃，人烟稠密，孔子不禁发出了这样的赞叹："庶矣哉！"

为孔子驾车的冉有此时正聚精会神地驾车，听到孔子的赞叹，回过头来问他的老师："既庶矣，又何加焉？"

孔子听到冉有的提问，回答说："富之！"

冉有又问孔子："既富矣，又何加焉？"

孔子回答说："教之！"[①]

孔子是主张对民众实施教化的。他曾说过："举善而教不能，则劝。"[②] 又说："善人教民七年，亦可以即戎矣。""以不教民战，是谓弃之。"[③] 还说："不教而杀谓之虐。"[④] 但教育必须有一定的物质基础。因而孔子主张先富后教。这与管仲所主张的"仓廪实而知礼义，衣食足而知荣辱"[⑤] 是同一道理。

---

① 《论语·子路》。

② 《论语·为政》。

③ 同注①。

④ 《论语·尧曰》。

⑤ 《管子·事语》及《管子·轻重甲》。

孔子师徒一行边议论，边前进，很快就到达了卫国都城帝丘。颜庚见自己的老师孔子和妹夫子路及众多师兄弟来到卫国，很是高兴，便把他们安排在自己家里住。

当时的卫国国君卫灵公是个昏庸的国君。他在位时，卫国危机四伏。他在内政和外交方面均无所建树。因为孔子名声很大，又曾任鲁国大夫，卫灵公为了赢得礼贤下士的美名，很快就召见了孔子。按照当年鲁国的标准，每年给孔子六万斗粮食作俸禄[①]。这是对孔子表示礼敬，实际上并没有让孔子担任什么官职。不过，孔子一行有了这六万斗粮食的俸禄，可以暂时安顿下来。

孔子到卫国不久，卫国发生了公叔戍叛逃事件。公叔戍是卫国大夫公叔文子之子。公叔文子死后，公叔戍继承了文子的爵位。文子是卫国有名的贤大夫，声望很高。卫国的史鳍曾称赞他"富而能臣","富而不骄"[②]。可是公叔戍却既富且骄,卫灵公心里很讨厌他。公叔戍与他的同伙在一起密谋，准备除掉卫灵公夫人南子及其同党，结果被南子察觉。于是卫灵公驱逐了公叔戍及其同党。公叔戍先逃到他的采邑蒲（今河南省长垣县），企图顽抗。后来逃往鲁国，他的同党赵阳逃往宋国。

孔子来到卫国后，出于对公叔文子的尊重，曾和弟子们一起采集过公叔文子的言论和事迹，与公叔戍也有过交往。公叔戍被驱逐之后，孔子与公叔戍的关系引起卫灵公的猜疑。他派了一个心腹到孔子师徒住处偷偷窥测，察看孔子师徒是否与公叔戍有什么勾结。于是孔子决定离开卫国，到陈国去试一试。

就在鲁定公十三年年底，孔子和他的弟子们离开了他们仅待了十个月的卫国，取道南行。这次与孔子一起南下的还有一位陈

---

① 《史记·孔子世家》。

② 《左传·定公十三年》。

国的贵族青年公良孺。他仰慕孔子的道德和学问，想拜孔子为师。他出身陈国世家大族，在陈国有一定势力，这次又以五辆车随从孔子之后。他鼓动孔子去陈国，也有意提高自己的声望。陈国是帝舜后裔的封国，都城在今河南省淮阳县，距离卫国不算远。陈国的宛丘在历史上非常有名，相传是太皞之墟，那里保存着不少古代的文化遗迹。对于“好古，敏以求之”[①]的孔子来说，陈国是有很大吸引力的。

孔子师徒渡过濮水，继续南行，来到郑国的匡邑。匡邑在濮水南岸，距卫国都城帝丘一百余里。匡邑本来属于卫国，后来被郑国侵占。公元前504年，鲁国的阳虎率师侵郑，夺取了匡邑，使匡人遭受了苦难，因此匡人对鲁国的阳虎耿耿于怀。孔子师徒一行路过匡邑时，为孔子驾车的颜刻用马鞭指着城墙的一角说，他以前随军攻打匡邑时，就从这里破城而入。这话被路边的匡邑居民听见。七年前阳虎率鲁人攻占匡邑的情景他们记忆犹新。路旁的人误以为坐在车上的孔子是阳虎。于是匡人把孔子一行团团围住，抓了起来。匡人经过几天的了解，弄清真相，才把孔子等人放行。

在匡人拘禁孔子时，孔子感到吉凶未卜，他感叹说：

文王既没，文不在兹乎？天之将丧斯文也，后死者不得与于斯文也；天之未丧斯文也，匡人其如予何？[②]

孔子所说的“后死者”就是指他自己。

孔子摆脱了匡人拘禁之后，改变了原来南下去陈国的计划，打

① 《论语·述而》。

② 《论语·子罕》。

算暂时先回到卫国都城，稍事休整后再考虑下一步行动，于是又取道北向，朝帝丘进发。

孔子一行路过蒲邑时，又遇到了麻烦。蒲邑位于匡邑东北，去匡邑仅几十里路。卫国的公叔戌被驱逐之后，此时正在蒲邑对抗卫国公室。蒲邑是公叔氏经营多年的采邑。孔子师徒路过这里时，被蒲邑居民扣留，他们企图强迫孔子一行参与他们的叛乱。这时，以五乘马车随从孔子的陈国弟子公良孺很是气愤。于是公良孺和子路等人与蒲人发生了一场激战。蒲人见他们毫不示弱，就对他们说："只要你们不回到卫国的帝丘，我们就放了你们！"于是双方举行了盟誓。离开蒲邑后，孔子告诉大家继续向北进发，取道帝丘，子贡不解地问孔子："盟可负邪？"

孔子说："要盟也，神不听。"① "要盟"即指在对方胁迫之下不得已而发生的盟誓，孔子认为这样的盟誓是不能算数的。

于是，孔子一行又回到了卫都帝丘。

卫灵公听说孔子一行又回来了，并未嗔怪他们，反而十分高兴，亲自到帝丘之郊去迎接孔子。大概是因为孔子在蒲邑的表现解除了卫灵公对孔子师徒的怀疑。孔子见卫灵公亲自郊迎，喜出望外，决定暂时在卫国停留一段时间，等待机会，徐图再进。

卫灵公见孔子刚刚从蒲邑归来，就问孔子："蒲可伐乎？"

孔子回答说："可。"

卫灵公说："吾大夫以为不可。今蒲，卫之所以待晋楚也，以卫伐之，无乃不可乎？"

孔子回答说："其男子有死之志，妇人有保西河之志。吾所伐者不过四五人。"

---

① 《史记·孔子世家》。

卫灵公听后很高兴，对孔子说："善！"

卫灵公终于没有贸然去讨伐蒲邑[①]。

孔子这一次回到卫国，就住在蘧伯玉家中。蘧伯玉是孔子所景仰的人物。孔子在卫国居住一年来，得到蘧伯玉不少帮助。蘧伯玉对孔子也非常尊重。两人常有来往，增进了相互间的友谊。现在蘧伯玉主动邀请孔子师徒住在自己家中，孔子当然很高兴[②]。

有一次，卫灵公向孔子请教率军布阵之事。孔子认为一国之君，应当以仁政治国，注重道德教化，不要动不动就诉诸武力。尽管孔子也曾习武，但他不愿意回答卫灵公的问题。孔子推托说：

俎豆之事则尝闻之，军旅之事未之学也。[③]

卫灵公的夫人叫南子，有一次她派人告诉孔子说：

四方之君子不辱欲与寡君为兄弟者，必见寡小君。寡小君愿见。[④]

---

① 《史记·孔子世家》记载此事，安插于孔子第二次过蒲时，与史实有出入。《孔子世家》类似情况较多。本文引用《孔子世家》中的史料，多有匡正，但未能一一加以说明。

② 清人崔述在《洙泗考信录》中，认为孔子返卫住于蘧伯玉家是妄说。崔氏认为孔子返卫时蘧伯玉早已不在人世。钱穆则认为崔说无据。认为蘧伯玉长寿，孔子返卫住蘧伯玉家是可能的。

③ 《左传·哀公十一年》："孔文子之将攻大叔也，访于仲尼，仲尼曰：'胡簋之事，则尝学之矣，军旅之事，未之闻也。'"其事与《论语·卫灵公》及《史记·孔子世家》所载略异。这里所记系据《论语》及《孔子世家》。

④ 《史记·孔子世家》。

南子的这一邀请使孔子感到很为难。因为南子在卫国秽乱宫中，名声不大好。孔子为了避嫌，就婉言辞谢了南子的求见。可是南子还是表示愿见孔子。孔子为了不得罪南子和卫灵公，不得已而去拜见南子。南子坐在帏帐之中，孔子进门之后，向帏帐中的南子行叩拜之礼，南子在帏帐中回拜，身上佩戴的玉器发出铿锵悦耳的响声。孔子回来后对弟子们说：

“吾向为弗见。见之，礼答焉。”

孔子怕弟子们有什么误会，所以这样解释。子路听了很不高兴。孔子对他发誓说：“予所否者，天厌之！天厌之！”①

意思是：我若做得不对，上天会厌弃我的。

转眼之间，孔子一行在卫国已经留居三四年了。卫国的君臣对孔子虽能以礼相待，但并无重用之意。孔子及其弟子在卫国期间，生活虽然有保障，孔子也可以在这里继续教育学生，研究学问，可是他并不能施展自己的才能，也无法在卫国推行他的政治主张。因为他没有官职，没有权力。于是孔子再次萌发了离开卫国的念头。他慨然叹道：

苟有用我者，期月而已可也，三年有成。②

孔子感到，在卫国是不会有人重用他了。

还有一件不愉快的事情，也进一步坚定了孔子离开卫国的决心。

有一天，卫灵公想出去逛一逛，让孔子陪同他一起出去。孔子高兴地答应了。卫灵公与夫人南子同乘一辆马车在前，让太监雍

① 《论语·雍也》。《史记·孔子世家》亦载此事。

② 见《论语·子路》及《史记·孔子世家》。

渠作参乘，而把孔子安排在第二辆车上，跟在卫灵公和南子所乘马车的后面。孔子为此感到羞耻。他毫无顾忌地斥责了卫灵公，说："吾未见好德如好色者也。"[①]

晋国的中行氏有一家臣，名叫佛肸，任中牟之宰。鲁哀公元年，晋国执政之卿赵简子率军讨伐范氏和中行氏，佛肸死守中牟以对抗赵简子，赵简子久攻不克。佛肸听说孔子此时不得志于卫国，孔子身边又有一大批德才兼备的弟子，便派人到卫国去邀请孔子。孔子觉得中牟虽小，佛肸地位虽卑，如果与弟子们齐心合力，或许能在那里干一番事业。他准备动员弟子们到中牟去。可是子路反对。他对孔子说：

由闻诸夫子，"其身亲为不善者，君子不入也。"今佛肸亲以中牟畔，子欲往，如之何？[②]

孔子回答说：

有是言也。不曰坚乎，磨而不磷；不曰白乎，涅而不缁。我岂匏瓜也哉，焉能系而不食？[③]

意思是说：最坚硬的东西是磨不薄的，最白的东西是染不黑的，我难道是个匏瓜吗？怎能总是挂在那里不给人吃呢？

孔子虽然这样说了，但终究没有到晋国的中牟去。

晋国毕竟是泱泱大国，又是卫国的近邻，与卫国只有一水之隔。

---

① 《论语·子罕》。

② 《史记·孔子世家》。《论语·阳货》所载文字与《史记·孔子世家》略有出入。

③ 《论语·阳货》。

孔子很想到晋国去一趟，他想到晋国去投奔赵简子。赵简子是晋国的中军元帅。晋国向来都是中军元帅执政。孔子听说赵简子愿意招揽各国的贤能之士，便想前去一试，或许会得到赵简子的重用。

孔子带领弟子们向西进发，准备从棘津渡过黄河。刚走到黄河边，就传来消息说，赵简子把窦鸣犊和舜华两人杀害了。孔子大吃一惊。他面对滔滔北去的黄河之水，感慨万端。他叹道：

美哉水，洋洋乎！丘之不济此，命也夫！

叹罢，孔子仍呆呆地望着滔滔北去的黄河水。

弟子们听了孔子的慨叹，一时感到莫名其妙。孔子早就盼望到晋国去。现在晋国就在眼前，老师怎么突然又改变了主意，不肯渡河呢？一向聪明伶俐的子贡此时也感到迷惑不解。他急忙走到孔子跟前问道："敢问何谓也？"

孔子看了看子贡，对大家解释说：

窦鸣犊、舜华[①]，晋国之贤大夫也。赵简子未得志之时，须此两人而后从政；及其已得志，杀之乃从政。丘闻之也，刳胎杀夭则麒麟不至郊，竭泽涸渔则蛟龙不合阴阳，覆巢毁卵则凤凰不翔。何则？君子讳伤其类也。夫鸟兽之于不义也尚知避之，而况乎丘哉！[②]

---

① 《史记索隐》云："《家语》云'闻赵简子杀窦犨鸣犊及舜华'，《国语》云'鸣铎窦'，则窦犨字鸣犊，声转字异，或作'鸣铎'。'庆华'当作'舜华'，诸说皆同。"

② 《史记·孔子世家》。《孔子家语》文字与《史记·孔子世家》略异。

就这样，孔子站在黄河岸边，远眺对岸的晋国，不无遗憾地长叹一声，掉头回车，又沿着来时道路返回，在卫国的陬乡稍事休息。孔子又想起晋国被杀的两位贤大夫，想起去晋国的愿望最终落空，他无限惆怅，写下了一首名叫《陬操》的琴曲，以抒发他的情怀。

这次返回帝丘，又住到了蘧伯玉家。

卫灵公对孔子去晋的举动很不满意。因此孔子这一次回到帝丘，卫灵公没有出郭迎接。这是由于卫、晋两国近来关系不大和睦。特别是近一年来，卫国与晋国先后两次交兵。鲁哀公元年（公元前494年）四月，晋国的范氏、中行氏同党赵稷以邯郸对抗赵简子，齐国和卫国联合出兵围攻五鹿以救助赵稷。这一年秋季，赵简子率晋军讨伐范氏，齐、鲁、卫、鲜虞四国又联合出兵救助范氏，并占领了晋国的棘蒲[①]。卫、晋两国关系更加紧张，尤其卫国与赵简子之间发生了尖锐的冲突。在这种情况下，孔子不辞而别，要去晋国投奔赵简子，卫灵公当然很不高兴。不过孔子对此也不大在意。因为他对卫灵公已不抱什么希望了，在卫国也不想久留，遇有机会，他们师徒一行还是要另谋出路的。

鲁哀公二年四月，在位四十二年的卫灵公死了。卫国公室发生了一场激烈的权力之争。

卫灵公的太子蒯聩因为要谋害卫灵公的夫人南子，在三年前畏罪逃往晋国。卫灵公想立他的另一个儿子公子郢为太子。公子郢不同意。卫灵公死后，卫国立蒯聩之子辄为国君，这就是卫出公。晋国的赵简子因卫灵公干预晋国内政，对卫灵公不满。他认为如果蒯聩回卫国即位，晋、卫两国的关系就会大大改善，因为蒯聩逃到晋国之后得

---

① 在今河北省赵县。四国取棘蒲事见《左传·哀公元年》。

到赵简子的庇护和帮助，蒯聩也为赵简子立过战功。六月十七日，赵简子派阳虎把蒯聩送回卫国。于是，蒯聩与他的儿子卫出公为争夺君位而展开了激战。卫国的统治中心闹哄哄地乱作一团。

孔子向来主张“危邦不入，乱邦不居”，卫国发生的这场内乱使孔子无法在这里待下去了，他决定到陈国去。

鲁哀公二年，即公元前 493 年秋季，五十九岁的孔子离开了他客居四年之久的卫国，带着弟子们取道东南，向陈国奔去[①]。

孔子一行路过曹国的都城陶丘，即今山东省定陶县西南。稍事停留，继续南行，来到宋国都城商丘，即今河南省商丘市东南。宋国是孔子先祖受封的国家，也是孔子夫人亓官氏的家乡。孔子年轻时曾到宋国考察殷礼。阔别三十年了，他重新来到这里，备感亲切。孔子本想在宋国多停留一段时间，可是宋国君臣对孔子的到来无动于衷，孔子大失所望。孔子到宋国以后，听说宋国的司马桓魋为了使自己死后不朽，命令工匠给他做大型石椁，花费三年的时间还没有做完，因此而引起众怒。孔子评论说：“桓魋这样奢侈浪费，不知爱惜民力财物，这样的人真不如死后快点烂掉更好些！”[②]

这话传到桓魋那里，他怪孔子多嘴多舌，不知好歹，就想给孔子一点颜色看。

孔子师徒住处附近有一棵大树，孔子和他的弟子们时常在这棵树下演习礼仪，桓魋派人把这棵大树拔掉。孔子知道自己得罪了桓魋，不能在宋国久留了，决定离开这里。弟子们担心会发生意外，都劝孔子说：“可以速矣！”

孔子却对学生们说：

---

① 《史记·孔子世家》记孔子去卫适陈在定公十五年，误，今从钱穆《先秦诸子系年》之说，定于鲁哀公二年，卫灵公死后。

② 《礼记·檀弓上》。

天生德于予，桓魋其如予何！[①]

说罢，孔子仍端坐不动。

尽管孔子这样说，可是弟子们仍不放心，催促孔子尽快上路。为了防备桓魋追击，师徒们改变了原定南去陈国的计划，而是改道西行。他们一伙分成几个小组，连夜向郑国进发。

因为在紧急情况下逃离宋国，师徒一伙又是分头行动的，孔子与弟子们走散了。孔子独自一人站在郑国都城新郑（今河南省新郑县）东门附近等待与弟子们会齐。子贡等人已先到城里，正在焦急地四处寻找他们的老师。这时有一个郑国人见子贡在四处找人，就对子贡说：

东门有人，其颡类尧，其项类皋陶，其肩类子产，然自要以下不及禹三寸，累累若丧家之狗。

子贡按着那位郑国人的指点，匆匆地赶到新郑的东城门，果然见到孔子正在那里四处张望，子贡悬着的心终于放下了。他把刚才那位郑国人讲的一番话如实地告诉了孔子。孔子听后开心地笑着说：

形状，末也。而谓似丧家之狗，然哉！然哉！[②]

到郑国原本不在计划之内，孔子也不想在这里久留。他们师

① 见《论语·述而》及《史记·孔子世家》。

② 见《史记·孔子世家》及《孔子家语》。《孔子家语》记此事略详，云告诉子贡孔子所在的郑人名曰姑布子卿。

徒在城里会齐之后，稍稍休整几天，便又匆匆上路了，目标仍是陈国。不过从新郑去陈国的都城，需要向东南进发了。

三年之前孔子师徒想去陈国，因遇难于匡、蒲，中途返回卫国，去陈的愿望未能实现。几经周折，孔子终于在他六十岁时来到了久已向往的陈国。

陈国国君陈湣公听说孔子远道而来，非常高兴，很快就召见孔子，并待如上宾。陈国大夫司城贞子久慕孔子大名，把孔子一行接到自己家中居住。后来陈湣公又吩咐把陈国最好的宾舍收拾出来给孔子住。经过半年多的奔波流离，孔子师徒总算又安顿下来。《孟子·万章上》云："是时孔子当阨，主司城贞子，为陈侯周臣。"陈侯周即陈湣公[①]。但孔子在陈究竟任何官职,于史无征。很可能陈湣公待孔子以上宾之礼，但并未授以官职。

孔子到陈国不久，鲁国发生了一场火灾。大火从宫城的西部燃起，熊熊的大火越过鲁哀公的宫室，把鲁桓公和鲁僖公的庙烧毁了。孔子在陈国听说鲁国宫内失火，就推测说："烧掉的大概是桓、僖二公之庙吧！"[②]不久，从鲁国传来的确切消息证实，被烧的正是桓、僖之庙。孔子预料得如此准确，使陈湣公大为惊讶。

有一次，一只受伤的大隼落在陈国宫庭中死了。隼又名鸷鸟，是一种猛禽，飞速极快，捕食凶狠。原来这只大鸟被箭射中，一支用楛木做的箭横穿过大隼身体，箭头是用石头磨制的，箭杆长一尺八寸。陈湣公没见过这种箭,就派人向孔子请教[③]。孔子仔细地看了

---

① 赵岐《孟子章句》云"陈怀公子，为楚所灭，无谥"，但《史记·陈世家》云怀公子为湣公，名越，不名周。按时间推算，孔子所见之陈君只能是陈湣公。

② 见《左传·哀公三年》。

③ 见《国语·鲁语下》《史记·孔子世家》。《国语·鲁语下》陈湣公误作"陈惠公"。

这支箭，回答说：

隼之来也远矣！此肃慎氏之矢也。

肃慎又称息慎、稷慎，是女真人的祖先，居住在长白山、兴安岭之间，以游牧为生，善于狩猎，也善于制造弓、箭。

陈湣公的使者听了孔子的话，感到很惊讶。孔子就向他解释说：

昔武王克商，通道于九夷百蛮，使各以其方贿来贡，使无忘职业。于是肃慎氏贡楛矢，石砮，长尺有咫。先王欲昭其令德，之致远也，以系后人，使永监焉，故铭其栝曰："肃慎氏之贡矢。"以分大姬，配虞胡公而封诸陈。古者，分同姓以珍玉，展亲也；分异姓以远方之职贡，使无忘服也。故分陈以肃慎矢。试求之故府，果得之。[①]

陈湣公派人到旧府库中寻找，果然在一个金属匣子里找到了这种箭，和孔子所说一模一样。

孔子不愧是渊博的学者和见多识广的博物学家。他的一番讲述使陈湣公佩服得五体投地，同时也使陈湣公感到自愧。他是陈国之君，对自己祖先的历史竟茫然无知，对陈国府库中保存的珍贵文物也一无所知，而从未到过陈国的孔子对这些却知道得一清二楚，这使陈湣公对孔子更加敬重。

陈国处于吴、楚两国之间。这些年吴、楚两国经常交兵，陈国深受其害。吴、楚两国经常以陈国为战场，两国的拉锯战愈演愈

① 见《国语·鲁语下》及《史记·孔子世家》。

烈。陈国的百姓不得已而逃往他国。孔子师徒在这种情况下无法继续留在陈国，经商议，决定南下去楚国。

公元前 489 年，吴国出兵伐陈，楚国派军队救援陈国，楚昭王亲自出征。这一年七月，楚军进攻陈国都城宛丘西北的大冥，楚昭王病重，死于军中。楚军不得已而撤退，回国为昭王治丧。吴军乘机西进，兵临宛丘城下。宛丘城内一片惊慌。孔子师徒就在这种紧张气氛中匆匆离开了宛丘。

孔子一行在临战之前仓惶逃离陈国都城，并未准备多少粮食。从宛丘南下，沿路正是吴、楚两军交战之地，这里的百姓早已背井离乡，一路人烟稀少。数日之后，孔子师徒所带的粮食已经所剩无几，而南下的路程仍很遥远，大家只好采野菜充饥。当时正值溽暑，气温很高，一个个饥肠辘辘，还要尽快赶路。实在走不动了，便停下来歇息。孔子派子路、子贡等出去想办法。由于人地生疏，又兵荒马乱，哪里也弄不到粮食。这时，大家已经四五天没有吃过一顿像样的饭了，一个个面带饥色，眼看寸步难行了。这一天子路又出去为大家张罗吃的，回来时仍然两手空空，他无精打采，又满腹牢骚，便对孔子说：

由闻之，为善者天报之以福，为不善者天报之以祸。今夫子累德、积义、怀美，行之日久矣，奚居之隐也？

孔子回答说：

由不识，吾语汝！汝以知者为必用邪？王子比干不见剖心乎？汝以忠者为必用邪？关龙逢不见刑乎？汝以谏者为必用邪？伍子胥不磔姑苏东门外乎？夫遇不遇者时也，贤不肖者材也，君子博学深谋不遇时者多矣。由是观之，不遇世者众矣！何独丘也哉？且夫芷兰生于深林，非以无人而不芳；君子之学，非为通也，为穷而不困，忧而意不衰也……故君子博学深谋，修身端行，以俟其时。①

子路听了老师的这番议论，心绪稍稍平静了。可他仍感到有许多现实社会的问题使他困惑不解。于是他又问老师："君子亦有穷乎？"

子路所说的"穷"，是指处境困窘。

孔子回答说："君子固穷，小人穷斯滥矣。"意思是说，君子处境困窘，仍坚定不移，而小人在困窘的处境中就肆无忌惮了。

子贡在旁边听完孔子这些意味深长而又富有哲理的教导，精神为之一振。孔子知道子贡有所领悟，便问道："赐也，女以予为多学而识之者与？"

子贡回答："然。非与？"

孔子说："非也，予一以贯之。"②

意思是说，我有一个最基本的观念来贯穿所学的一切。

孔子感到几天来弟子们的情绪都不大好。在学生们的言谈话语中，孔子似乎感觉到大家发生了信仰危机。他认为越是在艰险、危难之时，越是应当坚定大家的信念。因为信仰危机会导致精神崩溃，那就无法渡过眼下的难关。于是孔子就向大家提出了这样一个问题，请弟子们思考："《诗》云：'匪兕匪虎，率彼旷野。'吾道非邪？吾何为于此？"

子路心直口快，从来有话憋不住，立即发表了自己的看法："意者吾未仁邪？人之不我信也。意者吾未知邪？人之不我行也。"

---

① 《荀子·宥坐》。

② 《论语·卫灵公》。

孔子说："有是乎？由！譬使仁者而必信，安有伯夷、叔齐？使知者而必行，安有王子比干？"

子贡这时插嘴说："夫子之道至大也，故天下莫能容夫子。夫子盍少贬焉？"意思是说，老师您的主张未免太宏伟了，一般的人很难理解，为了使别人容易接受，您不妨把标准适当降低些。

孔子听了子贡的话，对他说：

赐！良农能稼而不能为穑，良工能巧而不能为顺。君子能修其道，纲而纪之，统而理之，而不能为容。今尔不修尔道而求为容，赐！尔志不远矣！

看来孔子不赞同子贡适当降低标准的说法，认为他志向不够远大。此时颜回发了言：

夫子之道至大，故天下莫能容。虽然，夫子推而行之，不容何病？不容然后见君子！夫道之不修也，是吾丑也。夫道既已大修而不用，是有国者之丑也。不容何病？不容然后见君子！

孔子听完了颜回的意见，禁不住大笑起来，竟然忘记了这些天来的饥饿和疲劳。他非常赞赏颜回的话，因为在弟子之中，只有颜回对他的思想和主张理解得最为深透。他以半开玩笑的口吻对颜回说：

有是哉颜氏之子！使尔多财，吾为尔宰。①

① 《史记·孔子世家》。

诸弟子听了颜回的发言和老师对颜回的赞扬，大家对颜回更加敬佩了。

经过这一番讨论，大家坚定了信念，对老师孔子的主张有了更新的理解。于是大家一致推举能说会道、擅长外交的子贡到楚国边境去求援。子贡不负众望，到楚国的负函向守城的楚大夫叶公沈诸梁说明来意，恳请救援。沈诸梁立即派人给孔子师徒送去一车粮食。这真是雪中送炭！已经断粮七八天的孔子师徒得救了，大家欢呼雀跃，欣喜若狂。

孔子一行终于来到了楚国的负函。负函即今河南省信阳市，原来负函是蔡国之城，后来被楚国占有。蔡国迁都于下蔡（今安徽省凤台县）之后，楚国把原属蔡国的臣民集中到负函，并委任沈诸梁负责治理。因沈诸梁的采邑在叶，故称沈诸梁为叶公。叶公早就仰慕孔子的大名，所以子贡向他求援时，他慨然允诺。现在孔子来到这里，叶公亲自欢迎，并设宴款待。

孔子居负函期间，常到沈诸梁的采邑叶城去。叶在今河南省叶县，位于负函西北，距负函大约四百里远。沈诸梁经常往来于他的采邑和驻防地之间，孔子也常在两地间来往。

有一次孔子从负函来到叶，叶公问如何治理国家。孔子所到之处，经常有人提出类似的问题。孔子对叶公说：

“近者悦，远者来。”①

过了几天，叶公沈诸梁问子路：“你的老师究竟是怎样的人？”

子路一时不知如何回答是好。

孔子听说这件事，就对子路说：

“由，尔何不对曰：‘其为人也，学道不倦，诲人不厌，发愤忘

---

①《论语·子路》：“叶公问政，子曰：‘近者悦，远者来。’”《史记·孔子世家》：“叶公问政，孔子曰：‘政在来远附迩。’”

食，乐以忘忧，不知老之将至’云尔。”[①]

孔子对自己的描述真是恰如其分。他已年近七旬了，仍为推行自己的主张而四处奔波。

有一次从叶返回负函，遇到两位楚国的隐者，一位叫长沮，另一位叫桀溺，他们两人正合伙在黄城山下耕作。黄城山下有一条河，孔子师徒来到河边，不知渡口在哪里，孔子就派子路去向两位隐者打听。长沮问子路："彼执舆者为谁？"

子路说："为孔丘。"

长沮问："是鲁孔丘与？"

子路回答："然。"

长沮说："是知津矣。"

子路费了不少口舌，还没有搞清楚渡口究竟在哪，只好硬着头皮再去问桀溺。桀溺对子路说："子为谁？"

子路回答："为仲由。"

桀溺又问："子，孔丘之徒与？"

子路答："然。"

桀溺说："滔滔者，天下皆是也，而谁以易之？且与其从辟人之士，岂若从辟世之士哉？"

一边说着，头也不抬地继续耕作。

子路回到孔子身边，把长沮、桀溺的话向孔子复述了一遍，孔子惘然若失地说：

鸟兽不可与同群，吾非斯人之徒与而谁与？天下有道，丘不与易也。[②]

---

① 《史记·孔子世家》。

② 见《论语·微子》及《史记·孔子世家》。

又有一天，师徒一伙匆匆赶路，子路落在了后头。因岔路较多，子路不知老师走的是哪条路，追赶好长时间仍找不见老师和众师弟。这时，子路遇见一位老人，用手杖挑着锄草工具，子路便上前打听：

“子见夫子乎？”

那位老人看了子路一眼，回答说：

“四体不勤，五谷不分，孰为夫子？”

说完，老人把手杖插在地上，便开始锄草。

子路听了老人的回答，感到这位老者言谈很不一般，可能是一位很有见识的人。子路拱着手，恭恭敬敬地站立在旁边。

老人见子路很有礼貌，天色也晚了，就留子路在家里过夜。老人杀鸡款待子路，还把自己的两个儿子叫来与子路见面。

第二天，子路赶上了孔子一行，把昨天发生的事向老师讲了一遍。孔子说：

“隐者也。”

孔子让子路回去再见一见那位老人。子路回到昨晚的住处，老人已不知去向了。

子路对大家说：

不仕无义。长幼之节，不可废也；君臣之义，如之何其废之？欲洁其身，而乱大伦。君子之仕也，行其义也。道之不行，已知之矣。[①]

经过孔子的多次教导和启发，子路的思想认识有了很大提高。

---

① 《论语·微子》。

这位粗鲁、莽撞而又襟怀坦白，经常遭到孔子批评、训斥而又很受孔子喜爱的弟子，对老师的思想理解得越来越深刻了。

孔子来到负函之后，还到汉水以北的一些地方去游览，接触了楚国各阶层的人士，对楚国的风土人情和历史文化有了更多的感受。

楚国有一位狂人名叫接舆。他很佩服孔子的学识，也很同情孔子的遭遇，但却不赞成孔子的政治主张。有一次他故意从孔子身边走过，口里唱道：

凤兮凤兮！何德之衰？
往者不可谏，来者犹可追。
已而，已而！今之从政者殆而！①

孔子知道，这位自称狂人的人其实很清醒，对现实社会有很深刻的认识，狂人正是用这首歌来讽劝孔子，希望孔子能迷途知返，不要勉强去做那些徒劳无益的事。同时也是在警告孔子，如果执迷不悟，那是很危险的。

孔子听罢这首歌，急忙下了车，想跟这位佯狂的楚人说几句话，可这位佯狂者却扬长而去，孔子呆呆地站在那里，怅然良久。

有如一石击起千重浪，此时孔子的内心再也无法保持平静。他望着楚狂人远去的背影，心潮起伏。

孔子自鲁定公十三年春离开鲁国，到各国周游，这种羁旅生活已经过了十几年。他自己也感到厌倦了。他的政治主张没人接受，他的理想无法实现，那又何苦抛开妻室、背井离乡、四处流浪呢?

---

①《论语·微子》。

楚狂人的那首歌孔子虽然不完全赞同，可毕竟是一种善意的忠告。因而这狂人的歌声也进一步唤起了孔子的思乡之情。孔子的学生有不少在鲁国和其他各国做官，此时也纷纷来信，希望他们的老师早些回去。于是孔子决定带领弟子们离开负函北上。

鲁哀公十年，即公元前485年，孔子一行从楚国的负函回到了陈国。在陈国稍事停留，又继续北上，经宋国的仪邑、卫国的蒲邑，回到了卫都帝丘。

八年前孔子离开帝丘时，卫国正面临一场严重的政治危机。卫出公的父亲、原卫国太子蒯聩在晋国支持下回到卫国，准备与他的儿子卫出公争夺君位。蒯聩后来没有战胜他的儿子卫出公，只好再次出国流亡。鲁哀公五年和鲁哀公七年，晋国又先后两次发兵侵卫，赵简子仍然想让蒯聩回卫国掌权，但都未得逞[①]。鲁哀公十年，即孔子从陈国回到卫国前夕，卫国的公孟驱从齐国回到了卫国。公孟驱原是蒯聩的同党，后来他脱离了蒯聩，逃亡到齐国[②]。公孟驱的归来，又引起卫国人的惊恐。卫国公室内部的权力之争虽然不像八年前那样剑拔弩张，但父子争权的风波仍未平息。

此时的卫出公有意邀请孔子到卫国参政。那些在卫国做官的孔门弟子当然都希望老师早日回到卫国。子路得知这些信息，非常高兴。他按捺不住地问孔子：

“卫君待子而为政，子将奚先？”

孔子略加思索，回答说：

“必也正名乎！”

子路不以为然，又问道：

---

① 分别见《左传·哀公五年》《左传·哀公七年》。

② 《春秋·哀公十年》。

“有是哉，子之迂也！奚其正？”

孔子说：

野哉，由也！君子于其所不知，盖阙如也。名不正，则言不顺；言不顺，则事不成；事不成，则礼乐不兴；礼乐不兴，则刑罚不中；刑罚不中，则民无所错手足。故君子名之必可言也，言之必可行也。君子于其言，无所苟而已矣。[①]

孔子的“正名”主张在卫国显然是行不通的。卫出公父子争权，闹得卫国乌烟瘴气，真是“君不君，臣不臣，父不父，子不子”。在这种情况下，要在卫国“正名”，那不是有意让卫出公难堪吗？所以子路说孔子“迂”，孔子也确实有些“迂”。这也难怪卫出公不肯重用他。

孔子师徒一行回到卫国后，卫出公表示欢迎。但孔子很快就发现，卫出公对孔子并无重用之意，孔子也无意在卫国久留。恰好在这时，鲁国的季康子派人带着礼物到卫国来邀请孔子回鲁国[②]。孔子当然很高兴，他吩咐弟子尽快打点行装，准备返回久别的父母之邦——鲁国。

鲁哀公十一年秋，孔子和他的弟子们结束了长达十四年的羁旅生涯，回到了时时思念的故乡。这一年孔子已经六十八岁了。

三、寂寞的晚年

孔子回到鲁国都城曲阜，受到了鲁哀公和季康子等鲁国卿大夫

① 《论语·子路》。

② 《左传·哀公十一年》。

的欢迎。孔子满怀喜悦。他为了实现自己的政治理想，带领弟子们到处闯荡漂泊，在国外度过了十四年羁旅生涯。他经历了种种艰难困苦的磨炼，如今垂垂老矣，仍然执着地追求他的理想。现在回到了久别的故乡，这里的一草一木都使孔子备感亲切。孔子的几位在鲁国做官的弟子听说老师快回来了，把孔子的住宅修缮一新。孔子回来之后，他的弟子们络绎不绝地前来拜访他。孔子见到自己的学生在鲁国发挥了重要作用，感到十分欣慰。

季康子请孔子回鲁国，一方面是因为孔子德高望重，让孔子在国外长期漂泊，舆论对鲁国的执政者不利；另一方面，季康子深知孔门弟子中确有一批德才兼备者，这些人才如果鲁国不用，其他国家就会用，那对鲁国是不利的。因此季康子才派人把孔子请回鲁国。孔子也知道，自己已年近七旬，鲁国不可能对他委以重任了。如果当政者能重用自己的那些学生，鲁国还是有希望的。再说，季氏专鲁国之政已长达数代之久，连国君都不放在眼里，怎么会请一位“老太爷”对自己指手画脚呢？所以孔子这次从卫国回来之后，季康子尊孔子为“国老”，孔子享受的是退休大夫的待遇，实际上没有什么权力。

孔子归鲁不久，季康子便派冉有来征询孔子的意见。当时冉有是季康子的家宰，季康子对冉有非常信任。季康子想在鲁国实行按田地亩数征收军赋的制度，这是继鲁国“作丘甲”之后又一次增加赋税。季康子想就此事求得孔子的支持，因此特地派冉有来。冉有问他的老师对这件事看法如何，孔子说：“我不知道。”先后问了三次，孔子都不肯发表意见。冉有便对孔子说：

“子为国老，待子而行，若之何子之不言也？”①

---

① 《左传·哀公十一年》。

孔子仍然不肯正面回答冉有的问话。

事后，孔子把冉有叫来，背地里对冉有说：

> 求来！女不闻乎？先王制土籍田以力，而砥其远迩；赋里以入，而量其有无；任力以夫，而议其老幼。于是乎有鳏、寡、孤、疾，有军旅之出则征之，无则已。其岁，收田一井，出稷禾、秉刍、缶米，不是过也。先王以为足。若子季孙欲其法也，则有周公之籍矣；若欲犯法，则苟而赋，又何访焉？[①]

冉有把孔子的意见转达季康子。季康子本来想取得孔子的支持，借助于孔子的威望来平息反对者的意见，不料却遭到孔子的反对。但季康子并未听从孔子的劝告，于鲁哀公十二年春季开始“用田赋”。

冉有按照季康子的主张卖力地在鲁国推行“用田赋”的新政策，结果使季康子的财富大大增加，冉有成为季孙氏横征暴敛的帮凶。孔子对此非常气愤。他对学生们说：

> 非吾徒也。小子鸣鼓而攻之，可也！[②]

孔子知道，在政治上自己已不可能发挥什么重要作用了。好在凭借“国老”的身份，他每年有固定的经济收入，生活上有了保障，所以孔子在回到鲁国之后，把主要的精力都用于教育和整理中国古代文化典籍方面。

孔子是中国古代最伟大的教育家。他把自己一生主要的精力

---

① 《国语·鲁语下》。

② 《论语·先进》。

都用于教育事业。他从三十岁左右就开始兴办私学，聚徒授艺[①]。在中国历史上，孔子是打破“学在官府”局面、兴办私人教育，把文化知识传播给下层民众的首创者。孔子主张“有教无类”[②]。他说：“自行束脩以上，吾未尝无诲焉。”[③]孔子招收的学生，绝大多数都是出身低微的贫苦人。孔子自己虽然是殷王室的后裔，但家世中衰，孔子之父叔梁纥不过是个武士，而孔子幼年丧父，少年失母，从小就饱尝贫寒之苦，因而在孔子思想中没有门第观念。他在议论弟子冉雍时曾说：“犁牛之子骍且角，虽欲勿用，山川其舍诸？”[④]冉雍出身贫寒，他的父亲是个“贱人”[⑤]，但冉雍德才兼备，所以孔子认为不能因出身贫寒就埋没人才。孔子的学生除孟懿子等屈指可数的几个人之外，绝大多数都是贫苦出身。孔子最得意的门生颜回及其父颜路（也是孔子学生）出身贫困。颜回就学孔子之时，“一箪食，一瓢饮，在陋巷”[⑥]，艰苦备尝。颜回死，颜路无钱为儿子办丧事，甚至想变卖孔子乘坐之车为颜回下葬[⑦]，可见贫寒之至。子张出身于“鲁之鄙家”[⑧]，曾经做过马市之驵（经济人）[⑨]；而子路是“卞之野人”[⑩]；就连后来“家累千金”的富贾

① 《史记·孔子世家》云“孔子年十七始收弟子”，系因误解《左传》昭公七年原文而致。胡仔《孔子编年》云“孔子二十二岁始收徒”，亦不确。《史记索隐》云“孔子收徒时三十五岁”，大体可信。

② 《论语·卫灵公》。

③ 《论语·述而》。

④ 《论语·雍也》。

⑤ 《史记·仲尼弟子列传》。

⑥ 同注④。

⑦ 《论语·进行》及《吕氏春秋·尊师》。

⑧ 《吕氏春秋·尊师》。

⑨ 《尸子》：“颛孙师（子张），驵也。”

⑩ 《荀子·大略》。

巨商、官居鲁卫两国之相的子贡，在就学于孔子之前也很贫寒，被人称为“鄙人”；子夏早年“衣若悬鹑”；[①]原宪“终身空室蓬户，褐衣疏食”；[②]曾参年轻时在家务农，“缊袍无表”，“正冠而缨绝，捉衿而肘见，纳屦而踵决”；[③]公冶长曾是一名身陷囹圄的罪犯[④]。以上所论列者都是孔子学生中“身通六艺”的“贤人”。在孔门弟子中，大多数是我们不知姓名的，他们之中出身贫寒者一定更多。以前“学在官府”的时代，这些出身低下的人是没有权利接受教育的。那时受教育是贵族子弟的特权。孔子首创私人教育之后，广大贫苦出身的社会底层人物也有了接受教育的机会，打破了贵族对文化知识的垄断，这是有重大意义和深远影响的创举。孔子在社会上受到人们的广泛尊重，最主要的原因就在于孔子开一代风气之先，使社会上那些渴求知识而又无权入官学的广大贫苦民众获得了接受教育的权利。

办教育是孔子一生最主要的事业。他早年在鲁国因兴办私学而名闻遐迩，慕名前来从师受教者与日俱增。就在孔子仕鲁和周游列国期间，也没有停止他的教育活动。在他担任鲁国公职期间，无论他白天的公务怎样繁忙，退朝之后仍要和弟子们讨论学问。在周游列国时，有一批学生跟随他，无论走到哪里，孔子总是和弟子们在一起，他们既是亲密无间、患难与共的朋友，也是切磋学问、教学相长的师生。就在遇难于匡、蒲，绝粮于陈、蔡之际，孔子仍坚持给学生们讲习礼乐。他走到哪里，就把知识传播到哪里，因而不时有新弟子拜他为师。

---

① 《荀子·大略》。

② 《史记·游侠列传》。《庄子·让王》篇对原宪的贫困状况有极为生动的描写。

③ 《庄子·让王》。

④ 《论语·公冶长》。

孔子自卫归鲁之后，结束了长期四方流浪的生活，也不必再为衣食匮乏而奔波了。孔子又可以安心地从事教育了。孔子此时虽已年迈，仍有不少青年人到孔子门下求学。

经过三十多年的教学实践，孔子积累了丰富的教学经验，他的教育思想也更加系统。孔子主张因材施教。学生们的智力有高下，品德有优劣，学业基础参差不齐，性格也有很大的差异。对学生们的具体情况要做到了如指掌，才能根据每个学生的特点有针对性地进行教育，那样才能收到良好的效果。《论语》中记载了不少孔子对学生们的评价。如："师（子张）也过，商（子夏）也不及。"[①]"柴（子羔）也愚，参（子舆）也鲁，师（子张）也辟，由（子路）也喭。"[②]"由（子路）也果"，"赐（子贡）也达"，"求（冉有）也艺"[③]。孔子根据学生们的专长，列举出下述四个方面的拔尖人才："德行：颜渊、闵子骞、冉伯牛、仲弓；言语：宰我、子贡；政事：冉有、季路；文学：子游、子夏。"[④]每个学生的天资不同，兴趣、爱好也不同，接受问题的能力也存在很大差别，因而必须区别不同的教育对象，有针对性地去传授知识。正确地认识自己的教育对象，是因材施教的前提。孔子说："中人以上，可以语上也；中人以下，不可以语上也。"[⑤]"可以语上"，就是可以向他们讲授高层次的内容，而"中人以下"只能讲授低层次的内容。孔子熟知他的学生们的特点，根据不同人的不同特点，讲授不同的内容，因而能够达到预期目的。《论

---

① 《论语·先进》。

② 鲁，迟钝；辟，偏激；喭，鲁莽。

③ 《论语·雍也》。

④ 《论语·先进》。

⑤ 同注③。

语·先进》篇有这样一段记载：

> 子路问："闻斯行诸？"子曰："有父兄在，如之何其闻斯行之？"冉有问："闻斯行诸？"子曰："闻斯行之。"公西华曰："由也问'闻斯行诸'，子曰'有父兄在'；求也问'闻斯行诸'，子曰'闻斯行之'。赤也惑，敢问。"子曰："求也退，故进之；由也兼人，故退之。"

孔子的两个学生问同样一个问题，孔子根据两个人的不同性格特点，作出了完全相反的回答，而这样的回答对这两个学生来说又都是恰如其分的，这充分体现了孔子在教育方法上的高度技巧。

孔子教育学生的另一个特点是善于启发学生独立思考。孔子曾说过：

> 不愤不启，不悱不发。举一隅不以三隅反，则不复也。①

意思是说：学生们思考问题不到急切求解时不去启发他，不到想要说却说不出来的时候不去开导他。如果教给他一个问题，而不能解决与这个问题相类似的其他问题，那就不再继续教他新问题了。孔子认为应当充分调动学生自己的主动性，让他们开动脑筋、积极思考、广泛联想、融会贯通、举一反三，这样才能学得扎实、学得主动。用生硬的灌输法去强迫学生接受，学生们是学不到真本事的。孔子总是启发学生去独立思考。他以自己多年学习的经验告诉学生："学而不思则罔，思而不学则殆。"② 罔，诬罔，上当；

---

① 《论语·述而》。

② 《论语·为政》。

殆，疑惑，思虑不定。学与思必须互相结合，两者缺一不可。只学不思，则一无所获；只思不学，则疑惑不解。孔子还说："吾尝终日不食，终夜不寝，以思，无益，不如学也。"[①]这句话可以说是对"思而不学则殆"的最好解释。

孔子在多年的教育实践中，积累了极其丰富的经验。孔子在有关教育、学习方面留下许多至理名言，至今仍给我们以极大的启发。例如：孔子主张"学而时习之"[②]，认为"温故而知新，可以为师矣"[③]，主张在学习上"不耻下问"[④]，孔子自己"入太庙，每事问"[⑤]，甚至不耻向十几岁的儿童请教。孔子提倡"教学相长"[⑥]"当仁不让于师"[⑦]，认为"三人行必有我师焉"[⑧]，主张"见贤思齐焉，见不贤而内自省"[⑨]，等等，这都是孔子为后人留下的宝贵精神财富。

太史公司马迁说：

孔子以《诗》《书》《礼》《乐》教，弟子盖三千焉，身通六艺者七十有二人。如颜浊邹之徒，颇受业者甚众。[⑩]

所谓弟子三千，是说孔子先后教过的学生，总数大约有三千

① 《论语·卫灵公》。
② 《论语·学而》。
③ 《论语·为政》。
④ 《论语·公冶长》。
⑤ 《论语·八佾》。
⑥ 《礼记·学记》。
⑦ 同注①。
⑧ 《论语·述而》。
⑨ 《论语·里仁》。
⑩ 《史记·孔子世家》。

人，“身通六艺者”是指孔门弟子中出类拔萃的佼佼者。“如颜浊邹之徒”，是指七十二位“身通六艺者”以外的那些学生。这些学生分别来自鲁、卫、齐、秦、晋、郑、宋、陈、吴、楚等国家[①]，学成之后又奔赴各国去从事政治、军事、外交、文化教育、学术研究、商业贸易等各项活动，其中有很多人成为著名的政治家、军事家、外交家、教育家、学者、大商人，有的甚至成为王侯之师。孔子学生子夏就曾被魏文侯奉拜为师。孔子作为伟大的教育家，真可谓桃李满天下。

孔子晚年除了继续办学之外，还把更多的精力用于整理和传播中国古代的文化典籍。中华民族有着悠久的文化传统。我们的祖先给后人留下了极其丰富的历史文化典籍。但由于年代久远，这些文化典籍在流传过程中极易损坏。到孔子生活的春秋晚期，已经有很多古代的文化典籍破损散佚，残缺不全了。孔子一方面出于教学的需要，一方面作为知识渊博的学者，他感到自己有责任抢救这些珍贵的遗产，并使这些文化典籍更广泛地传播开来。

《诗》《书》《礼》《乐》等典籍是西周以来官府之学共修之课，但这些典籍的内容，体例却很芜杂。经过孔子的加工、整理，变成学生们共同使用的教科书。故太史公说“孔子以《诗》《书》《礼》《乐》教”[②]。孔子对《诗》《书》《礼》《乐》的加工、整理并非晚年才开始。孔子自办学之日起就已经开始整理上述典籍。《史记·儒林列传》说：

孔子闵王路废而邪道兴，于是论次《诗》《书》，修起《礼》《乐》。

① 见《史记·仲尼弟子列传》。

② 《史记·孔子世家》。

所谓“论”就是内容的讨论、去取，所谓“次”就是篇目的编排、调整。司马迁还说：

古者《诗》三千余篇，及至孔子，去其重，取可施于礼义，上采契后稷，中述殷周之盛，至幽厉之缺，始于衽席，故曰：“关雎之乱以为《风》始，《鹿鸣》为《小雅》始，《文王》为《大雅》始，《清庙》为《颂》始。”三百五篇孔子皆弦歌之，以求合《韶》《武》《雅》《颂》之音。①

又说：

孔子之时，周室微而《礼》《乐》废，《诗》《书》缺。追迹三代之礼，序《书传》，上纪唐虞之际，下至秦缪，编次其事。②

这就是司马迁所说的“论次《诗》《书》”。因为《礼》《乐》已废，经孔子加工、整理之后使之重新恢复，故司马迁说孔子“修起《礼》《乐》”。

《周易》和《春秋》是孔子晚年用力最勤的两部典籍。现在的《周易》一书包括《易经》和《易传》两个部分。《易经》中的六十四卦据传为殷周之际的周文王被囚于羑里时所作，六十四卦的卦辞和爻辞分别是周文王和周公所作。而《易传》则是孔子和他的弟子们所作。《周易》这部书中蕴含着深刻的哲学思想。司马迁说：“孔子晚而喜《易》……读《易》，韦编三绝。曰：‘假我数

---

① 《史记·孔子世家》。

② 同注①。

年，若是，我于《易》则彬彬矣。'"[1]孔子多次为弟子们讲授《易经》，弟子们根据老师孔子的讲授记录，最后由子夏等整理成书，后人称之为《易传》，其中包括《彖》上、下，《象》上、下，《系辞》上、下，及《文言》《说卦》《序卦》《杂卦》共十篇，故又称《十翼》。《易传》主要是阐述《易经》的哲学思想。《易经》原是一部深奥难读之书，经孔子和弟子们作《易传》，后人才得以窥见其中的奥秘。

《春秋》是孔子依据鲁国史官所记的《鲁春秋》而写成的一部政治哲学著作。战国中期的孟子说：

世衰道微，邪说暴行有作，臣弑其君者有之，子弑其父者有之。孔子俱，作《春秋》。《春秋》，天子之事也；是故孔子曰："知我者其惟《春秋》乎！罪我者其惟《春秋》乎！"[2]

司马迁在《史记·太史公自序》中说：

上大夫壶遂曰："昔孔子何为而作《春秋》哉？"太史公曰："余闻董生曰：'周道衰废，孔子为鲁司寇，诸侯害之，大夫壅之。孔子知言之不用，道之不行也，是非二百四十二年之中，以为天下仪表，贬天子，退诸侯，讨大夫，以达王事而已矣。'子曰：'我欲载之空言，不如见之于行事之深切著明也。'夫《春秋》上明三王之道，下辨人事之纪，别嫌疑，明是非，定犹豫，善善恶恶，贤贤贱不肖，存亡国，继绝世，补敝起废，王道之大者也。……《春秋》辩是非，故长于治人。……拨乱世反之正，莫

① 《史记·孔子世家》。

② 《孟子·滕文公下》。

近于《春秋》。”

司马迁在这里把孔子作《春秋》的目的以及《春秋》这部书的性质、特点和作用讲得很清楚。司马迁的说法基本上是正确的。

孔子晚年以《诗》《书》《礼》《乐》《易》《春秋》为教授学生的讲义，后人称上述六种典籍为“六经”。其中《周易》《春秋》是最高深的理论，只有那些高才生才能接受、领会。故司马迁说“孔子以《诗》《书》《礼》《乐》教”，“身通六艺者七十有二人”。

孔子的晚年，连续发生了几件很不幸的事情，在精神上对孔子打击很大。

在孔子从卫国回到鲁国的前一年，孔子的夫人亓官氏因积劳成疾，不幸病故。亓官氏在孔子 19 岁那年与孔子结婚，与孔子同甘苦，共患难，饱经风霜。她生了一男一女，培养子女、料理家务等事几乎全部落在亓官氏一人身上。孔子之兄孟皮因患足疾，无力抚育子女，又去世较早，亓官氏又承担了照料侄女的义务。后来孔子长期羁旅在外，亓官氏的担子更重了，精神上也常为孔子而担忧。生活上、精神上的双重负担终于把年近七旬的老夫人压垮了，在孔子归来之前便与孔子永诀了。

鲁哀公十三年，即亓官氏夫人去世仅三年，孔子和亓官氏所生唯一的儿子孔鲤也不幸死去，年仅五十岁。这在精神上对孔子的打击更大。古人把幼年丧父、中年丧妻、老年丧子称为人生三大不幸，而孔子的一生在三大不幸中遭受两大不幸，即幼年丧父、老年丧子。夫人亓官氏之死虽不在中年，可毕竟先孔子而去。亓官氏去世之后，鳏居的孔子唯一依靠的亲人便是儿子孔鲤。现在孔鲤也离开了他，他感到悲伤而又孤独。

说来也奇怪，孔子晚年的不幸一个接着一个。就在孔鲤死后不到一年，孔子最得意的门生颜回也不幸夭折。颜回字子渊，又称颜渊，鲁国曲阜人，与孔子之母征在同属于颜氏大家族。他生于鲁昭公二十四年，即公元前 521 年，比孔子小三十岁，死时年仅三十二岁①。颜回聪明好学，道德修养很高，孔子把他列为德行科之首，称他为“仁人”②。在孔门弟子中，孔子对颜回的赞扬最多、评价最高，《论语》一书中赞美颜回的有二十多章。子贡也是孔子学生中最杰出的人物之一。有一次孔子问子贡：

“女与回也孰愈？”意思是说，你和颜回两人谁更突出些？

子贡回答说：

“赐也何敢望回？回也闻一以知十，赐也闻一以知二。”

孔子听了子贡的话，赞许地说：

“弗如也；吾与女弗如也。”

孔子与颜回之间，情同父子，颜回也确实像对待父亲一样尊敬孔子，故孔子说：“回也视予犹父也。”③颜回之死对孔子的打击不亚于孔鲤之死。颜回死时，孔子悲痛欲绝，放声大哭，说道：“噫！天丧予！天丧予！”④学生们都关切地对孔子说：“子恸矣。”孔子说：“有恸乎？非夫人之为恸而谁为？”⑤

颜回死后，孔子念念不忘，经常提起他。有一次，鲁哀公问孔子：

---

① 或云颜回死时为 41 岁，不确。《史记·仲尼弟子列传》云颜回“少孔子三十岁”，亦误。

② 《论语·雍也》及《淮南子·人间》。

③ 《论语·先进》。

④ 同注③。

⑤ 同注③。

“弟子孰为好学？”

孔子回答说：

“有颜回者好学，不迁怒，不贰过。不幸短命死矣，今也则亡，未闻好学者也。”[①]《论语·先进》篇载季康子问孔子弟子孰好学，孔子回答也与《雍也》篇略同。

鲁哀公十四年，即公元前481年春季，鲁国“三桓”之一的叔孙氏在西郊大野泽狩猎。为叔孙氏驾车的钼商猎获一头怪兽，众人不识，就把这头怪兽送给了掌管狩猎场的虞人。孔子听说此事，就想去看个究竟。到狩猎现场一看，孔子大吃一惊，说：这是一头麟啊！古时人们认为麒麟是太平之兽，代表着“圣人”。孔子见到这头被错杀的麟，悲伤地哀叹：“吾道穷矣！”[②]近年来的一系列沉重打击已经使孔子预感自己将不久于人世了，所以见到这头麟被猎杀，感到格外悲痛。

鲁哀公十五年，对孔子的又一次沉重打击接踵而来：跟随孔子时间最长的弟子，也是孔子最亲密的朋友子路，在卫国的一场内乱中被杀。

子路名仲由，字子路，又称季路，鲁国卞邑（今山东省泗水县东）人，年龄比孔子小九岁。子路是孔子最早的学生之一，因其好勇斗狠，常跟随孔子左右，充当孔子的护卫。子路性格坦诚、直率，从不隐瞒自己的观点，因而深受孔子喜爱。子路在鲁国曾任季孙氏家宰，在卫国时曾被委任为蒲邑大夫。他有很强的办事能力，孔子曾把子路和冉有一同列为“政事”方面的突出人才。孔子常常批评子路莽撞、粗鲁，也经常赞扬他心胸坦白、敢于直言和闻过则

---

① 《论语·雍也》。

② 《史记·孔子世家》。

喜等优点。孔子曾说："自吾得由，恶言不闻于耳。"[1]孔子与子路之间既有笃诚的师生情义，也有深厚的朋友之谊。

鲁哀公十四年，子路受卫国执政之卿孔悝的聘请，到卫国任孔悝邑宰。第二年，即鲁哀公十五年，流亡在晋国的卫太子蒯聩又潜回卫国。孔悝之母为蒯聩之姊，称孔姬。蒯聩与孔姬密谋，准备再一次从他的儿子卫出公手中夺回卫国君权。蒯聩、孔姬强迫孔悝与他们订立盟誓，一起袭击卫出公。卫出公毫无提防，仓皇出逃到鲁国。此时孔悝的家宰栾宁得知事变，立即派人通知正在孔氏采邑平阳（今河南滑县东南）驻防的子路火速前来救难。子路赶来时，都城帝丘城门已关闭，恰好遇见刚从城内逃出的高柴。高柴也曾是孔子学生，当时任卫国大夫之职。他劝子路不要进去，以免白白送死。子路说："吃人家的俸禄，就不应逃避人家的危难。"正好有使者从城内出来，子路乘机入城。此时孔悝正被蒯聩等人挟持到孔氏家中高台上，情况十分危险。子路想放火焚烧孔氏之台以救孔悝，蒯聩派石乞、壶黡两人下孔氏之台抵挡子路，两人用戈击断子路的帽带。子路说："君子死，冠不免。"系紧帽带而死[2]。子路的尸体被蜂拥而来的蒯聩之党剁得稀烂。蒯聩在这场内乱中夺取了卫国的君权，被立为卫庄公。孔子听说子路死时的惨状，立刻命弟子们把准备食用的肉酱扔掉[3]。

一连串的沉重打击终于使孔子病倒了。他昏昏沉沉地躺在病榻之上，恍惚梦见自己坐在堂前的两根大柱子之间祭奠什么。早晨醒来，他强撑病体，两手倒拖着拐杖挪步到门前，声音沙哑地哼着这

---

① 《史记·仲尼弟子列传》。

② 子路死于卫难，事见《左传·哀公十五年》。

③ 《礼记·檀弓上》。

样一首歌：

泰山其颓乎！
梁木其坏乎！
哲人其萎乎！[①]

孔子歌罢，拄杖进入卧室，对窗而坐。子贡听见老师唱的歌，急忙跑来，见孔子目光迟滞，神情凄苦地坐在窗下。孔子对子贡说：

赐！尔来何迟也？夏后氏殡于东阶之上，则犹在阼也；殷人殡于两楹之间，则与宾主夹之也；周人殡于西阶之上，则犹宾之也。而丘也殷人也。予畴昔之夜，梦坐奠于两楹之间。夫明王不兴而天下孰能宗予？予殆将死也。[②]

说罢，孔子满目凄然。

七天之后，即公元前 479 年周历四月十一日，这位伟大的英哲溘然长逝，享年 73 岁。

鲁哀公听说孔子去世了，亲笔写了这样一段悼辞：

旻天不吊，不慭遗一老，俾屏余一人以在位，茕茕余在疚。呜呼哀哉！尼父！无自律！

子贡见了鲁哀公的悼辞，很不满意地说：

---

① 《礼记·檀弓上》。

② 同注①。

君其不没于鲁乎！夫子之言曰："礼失则昏，名失则愆。"失志为昏，失所为愆。生不能用，死而诔之，非礼也；称"一人"，非名也。君两失之。[①]

"君其不没于鲁乎"这句话不幸被子贡言中。鲁哀公因与"三桓"的矛盾日益激化，想借助于诸侯的援助来翦除"三桓"的计划又屡遭失败，不得不逃往邾国，又从邾国逃往越国。《左传·哀公二十七年》追述了鲁哀公"不没于鲁"的悲惨下场：

公患三桓之侈也，欲以诸侯去之；三桓亦患公之妄也，故君臣多间。公游于陵阪，遇孟武伯于孟氏之衢，曰："请有问于子，余及死乎？"对曰："臣无由知之。"三问，卒辞不对。公欲以越伐鲁而去三桓。秋八月甲戌，公如公孙有陉氏。因孙于邾，乃遂如越。

孔子死后，灵柩被安葬在鲁国都城曲阜北部的泗水之滨。弟子们为孔子守丧三年，而子贡则在孔子墓旁修筑草庐，足足守了六年[②]。《史记·孔子世家》说：

弟子皆服三年。三年心丧毕，相诀而去，则哭，各复尽哀；或复留。唯子贡庐于冢上，凡六年，然后去。弟子及鲁人往从冢而家者百有余室，因命曰孔里。鲁世世相传以岁时奉祠孔子冢，而诸儒亦讲礼乡饮大射于孔子冢。孔子冢大一顷。故所居堂、弟子内后世因庙，藏孔子衣冠琴车书，至于汉二百余年不绝。高皇帝过鲁，以

① 《左传·哀公十六年》。《史记·孔子世家》与《左传》略同。

② 《史记·孔子世家》。《孟子·滕文公上》。

太牢祠焉。诸侯卿相至，常先谒然后从政。

后世到这里来拜谒、凭吊这位伟大先哲的人越来越多，又刻石立碑，遂在周围广植松柏，渐渐形成了一个颇具规模的孔氏陵园，人们称之为孔林。

第四章
论孔子思想的两个核心

《论语》上记载，孔子怕他的学生对他的学术思想有误解，曾一再对他的学生说，“吾道一以贯之”[①]，“予一以贯之”[②]。看来这个“一以贯之”，对于了解孔子的思想至为重要。毋宁说，它是了解孔子思想的一把钥匙。

那么，什么是“一以贯之”呢？据我看，这个“一以贯之”是说孔子思想不像一大堆散无友纪的资料仓库，而是有体系的。也就是说，孔子思想是以某一最高概念作为核心而建立起来的一种体系。那么，作为孔子思想体系的核心是什么？曾子说是“忠恕”[③]。这种说法虽然不能说不对，但不够全面。因为他只看到社会方面，而没有看到自然方面。或者说，他只看到孔子的人生观一

① 《论语·里仁》。

② 《论语·卫灵公》。

③ 同注①。

方面，而没有看到孔子的自然观、认识论、方法论等方面的问题。

我们认为，孔子的思想，如果说得全面、具体些，不妨说它有两个核心：一个是“时”；另一个是“仁义”。第一个核心是基本的，第二个核心是从属的。第一个核心偏重在自然方面，第二个核心偏重在社会方面。孔子又特别重视“中”，实际上“中”是从“时”派生出来的。孔子还特别重视“礼”，实际上“礼”是从“仁义”派生出来的。

下面对上述观点分别作较详细的阐释。

一、时，中

孟子曾评论过几位享有盛名的历史人物。他说：“伯夷，圣之清者也；伊尹，圣之任者也；柳下惠，圣之和者也；孔子，圣之时者也。”[①] 并举出“孔子之去齐，接淅而行。去鲁，曰：‘迟迟吾行也，去父母国之道也。’可以速而速，可以久而久，可以处而处，可以仕而仕，孔子也”[②]，以此作为孔子是“圣之时”的根据。这种说法对不对呢？我认为是对的。孟子真正抓住了孔子思想的特点。孔子在论述了“逸民：伯夷、叔齐、虞仲、夷逸、朱张、柳下惠、少连”七人之后，也说过“我则异于是，无可无不可”[③]。这个“无可无不可”应是孔子是“圣之时”的确诂。什么是“无可无不可”呢？我认为这是说可与不可二者从表面上看尽管是对立的，但在一定的条件下可以互相转化。即“可”可以变成“不可”，“不可”可以变成“可”。如孔子去齐，速是可；而去鲁，速就变成不可了。

---

① 《孟子·万章下》。

② 同注①。

③ 《论语·微子》。

去齐时，迟是不可；而去鲁，迟就变成可了。亦如，冬祁寒，衣裘可，衣葛不可。反之，夏酷暑，则衣裘不可，衣葛可。因此，孔子所说的"无可无不可"，也可以作为孔子是"圣之时"的证明。什么是"圣之时"？就是说孔子能应用辩证的观点处理问题。因为，自形而上学者看来，可就是可，不能变成不可。不可就是不可，不能变成可。只有能应用辩证的观点处理问题的人，才知道可与不可不是固定的，可以互相转化。

可能有人不同意上述看法，以为这是把孔子现代化。我不这样看。我认为看问题要看它的实质，至于是今是古以及用什么语言来表达，都不是主要的。

应当指出，孔子应用辩证的观点处理问题，并不限于上述两个事例，在《论语》中还可以找到很多例子。例如《学而》说，"子曰：赐也，始可与言《诗》已矣，告诸往而知来者。"往与来是对立的，孔子说"告诸往而知来"，表明孔子知道二者可以互相转化。《为政》说："子曰：'温故而知新，可以为师矣。'""故"与"新"也是对立的，孔子说"温故而知新"，也表明孔子知道二者可以互相转化。余如同一问孝，而答孟懿子、孟武伯、子游、子夏各异[①]，同一问仁，而答颜渊、仲弓、司马牛、樊迟等有很大不同[②]。特别是子路与冉有都问："闻斯行诸？"而孔子的回答不但不同，甚至相反。由于公西华之问，孔子做了解释，才明白了"求也退，故进之；由也兼人，故退之"。这正是"无可无不可"思想的具体表现。又《论语·子罕》记颜渊从孔子受业，一次"喟然叹曰：'仰之弥高，钻之弥坚。瞻之在前，忽焉在后'"。这个"仰之弥高，钻之弥坚"，可以理解为是指孔

① 《论语·为政》。
② 《论语·颜渊》。

子具有卓越的学识，高不可攀，和孔子具有坚实的理论，颠扑不破。但是，“瞻之在前，忽焉在后”是什么意思呢？前人如何晏、朱熹都释为“恍惚不可为形象”。我看这是妄说，实际他们都不了解这两句话的确切含义。应该说，这正是指孔子能应用辩证的观点处理问题，而持形而上学观点的颜渊则不能理解。颜渊是把可与不可看成是对立的，认为可就是可，不能变成不可；不可就是不可，不能变成可。一旦看到孔子把可说成不可，把不可说成可，他就惶惑了，以为本来是“瞻之在前”，怎么“忽焉在后”呢？他不知道，这正是他不懂辩证法的缘故。何晏、朱熹也不懂辩证法，所以他们也不能理解这两句话是什么意思。《子罕》又说：“子绝四：毋意，毋必，毋固，毋我。”意、必、固、我，恰是形而上学者的特征。“子绝四”，与孔子说“我则异于是，无可无不可”的大意相同，说明孔子的见解不是固定的，能应用辩证的观点处理问题。

当然，孔子的辩证思想是不彻底的。其不彻底最明显地表现在历史方面。在历史方面，他知道“天下为公”是为“天下为家”所代替[①]。他知道“唐虞禅，夏后、殷、周继，其义一也”[②]。他知道汤放桀，武王伐纣是革命[③]。但是，在周的社会制度也将为新的社会制度所代替时，他却错误地认为“周监于二代，郁郁乎文哉”[④]，周制度是最好的、不应改变的。因此，他总是梦见周公[⑤]，渴望恢复西周时的政治。正如《庄子·天运》所说的，他是“蕲行周于鲁”。他

① 《礼记·礼运》。
② 《孟子·万章上》。
③ 《易·革彖传》。
④ 《论语·八佾》。
⑤ 《论语·述而》。

不知道当时的社会也必将为新的社会所代替。这样，他的思想就不能说是彻底的辩证法了。不过这并不妨碍我们说他的思想核心是孟子所说的“时”。如用马克思主义哲学语言来说，也可以说他具有辩证的世界观。

又，孔子特别重视“中庸”。他曾给“中庸”以很高的评价。说：“中庸之为德也，其至矣乎！民鲜久矣。”[①]他的孙子子思作《中庸》，又专门阐发孔子的观点。上文之所以说“中”是由“时”派生出来的，是因为孔子所重视的中庸是时中，而不是如有些人所说的是折中主义。《中庸》说：“仲尼曰：‘君子之中庸也，君子而时中。’”就是有力的证明。《孟子·尽心上》说：“子莫执中，执中为近之。执中无权，犹执一也。所恶执一者，为其贼道也，举一而废百也。”孟子所说的有权的中，实际上就是时中。什么叫作权？权的本义是秤锤。以秤量物重时，秤锤必须前后移动，才能量出准确物重。《孟子·离娄上》说：“男女授受不亲，礼也。嫂溺援之以手者，权也。”这个“权”字与“执中而无权”的权字意思是一样的，都有随时变化，亦即时中的意思。在中国，重视中的历史起源很早。《论语·尧曰》说：“尧曰：‘咨！尔舜，天之历数在尔躬，允执其中。四海困穷，天禄永终。’舜亦以命禹。”《中庸》说：“舜好问而好察迩言，隐恶而扬善，执其两端，用其中于民。”《孟子·离娄下》说：“汤执中，立贤无方。”不过，这些所谓中，到底是子莫的中，还是孔子的中，今已无考。但是孔子所重视的中是有权的中，即时中，则是确定无疑的。《论语·先进》说：“子贡问：‘师与商也孰贤？’子曰：‘师也过，商也不及。’曰：‘然则师愈与？’子曰：‘过犹不及。’”由这个例子可以

① 《论语·雍也》。

看出，孔子所说的中，既不是过，也不是不及，而是恰到好处。今人喜称孔子的中庸是折中、调和，这是不正确的。折中、调和的实质是孔子所说的“乡原”，而孔子是深恶乡原的。《论语·阳货》说：“子曰：‘乡原，德之贼也。’”同书《子路》说：“子曰：‘不得中行而与之，必也狂狷乎！狂者进取，狷者有所不为也。’”《孟子·尽心下》有一大段文字，对于这个问题阐释得最为透辟。兹征引如下：

万章问曰：“孔子在陈曰：‘盍归乎来！吾党之小子狂简，进取，不忘其初。’孔子在陈，何思鲁之狂士？”孟子曰：“孔子‘不得中道而与之，必也狂狷乎！狂者进取，狷者有所不为也。’孔子岂不欲中道哉？不可必得，故思其次也。”“敢问，何如斯可谓狂矣？”曰：“如琴张、曾皙、牧皮者，孔子之所谓狂矣。”“何以谓之狂也？”曰：“其志嘐嘐然，曰：‘古之人，古之人。’夷考其行而不掩焉者也。狂者又不可得，欲得不屑不洁之士而与之，是狷也，是又其次也。孔子曰：‘过我门而不入我室，我不憾焉者，其惟乡原乎？乡原，德之贼也。’”曰：“何如斯可谓之乡原矣？”曰：“‘何以是嘐嘐也？言不顾行，行不顾言，则曰，古之人，古之人。行何为踽踽凉凉？生斯世也，为斯世也，善斯可矣。’阉然媚于世也者，是乡原也。”万子曰：“一乡皆称原人焉，无所往而不为原人。孔子以为德之贼，何哉？”曰：“非之无举也，刺之无刺也，同乎流俗，合乎汙世，居之似忠信，行之似廉洁，众皆悦之，自以为是，而不可与入尧舜之道，故曰‘德之贼’也。孔子曰，恶似而非者：恶莠，恐其乱苗也；恶佞，恐其乱义也；恶利口，恐其乱信也；恶郑声，恐其乱乐也；恶紫，恐其乱朱也；恶乡原，恐其乱德也。”

为什么我说时是孔子思想的核心，并且说，这个核心是基本的，代表孔子的自然观呢？这一点需要从这个思想的起源来说明。我们认为《中庸》说“天命之谓性，率性之谓道”，又说“喜怒哀乐之未发，谓之中；发而皆中节，谓之和。中也者，天下之大本也；和也者，天下之达道也。致中和，天地位焉，万物育焉”，实已接触到这个问题。从起源来说，孔子的这个思想，实出于《易》。关于《易传》的作者，过去学术界曾有许多看法，争论不休。近年来李学勤根据长沙马王堆汉墓出土文书，证明是孔子所作，我们同意他的看法。现在首先需要谈一个问题。这就是，《周易》是讲什么的？孔子在《系辞传下》中说：“《易》之为书，广大悉备。有天道焉，有人道焉，有地道焉。兼三才而两之，故六。六者非它也，三才之道也。”在《说卦传》中说：“昔者圣人之作《易》也，将以顺性命之理，是以立天之道曰阴与阳，立地之道曰柔与刚，立人之道曰仁与义，兼三才而两之，故《易》六画而成卦。”在《系辞传上》中说：“《易》与天地准，故能弥纶天下之道。”在《系辞传下》中说：“天地设位，圣人成能。人谋鬼谋，百姓与能。”在《乾文言》中说：“夫大人者，与天地合其德，与日月合其明，与四时合其序，与鬼神合其吉凶。先天而天弗违，后天而奉天时。”综上所述，可以看出，《周易》一书，总的说是讲天地人三才的。天地亦可单称天。例如说“先天而天弗违”，这个“天”就兼天地而言。人又可称“大人”“圣人”。例如说“夫大人者，与天地合其德”，“天地设位，圣人成能”。总而言之，“天地”或“天”，都是指自然界。“人”“大人”“圣人”则是指人类社会。从“天地设位，圣人成能”，“天地变化，圣人效之”以及“夫大人者，与天地合其德”等提法还可以看出，在天地人三才中，天地是基本的，人是从属的。说得明白些，就是作《易》者在认识自然规律之后，又把这个规律应用于人类社会。

现在需要说明的，就是上文所说的自然规律，其具体内容是什么？以及作《易》者是怎么认识这个规律的？我们认为要了解这个问题，首先要了解中国古代的历法。我们所说的古代历法并不是指庞朴所说的“火历”，而是指《尚书·尧典》内所讲述的那种历法。《易大传》记述的筮法有“揲之以四以象四时。归奇于扐以象闰”“《乾》之册，二百一十有六。《坤》之册，百四十有四。凡三百有六十，当期之日。二篇之册，万有一千五百二十，当万物之数也”等说法，就是作《易》者的思想基础与尧时所制定的历法有密切关系的证明。因此，我认为《易大传》所说的“乾为天”的“天”，实际上就是《尚书·尧典》里所说的“钦若昊天”的“天”，也就是《论语·泰伯》所说的“唯天为大，唯尧则之”的“天”，也就是《论语·尧曰》所说的“尧曰：‘咨！尔舜，天之历数在尔躬’”的“天”。所有上述这些“天”，毫无例外，都应理解为历法上所说的天。兹再作具体分析如下：首先，《尧典》所说的“钦若昊天”，实际上，指的就是下文所说的“历象日月星辰”。而制定历法，所有日月和经星二十八宿虽然都需要“历象”即观测计算，但最重要的则是日，即太阳。《尧典》有“寅宾出日”“寅饯纳日”。《礼记·郊特牲》说：“郊之祭也，迎长日之至也，大报天而主日也。”《汉书·魏相丙吉传》说：“天地变化，必由阴阳，阴阳之分，以日为纪。日冬夏至，则八风之序立，万物之性成。”就是证明。《论语》所说的“唯天为大，唯尧则之”应怎么理解？孔安国说：“则，法也。美尧能法天而行化。”这种说法不能说不对，但不具体。朱熹说“则犹准也，言物之高大，莫有过于天者，而独尧之德能与之准”，就不对了。其实这个“则天”，就是指尧的若天。若天而制历，制历而“敬授人时”“允釐百工”。《论语》说：“天之历数在尔躬。”应怎么理解？何晏说：“历数谓列次也。”朱熹说：“历数，帝王相继之次第，犹岁时气节之先后也。”这两种说法大意相同，都是极大的错误，直接为“终始五德之运”张目，影响极坏。这个“历数”实际上就是《尚书·洪范》“四，《五纪》。一曰岁，二曰月，三曰日，四曰星辰，五曰历数”的历数。“天之历数在尔躬”，就是说舜将继尧执政。古时有朔政制度，谁掌管朔政，谁就掌握政权。《周礼·春官·大史》说：“正岁年以序事，颁之于官府及都鄙，颁告朔于邦国。”《论语·八佾》说：“子贡欲去告朔之饩羊。子曰：‘赐也！尔爱其羊，我爱其礼。’”二书所说的无疑就是朔政问题。这种“朔政”制度大概便是自尧时制定了新历法以后开始建立并实行的。

由制历所形成的思想，具体反映在《周易》里，则乾像天。这个天实际上是指日，即太阳。《乾卦卦辞》说“元亨利贞”，是说由太阳的正射斜射而区分四时。坤像地。《坤卦卦辞》说：“元亨，利牝马之贞。”“利牝马之贞”是说大地不能独立地发挥作用，必待四时寒暑之往来变迁，然后才能显现出春生、夏长、秋收、冬藏的功能。《乾卦彖传》说：“大哉乾元，万物资始，乃统天。”《坤卦彖传》说：“至哉坤元，万物资生，乃顺承天。”两卦彖传一个说“资始”，一个说“资生”，一个说“统天”，一个说“乃顺承天”，很明显就是说明天地二者在生万物时作用不同的问题。《系辞传下》说：“乾，阳物也。坤，阴物也。阴阳合德，而刚柔有体，以体天地之撰，以通神明之德。”《序卦传》说“有天地，然后万物生焉”，也是说明这个问题。因此，《系辞传上》于“八卦定吉凶，吉凶生大业”下说“是故法象莫大乎天地，变通莫大乎四时”，是根据事实说话的。从哲学的观点来看，《系辞传下》

所说的“乾，阳物也。坤，阴物也。阴阳合德而刚柔有体”，符合辩证法的对立统一规律。所说的“是故阖户谓之坤，辟户谓之乾。一阖一辟谓之变，往来不穷谓之通”，符合辩证法的质量互变规律。而自《序卦传》亦即《周易》六十四卦的结构来看，则辩证法的各种规律几乎无不具备。由上文论证，可以相信它是由尧时制定的历法得到启示而作出的。由此可见，《周易》以天地人三才之道作为基本内容，实际上就是认识了自然规律，同时并且认识到社会规律与自然规律基本上是一致的，从而利用卜筮的形式把所认识的自然规律应用于人类社会。《论语·为政》说：“子曰：‘吾……五十而知天命。’”同书《述而》说：“子曰：‘加我数年，五十以学《易》，可以无大过矣。’”证明孔子学《易》之年正是知天命之年。

正由于孔子学《易》了解了自然规律，所以他作《易大传》对于时特别感兴趣。最显著的例子，于《乾卦彖传》说：“六位时成，时乘六龙以御天。”于《艮卦彖传》说：“时止则止，时行则行，动静不失其时，其道光明。”于《丰卦彖传》说：“天地盈虚，与时消息。”特别是于《豫卦彖传》说：“《豫》之时义大矣哉！”于《随卦彖传》说：“随时之义大矣哉！”其他于《颐卦彖传》《大过彖传》《旅卦彖传》《蹇卦彖传》《睽卦彖传》《解卦彖传》《姤卦彖传》《革卦彖传》《旅卦彖传》《坎卦彖传》也说过同样的话。孔子著《易大传》如此反复地陈说时字，证明他确实认识到时的重要性，亦即确实认识到辩证法的重要性。

现在可以谈《中庸》了。我认为《中庸》开篇一段话，至为重要，可惜旧解多误。兹按照我的理解申释如下。我认为“天命之谓性”与《大戴礼记·本命》所说“分于道谓之命，形于一谓之性”的思想是一致的。所说的“天”与“道”都是指自然界。不同的是“天”是从形态一方面说的，“道”是从性质一方面说的。《中庸》说“天命之谓性”，是说万物包括人的各自性质都是自然决定的。《本命》说“分于道谓之命，形于一谓之性”，则是把命和性分开来说的。认为单纯从自然分离出来这一点来说，叫作命。而从万物包括人从自然分离出来之后形成各自不同的性质来说，叫作性。“率性之谓道”，这个“率”字应该怎么解释？郑玄、朱熹都释“率”为循，我认为非是。因为《礼记·学记》说：“玉不琢，不成器；人不学，不知道。”足见人的知道是学来的。如果不学，任性而动，怎能说就是道呢？因此，我认为“率性”之率不应释为循，而应释为“尧舜率天下以仁，而民从之”的“率”。率的意思是统率。谁来统率呢？就是上文所说的“天”。这个问题可以引用《易·系辞传》中谈性的两段文字来说明。《系辞传上》说：“一阴一阳之谓道，继之者善也，成之者性也。”“一阴一阳”实际上包括对立的统一和斗争两个方面，在今日称为自然规律，而在古代则称为道。“继之”是继承道，亦即继承自然规律。说得具体些，就是按照自然规律办事。“成之者性也”同《本命》所说“形于一谓之性”是一个意思。是说性虽是自然所生，但与自然不同，它又具有自己的特质。同篇又说：“子曰：‘易其至矣乎。夫易，圣人之所以崇德而广业也。知崇体卑。崇效天，卑法地。天地设位，而易行乎其中矣。成性存存，道义之门。’”这里谈“成性”是用“效天”“法地”成性。而且成性之后，还要存之又存，唯恐失之，才是道义之门。怎能说循性而行，就叫作道呢？由此可见，郑、朱二人释率为循是错误的。《中庸》下文又提到“修道之谓教”“戒慎乎其所不睹，恐惧乎其所不闻”等等，其实这都不是循性，而是率性的功夫。只有平日有率性的功夫，才能达到“喜怒哀乐之未发”的中。也只有有了“喜怒哀乐之未发”的中，才能达到“发而皆中节”的和。只有这样，才能说“致中和，天地位焉，万物育焉”。为什么“致中和”就是“天地位焉，万物育焉”？关于这段话，郑玄只解释了“致”“位”“育”三个单字的意义，孔颖达则用汉人天人感应之说敷衍一番，朱熹的解释离题更远，谁也没有解决问题。我认为，“致中”是“率性”的结果，亦即《易大传》所说的“效天法地”的结果。只有这样的“致中”才可以说是“天地位焉”。也只有“致中”是“天地位焉”，才可以说“致和”是“万物育焉”。《易·序卦传》说：“有天地，然后万物生焉。”不是最好的证明吗？

孔颖达《中庸》疏说：“案郑《目录》云：‘名曰《中庸》者，以其记中和之为用也。庸，用也。’”根据上述这段话，我看郑说是对的。所以，孔子所重视的中，乃是《中庸》所说的“喜怒哀乐之未发谓之中”，即时中。

二、仁义，礼

我认为仁义也是孔子思想核心之一。但与“时”比较，则“时”是基本的，而“仁义”是从属的。这一点，从《易·说卦传》所说“昔者圣人之作《易》也，将以顺性命之理。是以立天之道曰阴与阳，立地之道曰柔与刚，立人之道曰仁与义”，可以看得很清楚。因为人类社会与自然界来比较，不能不处于第二位。

有人说，孔子的思想核心是仁。这种说法不无道理。因为《吕氏春秋·不二》说：“孔子贵仁。”在《论语》里谈到仁的地方也确实很多。但在《论语》中谈义的地方也不少，只是不见有仁义连用罢了。有人说，仁义是孟子的专卖品。我认为这种说法是只看到了表面现象，其实并非如此。我们知道庄子与孟子同时或稍前。司马迁说庄子："作《渔父》《盗跖》《胠箧》以诋訾孔子之徒。"今在《庄子》33篇中，可以看到有17篇言及仁义，已超过半数。特别是《天运》说："孔子见老聃而语仁义。"《天道》说："孔子曰善。往见老聃，……于是缁十二经以说。老聃中其说，曰，'大谩，愿闻其要。'孔子曰：'要在仁义。'"《让王》说："今丘抱仁义之道。"《渔父》说："孔氏者……身行仁义。"如果只有孟子始言仁义，为什么庄子如此攻击孔子的仁义，而且假托孔子说"要在仁义"呢？不仅如此，在《论语》中，虽然不见有仁义连用，但孔子总是把"出则事公卿"与"入则事父兄"、"远之事君"与"迩之事父"、"君君臣臣"与"父父子子"并列在一起。从实质上看，这不也是仁义连用吗？所以，孔子在《说卦传》说："立人之道曰仁与义。"这是孔子思想在人道，亦即人生观方面以仁义为核心的确凿证明，是不容怀疑的。

那么什么是仁义？由于孔子在《论语》里，语及仁义多是随方施教，没有做过正面的、确切的诠释，所以在这个问题上，后人总是众说纷纭。例如韩愈说："博爱之谓仁，行而宜之之谓义。"朱熹说：仁是"心之德爱之理"，义是"心之制事之宜"。其实这些说法都不是孔子立说的本意。我认为对于作为孔子思想核心之一的仁义的最全面最精确的诠释，莫如《中庸》中孔子答"哀公问政"一段话："仁者人也，亲亲为大。义者宜也，尊贤为大。亲亲之杀，尊贤之等，礼所生也。"这段话对于仁义包括礼三者的内容、特点以及其相互之间的关系阐释得非常全面而精确。

首先说，"仁者人也"是什么意思？我认为人和仁本来是一个字，后来由于历史发展，仁自人分化出来，但仍不能不保留原有的含义。这里的"仁者人也"的人字，实际上具有两层含义。一是说仁的产生，二是说仁的适用范围，都只限于人类。《庄子·天运》说："商太宰荡问仁于庄子。庄子曰：'虎狼，仁也。'曰：'何谓也？'庄子曰：'父子相亲，何为不仁？'"庄子说"虎狼，仁也"，实际上是对孔子言仁的故意歪曲，借以反对孔子。虎狼固然是父子相亲，但是，它不能把这个相亲推广于全体兽类，而仁则不然。《论语·泰伯》说："子曰：'君子笃于亲，则民兴于仁。'"即人类能把"父子相亲"的"亲"推广于全体人类。所以，庄子说"虎狼，仁也"，是不对的。《论语·乡党》说："厩焚。子退朝，曰：'伤人乎？'不问马。"又《颜渊》说："子夏曰：'君子敬而无失，与人恭而有礼，四海之内皆兄弟也。'"《吕氏春秋·爱类》说："仁于他物，不仁于人，不得为仁。不仁于他物，独仁于人，犹若为仁。仁也者，仁乎其类者也。"可见，孔子所说的仁，其范围只限于人类。后世有人说"仁者以天地万物为一体"，也不是孔子的观点。

"亲亲为大"则是说仁的适用范围尽管是全人类，但"亲亲"最为重要。因为"亲亲"是仁的起点，仁的原动力。不能"亲亲"而能亲一切人，是所谓"其所厚者薄而其所薄者厚，未之有也"。

"义者宜也"是什么意思呢？"宜"的意思是合适、恰当。"义者宜也"的意思是说处理事物合适、恰当就是义。所谓合适、恰当，有没有标准？标准是有的，但不固定。要因人制宜，因事制宜，因时制宜，因地制宜。所谓制宜，实际上是要求主观与客观能达到一致。客观上的事物是千差万别的。在主观上处理时，也要符合客观上的实际情况，而不应千篇一律。《孟子·滕文公上》说："夫物之不齐，物之情也。或相倍蓰，或相什百，或相千万。子比而同之，是乱天下也。"孟子所说的"比而同之"，就是不宜，也就是不义。

“尊贤为大”是什么意思？要了解这个问题，首先要了解“尊贤”与“亲亲”不同。“尊贤”讲的是义，“亲亲”讲的是仁。讲义所重在社会，讲仁所重在家庭。当然，这并不是说在社会上就不讲仁，在家庭中就不讲义。《礼记·丧服四制》说：“门内之治恩揜义，门外之治义断恩。”实正确地说明了这个问题。“尊贤为大”，意思是说义的范围所包甚广，不以尊贤为限，但“尊贤”是义中的头等大事。《礼记·仲尼燕居》说：“目巧之室，则有奥、阼，席则有上下，车则有左右，行则有随，立则有序，古之义也。”这是义的范围不以尊贤为限的证明。

“亲亲之杀”是说“亲亲”有亲疏远近等级上的差别。《礼记·丧服小记》说：“亲亲以三为五，以五为九，上杀、下杀、旁杀而亲毕矣。”可以看作“亲亲之杀”的注脚。郑玄说：“己上亲父，下亲子，三也。以父亲祖，以子亲孙，五也。以祖亲高祖，以孙亲玄孙，九也。杀谓亲益疏者，服之则轻。”郑说是对的。

“尊贤之等”，是说人的贤才有高下，表现在职位上也应有尊卑贵贱等等级上的差别。《左传·庄公十八年》说：“王命诸侯，名位不同，礼亦异数。”《荀子·王制》说：“分均则不偏，势齐则不一，众齐则不使。有天有地而上下有差，明王始立而处国有制。夫两贵之不能相事，两贱之不能相使，是天数也。势位齐而欲恶同，物不能澹则必争。争则必乱，乱则穷矣。先王恶其乱也，故制礼义以分之，使有贫、富、贵、贱之等，足以相兼临者，是养天下之本也。”从上述两段引文，对“尊贤之等”的实际和理论可以看得很清楚了。

“礼所生也”，是说礼就是由仁的亲亲之杀和义的尊贤之等产生出来的。所以，礼不是别的，它是仁义的表现形式。《论语·颜渊》说：“颜渊问仁。子曰：‘克己复礼为仁。’颜渊曰：‘请问其目。’子曰：‘非礼勿视，非礼勿听，非礼勿言，非礼勿动。’”《孟子·离娄上》说：“孟子曰：‘仁之实，事亲是也。义之实，从兄是也。礼之实，节文斯二者是也。’”都是证明。孟子所谓“斯二者”就是仁义，所谓“节文斯二者”就是说礼是仁义的表现形式。关于节文的意义，明见于《礼记·三年问》：“三年之丧何也？曰：称情而立文，因以饰群，别亲疏、贵贱之节。”这里所说的“三年之丧”，就是礼。所说的“情”，指内容。所说的“文”指斩衰之服。所说的“节”，指丧期三年。总之，“节文”是形式而“情”为内容。可见孟子所说的“礼之实，节文斯二者是也”正是说礼是仁义的表现形式。

仁义作为一种事物，也有它的发生发展过程。而这个发生发展过程不能不受历史条件的制约。《尚书·尧典》说：“帝曰：‘契，百姓不亲，五品不逊，汝作司徒，敬敷五教，在宽。’”这个“五教”是什么呢？《左传·文公十八年》说是“父义、母慈、兄友、弟共、子孝”。《孟子·滕文公上》说是“父子有亲，君臣有义，夫妇有别，长幼有叙，朋友有信”。我认为从真实性来说，《左传》对。因为在尧舜时代国家还没有产生，它是以血族团体为基础的社会，在家庭间强调父母兄弟和子的义务是合理的。然而孟子的说法也不见得没有道理。因为在战国时期，人与人之间的关系已不限于家庭，加入了君臣、夫妇等等关系。故孟子的解释也是可以理解的。孟子屡次提到“人伦”。于《孟子·滕文公上》说：“使契为司徒，教以人伦。”同篇又说：“夏曰校，殷曰序，周曰庠，学则三代共之，皆所以明人伦也。”于《离娄上》说：“圣人，人伦之至也。”于《离娄下》说：“舜明于庶物，察于人伦。”什么是“人伦”？古人所说的“人伦”，实际上就是人与人之间的关系。只要有社会存在，为了维持社会的安宁秩序，使社会能够顺利地向前发展，就不能不讲求如何正确处理人与人之间的关系。所以，孔子所讲的仁义，不过是孔子用以处理当时人与人之间关系的工具罢了。《论语·里仁》说："曾子曰：'夫子之道，忠恕而已矣。'" 这个"忠恕"，也是用来处理人与人之间的关系的。《中庸》说："忠恕违道不远，施诸己而不愿，亦勿施于人。"《大学》说："是故君子有诸己而后求诸人，无诸己而后非诸人。所藏乎身不恕，而能喻诸人者，未之有也。"《论语·雍也》说："夫仁者，己欲立而立人，己欲达而达人。能近取譬，可谓仁之方也已。" 可见"忠恕"是孔子用以处理人与人之间的关系的。而"忠恕"的内容则是仁义。所以，曾子把孔子说的"吾道一以贯之"理解为"夫子之道，忠恕而已矣"，并不算错。只是孟子所说"孔子，圣之时也"更为深刻，更能抓住孔子思想的本质。

由于礼是仁义的表现形式，所以，仁义同礼来比较，仁义是抽象的，礼是具体的。我们要了解仁义，最好是先了解礼。古人称"故《经礼》三百，《曲礼》三千"[①]。人的所有一切语言行动都有礼作为规范，非常繁缛。然而大别之不过八种，即《礼记·昏义》所谓："夫礼始于冠，本于昏，重于丧、祭，尊于朝、聘，和于乡、射，此礼之大体也。" 在这八种礼当中，最重要的则是丧礼。在丧礼当中，最能反映人与人之间的关系的，莫如丧服。《礼记·大传》说："服术有六：一曰亲亲，二曰尊尊，三曰名，四曰出入，五曰长幼，六曰从服。" 郑玄说："'亲亲'父母为首，'尊尊'君为首。" 说明在丧服当中所反映的基本内容是亲亲、尊尊，亦即仁义。又孔子作《春秋》。司马迁在《史记·滑稽列传》开篇引孔子的话说：

① 《礼记·礼器》。

“《春秋》以道义。”于《自序》又说：“故《春秋》者，礼义之大宗也。”可见孔子作《春秋》是专用以反映他思想中的义的。《庄子·天下》说：“《春秋》以道名分。”“名分”就是尊尊，也就是义，与《史记》所说的并无二致。我们看《春秋》里记述事实所遵守的原则，如“据鲁，亲周，故殷”[①]，“所见异辞，所闻异辞，所传闻异辞”[②]，“《春秋》为尊者讳，为亲者讳，为贤者讳”[③]，“《春秋》内其国而外诸夏，内诸夏而外夷狄”[④]，等等，都是“《春秋》以道义”的具体表现。

最后还要谈一个问题，这就是孔子思想核心之一虽然是仁义，但是在仁义当中他特别强调仁则是事实。例如《孟子·离娄上》说：“孔子曰，‘道二，仁与不仁而已矣。’”《论语》里谈仁的地方也确实比较多。这是什么原因呢？我认为这个问题需要从历史中找答案。孔子虽然生在春秋时期，但从他的学术思想来说，则如《中庸》所说是“仲尼祖述尧舜，宪章文武”，即有得于“军事民主制”时期的思想较多。因此，他强调“亲亲”，强调仁，亦即强调血族关系，是可以理解的。在孔子后，孟子强调义，荀子强调礼，韩非则特别言法，这都是历史条件决定的。恩格斯说：“一定历史时代和一定地区内的人们生活于其下的社会制度，受着两种生产的制约：一方面受劳动的发展阶段的制约，另一方面受家庭的发展阶段的制约。劳动愈不发展，劳动产品的数量、从而社会的财富愈受限制，社会制度就愈是在较大程度上受血族关系的支配。”根据恩格斯两种生产的理论，劳动愈发展，血族关系的支配

---

① 《史记·孔子世家》。

② 《公羊传》隐公元年。

③ 《公羊传》闵公元年。

④ 《公羊传》成公十五年。

力量愈减弱。也就是说，历史进入文明时代以后，从总的趋势来看，应是阶级关系不断加强，血族关系不断削弱。所以，孔、孟、荀、韩各家思想的侧重点不同，应从历史条件的变化去找原因，而不要仅仅归结为个人的认识。

第五章
孔子的天道观与人性论

《论语·公冶长》载："子贡曰：'夫子之文章可得而闻也，夫子之言性与天道不可得而闻也。'"证明性与天道是一个很难了解的问题。即便是孔子生时，群弟子中以言语见称的子贡，亦曾以"不可得而闻也"而兴叹。当然，在过去一个时期内，曾经有不少人谈过这个问题。不过，当时是在批孔的影响下，谈的人多抱有成见，其结论是不足据的。今天不同了。今天我们可以解放思想，实事求是，不必担心有任何框框了。

一、孔子的天道观

我认为谈孔子的天道观，实际上是辨明孔子思想是唯心的，还是唯物的问题，亦即根据恩格斯所说的哲学最高问题来考察，孔子是"断定精神对自然界说来是本原的"，还是"认为自然界是本原的”问题。为了辨明这个问题，不能不涉及孔子言论中曾经使用的一些天、命以及鬼神等概念。不过，需要说明的是，古人对于这些概念是有不同的理解的。例如《国语·楚语下》说：“颛顼受之，乃命南正重司天以属神，命火正黎司地以属民。”这个“天”，不消说是应该理解为神或唯心主义的。古人沿用这种理解，当然也是唯心主义的。又如《论语·泰伯》说：“唯天为大，唯尧则之。”这个“天”，显然是指《尚书·尧典》“钦若昊天，历象日月星辰，敬授人时”的“天”。这就不能不理解为唯物主义的天了。又如“天道”，本意是天行。例如《周易·乾卦大象》说“天行健”，就应该理解为唯物主义的。然而有人却理解为人格神，它就变成唯心主义的了。关于命的问题也一样。星相家所说的命，当然是唯心主义的了。但是，如《孟子·尽心上》说：“尽其道而死者，正命也；桎梏死者，非正命也。”《庄子·列御寇》说：“达大命者，随；达小命者，遭。”二书所说的命，就不见得是唯心主义的。据我看，孟子所说的“正命”和庄子所说的“随”，实际上是指必然性。孟子所说的“非正命”和庄子所说的“遭”，实际上是指偶然性。二人所说的命，都应理解为唯物主义者所说的命。

关于孔子的天道观是唯心的还是唯物的呢？据我看，这一点最本质的应体现在《论语·阳货》孔子所说的“天何言哉？四时行焉，百物生焉，天何言哉”一段话。我认为，这段话里所说的天，应该理解为唯物的。因为这个天是没有思想，不能说话，只有行动。它的行动表现为“四时行焉，百物生焉”。这一观点与《周易·序卦传》说：“有天地然后万物生焉”；《乾卦卦辞》说：“乾，元亨利贞”；《坤卦卦辞》说：“坤，元亨利牝马之贞”；《乾卦彖传》说：“大哉乾元，万物资始，乃统天”；《坤卦彖传》说：

“至哉坤元，万物资生，乃顺承天”，以及《系辞传上》说：“是故法象莫大乎天地，变通莫大乎四时”等观点是完全一致。这个“天”，肯定说是自然的天。在这个天里边没有上帝鬼神存在的余地。余如《论语·述而》说：“子曰：‘我非生而知之者，好古，敏以求之者也。’”又说：“子曰：‘盖有不知而作之者，我无是也。’”《为政》说：“子曰：‘由！诲女知之乎！知之为知之，不知为不知，是知也。’”亦足证明孔子的思想是唯物的，而不是唯心的。有人执《论语·八佾》有“祭如在，祭神如神在”和《先进》有“季路问事鬼神。子曰：‘未能事人，焉能事鬼？’‘敢问死？’曰：‘未知生，焉知死？’”，说孔子虽然没有明白说有鬼神，实际还是相信有鬼神的。我不同意这个看法。我认为孔子不明白说有鬼神，正表明他不相信有鬼神。在这里有两个问题需要搞清楚。第一，今日一般人对死者送花圈，这并不能说他是认为死者有知，而是因为他要表达对死者的感情。这里边有礼俗的问题，不能一律理解为有神论或无神论的问题。第二，我们党的干部到西藏自治区，一般不向喇嘛宣传无神论。这并不表明他们是有神论者，而是如《礼记·曲礼上》所说的，这里有一个“礼从宜，使从俗”的问题。荀子生在战国末期，可以在《天论》里明白地说：“日月食而救之，天旱而雩，卜筮然后决大事，非以为得求也，以文之也。故君子以为文，而百姓以为神。以为文则吉，以为神则凶也。”而孔子生在春秋中期，就没有这样说过。这里有一个历史条件问题。只知其一、不知其二，而鲁莽从事，是很难得出正确的结论的。何况《墨子·公孟》明白说：“儒以天为不明，以鬼为不神。”我们今天怎能说孔子的天道观是唯心的呢？

二、孔子的人性论

人性论在中国历史中是一个争论最大，说法最多，而不易解决的问题。

据我所知，孔子言性在《论语》中有一条，在《易大传》中有六条。兹先谈《论语》里的一条。《论语·阳货》说 :“子曰，‘性相近也，习相远也’。”据我理解，孔子所说的“性”是专指人性而言。“相近”包括两层意思。第一，从人之性对犬之性牛之性来看，人与人为同类，所以说“相近”。“相近”表明人有共性。第二，从人类自身来看，人与人虽属同类，但智愚壮羸万有不同。所以应当说“相近”，不应当说相同。这表明人又有个性。总之，二者都是指人的自然性而言。“习”则不然。“习”是指人的社会性。《春秋繁露·实性》说 :“性者，天质之朴也 ；善者，王教之化也。无其质，则王教不能化 ；无其王教，则质朴不能善。”董仲舒所说的“天质之朴”，指的正是人的自然性，所说的“王教之化”指的正是人的社会性。“习相远”是说人由于受社会的影响，因而有善有恶，差别非常之大。由此可见，人的自然性只能说“相近”，不能用善恶来表述。善与恶是事之两极。用以表述“习相远”则可，用以表述“性相近”则不可。或者说用以表述人之社会性则可，用以表述人的自然性则不可。所以，我认为孔子的言性是对的，是符合实际的。相对说来，孟子说“人性善”，荀子说“人性恶”以及说“有善有恶”、说“善恶混”，等等，五花八门，都不对。因为他们所说的都是“习”，而不是“性”。

在这里还要提到一个问题，这就是朱熹《论语集注》释“性相近”时，引程子曰 :“此言气质之性，非言性之本也。若言其本，则性即是理。理无不善，孟子之言性善是也。何相近之有哉？”他这种说法对不对呢？我认为不对。其所以不对，在于他所说的“理”，事实上是不存在的。他所说的理，实际就是老子所说的“道”，不过换一个名词罢了。老子认为“道生一”，道在天地先。这不是同程子所说的气质之性不是本，“若言其本，则性即是理”的观点一致吗？应当指出，程子认为孔子是“言气质之性”是对的。其错误不在此，而在于他颠倒了本末，把孟子言性善认为是“言性之本”，而诋孔子之说为“何相近之有哉”。

关于《易大传》言性的六条，具体说，《乾卦彖传》说“乾道变化，各正性命”是第一条，《乾文言》说“利贞者，性情也”是第二条，《系辞传上》说“一阴一阳之谓道，继之者善也，成之者性也”是第三条，同篇说“天地设位，而易行乎其中矣。成性存存，道义之门”是第四条，《说卦传》说“穷理尽性以至于命”是第五条，同篇说“昔者圣人之作《易》也，将以顺性命之理”是第六条。这六条里的第一、第五、第六三条都言性命，可以合并为一条，第三、第四都言成性，可以合并为一条。因此下文将主要就合并后的两条加以说明。

首先说“乾道变化，各正性命”是什么意思呢？我认为所谓“乾道变化”，实际上就是天道变化，也就是太阳变化。因为《礼记·郊特牲》明白说：“郊之祭也，迎长日之至也。大报天而主日也。”我们祖先居住在北半球，由于一年中距离太阳有远有近，因而形成了春夏秋冬四时的变化。在变化当中，地球上所有生物都赋予生命，从而开始了发生、发展、衰老、死亡的过程。所以“各正性命”的“命”不是别的，就是“乾道变化”所赋予的生命；“性”也不是别的，就是有生命了又各自具有自己的特性。《说卦传》所说的“穷理尽性以至于命”，与“乾道变化，各正性命”基本上是一个意思。具体说，“理”是事理，“性”是人性，“命”是天命。

唯能穷事理才能尽人性，能尽人性才能达到天命的地步。那么，“天命”是什么？据我看，译成今语，应该说是自然发展规律。“将以顺性命之理”与“……穷理尽性以至于命”大意相同，为了节省篇幅，就不准备在这里谈了。

“一阴一阳之谓道，继之者善也，成之者性也”是什么意思呢？据我看，这“一阴一阳”在《周易》六十四卦里，就是一乾一坤，也就是一天一地，表明二者是对立的，又是统一的。它们由于内部的矛盾性而产生运动，这个运动就叫作“道”。所以这句话同《乾卦彖传》说“乾道变化，各正性命”、《序卦传》说“有天地，然后万物生焉”基本上是一个意思。“继之者善也”是说能继承这个一阴一阳的道，就叫作善。实际这一阴一阳之道也就是“天道”，也称“天行”。译成今语，就是自然发展规律。怎样继承天道呢？据我看，应如《乾文言》所说“与天地合其德，与日月合其明，与四时合其序，与鬼神合其吉凶，先天而天弗违，后天而奉天时”，而这就是善了。古人常教人“合天”“法天”，其实就是说能做到符合自然发展规律。“成之者性也”则是说天地产生万物以后，万物又各自形成自己的特性。《大戴礼记·本命》说：“分于道谓之命，形于一谓之性。”正可用以解释“成之者性也”这个“性”字。它说明道与命是一个东西，不同在于前者是全体，而后者是一部分。性则不然。性是由道产生出来的这个万物的性。谈到“天地设位，而易行乎其中矣”，我认为这句话与同篇说“乾坤成列，而易立乎其中矣”是一个意思。与《序卦传》所说的“有天地，然后万物生焉”和上文所说的“一阴一阳之谓道”，以及“乾道变化，各正性命”的意思也大体上相同。其中心思想我认为就是孔子所说的“天何言哉？四时行焉，百物生焉，天何言哉”，不过说法不同罢了。“成性存存”的“存存”意思是说存之又存，唯恐失之。那么，存什么呢？我认为所存的不是“性”，而是“成性”。就本文来说，它是“天地设位，而易行乎其中矣”。就上文来说，它是“一阴一阳之谓道”。正因为这样，它才是“道义之门”，即道义都是从这里出来。实际这也就是说“继之者善也”。

总之，我认为无论是《论语》或《易大传》，它们言性，从观点上说，都是唯物的。程子言性则与此相反，是唯心的。至于孟子、荀子言性虽然也不正确，但与程子言性相比，从错误的程度上看，还是有差别的。

第六章 孔子的教育思想

一、孔子是伟大的教育家

说孔子是教育家，人们容易认同，说孔子是伟大的教育家，便不见得都能接受。孔子的教育理论和教育实践产生于奴隶社会，为奴隶社会的政治服务，为奴隶社会培养人才，当然有历史的和阶级的烙印。但是历史证明，它们有真理性和超时代性，他的许多关于教育、教学的理论至今仍有借鉴的意义。在封建社会官方加给孔子的众多“桂冠”中，最恰当的是清朝康熙皇帝题写孔庙大成殿匾额的“万世师表”四字。“万世师表”换成现代汉语，便是教师永恒的表率。讲永恒似乎不科学，永恒的事物不存在；教师是培养人的，更具有阶级性和时代性；对教师的要求必因时代而异，不可能永恒不变；今天的教师应懂马克思主义，有社会主义觉悟，否则不算合格。但是孔子作为一个古代的教师，他的东西有没有至今仍闪烁着真理光辉的呢？显然有。他的因材施教的思想、启发式的思想、有教无类的思想，仍是今日教师应该做到而往往做不到的。就这一点说，孔子的确够得上教师之永恒表率。古代的教师和教育家数不胜数，著名的也不少，如孟子、荀子、董仲舒、马融、郑玄、周敦颐、朱熹、王阳明等，皆弟子成群，春风桃李满天下，然而人们只知道他们的学问，不知他们在教育上有何建树。孔子则特立杰出，不但是学问家，还是教育家。只有孔子够得上教师的永恒表率，可以称伟大的教育家。

孔子伟大的教育思想源于他的深刻的哲学思想。孔子首先是一个伟大的哲学家，然后才是一个伟大的教育家。孔子思想的核心是时中和仁义，这构成孔子教育思想的理论基础。时中就是辩证法。孔子的教育思想和教育实践处处贯穿着辩证法精神。

说孔子是伟大的哲学家并非没有争议。黑格尔在《哲学史讲演录》第一卷谈及东方哲学时说："孔子只是一个实际的世间智者，在他那里思辨的哲学是一点也没有的——只有一些善良的、老练的、道德的教训，从里面我们不能获得什么特殊的东西。"又说，"根据他的原书可以断言，为了保持孔子的名声，假使他的书从来不曾有过翻译，那倒是更好的事情。"黑格尔不了解中国哲学，对孔子的哲学所知更少。不知道就下断语，正是孔子"知之为知之，不知为不知，是知也"这句善良的、老练的、道德的教训所反对的。黑格尔的确未能从中获得什么特殊的东西。黑格尔讲演录中的这段话，假使从来不曾翻译成中文，为了在中国人心目中保持他这位西方伟大哲人的博学形象，那倒是更好的事情。

黑格尔在孔子问题上的确强不知以为知了。孔子哲学的思辨性一点不比同时代的希腊哲学家们差。孔子看见了世界的变化和变化中的世界。"子在川上曰：逝者如斯夫，不舍昼夜！"一切都像这流水一样时刻不停地逝去。这是多么思辨的哲学语言！与孔子同时代的希腊哲学家赫拉克里特说的“一个人不能两次踏进同一条河流”那句名言，其思辨的水平未见比孔子更高。赫氏仅仅言及这条河，而孔子则由这条河看到整个世界。赫氏成为西方辩证法的奠基人，孔子身后的命运不如他，孔子高水平的辩证法思想在中国人这里也未得到公允的对待和应有的重视。

二、孔子懂得学习过程的特点

人类的认识过程是由实践到认识，再由认识回到实践。实践是认识的唯一源泉，也是检验认识的唯一标准。感性认识和理性认识是认识过程的两个阶段。对人类认识过程的这一现代认识，两千五百多年前的孔子根本不可能达到。个体人的认识过程总体上说与整个人类的认识过程一致，也不能脱离实践。但是一个人的生命有限，与人类的历史相比无异于一瞬，他不可能也没有必要经历无数代人早已经历过的认识过程。个人必须从前人留下的各种符号记录和长辈的口头传授，以及行为熏染中接受前人积累的认识。如果不是这样，拒绝传承前人的知识，那就真正会出现《庄子·逍遥游》所说“朝菌不知晦朔，蟪蛄不知春秋”的那种情况。《庄子·养生主》说：“吾生也有涯，而知也无涯。”指出生命的有限与知识的无限两者之间的矛盾，是对的。庄子的结论是错误的，他说：“以有涯随无涯，殆已。”看不到解决这一矛盾的办法，所以陷入不可知论的泥潭。实际上，有限的个体生命能够获得远远超过他亲身实践的知识，而一代人总要掌握前代遗留知识的全部。人类具有这个能力，人类如果丧失了这个能力或者拒绝承认这个能力，便只能回到自然状态，和动物一样。道家老庄追求的就是这个。人类要存在下去，必须按照道家主张的相反方向做，每个人都要学习别人、前人已得的知识。把学习活动有目的有计划地组织起来进行，使之具有社会的意义，那就是教育。

孔子懂得学习的重要性和学习过程的特点。一部《论语》，“学”字出现65次，对于人的学习问题进行多方面的反复论述。孔子未给“学”字下个明确的定义，但是从他的言论中我们可以体会出来。孔子说：“学而不思则罔，思而不学则殆。”（《论语·为政》）学和思是两回事，各有各的特点。一个人既要学也要思，缺少任何一项也不可。那么学是什么？思是什么呢？欲知学是什么，可先知学不是什么。这里学与思对言，知学不是思。《周易·文言传》说：“君子学以聚之，问以辨之，宽以居之，仁以行之。”《礼记·中庸》说：“博学之，审问之，慎思之，明辨之，笃行之。”这里学与问与行对言，知学不是问，也不是行。学不是思，不是问，不是行，还能是什么呢？必是学前人留下的知识，学前人留下的文化遗产，其实就是读简策，就是读书。黄式三《论语后案》说“学谓读书”是正确的。这在《论语》中可找到证明。《季氏》篇言及“学诗”“学礼”，《述而》言及“学易”，都言读书。《学而》篇“行有余力，则以学文”，行与学文对言，学文必也是读书。《先进》篇记子路说：“有民人焉，有社稷焉，何必读书然后为学！”既言“何必读书然后为学”，就意谓着当时人们都认为读书是学，读书以外的事情不是学。孔子接子路说：“是故恶夫佞者。”这话没正面驳子路不对，而指斥他利舌巧辩，其实正是不赞成子路的论调。

说学是指读书而言，从罔与殆两字对言也看得出来。罔是诬罔。殆，何晏释为精神疲殆，朱熹释为危殆。王念孙《读书杂志》、王引之《经义述闻》释为疑而不决。王氏父子之说为长。只学不思，便受欺罔。只思不学，便解决不了自己不懂的问题。这两句话只有在把学理解为读书的时候才有意义。读书而不动脑思考，完全信书，就会受书的欺罔。《孟子·尽心下》说“尽信书则不如无书，吾于《武成》取其二三策而已矣”，正是这个意思。反之，如果只是自己思考，不读书，便会有许多问题解决不了。通过读书继承前人的知识，通过思考批判前人的知识。学与思统一，继承与批判统一，构成一个人学习过程的一个重要方面。学习过程的另一个方面是实践，亦即古人说的行。人类的认识过程主要在实践，离开实践就谈不上认识。一个人或一代人的认识却不可一切通过亲身实践，必须通过读书学习掌握前人的知识。孔子说："吾尝终日不食，终夜不寝，以思，无益，不如学也。"（《论语·卫灵公》）这是孔子关于通过书本学习前人遗留知识的经验谈。孔子还说："我非生而知之者，好古敏以求之者也。"（《述而》）又说："知之为知之，不知为不知，是知也。"（《为政》）孔子强调人皆有所不知，变不知以为知的办法是学。学什么？学古，即学习古人的知识。这当然须通过书本学习。这样的认识已经比较抽象化了。就是说，孔子对于人学习书本知识的重要意义的认识，已有一定的理论化水平。

一个人的学习过程包括亲身实践、读前人书这两个重要方面。除此，闻见也是不可少的。孔子说："三人行，必有我师焉。择其善者而从之，其不善者而改之。"（《述而》）反面正面的，我都可以借鉴。所以谁都可以做我的老师。孔子又说："多闻，择其善者而从之。多见而识之。知之次也。"（《述而》）但能分清善恶是非，使不相淆乱，所见所闻都是学习。

孔子对人的学习过程的特点认识得相当清楚，知道人非生而知之，亦不可强不知以为知，人必须通过读书学习，通过闻见学习。因此孔子重视教育，终生从事教育，一方面自己学而不厌，一方面诲人不倦。他一辈子孜孜不息地教书育人，受到学生们心悦诚服的拥护，其思想的基础就在这里。

有一个问题需要搞清楚。孔子说："生而知之者，上也。学而知之者，次也。困而学之，又其次也。困而不学，民斯为下矣。"（《季氏》）他把人划分为四等，第一等是生而知，第二等是学而知，第三等是遇到困难才学习，第四等是不知学习。第一等生而知，不好理解。孔子不承认自己是生而知之的人。例如他说："我非生而知之者，好古敏以求之者也。"（《述而》）"若圣与仁，则吾岂敢？抑为之不厌，诲人不倦，则可谓云尔已矣。"（《述而》）俞樾《群经平议》说："圣与仁，犹言智与仁也。子贡曰：'学不厌，智也。教不倦，仁也。'盖诸弟子之称夫子如此。"孔子说他够不上智者和仁者，即不是生而知的人，他不过是不停地学习，不停地教人而已。古人多以为此是孔子的谦辞，如孔安国说："孔子谦不敢自名仁圣也。"朱熹说："此亦夫子之谦辞也。"仔细寻绎《论语》原文，似乎不像谦辞，孔子承认了他是智者仁者，只是强调他不是生就如此，而是终生不断地学和教的结果。他的知是学得的。看孔子的全部言行，找不到他有生而知之者的思想。那么，"生而知之者，上也；学而知之者，次也"那两句话怎么理解呢？张岱年先生说孔子讲"生而知之者，上也"，不过是虚悬一格而已（《中国哲学发微》第357页）。以后又进一步指出所谓"生而知之者，上也"，是指一个人通过自己的生活实践获得知识而言；"学而知之者，次也"，说的是通过学习前人和别人的东西获得知识。这样理解，大概符合孔子的语意。

三、"有教无类"：孔子的教育方针

《论语·卫灵公》有孔子"有教无类"一语，可视作孔子创办私学的教育方针。这个教育方针在当时是很了不起的。在孔子以前，教育只在天子诸侯卿大夫士的子弟中进行，绝大多数人无缘接受教育。孔子用他的教育实践打破了这个界限。孔子是这样做的，所以才这样说。《论语·述而》记孔子说："自行束脩以上，吾未尝无诲焉。"这是对"有教无类"的最好注解。孔子收弟子没有门第的限制，只要是人，有受教育的价值，他都要。《荀子·法行》说："南郭惠子问于子贡曰：'夫子之门何其杂也？'子贡曰：'夫子正身以俟，欲来者不距，欲去者不止。且夫良医之门多病人，檃栝之侧多枉木，是以杂也。'"这记的是孔子实行"有教无类"的事实。《说苑·修文》说："孔子见子桑伯子，子桑伯子不衣冠而处。弟子曰：'夫子何为见此人乎？'曰：'其质美而无文，吾欲说而文之。'"这记的是孔子实行"有教无类"的具体实例。马融说："言人所在见教，无有种类。"皇侃说："人乃是贵贱，同宜资教，不可以其种类庶鄙而不教之也。教之则善，本无类也。"《吕氏春秋·劝学》说："故师之教也，不争轻重尊卑贫富，而争于道。其人苟可，其事无不可。"这是后世人对"有教无类"的理解，这个理解是正确的。只要有培养的可能性，不问其出身门第如何，只管教育就是了。孔子为人向来是做到才说到。他说"有教无类"，就已做到"有教无类"。他的弟子出身贫贱的不少，颜回"一箪食，一瓢饮，在陋巷"（《论语·雍也》）；仲弓其父为"贱人"，家"无立锥之地"（《荀子·非十二子》）；子路是"卞之野人"（《史记·仲尼弟子列传》）；原宪居鲁"环堵之室，茨以生草"，"上漏下湿，匡坐而弦歌"；曾参居卫，"缊袍无表，颜色肿哙，手足胼胝"（《庄子·让王》）；公冶长曾"在缧绁之中"（《论语·公冶长》），"漆雕开形残"，似受过刑罚（《墨子·非儒》）。他们都是来自下层的人，而且籍贯也很复杂，孔子都收教不弃。

孔子实行"有教无类"的方针有坚实的哲学基础。他不相信有生而知之的人，人人都要通过学习获得知识，加强修养，因此都有必要接受教育。上文已论及于此。“性相近也，习相远也”（《论语·阳货》），这一正确的人性论观点促使他在教育上执行“有教无类”的方针。人的自然素质差别不大，差别是后天习染和教育造成的。无论什么人都可以也应该受教育，贫贱与富贵不应成为可否受教育的条件。智力水平与接受教育的自觉性和积极性在少数人那里有时表现出较大的差距。有生来痴呆鲁钝的人，也有生来聪敏过人的人，这两种人当然也需要塑造、教育，也要通过后天的习染和教育获得知识，提高修养。孔子说的“唯上智与下愚不移”，只是说上智不能改移其上智，下愚不能改移其下愚，不是说上智是生而知之者，不须受教育，下愚是不能知者，不必受教育。

四、因材施教：孔子的教学原则

孔子教学有一条明显而重要的原则，叫作“因材施教”。“因材施教”这句话具有理论意义，已经由具体上升到抽象，不是普通的经验谈。但是这句话不是孔子概括出来的。孔子在教学实践上做到了“因材施教”，却未能抽象为理论。“因材施教”是北宋人程颐第一个讲的。原话是：“孔子教人，各因其材，有以政事入者，有以言语入者，有以德行入者。”（《二程集》第一册第 252 页，中华书局 1981 年版）南宋人朱熹作《四书集注》进一步阐明了孔子因材施教的意义。《论语·先进》提到孔子教学有德行、言语、政事、文学四科，朱熹注说：“孔子教人各因其材，于此可见。”《孟子·尽心上》“有成德者，有达财者”一句下朱熹注说：“财与材同。此各因其所长而教之者也。成德，如孔子之于冉、闵；达材，如孔子之于由、赐。”同篇“此五者君子之所以教也”句下朱熹注说："圣贤施教，各因其材，小以成小，大以成大，无弃人也。"程朱二人把孔子因材施教这个教学原则概括得准确，阐发得清楚，基本的意思是根据每个学生的特点和特长进行培养，因人制宜，有针对性地教育。用今语说，就是不搞一刀切。

孔子因材施教的实例很多，而找不出相反的例子。《论语·先进》记孔子教学四门："德行：颜渊、闵子骞、冉伯牛、仲弓。言语：宰我，子贡。政事：冉有，季路。文学：子游，子夏。"根据学生们的特长划分培养重点。孔子对学生的特点、特长了解得极清楚，子贡问："师与商也孰贤？"孔子答曰："师也过，商也不及。"又答曰："过犹不及。"学生性格上的差异，孔子都知道。孔子又说："柴也愚，参也鲁，师也辟，由也喭。"学生在天赋上的不同，孔子也知道。子路问："闻斯行诸？"孔子答曰："有父兄在，如之何其闻斯行之！"冉有问："闻斯行诸？"孔子说："闻斯行之。"同样的问题，孔子作不同的回答。公西华问孔子为什么前者答以回家问问父兄然后行动，而后者则告之以立即行动，孔子答曰："求也退，故进之。"冉有这个人性格懦弱，需要我给他鼓劲。"由也兼人，故退之。"子路这个人性格好胜，需要我给他泄劲（以上均见《论语·先进》)。此外如弟子问仁，孔子有针对性地给以回答。樊迟三次问仁，孔子所答绝不相同。一次答曰："仁者先难而后获，可谓仁矣。"(《论语·雍也》)《春秋繁露·仁义发》说："孔子谓冉子曰：'治民者，先富而后教。'语樊迟曰：'治身者，先难后获。'以此之谓治身之与治民所先后者不同焉矣。《诗》云：'饮之食之，教之诲之。'先饮食而后教诲，谓治人也。又曰：'坎坎伐辐，彼君子兮，不素餐兮。'先其事，后其食，谓治身也。"二次答曰："爱人。"《大戴礼·王言》："孔子曰：'仁者莫大于爱人，知者莫大于知贤。'"《荀子·君道篇》："子贡对夫子问曰：'知者知人，仁者爱人。'"前答就人我言，此答就仁智言。樊迟第三次问仁在《子路》篇："樊迟问仁。子曰：'居处恭，执事敬，与人忠，虽之夷狄，不可弃也。'"《杨龟山文集》说，胡德辉问："此章与《子张》问行章语义正类，或说'问仁'乃'问行'尔，字之误也，有诸？"答曰："学者求仁而已，行则由是而之焉之者也。其语相似，无足疑者。"包咸说："虽之夷狄无礼义之处，犹不可弃去而不行。"这一答侧重在日用躬行处行仁，与前两答又有不同。樊迟一人三次问仁，所答竟不同，不但因材施教，同一材中又因时施教，可见孔子的教学总是从实际出发，有针对性地进行，绝不无的放矢。

孔子对另外一些弟子问仁，回答都不同，仁者爱人这一点是肯定的，但是具体的要求则因人而异。答颜渊曰："克己复礼为仁。"（《论语·颜渊》）答仲弓曰："出门如见大宾，使民如承大祭。己所不欲，勿施于人。在邦无怨，在家无怨。"（《论语·颜渊》）答司马牛曰："仁者其言也讱。"（《论语·颜渊》）答子张曰："能行五者于天下，为仁矣。""曰：恭、宽、信、敏、惠。恭则不侮，宽则得众，信则人任焉，敏则有功，惠则足以使人。"（《论语·阳货》）答子贡曰："夫仁者，己欲立而立人，己欲达而达人，能近取譬，可谓仁之方也已。"（《论语·雍也》）

弟子问孝，孔子所答亦各因人异。答孟懿子曰："无违。"答孟武伯曰："父母唯其疾之忧。"答子游曰："今之孝者是谓能养，至于犬马，皆能有养，不敬，何以别乎！"答子夏曰："色难。"（《论语·为政》）汉人解"色难"有两说。包咸说："色难，谓承顺父母颜色乃为难也。"郑玄说："和颜悦色，是为难也。"（《诗·邶风》正义引郑注）包说"色难"之色指父母颜色，郑说指人子之颜色。后世人或从包或从郑，莫衷一是。但有一点是大家所认同的，即事亲唯色为难。孔子答问孝，是依据具体对象而发的，也体现因材施教的原则。清人尹会一《读书笔记》说："孔门教人莫重于仁孝，其答问仁问孝各有不同，皆因其材之高下与其所失而告之。故药各中病，非如后世之教，自立宗旨以待来学，所谓不问病症而施药者，药虽良无益而又害之者多矣。"尹氏所言极得孔子因材施教之意。

因材施教是个很了不起的教学原则，后世搞教育的人，道理是懂得的，然而大多做不到，直至今日，能将这一原则真正贯彻到教学实践中去的教师并不多。孔子在两千五百多年前实实在在地把因材施教应用到教育实践中去，仅仅为这一项，我们就该承认孔子的确是"万世师表"，或者说伟大的教育家。孔子之所以能够因材而施教，绝不不问病症而乱施药方，原因在于他有一个善于辩证思维的头脑。孔子讲究时变，他绝对把世界看作永恒变化的，一切都在像流水般地逝去。他对待万事万物的态度是"无可无不可"，不设一定的死框框，对学生必然也如此。学生各个不同，教育的内容和要求也不同。每个学生自身也不是一成不变的，学生在变化，对他的教育也随着变化。孔子在哲学上是唯物论者，也是辩证法大家，这导致他的教育思想也大放异彩。

五、启发式：孔子的另一教学原则

孔子的教学实践很讲究启发式的方法。孔子固然没有概括出启发式这一抽象的概念，但他实行的确实是启发式，而且实行得极自觉，认识得极深刻，真正掌握了启发式的精神实质。在孔子的教学实践中，与其说采取启发式的方法，不如说他始终贯穿着启发式的精神更符合实际。孔子从不强迫学生相信什么或不相信什么，从不把自己的认识强加给学生。在孔子那里，学生品格的养成、学问的充实，是学生自己主动学习、思考的结果；教师的作用表现在启发和诱导上；学生的自觉学习处在教师的指导之下，以教师的主导作用为前提；启发是教师启发，诱导是教师诱导，与放任自流绝不相同。

请看看孔子自己的言论。《论语·述而》说："子曰：不愤不启，不悱不发，举一隅不以三隅反，则不复也。"孔子这段话已将启发式教学的原理揭示明白。《文选·西京赋》注引《论语》曰"举一隅而示之"，多"而示之"三字。今本无此之字，然而于义无妨碍。郑玄注说："孔子与人言，必待其人心愤愤，口悱悱，乃后启发为说之。如此则识思之深也。说则举一隅以语之，其人不思其类，则不复重教之。"清人钱坫《论语后录》说："《说文解字》无悱字，郑康成言'口悱悱'，疑即怫字。《玉篇》云：'怫，意不舒洽也。'义近。"清人刘宝楠《论语正义》说："《方言》：'愤，盈也。'《说文》：'愤，懑也。'二训义同。"《礼记·学记》说："时观而弗语，存其心也。"郑玄注说："使之悱悱愤愤，然后启发也。"《学记》又说："力不能问，然后语之。"程树德《论语集释》考证说："力不能问，故口悱悱也。当心愤愤口悱悱时，已是用力于思而未得其义，乃后启发为说之。"程颐说："孔子教人，'不愤不启，不悱不发。'盖不待愤悱而发，则知之不固，待愤悱而后发，则沛然矣。学者须是深思之。思而不得，然后为他说，便好。"（《二程集》第一册第 208 页，中华书局 1981 年版）朱熹《四书集注》说："愤者，心求通而未得之意。悱者，口欲言而未能之貌。启，谓开其意；发，谓达其辞。物之有四隅者，举一可知其三。反者，还以相证之义。"

以上所引古人对孔子那段话的训解，大体上得要领。孔子这段话有两层意思：一讲启发；二讲启发要举一反三。孔子说的启发，关键是调动学生学、思的主动性与积极性。学生首先自己学自己思，思到自己实在想不通道不明的程度，必然产生一种请人启之发之的迫切愿望，这时教师只要轻轻点拨，学生便会柳暗花明，豁然开朗。既强调学生学思的主动性、积极性，也更重视教师的主导作用。孔子说的举一反三，实质上还是强调发挥学生学思的主动性与积极性，指明教师在任何情况下都不可以自己的灌输代替学生的心得。教师面面俱到，什么都讲，就等于一面也不到，什么也未讲。教师在同类问题中只讲最重要的、有代表性的，其余让学生自己去类推。孔子这种举一反三的思想在《易传》里也有反映。蒙卦《象传》说："匪我求童蒙，童蒙求我，志应也。"正是愤悱启发、举一反三的意思。不是教师主动找童蒙去强行灌输，而是童蒙主动要求教师来点拨。学生渴望求教于教师，教师愿意指导学生，师生岂不正是"志应"的关系？

《论语》中不乏孔子实行启发式教学的实例。最典型的是《八佾》中的一段记载。其文云：子夏问曰："'巧笑倩兮，美目盼兮，素以为绚兮'，何谓也？"子曰："绘事后素。"曰："礼后乎？"子曰："起予者商也，始可与言《诗》已矣。"

"巧笑倩兮，美目盼兮"二句见《诗·卫风·硕人》，"素以为绚兮"一句今《诗》不见。东汉马融说"此上二句在《卫风·硕人》之二章，其下一句逸也"。清人翟灏《四书考异》引周子醇《乐府拾遗》说："孔子删诗有删一句者，'素以为绚兮'是也。"朱熹《论孟或问》说："此句最有意义，夫子方有取焉，而反见删，何哉？且《硕人》四章，章皆七句，不应此章独多此一句而见删，必别自一诗而今逸矣。"朱熹以为《八佾》所引三句都是逸诗，是与今本《硕人》不同的另一首诗，是可取的。

倩字，马融说："笑貌。"朱熹说："好口辅也。"盼字，马融说："动目貌。"朱熹说："目黑白分也。"这两句是说女子容貌生得秀美。绚字，马融说："文貌。"朱熹说："采色，画之饰也。""绘事后素”，郑玄注说：“绘，画文也。凡绘画先布众色，然后以素分布其间，以成其文，喻美女虽有倩盼美质，亦须礼以成之也。”以为绘画先施众色，而后施白色。皇侃说：“如画者先布众采荫映，然后必用白色以分间之，则画文分明，故曰绘事后素。”与郑玄说同。这是古注的训解。朱熹《四书集注》改变了古注的训解，古注说“绘事后素”是先画五采，后涂白色，朱熹颠倒过来，说：素以为绚，“言人有此倩盼之美质，而又加以华采之饰，如有素地而加采色。子夏疑其反谓以素为饰，故问之。”又说：绘事后素，“绘事，绘画之事也。后素，后于素也。《考工记》曰：‘绘画之事后素功。’谓先以粉地为质，而后施五采。犹人有美质，然后可加文饰。”又说，“礼必以忠信为质，犹绘事必以粉素为先。”又引杨时语：“‘甘受和，白受采，忠信之人可以学礼’。苟无其质，礼不虚行。”（此引语见《杨龟山文集》）杨氏所引语出自《礼记·礼器》。朱熹释绘事后素不用古注，以素为素地素质，以后素为后于素，是正确的，与《论语》的意思相符。朱熹也有失误，朱熹的失误在于既破古注又引《考工记》“绘画之事后素功”，既引《考工记》又引《礼器》，将相反的两说牵混起来。清人全祖望《经史问答》说：“问：《礼器》‘甘受和，白受采’，是一说，《考工》‘绘画之事后素功’，又一说。古注于《论语》‘绘事后素’引《考工》，不引《礼器》。其解《考工》亦引《论语》。至杨龟山解《论语》，始引《礼器》，而朱子合而引之，近人多非之，未知作何折中？’曰：‘《论语》之说正与《礼器》相合。盖《论语》之素乃素地，非素功也，谓其有质而后可文也。何以知之？即孔子借以解《诗》而知之。夫巧笑美目，是素地也。有此而后可加粉黛簪珥衣裳之饰，是犹之绘事也，所谓绚也，故曰绘事后于素也。而因之以悟礼，则忠信其素地也，节文度数之饰，是犹之绘事也，所谓绚也。若《考工》所云，则素功非素地也，谓绘事五采，而素功乃其中之一，盖施粉之采也。粉易于污，故必俟诸采既施而加之，是之谓后。然则与《论语》绝不相蒙。夫巧笑美目，岂亦粉黛诸饰中之一乎？抑亦巧笑美目出于人工乎？且巧笑美目反出于粉黛诸饰之后乎？此其说必不可通者也。龟山知其非，故别引《礼器》以释之。朱子既是龟山之说，而仍兼引《考工》之文，则误矣。”全氏以为《礼器》“甘受和，白受采，忠信之人可以学礼”之说与《论语》“绘事后素”乃一说，朱熹采取杨时（龟山）之说，释“绘事后素”为先白后采，先素后文，是对的。错在既信《礼器》说，又用《考工记》“绘画之事后素功”之说，而此二说是相牴牾的。

克服训解上的障碍之后，我们回到孔子实行启发式教学的本题上来。最重要的一点，是子夏自己先学《诗》，而不是孔子先教子夏《诗》。这是孔子启发教学的前提，没有这一点，余皆不须论。其次是子夏学《诗》，经过自己思考，在“素以为绚”这一句上愤愤悱悱，想不通，道不明。再次，孔子在子夏弄不懂的关键之点上加以启发点拨，一句“绘事后素”一下子点通子夏的思路。最后，子夏一点便透，立刻由“绘事后素”联想到“礼后”，一个人须有忠信之质然后可以学礼。礼好比女人的粉黛衣饰，忠信好比女人的巧笑美目。巧笑美目是天然素质，当然在先；粉黛衣饰是人工文饰，当然在后。子夏闻“绘事后素”而知“礼后”，是闻一而知二，举一而反三。

孔子的启发式教学原则有其坚实的哲学基础。他相信人在认识上的主观能动作用，相信人能够通过主动、自觉、积极的学习认识外部世界。假如他像《老子》那样主张“为学日益，为道日损，损之又损，以至于无为，无为而无不为”，自然谈不到启发式的教学。学生无学，先生的启发便无从谈起。孔子对教与学这一对矛盾虽然不曾有过理论性的表述，但是从他对待教与学的具体态度中，我们可以体会到他对教与学的关系的看法是辩证的。教与学显然是对立面的统一。而且在他看来，矛盾的主要方面依时转移，不可一定。当学生主动学习，积极思考，以至于心愤愤不能通、口悱悱不能达的时候，矛盾的主要方面在学。一旦学生把不解的问题向教师提出，教师怎样启发点拨学生使之能举一反三成为关键的时候，矛盾的主要方面便转向教的一边。孔子是依据这样的规律做的，只是没讲出来。今人常常讨论教与学的主要矛盾方面是教还是学，甚属无谓。既是矛盾，其对立两方必然相互转化，不能限定。教师与学生相比，教师起主导作用，是就工作而言，不可与教与学这对矛盾的主要方面问题相混淆。

第七章
孔子的政治、经济、军事思想

孔子思想是个庞大的体系，当时人们能够提出的方方面面问题全在它的涵盖之中。然而孔子思想庞而不杂，不论言及何处，都有一个核心贯穿维系着，绝不散乱。孔子自己说“吾道一以贯之”。这一贯之道曾子以为“忠恕而已”，不能说不对，但不全面。孔子思想的一贯之道应该说是时与仁义。时与仁义，除哲学、教育思想之外，还体现在孔子的政治、经济、军事思想中。

一、孔子的政治思想

孔子是一位明智的政治家，他的政治主张是当时历史条件所允许的较好选择，里面蕴含着鲜明的仁义精神。孔子的政治思想相当丰富，这里只论及他的德治主张和君主主义观点，其法律观点也并在这里一起讲。

（一）孔子主张德治

《论语·为政》说："为政以德，譬如北辰，居其所而众星共之。"这是孔子主张德治的证明。《经典释文》说："共，郑作拱，拱手也。"朱熹《四书集注》说："北辰，北极，天之枢也。"王夫之《四书稗疏》说："辰者，次舍之名。辰非星，星非辰也。"雷学淇《经说》说："《尔雅》曰：'北极谓之北辰。'《吕览·有始篇》：'极星与天俱游，而天极不移。'天极即北极也。"又说："北极亦非不运动，但居其所而不移耳。"又说："宋人以磨心、车毂譬北辰，非是。磨心与磨上之运转者不属，车毂与车轮之运转者不属，且磨心、车毂真不动矣，与'为'字、'以'字及北辰之象皆不合。古人唯以枢取譬，最为切合。盖枢在受枢处，与扉扇一同运转，但居其所而不移耳。"《礼记·乐记》："德者，得也。"《礼记·乡饮酒义》："德也者，得于身也。故曰古之学术道者，将以得身也。"据古人上述训释，孔子"为政以德"一语意谓天子诸侯平治天下国家须自自身之道德修养做起，以德正民化民，人民会像众星围绕北辰运转那样倾向执政者。旧注往往训解为有如道家的无为而治，以为"以德"是统治者无为于上，庶政悉理于下，犹北辰之安居不移而众星顺序之意，这是不对的。《礼记·哀公问》哀公问为政，孔子对曰："政者正也。君为正，则百姓从政矣。君之所为，百姓之所从也。君所不为，百姓何从！"《礼记》所记孔子此言可视作《论语》"为政以德"一句的注脚。孔子要求统治者的是有为，不是无为。有为的含义是正己，通过正己治民，以自己的德行教化百姓。这是孔子主张的德治。《论语·为政》又说："道之以政，齐之以刑，民免而无耻。道之以德，齐之以礼，有耻且格。"孔安国："政，谓法教也。免，苟免罪也。"马融："齐之以刑，整齐之以刑罚也。"包咸："德，谓道德也。"何晏："格，正也。"郭象："政者，立常制以正民者也。”诸家训释可取。关于全句的理解，《朱子语类》有言：“道之以德，是躬行其实以为民先。如必自尽其孝，而后可以教民孝；自尽其弟，而后可以教民弟；宜其家人，而后可以教国人；宜兄宜弟，而后可以教国人。”朱熹理解“道之以德”一语，可谓深得孔子精义。“道之以德”表达孔子德治思想比“为政以德”更切近明白。统治者自身德修在先，作为表率，然后才有百姓之“有耻且格”。

孔子的德治，其实质是人治。孔子的人治大体上包含两个层次的意义，一是首先解决治人者自身的德行修养问题，二是解决治于人者的问题和治人者自身德行修养问题一样，关键是仁义。仁义离不开礼知。

《礼记·中庸》：“哀公问政。子曰：‘文武之政，布在方策，其人存则其政举，其人亡则其政息……故为政在人。’”“为政在人”一句，郑注释为“在于得贤人也”，似乎不妥，玩索上文语意，应释作为政在人君自己为是。人字与方策相对应，意谓文王武王之好政教记在方版简策上，是死东西，欲将文王武王的好政教变成现实，要看人君是不是能行文武之政的人。文武之政无论如何好，写在方策上，没有人去贯彻实行，是不行的。如此理解，才符合孔子点拨鲁哀公的用心。孔子显然是要鲁哀公如何正己，而不是强调他如何举贤。

按孔子的观点，人君为政的实质是正己。正己即修身。《中庸》又记孔子说：“取人以身，修身以道，修道以仁。仁者人也，亲亲为大；义者宜也，尊贤为大。亲亲之杀，尊贤之等，礼所生也。”孔子又说：“好学近乎智，力行近乎仁，知耻近乎勇。知斯三者，则知所以修身。知所以修身，则知所以治人。知所以治人，则知所以治天下国家矣。”孔子讲得极清楚，人君为政须首先修身，修身而后能治人，治人而后能治天下国家。为政的目的是治天下国家，治天下国家的根本办法是修身与治人。修身也罢，治人也罢，都是解决人的问题。治国平天下的问题自古就是治人与治物两方面，两方面既相互对立又互为前提，二者不可或缺。应以哪一方面为主，须依时而定，但总的说来，人的问题是最重要的，任何时候也不能忽视。孔子把人的问题放在为政的第一位，是有道理的。修身的根本问题是仁义，礼、智、勇等都与仁义联系着才有意义。仁反映血亲关系，义反映政治关系。仁以亲亲为首，然后推及对天下人的爱。义以尊贤为首，然后恰当处理好与各等人在政治上的关系。仁与义在其现实性上都有个等差的问题。仁有远近亲疏的差别，义有尊卑上下的差别。仁义一旦由口头落实到行为上，便出现礼的问题。非礼的仁不是仁，非礼的义不是义，礼之外还要有智有勇。

人君平治天下国家应由修身做起，修身的根本问题是仁义，行仁义必有礼有智有勇。由修身而治人，治人的内容亦应以仁义为根本。《礼记·大传》说："圣人南面而治天下，必自人道始矣。立权度量，考文章，改正朔，易服色，殊徽号，异器械，别衣服，此其所得与民变革者也。其不可得变革者则有矣，亲亲也，尊贤也，长长也，男女有别，此其不可得与民变革者也。"所谓"得与民变革者也"者，全是物的问题；所谓"不可得与民变革者也"者，全是人的问题。人的问题是亲亲、尊贤、长长、男女有别。这四者最基本的当然是男女有别。男女有别，方见夫妇之义；有夫妇之义，方生父子、君臣关系。以父子关系为主形成血亲关系，以君臣关系为主形成政治关系。每个人都生活于这两种关系之中。什么皆可改掉，此两种关系不能没有。人君修身要从解决这两个关系问题做起，治人也一样，要求百姓也这样做。《大传》这段言论符合孔子的思想。

《礼记·祭义》说："先王之所以治天下者五，贵有德，贵贵，贵老，敬长，慈幼。此五者，先王之所以定天下也。贵有德何为也，为其近于道也。贵贵为其近于君也。贵老为其近于亲也。敬长为其近于兄也。慈幼为其近于子也。”这里提到治天下的五条，也是人的问题。自人君的角度看，人的问题不外乎修身与治人两方面。修身与治人都要依据这五条。这五条要解决的问题包括道和君臣、父子、兄弟关系。君臣、父子、兄弟关系其实是血亲与政治两种关系。血亲与政治两种关系和解决好这两种关系的道德原则就是仁义。所谓道，依《中庸》所记孔子说“修身以道，修道以仁；仁者人也，亲亲为大；义者宜也，尊贤为大”，也是指仁义而言。《祭义》这段话的意思是，人君平治天下国家，不外乎修身与治人；修身要由仁义，治人也要由仁义。自己由仁义行，也要百姓行仁义。

《祭义》记孔子说：“立爱自亲始，教民睦也。立教自长始，教民顺也。教以慈睦而民贵有亲，教以敬长而民贵用命。孝以事亲，顺以听命，错诸天下，无所不行。”人君治民的办法是教民。一教民睦，一教民顺。民睦民顺，方可听命于上。教民睦的办法是“立爱自亲始”，即行仁爱；教民顺的办法是“立教自长始”，即行义。由此看来，孔子这段话强调的依然是如何教民以仁义。

总而言之，孔子主张德治，德治的根本意义在于人治。人治的根本意义在于治人，不在于治物。从统治者的角度说，治人包括修身与治民两方面。修身是首要的，修身而后方可治民。修身与治民二者内容固然很多，而基本的是仁与义，即处理好血亲与政治两种关系问题。孔子的德治主张，说到底，是仁义学说在政治问题上的具体体现。

（二）孔子主张以民为本的君主制

孔子在政治制度问题上主张以民为本的君主制，而不主张君主专制。这是因为孔子的时代，中国只有君主制，人们根本不知道民主与共和为何物，不似希腊、罗马那样。当时的中国也没有后来那样的君主专制主义制度。孔子谈不上主张民主，也谈不上主张专制。孔子没有选择的余地，他只能在君主制之现实条件下思考问题。君主制是客观的存在，不是他主张不主张的问题。我们找不到孔子批评君主制的言论。自西周以来至于孔子在世的春秋末叶，中国一直实行天子、诸侯两级君主制政权。诸侯国的政权在天子的统摄之下，天子颁朔，诸侯奉朔。诸侯对天子称臣，爵号由天子封给，土地、人民名义上属于天子。诸侯不得专地、专封、专杀，这些权力属于天子，天子的权力具有一统天下的意义。但是诸侯国拥有相当大的独立性，可以说是有限主权国家。天子与诸侯的关系不同于秦汉以后中央政权与郡县的关系。天子是诸侯的君，诸侯是卿大夫的君，卿大夫又是诸侯的臣。由于存在严格而细密的等级制度，如《左传·昭公七年》所说“天有十日，人有十等”“故王臣公，公臣大夫，大夫臣士，士臣皂，皂臣舆，舆臣隶，隶臣僚，僚臣仆，仆臣台，马有圉，牛有牧”，连奴隶也有等级。君臣关系相当宽泛，君的名义也无相对意义，除天子一人外，还有多层次的君，这些君是君同时也是臣。《左传·桓公二年》说“天子建国，诸侯立家，卿置侧室，大夫有贰宗，士有隶子弟，庶人工商各有分亲，皆有等衰，是以民服事其上，而下无觊觎”，所指就是这种情况。秦汉以后只有皇帝一人称君（汉代诸侯王是少数而短暂的例外），其余全是皇帝一人的臣民。先秦的君则多得很。《仪礼·丧服传》说：“君谓有地者也。”郑玄于“君至尊也”句下注说：“天子诸侯及卿大夫有地者皆曰君。”胡培翚《仪礼正义》引敖继公说，君亦兼士而言，士若有臣亦得称君。“有地”之地谓采地，如《周礼·载师》家邑、小都、大都及列国卿大夫食邑之类。《礼记·礼运》所云“天子有田以处其子孙，诸侯有国以处其子孙，大夫有采以处其子孙”之田、国、采皆指地言。虽说天子诸侯卿大夫有地者皆谓君，但作为政权代表的君只有两级，即天子、诸侯。每一级政权的君都必须只有一个，这是君主制的基本要求。《礼记·丧服四制》说“天无二日，土无二王，国无二君，家无二尊”是君主制特点的典型表述。政权既是两级的，天子之外，有多少诸侯便有多少君，他们之间上下左右存在着制约的关系，这使专制主义倾向受到最大限度的抑制。

在没有专制主义的君主制的条件下，孔子政治思想中不见有君主专制主义的因素。最明显的一点，孔子重视君臣之义，但不讲忠君，不主张无条件地事奉某一个君。“天下有道则见，无道则隐。邦有道，贫且贱焉，耻也。邦无道，富且贵焉，耻也”(《论语·泰伯》)。“邦有道则仕，邦无道则可卷而怀之”(《卫灵公》)。“所谓大臣者，以道事君，不可则止”(《先进》)。“事君尽礼”(《八佾》)。“事君能致其身”(《学而》)。“事君敬其事而后其食”(《卫灵公》)。这些话用意不外乎三项：第一，事君有条件，君无道可以走开。第二，事君应全力以赴，恪尽职守。第三，事君要尽礼。孔子没有一辈子无条件事一君的忠君观念。以为孔子主张忠君的人常常举“君使臣以礼，臣事君以忠”(《八佾》)这两句话为证据。这两句话不能理解为忠君。孔子对臣有要求，对君也有要求。与“君君，臣臣，父父，子子”(《颜渊》)句对照看，更可知孔子对君的要求实不亚于对臣的要求。皇侃疏说：“言臣之从君如草从风，故君能使臣得礼，则臣事君必尽忠也。君若无礼，则臣亦不忠也。”这样说解大抵贴近孔子的意思。孔子异时说的另一句话“以道事君，不可则止”，与此君礼臣忠之说密切呼应，联系着看就知道皇氏之说实足可取。再者，孔子的忠字不仅用于事君，也用于其他方面。如“为人谋而不忠乎”(《学而》)，“行之以忠”(《颜渊》)，“与人忠”

(《子路》)等都作为一般的道德原则使用。其含义如元人戴侗《六书故》所说："尽己致至之谓忠。"又说："反身而诚，然后能忠。能忠矣，然后由己推而达之家国天下，其道一也。"上对下，左对右，都须能忠，不只是臣事君。"臣事君以忠"一句话不能证明孔子主张忠君，因而有君主专制主义思想。

孔子思想中民本主义倒是很显然。《论语·为政》"为政以德，譬如北辰，居其所而众星共之"。虽然没有孟子"得乎丘民为天子"，"民贵君轻"的民本主义那样不容置疑，但是为政须受到人民的支持这一思想却很清楚。孔子所作《易传》之师卦大象"君子以容民畜众"，蛊卦大象"君子以振民育德"，临卦大象"君子以教思无穷，容保民无疆"，井卦大象"君子以劳民劝相"，等等，都十分强调君主的统治应充分考虑以解决人民的问题为前提。孔子以及整个先秦儒家学派主张民本主义，反对专制主义；先秦君主专制主义思想发生在法家那里，追溯其渊源，可能与道家的无为而治有关。

孔子有君尊臣卑的思想，《易传》中有充分的反映。如坤《文言传》："阴虽有美含之，以从王事，弗敢成也。地道也，妻道也，臣道也。地道无成而代有终也。"是说臣要服从君、妻要服从夫的道理，但这是君主制的思想，不是君主专制主义。西汉董仲舒提出君为臣纲、父为子纲、夫为妻纲的"三纲"思想是专制主义的东西，然而不属于孔子。

（三）孔子的法律观

孔子的法律思想有三点值得注意。

第一，孔子主张为政以德，以德治国，以礼治国，大不同于法家，但是孔子不反对治国使用刑法。《论语·为政》说："道之以政，齐之以刑，民免而无耻。道之以德，齐之以礼，有耻且格。"道亦作导。治国以行政命令为主，以刑法为辅，孔子认为不是好办法，却也并未提出反对。证以孔子的全部言论，知孔子主张德治，刑罚也不可没有。

第二，孔子主张“刑罚中”。孔子说：“名不正则言不顺，言不顺则事不成，事不成则礼乐不兴，礼乐不兴则刑罚不中，刑罚不中则民无所措手足。”（《论语·子路》）孔子不反对刑罚，在礼乐兴之时，刑罚也要得。孔子反对刑罚不中。中字的意义不能理解为轻，也不能理解为不轻不重在中间。中字的意义是恰当，恰如其分。“刑罚中”是说刑罪相当，当轻则轻，当重则重，不滥施刑罚。《易传》中反映出的法律思想与《论语》一致。豫象：“圣人以顺动，则刑罚清而民服。”噬嗑大象：“先王以明罚敕法。”贲大象：“君子以明庶政，无敢折狱。”解大象：“君子以赦过宥罪。”丰大象：“君子以折狱致刑。”旅大象：“君子以明慎用刑，不留狱。”中孚大象：“君子以议狱缓死。”这些话的意思显然是要求刑罚不滥，处理慎重得当。

第三，孔子不反对公布成文法。上引噬嗑大象“先王以明罚敕法”，即公布法律科条的意思。“明罚”，事先将犯什么科定什么罪，施什么刑罚，规定明白，晓示民众，使有所躲避。纵使犯法，执法者有例可循，不至于随意定罪。“敕法”，法律科条，公布于民，告诫于民，使有所戒惧，尽可能不犯法。“明罚敕法”等于主张制定成文法加以公布。

二、孔子的经济思想

古人考虑经济问题极少注意提高生产效能和创造更大财富，他们总是想着如何使人民得到有限的满足，以安于现状，服从统治，巩固政权。因此古人的经济思想必然与政治思想紧紧缠在一起。孔子也是如此。孔子在政治上主张民本主义，故讨论经济问题时必以得民安民为出发点，纯粹讲经济问题的言论未之见。现在扼要地分析一下孔子有关经济的几条言论。孔子说：

“子贡问政。子曰：‘足食，足兵，民信之矣。’子贡曰：‘必不得已而去，于斯三者何先？’曰：‘去兵。’子贡曰：‘必不得已而去，于斯二者何先？’曰：‘去食。自古皆有死，民无信不立。’”（《颜渊》）

这段对话表明孔子非常注意如何得民心的问题，考虑治国的事情一切皆从得民与否这一点出发。孔子答子贡问政，话中主语是统治者。统治者怎样治好国家？孔子举出足食、足兵、民信三项，强调三者的关系是一信二食三兵。三者都重要，通常情况下是可以也必须并举的。出现非常情况，做不到三者并举时，食、兵皆可去，信不可无。在三者可以并举时，信也在第一位。孔子总是从政治的角度看经济问题。食是经济问题，信是政治问题。食只有在不妨碍信并且能保证信的时候才有意义。统治者考虑经济问题一定要以得民与否为出发点，这是孔子经济思想的基本之点。

这段话古人训解多分歧。孔安国注说：“死者古今常道，人皆有之，治邦不可失信。”皇侃疏说：“自古迄今，未有一国无信而国安立者，今推其二事，有死自古而有，无信国立自古而无。”据此二说，孔子的意思是，治国最要紧的有三条：粮食充足，武备充足，得信于民。做到这三条，国便可以立了。假使必须舍去一条，可舍去兵。假使必须再舍去一条，可舍去食。在任何情况下，信都不能舍去。这是话中明见之义。孔子此话在于强调治国信第一重要，没有说食、兵不重要。这是话中应有之义。

孔子重视人民的生产与生活，上引“足食”一语即是例证。此外，《论语·学而》记孔子说：“节用而爱人，使民以时。”《尧曰》说：“因民之所利而利之。”《左传·哀公十一年》记孔子说：“度于礼，施取其厚，事取其中，敛从其薄。”《礼记·檀弓下》记孔子说：“苛政猛于虎。”《颜渊》记孔子说：“百姓足，君孰与不足。百姓不足，君孰与足。”《子路》记孔子答冉有问说，既庶则富之，既富则教之。孔子讲这些话反映出两个问题。他主张统治者对人民要轻取轻使，这是一。第二是让人民富起来。由此可见，孔子对经济是重视的。

但是孔子认为生活资料的生产活动是小人的事情，君子是不干的。最典型的言论是斥责樊迟请学稼，说樊迟是小人（《子路》）。还有，孔子说：“君子谋道不谋食。耕也，馁在其中矣；学也，禄在其中矣。君子忧道不忧贫。”（《卫灵公》）孔子有这样的思想，今人不好理解，不免要谴责他。然而在他那个时代，这样的思想是普遍的、合理的。因为当时的社会把人划分为劳心与劳力两大类，两类人界限是分明的。劳心者是君子，劳力者是小人。《左传·襄公九年》记知武子说：“君子劳心，小人劳力，先王之制也。”孔子反对樊迟学耕稼，原因即在此。孔子反对他的学生学耕稼，并不反对劳力者从事耕稼。由这里看得出孔子办教育的培养目标是劳心的君子，不是劳力的小人。就是说，孔子不培养劳动者。这一点应当历史地看待，不宜用现代人的水平去过高地要求他。《国语·晋语四》说：“公食贡，大夫食邑，士食田，庶人食力，工商食官，皂隶食职，官宰食加。”春秋时代诸侯大夫士不劳而食，庶人以下则须靠劳动求生存，这在人们的认识中是天经地义的，孔子的思想当然也不可能超越这一历史的局限。

孔子思考经济问题离不开等级名分，等级名分就是礼。经济问题要受礼的局限。孔子一切方面的主张无不贯穿仁义精神，而仁义与礼是表里一体的关系，仁义与礼不可能脱节，犹如内容与形式不可能脱节一样。孔子在经济问题上当然也是推行仁义；推行仁义便须遵循礼的约束；遵循礼的约束，其实是接受等级名分的限制。在这个思想前提下，孔子提出一个“均”的问题。《论语·季氏》记孔子说：“丘也闻有国有家者，不患寡而患不均，不患贫而患不安。盖均无贫，和无寡，安无倾。”《春秋繁露·度制篇》和《魏书·张普惠传》引孔子曰皆作“不患贫而患不均”，看下句“均无贫”，知《春秋繁露》作“不患贫而患不均”是对的。全文当为：“丘也闻有国有家者，不患贫而患不均，不患寡而患不安。盖均无贫，和无寡，安无倾。”贫与不均对言，是就财富说的。寡与不安对言，是就人民说的。全文的意思是说诸侯或大夫，土地财产少不怕，就怕土地财产该多的少了，该少的多了。人民少不怕，就怕人民不安宁。土地财富多少各得其宜，也就不存在贫的问题。人民和合相处，安宁无事，也就无所谓少的问题。人民和合相安无事，统治便不可能倾覆。这段话的关键处在一个均字。对均字的训解，董仲舒《春秋繁露·度制篇》讲得透辟，他说：“孔子曰：‘不患贫而患不均’，故有所积重则有所空虚矣。大富则骄，大贫则忧。忧则为盗，骄则为暴，此众人之情也。圣人则于众人之情见乱之所从生，故其制人道而差上下也，使富者足以示贵而不至于骄，贫者足以养生而不至于忧。以此为度而调均之，是以财不匮而上下相安，故易治也。”董氏以为均不是均贫富，大家绝对平均，均是贫富在贵贱等差上表现出来，该富的当富，该贫的当贫，但不可无限拉大贫富差别，造成大贫大富。董氏之训解深得孔子真意，可谓得当可信。

以上扼要地说了孔子的经济思想，讲了孔子对几个关系问题的认识。孔子全是从宏观的角度看问题，几乎未曾涉及经济问题的任何具体方面，远不如孟子讲经济问题讲得那么仔细。

三、孔子的军事思想

春秋时代战争之多仅次于战国，记入《春秋》的较大的战事就有四十次，其中《左传》加以详叙的有僖公二十二年宋楚泓之战、二十八年晋楚城濮之战、三十三年晋秦殽之战，文公十二年晋秦河曲之战，宣公十二年晋楚邲之战，成公二年晋齐鞌之战，十六年晋楚鄢陵之战，定公四年吴楚柏举之战等八次。在这样历史背景下成长起来的思想家孔子，尽管自己不是军事专家，对战争问题也不可能不有所思考。孔子的军事思想水平是相当高的。

孔子对春秋时代的战争持批判态度。这集中地反映在他说的“天下有道，礼乐征伐自天子出；天下无道，礼乐征伐自诸侯出”(《季氏》) 这两句话上。按照周代的礼制，天子才有权力征伐有罪的诸侯，诸侯之间无论在什么情况下，如果没有天子的授意，是不允许发生战争的。而事实上春秋时代这条规矩已完全打破，“礼乐征伐自诸侯出”代替了“自天子出”。孔子在《春秋》一书中记载大小四十次“礼乐征伐自诸侯出”的战争，用意是批判这些战争。根据《公羊传·庄公十年》的记载和何休《公羊解诂》的训解，《春秋》用侵、伐、战、围、入、灭等概念把战争分成不同的等次，以求对不同的战争罪恶给以不同的惩戒。将兵至境问罪，服刑引兵而去曰侵，不服则推兵入境攻击曰伐。侵与伐罪行较轻。两军合兵血刃曰战，以兵攻城曰围，占领敌方国都不居而去曰入。战、围、入是依次较重的罪行。最严重的罪行是灭。灭是绝人之祀，灭人之国。它彻底地破坏了诸侯不得专地、专封、专征的旧制，不合孔子的道义原则。

孔子反对诸侯擅灭人国、擅灭人祀的战争，但孔子不是食古不化的人，灭人之国的战争纷纷发生怎么办？他退而求其次，主张既然“上无天子，下无方伯”，则天下诸侯有为无道者、有相灭亡者，“力能救之则救之可也”，“力能讨之则讨之可也”（语见《公羊传》）。因此孔子赞赏继绝存亡且九合诸侯一匡天下的齐桓公和管仲；沐浴而朝，无比郑重地请讨弑齐简公的田成子。孔子视“礼乐征伐自诸侯出”为“天下无道”，同时力主“君君，臣臣，父父，子子”；当有人无忌惮，灭人之国，弑己之君的时候，他宁肯允许征伐自诸侯出，而维护后一条原则。这一点，孟子与他有所不同，孟子在更广泛的意义上反对诸侯间的战争。

孔子还有另外一些言论表明他不是一般地反对战争的和平主义者。《左传·成公十三年》说："国之大事在祀与戎。"这是更为古老的传统观念。孔子的战争观念与它有直接的关系。孔子很重视一个国家的武备，认为有一定的武备方可免遭灭国绝祀的厄运。《论语》中不乏这方面的言论。《颜渊》："足食，足兵，民信之矣。"《子路》："以不教民战，是谓弃之。"又："善人教民七年，亦可以即戎矣。"《史记·孔子世家》记孔子说："有文事者，必有武备。"孔子认为，立国，兵是重要的。古代兵农合一，平时务农，战时打仗。教民即练兵，即戎即打仗。用未经教练的民去作战，等于弃民。

孔子自己是个有相当军事修养的人。《论语·卫灵公》记卫灵公问阵于孔子，孔子对曰："俎豆之事则尝闻之矣，军旅之事未之学也。"《左传·哀公十一年》记孔子曰："胡簋之事则尝学之矣，甲兵之事未之闻也。"孔子似乎未习过军事，但是据《孔子世家》记载，孔子弟子冉有为季氏率师与齐国作战获胜，季康子问他："子之于军旅，学之乎，性之乎？"冉有答以“学之于孔子”。冉有作为孔子弟子出此语，不至于有虚。《论语·子罕》记孔子说："吾何执！执御乎执射乎？吾执御矣。"当时战争以车战为主，孔子能执御驾车作战，即是掌握了最重要的作战技能。《论语·述而》还说："子之所慎：斋、战、疾。"若是不会作战或不曾作战的人，别人何以说他慎于战！

孔子不仅慎于战，而且勇于战。孔子说："知仁勇，天下之达德也。"（《中庸》）又说："仁者必有勇，勇者不必仁。"又说："知者不惑，仁者不忧，勇者不惧。"（《论语·卫灵公》）孔子不但慎于战，勇于战，而且战以谋。《论语·述而》记子路问："子行三军谁与？"孔子答："暴虎冯河，死而无悔者，吾不与也。必也，临事而惧，好谋而成者也。"孔子是圣之时者，主张"杀身成仁"，但绝不赞成白送死。《史记·鲁周公世家》所记著名的夹谷之会，孔子相鲁定公迫使齐景公"归鲁侵地而谢过"。这场斗争的胜利表明孔子的确是个有勇有谋的人。

孔子讲智谋是以仁义为前提的，与后来战国时代兵家、法家追求的权谋颠覆根本不同。孔子以仁义为根本，兵家、法家则唯利是图。《春秋》关于宋楚泓之战的记载最能说明孔子的这一观念。孔子不赞成诸侯之间为兼并土地，掠夺人民而进行战争，但是一旦战争发生，他则反对诈战，赞许偏战。以偷袭、设伏、权诈、暗算取胜的诈战，孔子不取。两方对阵，击鼓交锋，并且事先结日定地，堂堂正正，不欺不诈的偏战，孔子大加赞赏。宋楚泓之战中，宋襄公不鼓不成列，不禽二毛，不重伤，结果一败涂地，贻为千古笑柄，而孔子以为他干得对，因为他在作战中做到仁至义尽。春秋时代著名的秦晋殽之战是诈战的典型。晋国在殽函设伏截击东征归来的秦军，秦军全军覆没，匹马只轮不返。这一仗晋国打得很成功，但是孔子在《春秋》中记曰"晋人及姜戎败秦于殽"，称晋襄公为"晋人"而贬之。因为晋侯不仁不义，释殡而主战，以权诈取胜。

"天下有道，礼乐征伐自天子出；天下无道，礼乐征伐自诸侯出”，是孔子战争观念的基本内容。征伐出自天子，意味着合礼；征伐出自诸侯，意味着违礼。合礼违礼，其实质是仁义不仁义的问题。孔子拿仁义做标准看待战争，他反对出自诸侯的不仁义的战争，战争一旦开始，他又反对以诈谋取胜的诈战。他许管仲以仁和肯定以仁义作战的宋襄公就是证明。战争本是利益之争，实力之较量，以力服人的手段，春秋时代的战争当然亦如此，孔子不察，对这些战争采取不承认主义并将作战行为与道德判断牵混到一起，实在是迂阔的。

孔子从仁义礼出发看战争，一方面谴责诸侯之间绝祀灭国的不仁不义的战争，一方面又不一般地反对任何战争，但反对战争过程中的权诈行为。这两方面构成孔子军事思想的基本内容。前一方面发展下去，就是孟子的“春秋无义战”“仁者无敌”的思想，后一方面在荀子的《议兵》篇里得到发扬光大。孔、孟、荀比较，荀子的军事思想最为全面可取。

第八章
孔子的这一份珍贵的遗产——六经（上）

我们研究孔子，首先应该了解孔子的这一份珍贵的遗产——六经。

六经是孔子竭毕生之力学习先代历史文化，经选择整理并加进自己的见解而著成的。

六经原名六艺。六经之名是后起的。有人说："圣人制作曰经。"有人说："经是编丝缀属。"我们认为都不对。章学诚《文史通义·经解上》说："六经不言经，三传不言传，犹人各有我，而不容我其我也。依经而有传，对人而有我，是经传人我之名，起于势之不得已，而非其质本尔也。"我们认为这个说法是对的。王逸《离骚经》注说："经，径也。"《文心雕龙·史传》说："传者转也，转受经旨以授于后。"这是最好的证明。

六艺之名，始见于《周礼》。《周礼·地官·大司徒》说："以乡三物教万民而宾兴之。一曰六德：知、仁、圣、义、忠、和；二曰六行：孝、友、睦、姻、任、恤；三曰六艺：礼、乐、射、御、书、数。”这个六艺在当时实际上是六种教学科目。孔子的六艺也是教学科目，不过，由于时代不同，已把礼、乐、射、御、书、数改为诗、书、礼、乐、易、春秋了。

《史记·滑稽列传》篇首引孔子的话说：“六艺于治一也。礼以节人，乐以发和，书以道事，诗以达意，易以神化，春秋以义。”《庄子·天下》说：“诗以道志，书以道事，礼以道行，乐以道和，易以道阴阳，春秋以道名分。”看来六艺都是为当时的政治服务的，而每一艺又各有特点。

《荀子·劝学》说：“礼、乐法而不说，诗、书故而不切，春秋约而不速。”《春秋繁露·玉杯》说：“《诗》《书》序其志，《礼》《乐》纯其美，《易》《春秋》明其知。”《史记·司马相如列传》说：“春秋推见至隐，易本隐之以显。”说明先秦和汉初一些学者认为在六经中，诗与书，礼与乐，易与春秋性质相近而又各有特点。

有一个问题，需要在这里提出来谈一谈。这就是关于六经排列次序问题。周予同著《经今古文学》说：“今文家的次序是：《诗》《书》《礼》《乐》《易》《春秋》。古文家的是《易》《书》《诗》《礼》《乐》《春秋》。”并且解释说：“古文家的排列次序是按六经产生时代的早晚，今文家却是按六经内容程度的浅深。”周氏的说法当然是有根据的。不过，我认为这个根据有问题。因为先秦汉初言六经的如《庄子·天运》说：“丘治《诗》《书》《礼》《乐》《易》《春秋》六经。”《荀子·儒效》说：“《诗》言是其志也，《书》言是其事也，《礼》言是其行也，《乐》言是其和也，《春秋》言是其微也。”《商君书·农战》说：“《诗》《书》《礼》《乐》《春秋》。”《史记·儒林列传》说：“言《诗》，于鲁则申培公，于齐则辕固生，于燕则韩太傅。言《尚书》，自济南伏生，言《礼》，自鲁高堂生。言

《易》，自淄川田生。言《春秋》，于齐、鲁自胡毋生，于赵自董仲舒。”基本上都是按照《诗》《书》《礼》《乐》《易》《春秋》的次序排列的，从无所谓“古文家”的次序。有之自《汉书·艺文志·六艺略》始。《汉书·艺文志》的成书是以刘歆《七略》为蓝本，则《六艺略》六经的次序显然是刘歆的谰言。特别是《六艺略》于《春秋》说：“左史记言，右史记事，事为《春秋》，言为《尚书》，帝王靡不同之。”尤为谬妄。因为《庄子·天下》明言“《书》以道事”，《荀子·儒效》明言“《书》言是其事也”。怎能说“事为《春秋》，言为《尚书》，帝王靡不同之”呢？且先秦及汉初言六经的如《荀子·劝学》：“《诗》《书》故而不切。”《春秋繁露·玉杯》说：“《诗》《书》序其志，《礼》《乐》纯其美，《易》《春秋》明其知。”《史记·司马相如列传》说：“《春秋》推见至隐，《易》本隐之以显。”都是《诗》《书》对举，《易》《春秋》对举，哪有《春秋》与《尚书》对举之事？孔子和董仲舒都说“《春秋》以道义”怎能说“事为《春秋》”呢？分明是刘歆为《左传》争一席地。《汉书·王莽传》载：故左将军公孙禄说：“国师嘉信公颠倒五经，毁师法，令学士疑惑。”可能即指此事。则周氏所谓“古文家的排列次序是按六经产生时代的早晚”，实不足据。而刘知几作《史通》竟于《六家》诋《尚书》说：“尧舜二典，直序人事，《禹贡》一篇，唯言地理，《洪范》总述灾祥，《顾命》都陈丧礼”，为“为例不纯”，殊不知这个例乃是刘歆伪造为例，而《尚书》初无此例也。

孔子编著六经的方法是不一样的。他对《诗》《书》是“论次”；对《礼》《乐》是“修起”；对《春秋》是“作”；对《易》则是诠释。《史记·儒林列传》说：“孔子闵王路废而邪道兴，于是论次《诗》《书》，修起《礼》《乐》。”是其证。什么是“论次”呢？“论”是去取上事，“次”是编排上事。《史记·孔子世家》说：“古者诗三千余篇，及至孔子，去其重，取可施于礼义。”这就是所谓“论”。同书又说：“故曰《关雎》之乱以为《风》始，《鹿鸣》为《小雅》始，《文王》为《大雅》始，《清庙》为《颂》始。”这就是所谓“次”。“修起”则是由于“礼坏乐崩”，孔子努力搜讨，把它们修复起来。《礼记·杂记下》说：“恤由之丧，哀公使孺悲之孔子学士丧礼，《士丧礼》于是乎书。”《论语·子罕》说：“子曰：‘吾自卫反鲁，然后乐正。’”是其证。至于《春秋》，则无论《史记·孔子世家》或《孟子·滕文公下》都说是作，可无疑义。孔子作《易大传》当然是诠释《易经》的。

下面准备多用一些篇幅，对六经逐一作比较详细的介绍。

一、《诗》

《诗经》三百有五篇诗作是孔子为了用于教学所编选的一套诗歌总集。内分《风》《雅》《颂》三部分。今日学《诗》，首先需要懂得什么是“六义”“四始”“二南”“正变”以及“今古文”的问题。

（一）“六义”

“六义”这一概念见于《毛诗序》(亦称《诗大序》)。《周礼·春官·大师》则称“六诗”。《毛诗序》说：“故《诗》有六义焉：一曰风；二曰赋；三曰比；四曰兴；五曰雅；六曰颂。”《周礼·春官·大师》说：“教六诗：曰风；曰赋；曰比；曰兴；曰雅；曰颂。”郑玄于“六义”下无注，于“六诗”下注说：“风言圣贤治道之遗化也；赋之言铺，直铺陈今之政教善恶；比见今之失不敢斥言，取比类以言之；兴见今之美，嫌于媚谀，取善事以喻劝之；雅，正也，言今之正者以为后世法；颂之言诵也，容也，诵今之德广以美之。郑司农云：‘曰比曰兴，比者，比方于物也，兴者，托事于物。’”孔颖达于《毛诗》疏说：“风雅颂者，诗篇之异体。赋比兴者，诗文之异辞耳。大小不同而得并为六义者，赋比兴是诗之所用，风雅颂是诗之成形。用彼三事，成此三事，是故同称之义，非别有篇卷也。”下引“《郑志》张逸问：‘何诗近于比赋兴？’答曰：‘比赋兴，吴札观《诗》，已不歌也。孔子录《诗》，已合《风》《雅》《颂》中，难复摘别。’篇中义多兴。”我们认为孔疏说“风雅颂者，诗篇之异体。赋比兴者，诗文之异辞耳”是对的。张逸见同名为“六诗”，以为赋比兴与风雅颂一样，都是诗篇之异体，是错误的。近人章炳麟、郭绍虞复理张逸之说，以为赋比兴亦是诗篇之异体，实属大谬。不知赋比兴与风雅颂虽然大小不同，古人习惯上可以并称为六义或六诗。例如《左传·文公七年》说：“六府、三事，谓之九功。水、火、金、木、土、谷，谓之六府；正德、利用、厚生，谓之三事。”是六府与三事大小不同，可以并称为九功。《国语·楚语》说“天地民及四时之务为七事”。《尚书大传》说“七政谓春秋冬夏天文地理人道”。“天地民”与“四时之务”大小不同，可以并称为七事。“春秋冬夏”与“天文地理人道”不同，可以并称为七政。为什么赋比兴与风雅颂大小不同不可以称六义或六诗呢？

关于风雅颂的名称，《毛诗序》说：“是以一国之事系一人之本谓之风。言天下之事，形四方之风谓之雅。雅者，正也，言王政之所由废兴也。政有大小，故有小雅焉，有大雅焉。颂者美盛德之形容以其成功告于神明者也。”这种说法基本上是对的。也就是说，风诗是以国为界。各国风诗不同，主要由于政治影响之不同。雅诗言天下之事，形四方之风，说明雅诗不是以国为界，而是就“天子有天下”来说的。用今天的政体作比喻，则雅所反映的是中央的政治，风所反映的是地方的政治。小雅、大雅，《诗序》外，《荀子》《史记》虽亦有说，说得都不甚明了。颂则《诗序》称“美盛德之形容”，以《礼记·乐记》“宾牟贾侍坐于孔子”论“武”乐一节观之，很可能是舞诗。

今人多以风为平民文学，雅为士大夫文学，颂为庙堂文学。其实，《鄘风·载驰》序明言许穆夫人作，兼见《左传·闵公二年》，怎能说是平民文学呢？不考事实，信口乱道，不足置辩。

关于赋比兴的名称，郑玄说“赋之言辅”是对的。说比兴则不如郑司农明切。朱熹《诗集传》说：“赋者，敷陈其事而直言之者也；比者，以彼物比此物也；兴者，先言他物以引起所咏之词也。实亦兼采二郑之说而义尤显白。”

（二）“四始”

四始并无深义，只是古人书用简编，容易散乱，记住开始一篇，作为标志而已。《史记·孔子世家》说：“《关雎》之乱以为《风》始；《鹿鸣》为《小雅》始；《文王》为《大雅》始；《清庙》为《颂》始。”是对的。《毛诗序》只说“是谓四始”，实际上等于没有说明。《诗纬·汎历枢》说：“《大明》在亥为水始，《四牡》在寅为木始，《嘉鱼》在巳为火始，《鸿雁》在申为金始。”纬书诞妄，不可信据。

（三）“二南”

“二南”之义现在学术界广为流行的，有下列三说。

1.《毛诗序》说：“然则《关雎》《麟趾》之化，王者之风，故系之周公。‘南’言化自北而南也。《鹊巢》《驺虞》之德，诸侯之风也，先王之所以教，故系之召公。《周南》《召南》正始之道，王化之基。”

2.《韩诗》说《水经注·江水二》说：“《周书》曰：‘南’，国名也。南氏有二臣，力均势敌，竟进争权，君弗能制，南氏用分为二南国也。按韩婴叙《诗》云：‘其地在南郡南阳之间。’”

3. 程大昌《考古编·诗论》说：“盖南雅颂乐名也，若今之乐曲之在某宫者也。《南》有《周》《召》,《颂》有《周》《鲁》《商》,本其所从得而还以系其国土也。”其后，惠周惕说：“《风》《雅》《颂》以音别也。”梁启超说：“‘南’是一种音乐。”章炳麟说：“‘二南’为荆楚风乐。”看来此说有很大影响。

崔述《读风偶识》说：“江、汉、汝、沱，皆在岐周之东，当云自西而东，岂得自北而南乎？”崔说足破《诗序》之谬。胡承珙《毛诗后笺》说：“若仅南氏二臣之国，而冒之以周召，于义不可通矣。”是《韩诗》说也不能成立。至说“南是一种音乐”的，则是根据《诗·鼓钟》“以雅以南”,《毛传》释“南夷之乐曰南”立说。其实，此说也不能成立。《毛诗序》说：“《关雎》用之乡人焉，用之邦国焉。”《论语·阳货》说：“子谓伯鱼曰：‘女为《周南》《召南》矣乎？人而不为《周南》《召南》，其犹正墙面而立也与！’”古人最严夷夏之辨，孔子断不能把南夷之乐看得如此重要。

那么，“二南”到底应当怎么理解呢？我认为“二南”之南，既不应理解为方位词南北之南，也不应理解为“南夷之乐”之南。而应理解为《国语·周语中》“郑伯，南也”之南，这个南字古通任。郑伯之所以称南，由于其先武公庄公曾为平王卿士。卿士之职最尊，略同于周初周公召公之职，故下文说：“王而卑之，是不尊贵也。”《公羊传·隐公五年》说：“自陕而东者，周公主之；自陕而西者，召公主之。”《诗·周南》尾题为“周南之国十一篇三十六章百五十九句”。《召南》尾题为“召南之国十四篇四十章百七十七句”。“周南之国”是简语，实际就是自陕而东，周公所任之国。“召南之国”也是简语，实际就是自陕而西，召公所任之国。《三国志·陈思王植传》说："三监之衅，臣自当之，二南之辅，求必不远。"《晋书·王导传》说："虽有殷之殒保衡，有周之丧二南，曷谕兹怀。"《文选》潘岳《西征赋》说："美哉邈乎！兹土之旧也。固乃周邵之所分，二南之所交。"《史记·太史公自序》"太史公留滞周南"。《索隐》引张晏说："自陕以东皆周南之地也。"得此四证，则《周南》为周公所南之国，其地即所谓"自陕而东，周公主之"。《召南》为召公所南之国，其地即所谓"自陕而西，召公主之"已毫无疑义。由此可以看出，孔子为什么特别重视"二南"？是因为"二南"之诗是作为正风，由周召二公所南之国选出来的。"二南"之诗与其他十三国之诗的关系是正风与变风的关系。正变是编诗之义，不应理解为作诗之义。

（四）"正变"

旧说"二南"为正风。其余十三国诗自《柏舟》至《狼跋》为变风。《小雅》自《鹿鸣》至《菁菁者莪》二十二篇为"正小雅"。自《六月》至《何草不黄》五十八篇为"变小雅"。《大雅》自《文王》至《卷阿》十八篇为"正大雅"。自《民劳》至《召旻》二十三篇为"变大雅"。《风》与《小雅》《大雅》的正变是用什么标准区分的呢？《毛诗序》说："至于王道衰，礼义废，政教失，国异政，家殊俗而变风变雅作矣。"这种说法，考诸实际，多不相符。郑樵《六经奥论》有《风非有正变辨》，他说："若以美者为正，刺者为变，则《邶》《鄘》《卫》之诗谓之变风可也。《缁衣》之美武公，《驷铁》《小戎》之美襄公，亦可谓之变乎？"又于《雅非有正变辨》说："《小雅》《节南山》之刺，《大雅》《民劳》之刺，谓之变雅可也，《鸿雁》《庭燎》之美宣王也，《崧高》《烝民》之美宣王，亦可谓之变乎？"郑说驳《诗序》之说颇有理据。不过，正变与"二南"一样，都是相传古义。《诗序》说不可通，固然是事实，然并正变而非之，未免失之悍。我们认为正变是编诗之义，不是作诗之义。今观《毛诗序》在《周南》于《关雎》说："后妃之德也。"于《葛覃》说："后妃之本也。"于《卷耳》说："后妃之志也。"于《麟之趾》说："《关雎》之应也。"在《召南》于《鹊巢》说："夫人之德也。"于《采蘩》说："夫人不失职也。"于《草虫》说："大夫妻能以礼自防也。"于《驺虞》说："《鹊巢》之应也。"显然这是孔子编诗时，按照自己的意图，由二南之国各选一些诗，编在一起，作为模范教材，故名为正风，其余同美刺兼收，统编在一起，名为变风，以与正风相区别。《小雅》《大雅》之正变，当亦如是。不过，今日诗之篇什似有错乱，已不易确指了。

十五国风的次第，欧阳修说："《周南》《召南》《邶》《鄘》《卫》《王》《郑》《齐》《豳》《秦》《魏》《唐》《陈》《桧》《曹》，此孔子未删之前，周太师乐歌之次第也。《周》《召》《邶》《鄘》《卫》《王》《郑》《齐》《魏》《唐》《秦》《陈》《桧》《曹》《豳》，此今诗次第也。《周》《召》《邶》《鄘》《卫》《桧》《郑》《齐》《魏》《唐》《秦》《陈》《曹》《豳》《王》，此郑氏《诗谱》次第也。"皮锡瑞认为"三说当从郑《谱》为正"。意谓郑《谱》是孔子旧第。我们基本上同意这种见解。邶、鄘、卫为殷商故都。《汉书·地理志》说："周既克殷，分其畿内为三国，《诗风》邶、鄘、卫国是也。邶，以封纣子武庚；庸，管叔尹之；卫，蔡叔尹之，以监殷民，谓之三监。"是其证。正由于邶鄘卫为殷商故都，故最居首。桧为郑并，故桧处郑先。而郑在春秋初是最先崭露头角的。魏唐实际是晋。而齐、晋、秦三国在春秋时递为霸主，故宜次郑。陈曹小国，故列秦后。豳、王二诗，旧说多误。例如郑《谱》于《豳风》说：周公"其出入也，一德不回，纯似于公刘大王之所为，太师大述其志，主意于豳公之事，故别其诗以为豳国变风焉。"清张履祥则说《豳风》是鲁诗。郑《谱》于《王风》说："申侯与犬戎攻宗周杀幽王于戏。晋文侯、郑武公迎宜臼于申而立之，是为平王。以乱，故徙居东都王城。于是王室之尊与诸侯无异，其诗不能复雅。故贬之谓之王国之变风。"这些说法，我们不敢苟同。我们认为《经典释文》释《王风》为"以王当国，犹《春秋》称王人"是对的。因为是王畿以内的诗，所以只能称风，不能称雅。称风并非贬词，与"不能复雅"没有关系。《豳风》则是西周畿内诗。因为西周畿内诗称王称周俱不可，所以称豳。指为鲁诗，毫无根据。《史记》说孔子"论次诗书"，由十五国风的次第来看，孔子编诗并不是任意安排，而是有深刻意义的。

（五）《诗序》问题

《四库全书总目提要》于《诗类一》《诗序二卷》下说："案《诗序》之说，纷如聚讼。"以下引各家之说，最后下结论说"今参考众说，定序首二句为毛苌以前经师所传，以下续申之词为毛苌以下弟子所附"。这个说法比较好，可以息诸家之聚讼。

二、《书》

孔子对六经中的《书》，也像对《诗》一样，其功劳主要在于论次。孔子所看到的先代史料虽不必如《纬书》所说有三千二百四十篇之多，估计也不会很少。孔子所编定的《书经》原来有多少篇，由于中经秦火，已不可确知。纵令是百篇，亦当是经过精心挑选的。《史记·五帝本纪》说："学者多称五帝，尚矣。然《尚书》独载尧以来；而百家言黄帝，其文不雅驯，荐绅先生难言之。孔子所传《宰予问五帝德》及《帝系姓》，儒者或不传。"由此可以看出，孔子序《书》，何等矜慎。乃今人并尧舜禹而疑之，竟欲"把中国古史缩短二三千年"，亦不思之甚矣。据我看，全《书》内容，都是具有重大意义的文字。仅从《尚书大传》述孔子语说："故《尧典》可以观美，《禹贡》可以观事，《皋陶》可以观治，《洪范》可以观度，《六誓》可以观义，《五诰》可以观仁，《甫刑》可以观诫，通斯七观，《书》之大义举矣。"即可窥见一斑。至于郑玄《书赞》所说的"三科之条，五家之教"则显是编次上事。

过去谈《尚书》的，都喜谈今古文。以为今古文谈清楚，其余可以不谈了。我不同意这种做法。我认为今古文问题要谈，但不宜谈得过多。应把主要的精力放在《尚书》内容上。

（一）今古文问题

今古文问题，应该说前人已经解决。今天我们接受前人研究的成果就可以了，不要在这个问题上纠缠不休。简单说，《今文尚书》二十九篇是真的。《古文尚书》二十五篇是伪的。但在《伪古文尚书》中，有从古籍中辑出的部分，则应认为是真的。

（二）《尧典》

《古文尚书》的《舜典》是从《尧典》分出去的。《今文尚书》无《舜典》。《尧典》一篇主要包括"制历""选贤""命官"三件大事。兹着重谈谈制历问题。

农牧业生产季节性极强。因此，当人类进入农牧时代，"制历明时"遂成为一件头等的大事。但是，最完善的历法并不是一开始就能制定出来的，而是要经过一个长期发展的过程。从中国历史来看，大概是先有占星术。由占星术发展为所谓"火历"（庞朴语），即观察大火（心宿二）以定季节。《左传·襄公九年》说："古之火正，或食于心，或食于味，以出内火。是故味为鹑火，心为大火。陶唐氏之火正阏伯居商丘，祀大火，而火纪时焉。"《国语·郑语》说："黎为高辛氏火正。"同书《楚语》说："命火正黎司地以属民。”诸所谓“火正”，就是当时掌管火历的专职官员。《大戴记·五帝德》说：“高辛……历日月而迎送之。”《国语·鲁语上》说：“帝喾能序三辰以固民。”韦昭注“三辰，日月星”。证明在帝喾时期，已意识到日月在历法上的重要性，已筹划改制新历。可见《尧典》说：“乃命羲和，钦若昊天，历象日月星辰，敬授人时。”正是完成帝喾未竟之业。大概《国语·周语中》说：“夫辰角见而雨毕，天根见而水涸，本见而草木节解，驷见而陨霜，火见而清风戒寒。”应是实行占星术时所了解的情况。《左传·庄公二十九年》说：“火见而致用。”又《昭公四年》说：“火出而毕赋。”又《昭公三年》说：“火中寒暑乃退。”又《哀公十二年》说：“火伏而后蛰者毕。”应是实行火历时所了解的情况。实行上述两种历法时，即观察星宿以定季节时，应只知一年中有寒暑，而不知道有四时。更不知道一年中确切是多少日。尧所制定的新历法，其特点是“历象日月星辰”，即不仅观察星宿，而且观察日月。其结果遂得出如《尧典》所说：“期三百有六旬有六日，以闰月定四时成岁。允厘百工，庶绩咸熙。”在中国历史上这是一件了不起的大事，对后世影响很大。举例说：《吕氏春秋·勿躬》说：“羲和作占日，尚仪作占月。”《山海经·大荒南经》说：“羲和生十日。”同书《大荒西经》说：“常仪生月十二。”很明显，尚仪、常仪是一人。她即后世神话的嫦娥。羲和与尚仪二人同参加帝尧时的制历工作。羲和负责观测太阳，尚仪负责观测月亮。“十日”即甲乙丙丁戊己庚辛壬癸，所谓十天干。“月十二”当即子丑寅卯辰巳午未申酉戌亥，所谓十二地支，亦名十二辰。也就是说羲和、尚仪在观测日月时创造了十日和十二辰。二人后来变成了神话中人物，足见其影响之大。又《论语·泰伯》说：“子曰：‘大哉尧之为君也！巍巍乎！唯天为大，唯尧则之。’”又《尧曰》说：“尧曰：咨！尔舜，天之历数在尔躬。”不难理解，上述两个“天”字都是“钦若昊天”的“天”。上述的“则天”与“天之历数”也不是别的，都是指“敬授人时”和“允厘百工”而言。朱熹释“唯天为大，唯尧则之”为“言物之高大莫有过于天者，而独尧之德能与之准，故其德之广远亦如天之不可以言语形容也”。释“历数”为“帝王相继之次第犹岁时节气之先后也”是错误的。当时把这种行之有效的办法定为制度，名之曰朔政。《周礼·春官·大史》说：“正岁年以序事，颁之于官府及都鄙，颁告朔于邦国。”蔡邕《蔡中郎集·明堂月令论》说：“古者朝正于天子，受月令以归，而藏诸庙中，天子藏之于明堂，每月告朔朝庙，出而行之。”二书所说的，就是尧时所制定的朔政制度在后世实行的情况。《春秋·文公十六年》说：“公四不视朔。”《论语·八佾》说：“子贡欲去告朔之饩羊。子曰：‘赐也！尔爱其羊，我爱其礼。’”说明春秋中期以后，朔政虽不行，而其遗迹犹有存者。《尧典》制历，如此重要。有志读《书》者，自不应等闲视之。

（三）《皋陶谟》

《皋陶谟》主要谈两个问题：一个是“知人”，一个是“安民”。这两个问题处理得好坏，应该说是关系国家安危、事业成败的决定性问题。《尚书大传》说“《皋陶谟》可以观治”，是有道理的。

《皋陶谟》通篇记录皋陶与禹二人对话。首先，皋陶说：“在知人，在安民。”接着禹表示同意皋陶的意见。说：“知人则哲，能官人；安民则惠，黎民怀之。”以下皋陶专就官人方面谈了“亦行有九德”问题，为一篇的主要内容。

篇内人民二字的用法同《诗·大雅·假乐》“宜民宜人”一样，是有阶级内容的。“人”为统治阶级，“民”为被统治阶级。

“九德”为“宽而栗，柔而立，愿而恭，乱而敬，扰而毅，直而温，简而廉，刚而塞，强而义”。这个“九德”，应是自《尧典》

“直而温，宽而栗，刚而无虐，简而无傲”发展而来。《洪范》：“三德：一曰正直；二曰刚克；三曰柔克。”应是九德的简化。《立政》说：“古之人迪惟有夏，乃有室大竞，吁俊，尊上帝，迪知忱恂于九德之行。”可以证明《皋陶谟》“九德”之可信。《吕刑》说：“惟敬五刑，以成三德。”亦是说明《洪范》“三德”之非诬。

考察九德的内容，可以看出，这个九德的思想与《洪范》三德基本上是一致的。显而易见，“宽而栗，柔而立，愿而恭”三德相当于“柔克”；“乱而敬，扰而毅，直而温”三德相当于“正直”；“简而廉，刚而塞，强而义”相当于“刚克”。而在“宽而栗，柔而立”等是无过与不及当中又可以看到中道的影子。《论语·尧曰》说：“尧曰：‘咨！尔舜，天之历数在尔躬。允执其中。四海困穷，天禄永终。’舜亦以命禹。”足见贵中这一点在中国历史上是源远流长的，不要以为只有孔子是贵中的。

“日宣三德，夙夜浚明有家。日严祇敬六德，亮采有邦。翕受敷施，九德咸事，俊乂在官，百僚师师，百工惟时。抚于五辰，庶绩其凝。”这是具体地应用九德来官人的办法。“官人”译成今语，就是使用干部，或称人事工作。官人时，把九德分为三等。一等是“有家”，二等是“有邦”，三等是最高层。前人释“有家”为卿大夫，不能说不对。不过，就当时还是部落联盟时代来说，“有家”似应为氏族。同样，前人释“有邦”为诸侯，似不如释为部落好。至最高层当然不是天子，而是部落联盟了。“日宣三德”，应指“宽而栗，柔而立，愿而恭”三德，“日严祇敬六德”在九德中，应是“宽而栗”至“直而温”六德。至于最高层，领导全局，当然需要“九德咸事”了。

“无教佚欲有邦，兢兢业业，一日二日万几，无旷庶官，天工人其代之。”这段话，应是对最高层，例如部落联盟说的。“无教佚欲有邦”是说对下属，例如部落，要加以约束，不让他纵欲败度。“兢兢业业，一日二日万几”则是对部落联盟自身说的。每日应当处理的事情至为烦剧，必须戒慎恐惧，不能粗心大意。“无旷庶官，天工人其代之”则是与“钦若昊天，敬授人时”即朔政制度联系起来看问题的。认为你做的是人事，其实不是人事而是天工，是人代替天去做的。正因为这样，每一官职都不能缺员，必须认认真真地去做工作。

“天叙有典，敕我五典五惇哉！天秩有礼，自我五礼有庸哉！同寅协恭和衷哉！天命有德，五服五章哉！天讨有罪，五刑五用哉！政事懋哉！懋哉！天聪明，自我民聪明；天明畏，自我民明威。达于上下，敬哉有土！”典、礼、德、刑，从政治上说，这是几件大事，而都归之于天。表明都需要严肃对待，丝毫疏忽不得。这个“天”，我体会也是自“则天”来，把它看作执行朔政制度应有的事，而不应理解为宗教迷信中的天。“五典”说是“父义、母慈、兄友、弟恭、子孝”，“五刑”说是“大刑用甲兵，其次用斧钺；中刑用刀锯，其次用钻笮；薄刑用鞭扑”，可能是对的。“五礼”“五服”是什么，很难确指，不如暂缺。

“天聪明，自我民聪明；天明畏，自我民明威”这个思想很宝贵，只有尧舜禹时代才可能有这种思想。

（四）《禹贡》

《禹贡》是我国最早的谈人文地理的著作，而且谈得最精密最完整最系统。当然是后人追记的，不可能是夏初的作品。不过说：“禹别九州，随山浚川，任土作贡”是有根据的。不然，不会见于《周书·立政》说：“以陟禹之迹。”《诗·商颂·长发》说：“洪水芒芒，禹敷下土方。”《诗·小雅·信南山》说：“信彼南山，维禹甸之。”以及《国语》《左传》《论语》《墨子》《孟子》《荀子》《屈原赋》《吕氏春秋》诸书都有禹治水的记载。特别是《齐侯镈钟》

也有“虩虩成唐，有严在帝所，……咸有九州，处禹之都”的铭文。那么，今《书·禹贡》到底是谁或者是什么时候追记的呢？王国维《古史新证》说：“《禹贡》文字稍平易简洁，或系后世重编。然至少亦必为周初人所作。”钱玄同《读书杂志》说：“《禹贡》等篇，一定是晚周伪造的。”郭沫若《金文丛考·金文所无考》断定《禹贡》是春秋战国间构成的，出于春秋时某一大师的私见。此外，顾颉刚有《〈禹贡〉作于战国考》，陈梦家说：《禹贡》不早于战国。我认为《禹贡》固然不可能是夏代人所作，也不是周初人作。因为《禹贡》与《大诰》《康诰》的文风有很大的不同。据我看，《禹贡》与《周礼》相似，很可能是周室东迁后某一大师所作，否则孔子不能收入《尚书》中。有人说：“《禹贡》所记的疆域，近于战国末季到秦始皇时的版图。”（见蒋善国《尚书综述》）郭沫若《中国古代社会研究》也说：“中国古代的疆域只在黄河的中部，就是河南、直隶、山西、陕西一部分的地方。直隶山西的北部是所谓北狄，陕西的大部分是所谓西戎，黄河的下游是所谓东夷，长江流域的中部都还是所谓蛮荆，所谓南蛮，淮河流域是所谓淮夷、徐夷。而在《禹贡》里面所谓荆州、青州、扬州、徐州等等，居然已经画土分贡了，这是绝对不可能的事实。”

郭沫若的这一段话，从表面上看，理由很充分，而实际是不能成立的。因为，他所说的中国古代的疆域，只是春秋时期的疆域，而不能说明虞夏时期的地理。春秋时期中国早已进入文明社会，而虞夏时期还停留在原始社会末期，即所谓军事民主制时期。例如《左传·哀公七年》说：“禹合诸侯于涂山，执玉帛者万国。”曰“诸侯”，曰“万国”，只是译成后世的称谓，而在当时只有部落或氏族，并无所谓“诸侯”或“万国”的名称。以今例古，“禹合诸侯于涂山”，好似开联合国大会。所谓“诸侯”、所谓“万国”，与禹并无统属关系，它们各有自己的领土。它们的领土不能包括在禹的疆域之内。但是作为贡纳，则是可以的。马克思《摩尔根〈古代社会〉一书摘要》说："阿兹忒克联盟并没有企图将所征服的各部落并入联盟之内，因为在氏族制度之下，语言的分歧是阻止实现这一点的不可克服的障碍：这些被征服部落仍受他们自己的酋长管理，并可遵循自己古时的习惯。有时有一个贡物征收者留驻于他们之中。"就是证明。至于当时的地理知识为什么如此详悉，这也是古代人的特点，不是后人所能理解的。苏联学者柯斯文《原始文化史纲》有一段话说："原始人的生活条件逼着他要首先完全熟悉自己的乡土、自己的求食地区和围绕着自己的自然界。这种原始的乡土志，在所有现代部落和部族中间，是很被重视的。每一个小地方、每一条小溪、每一丘陵、每一地方的特点、任何一堵峭壁，都有一定的名称。原始人的知识也往往扩展到离开本部落的领土很远的区域。原始人能够很快地画出可以称之为路线图的东西来，就正好证明这一点。"又说，"著名的俄国乌苏里区域的探险家阿尔谢涅夫曾举出一个显明的例证。他写道：'有一些乌德赫人从撒马嘉河来到我们的宿营地。我向他们询问由索苏诺夫海角往北沿海一带的详情。他们之中的一个人抄起一条细木棍，敏捷地在地上画出草图。当我在他面前打开一张四十俄里方圆的地图时，他很快地就辨清了方向，并独自在上面指出河、山和海角，正确地叫出它们的名称。他能够这样迅速地熟习了比例尺并一下子就懂得投影是怎么回事，这使我十分惊讶'。"[①] 可见我们用后世的眼光是不能理解原始人的地理知识的。

---

① 〔苏〕柯斯文：《原始文化史纲》，人民出版社 1955 年版，第 158—159 页。

（五）《洪范》

《洪范·九畴》即大法九章。它是周武王克殷后，不知怎么治理国家，向殷遗臣箕子请教，箕子向周武王陈述的。据箕子说：它是自舜禹以来世代相传的施政纲领。自今天看来，它也确实是一部最系统最完整并提到理论高度来认识的政治哲学著作。文内的开篇处的第一个“天”，我以为是指武王自己，是说他已居天位有“阴骘下民，相协厥居”的责任。“帝”及第二个“天”是指帝舜。《尔雅·释诂》说：“林、烝、天、帝、皇、王、后、辟、公、侯，君也。”是其证。伪孔传于第二个天下说：“天与禹，洛出书。神龟负文而出，列于背有数至于九，禹遂因第之以成九类。”孔颖达疏说：“《汉书·五行志》刘歆以为伏羲继天而王，河出图，则而画之，八卦是也。禹治洪水，锡洛书，法而陈之，《洪范》是也。先达共为此说。”伪孔传盖阴据《汉志》，其实这都是诬妄之言，断不可信。

（六）“九畴”

“九畴”“初一曰：五行。次二曰：敬用五事。次三曰：农用八政。次四曰：协用五纪。次五曰：建用王极。次六曰：乂用三德。次七曰：明用稽疑。次八曰：念用庶征。次九曰：向用五福，威用六极。”《汉书·五行志》说：“凡此六十五字，皆洛书本文。”这完全是鬼话，历史上绝对没有这样的事情。

“九畴”以五行冠首，以五福、六极殿末，处于中心地位的则是王极。王极通作“皇极”误，应从《尚书大传》作“王极”。王极表明王是主权者，是政治的中心。五行，古人亦称“五材”。例如《左传·襄公二十七年》说：“天生五材，民并用之，废一不可。”杜预于五材下注说：“金、木、水、火、土也。”亦称“五部”，例如《史记·历书》说：“起五部。”应劭注说：“金、木、水、火、土也。”“五行”，实际上是说自然界是由水、火、木、金、土五种原素构成的。“五事”则是以五行作为模式，逻辑引申出人也有貌、言、视、听、思五事。“八政”是把国家事务概括为食、货、祀、司空、司徒、司寇、宾、师八种。“五纪”是制历上事，与朔政有关。所谓“天之历数在尔躬”，至关重要，所以其次逼近王极。“三德”则是官人上事，是人君选贤任能所应掌握的标准，故列在王极之次。“稽疑”是人君解决疑难问题的办法。“庶征”是人君考察政治效果的办法。七、八两畴里边不免夹杂有迷信成分，无疑这是受时代的限制。“五福、六极”实际上就是《韩非子》所说的“二柄”。二柄是刑、德，也就是赏、罚。人君掌握赏、罚之权。他让人干什么，就用赏；他不让人干什么，就是罚。

上述只是目次，以下才是正文。

正文在“五行”一畴里，分别地谈了五行的名称、性质和作用。没有谈五行相互间的关系。后来如《左传·昭公三十一年》说：“火胜金。”同书《哀公九年》说：“水胜火。”《墨子·经下》说：“五行毋常胜。”这说明五行学说又向前发展了。

在“五事”一畴里，分别地谈了五事的名称，并进一步谈了五事各自在正常情况下的表现和发展。

在“八政”一畴里，只举出八政的名称。但在排列先后的次序上可能有意义。因为食与货在文明社会任何时候都应处在首要地位。至于师则“大刑用甲兵”，应该是不得已而用之，故处最末。

在“五纪”一畴里，只谈了五纪的名称。但次序先后也是有意义的。

在“王极”一畴里，谈得较多。因为它是人君怎样掌握政权和行使政权的中心问题，也是周武王所问的和箕子所答的中心问题。在这里边人民二字的用法上区别很清楚，人是指有官职的，民是指老百姓。

在“三德”一畴里，首先谈三德的名称，然后谈三德各自的性质及克服其过或不及的方法。曾运乾《尚书正读》说：“‘克’，胜也。‘刚克’者，毗于刚也。‘柔克’者，毗于柔也。”是对的。“平康”是说“正直”的性质。“强弗友”是说“刚克”的性质。“燮友”是说“柔克”的性质。“沈潜”则是克服“刚克”之过，“高明”则是克服“柔克”之不及。

“惟辟作福，惟辟作威”，是说刑赏大权，人君必须亲自掌握。“惟辟玉食”，是说只有人君才能享受最高的生活待遇。如果大权旁落，一切灾害就都会到来了。曾运乾说：“本文语意尊君卑臣，与三德说不类，疑皇极敷言文。”

在“稽疑”一畴里，“汝则有大疑”，首先是“谋及乃心，谋及卿士，谋及庶人”，然后才是“谋及卜筮”。可见古人并不是仅仅听命于卜筮。在“三人占则从二人之言”里，不难想象古人选举也是少数服从多数。

在“庶征”一畴里，所重视的，主要是“休征”“咎征”两大类。“休征”下又细分为肃、乂、晢、谋、圣五小类。以天气的雨、旸、燠、寒、风为喻，则“肃，时雨若”，“乂，时旸若”，“晢，时燠若”，“谋，时寒若”，“圣，时风若”。“咎征”下又细分为狂、僭、豫、急、蒙五小类。以天气的雨、旸、燠、寒、风为喻，则“狂，恒雨若”，“僭，恒旸若”，“豫，恒燠若”，“急，恒寒若”，“蒙，恒风若”。“若”是譬况之词。前人以顺释之，是莫大的错误。

“曰：王省惟岁，卿士惟月，师尹惟日。岁月日时无易。百谷用成、乂用明、俊民用章、家用平康。日月岁时既易。百谷用不成、乂用昏不明、俊民用违、家用不宁。庶民惟星。星有好风、星有好雨。日月之行，则有冬有夏。月之从星，则以风雨。”本文旧解全误。苏轼《东坡书传》谓有错简，说此节应在“五曰历数”之下，则是对的。

我认为“王省惟岁，卿士惟月，师尹惟日”须用朔政制度来说明。《公羊传·文公六年》说“不告月者何？不告朔也”下，何休注说：“礼，诸侯受十二月朔政于天子，藏于太祖庙，每月朔朝庙，使大夫南面奉天子命，君北面而受之。”天子每岁制定十二月朔政，应即是“王省惟岁”。诸侯每月告朔，奉行天子的命令，应即是“卿士惟月”。《左传·桓公十七年》说：“天子有日官，诸侯有日御。日官居卿以底日，礼也；日御不失日以授百官于朝。”所谓“日御不失日以授百官于朝”，应即是“师尹惟日”的事实。“岁月日时不易”，是说正确地遵照制度执行，就产生了“百谷用成”等等的结果。“日月岁时既易”是说不遵照制度执行，就不能不产生相反的结果。

“庶民惟星”是因为庶民不在朔政范围以内，所以仍按照自古沿袭下来的老办法观察星宿以知风雨寒暑。《诗·小雅·渐渐之石》说：“月离于毕，俾滂沱矣。”《春秋纬》说“月离于箕风扬沙”是“星有好风，星有好雨”之证。“日月之行，则有冬有夏”是什么意思？我认为这是说在帝尧制新历以前，实行火历。观察心宿二以定季节，在一年中，只知道有春秋，不知道有冬夏。及尧制新历，观察日月的运行，才知道一年有四时，即不但知道有春有秋，而且知道有冬有夏。

在“五福、六极”一畴里，具体地指出“五福”是一曰寿；二曰富；三曰康宁；四曰攸好德；五曰考终命。“六极”是一曰凶短折；二曰疾；三曰忧；四曰贫；五曰恶；六曰弱。

（七）“五诰”

“五诰”包括《大诰》《康诰》《酒诰》《召诰》《洛诰》五篇文字。总的说都是姬周取得政权后，在巩固政权方面所采取的种种措施。根据《尚书大传》的说法，《大诰》是“救乱”。《康诰》与《酒诰》是“建侯卫”。《召诰》是“营成周”。《洛诰》是“致政成王”。当时是武王即世，周公践天子之位。主其事者当然是周公。可以看出，周公对有周一代历史来说，确实是一个了不起的人物。具体说：

《大诰》是在管叔、蔡叔与武庚联合起来叛周，周公决定东征的情况下，作为动员工作所发出的文告。《康诰》说：“惟命不于常。”《荀子·儒效》说：“武王之诛纣也，行之日以兵忌，东面而迎太岁。至汜而汎；至怀而坏；至共头而山坠。霍叔惧曰：‘出三日而五灾至，无乃不可乎？’周公曰：‘刳比干而囚箕子，飞廉、恶来知政，夫又恶有不可焉！’遂选马而进。”由此可知周公肯定不是一个有神论者。乃在《大诰》里，向“友邦君、越尹士、庶士、御事”，却首先说“朕卜并吉”，然后才说：“若考作室，既厎法，厥子乃弗肯堂，矧肯构？厥父菑，厥子乃弗肯播，矧肯获？”即把宗教迷信放在第一位，而把人情事理放在第二位。特别是《大诰》全篇才六百多字，竟然用了十九个“天”字，三个“天命”，两个“上帝命”，一个“大命”，难道周公真的是有神论者吗？不是的。这只是出于一种策略。因为，当时的人们都相信这些东西，不如此，不能动员他们去跟随周公东征。可见读书要深入研究，不能光从表面上看问题。

《康诰》中的“王若曰”“王曰”的“王”同《大诰》中的“王若曰”“王曰”的“王”一样，都是周公。有人说，“王”是成王，不对。《荀子·儒效》说：“武王崩，成王幼，周公屏成王而及武王以属天下。”《礼记·明堂位》说：“武王崩，成王幼弱，周公践天子之位，以治天下。”二书的说法相同，证明《康诰》中的“王”是周公而不是成王。因为封康叔于卫，正是周公践天子之位时，为了巩固周室政权所采取的重要措施。卫是殷商故都，又新经管叔、蔡叔和武庚在此地联合起来进行叛乱，所以周公封康叔的文告，谆谆诰诫，计有三篇之多，足见其重要性。

从《康诰》一篇看来，其中心思想唯在“明德慎罚”四字。因为殷纣之所以灭亡，主要在“暴虐百姓”。因此，康叔治卫，必须除旧布新，反其道而行之。所谓“慎罚”，意思是说，并不是不罚，只是要谨慎。应该罚的要罚，不应该罚的不能罚。在罚之中要体现德。《周礼·大司寇》说“刑新国用轻典”，是有道理的。

在《康诰》中，有两点值得注意。一是“非汝封刑人杀人，无或刑人杀人；非汝封又曰劓刵人，无或劓刵人”。二是“惟命不于常，汝念哉”。前者是说，要自己负起责任，不能大权旁落。后者则如《大学》所说：“《康诰》曰‘惟命不于常’，道善则得之，不善则失之矣。”这点，显然与唯心主义的观点相抵触，这就不能不使康叔经常有“战战兢兢，如临深渊，如履薄冰”的感觉。

《酒诰》主要是告诫康叔要注意改变殷商旧俗嗜酒的风气。当然不是一概禁绝，而是区别对待。在本篇结尾处说：“古人有言曰：‘人无于水监，当于民监。’今惟殷坠厥命，我其可不大监抚于时。”这一段话非常重要。在《召诰》里，召公也曾说：“我不可不监于有夏，亦不可不监于有殷。”又《诗·大雅·荡》说：“殷鉴不远，在夏后之世。”《诗·大雅·文王》说：“殷之未丧师，克配上帝。宜鉴于殷，骏命不易。”《礼记·大学》说：“《诗》云：‘殷之未丧师，克配上帝。仪监于殷，峻命不易’。道得众则得国，失众则失国。”证明我国政治家自古以来就注重总结历史经验教训。而周公在这一点上做得尤为出色。

《召诰》主要是记载营成周的经过。召公先至洛相宅，之后，周公又至洛终营成周的工作。营成周对于巩固周政权关系极大。因为丰、镐地处西偏，殊不利于对东方新征服诸侯的统治。从《召诰》全篇来看，周公致政成王，已成定局，只是还未举行正式仪式罢了。通观全文，其中最有价值的东西，应为召公通过周公向成王的献辞。这段言辞，值得注意的有下述四点：

1. 召公首先说："呜呼！皇天上帝，改厥元子。兹大国殷之命，惟王受命，无疆惟休，亦无疆惟恤。呜呼！曷其奈何弗敬。"大意是说周已代殷，成王将即王位，前途有两种可能，既可能是长期尊荣，也可能是长期忧危。这样，做事为什么不敬谨呢？语意侧重后者，具见召公忧深虑远。

2. 召公接着又说："呜呼！有王虽小，元子哉！其丕能諴于小民，今休。"大意是说，成王虽年轻，但是天子嘛！应能和于小民，使国家有祥和之气。

3. 召公又说："我不可不监于有夏，亦不可不监于有殷。我不敢知曰，有夏服天命，惟有历年，我不敢知曰，不其延；惟不敬厥德，乃早坠厥命。我不敢知曰，有殷受天命，惟有历年，我不敢知曰，不其延；惟不敬厥德，乃早坠厥命。今王嗣受厥命，我亦惟兹二国命，嗣若功。"大意是把夏殷二代看作一面镜子，认为天命不可恃。可恃的是敬其德，得人心。

4. 召公最后说："王乃初服。呜呼！若生子，罔不在厥初生，自贻哲命。今天其命哲、命吉凶、命历年。知今我初服，宅新邑，肆惟王其疾敬德。王其德之用，祈天永命。"大意是说成王开始任事，好像小孩一样，以后的命运，都在童年时代决定。即位后一定要积极施行德政。只有施行德政，才能长期保有王位。从《召诰》这些言论来看，今日讲中国哲学史的同志大谈其"西周以来为天命神学所控制"是没有根据的。

《洛诰》的中心思想是什么？王国维有《洛诰解》，我们认为他说得不对。曾运乾《尚书正读》的说法比较好。兹把篇首一段议论，移录如下：

“此周公在洛，使告复辟之谋及宅洛于成王。摄政七年三月乙卯以后事也。此时周公在洛，成王在周，故称拜手稽首。‘子’，子成王。‘辟’，君也。‘复子明辟’者，犹言归政于尔也。”

“周公摄政，七年而反，见于周秦汉人之记载，如《逸周书》《礼·明堂位》《尸子》《荀子》《韩非子》及《尚书大传》《韩诗外传》《史记》《说苑》等，不一而足。即依本经论，如云‘其基作民明辟’，‘基’者，始也，谋也。如成王夙已亲政，何言始谋‘作明辟’乎？又云‘乃惟孺子颁，朕不暇听’，颁者，赋事也。若成王夙已亲政，何言‘惟孺子颁，朕不暇听乎？’又云‘予小子其退，即辟于周’，若本为明辟，何至是始言即辟于周乎？又云‘乱为四方新辟’，若成王夙已即位，则当云乱为四方旧辟矣，何言新辟乎？以此决‘复子明辟’为周公归政成王也。宋儒鉴新莽篡汉之祸，疑周公摄政称王非事实，不知圣人之心，光明正大，无所于嫌。故摄政于成王幼冲之年，虽二叔流言而不慑；返政于成王既冠之日，虽成王逊让而未许。时行则行，时止则止，故未可以私意探测也。”

曾论有理有据，不可移易。

三、《礼》

礼与俗都是人类相互交往用以表达思想感情的一种形式。但严格说来，二者又有区别。其区别在于俗是自然形成的，而礼是有阶级内容的。正因为这样，所以《礼记·曲礼上》有“礼从宜，使从俗”的说法。柯斯文说：“当原始人走近生疏的住地或人家等等时，总要对那住地或人家的主人致敬礼。”[1]其实这是俗，不是礼，它没有阶级的内容。《礼记·礼运》说：“今大道既隐，天下为家，各亲其亲，各子其子，货力为己，大人世及以为礼，城郭沟池以为固，礼义以为纪。”这里所说的是礼，有阶级的内容，不是俗。

应当指出的是，孔子所讲的礼，乃至“六经”中的礼，都有阶级的内容。

《礼记·曲礼上》说：“夫唯禽兽无礼，故父子聚麀。是故圣人作为礼以教人，使人以有礼，知自别于禽兽。”同书《郊特牲》说：“男女有别然后父子亲，父子亲然后义生。义生然后礼作，礼作然后万物安。无别无义，禽兽之道也。”又《昏义》说：“男女有别而后夫妇有义。夫妇有义而后父子有亲。父子有亲而后君臣有正。故曰：昏礼者，礼之本也。夫礼，始于冠。本于昏。重于丧、祭。尊于朝、聘。和于射、乡。此礼之大体也。”从上述三段引文，可以清楚地看出，孔子所讲的礼是以男女有别为起点的，亦即以个体婚制为起点。这一点同恩格斯所说的“个体婚制是文明社会的细胞形态”[2]的论点基本上是一致的。

《礼记·礼器》说：“经礼三百，曲礼三千。”《墨子·非儒》说：“累寿不能尽其学，当年不能行其礼。”可见当时所谓礼，至为繁缛。不过大体上说，可分为八大类。这就是如《昏义》所说：一、冠礼。二、婚礼。三、丧礼。四、祭礼。五、朝礼。六、聘礼。七、射礼。包括“大射”“乡射”。八、乡礼。包括“乡饮酒”“乡射”。

今日谈经学有“十三经”之称。在“十三经”中有“三礼”，即《周礼》《仪礼》《小戴礼记》。其实《周礼》原名《周官》，与孔

---

① 《原始文化史纲》，人民出版社1955年版，第193页。

② 《马克思恩格斯全集》，第21卷第78页。

子六经中的礼无关。《仪礼》汉人名《士礼》，真正是孔子六经中的礼。《礼记》则是七十子后学所记，不能当孔子六经中的礼。

《礼记·杂记下》说："恤由之丧，哀公使孺悲之孔子，学《士丧礼》，《士丧礼》于是乎书。"证明孔子对《仪礼》确实有修起之功。

《论语·八佾》说："子曰：'夏礼吾能言之，杞不足征也。殷礼吾能言之，宋不足征也，文献不足故也，足则吾能征之矣。'"同篇又说："子曰：'周监于二代，郁郁乎文哉！吾从周。'"证明《仪礼》所记载的，都是周礼。

《仪礼》十七篇，礼的八大类基本上都有反映。

《士冠礼》为第一篇，详述加冠时的陈设、仪式及其所致之辞。《礼记·曲礼上》说："二十曰弱，冠。"又说："男子二十，冠而字。"《檀弓上》说："幼名、冠字、五十以伯仲、死谥，周道也。"是《冠礼》者，为男子二十加冠并命以字之礼。《礼记·郊特牲》说："礼之所尊，尊其义也。失其义，陈其数，祝、史之事也。故其数可陈也，其义难知也，知其义而敬守之，天子之所以治天下也。"这是说《仪礼》所讲的是"数"而不是"义"。礼之所尊在义而不在数。译成今语，就是说，礼贵在它的内容，而不在它的形式。那么，讲礼之义的是什么书呢？它就是《礼记》。例如《仪礼》有《士冠礼》，《礼记》有《冠义》，《仪礼》有《士昏礼》，《礼记》有《昏义》等等。《冠义》等等是七十子后学所作，然其基本思想应当承认是孔子的。

《礼记·冠义》说："凡人之所以为人者，礼义也。礼义之始，在于正容体，齐颜色，顺辞令。容体正、颜色齐、辞令顺，而后礼义备。以正君臣，亲父子，和长幼。君臣正，父子亲，长幼和，而后礼义立。故冠而后服备。服备而后容体正，颜色齐，辞令顺。故曰：'冠者，礼之始也。'……故冠于阼以著代也。醮于客位，三加弥尊，加有成也。已冠而字之，成人之道也。……成人之者，将责成人礼焉也。责成人礼焉者，将责为人子、为人弟、为人臣、为人少者之礼行焉。将责四者之行于人，其礼可不重与？"

《士昏礼》是第二篇。贾公彦疏引郑玄《目录》说："士娶妻之礼，以昏为期，因而名焉。"本篇记"纳采""问名""纳吉""纳征""请期""亲迎"六礼甚详。《礼记·昏义》说："昏礼者，将合二姓之好，上以事宗庙，而下以继后世也。故君子重之。是以昏礼纳采、问名、纳吉、纳征、请期，皆主人筵几于庙，而拜迎于门外，入揖让而升，听命于庙，所以敬慎、重正昏礼也。……妇至，婿揖妇以入，共牢而食，合卺而酳，所以合体、同尊卑，以亲之也。敬慎重正，而后亲之，礼之大体，而所以成男女之别，而立夫妇之义也。男女有别，而后夫妇有义；夫妇有义，而后父子有亲；父子有亲，而后君臣有正。故曰：'昏礼者，礼之本也。'"本篇自"古者，天子后立六宫、三夫人、九嫔、二十七世妇、八十一御妻，以听天下之内治，以明章妇顺，故天下内和而家理"至篇末，这一大段文字，我怀疑不是《昏义》原文，似汉人窜入，特拈出以待识者论定。

《士相见礼》是第三篇。此古代士初相见之礼也。古人重初相见之礼，故必有介，必有摰。介者介绍，非有人介绍，不得见。摰字亦作贽，执以见人之礼物；非有物为摰，不得见。本篇记相见之礼节甚详。末有"凡言，非对也，妥而后传言。与君言，言使臣；与大人言，言事君；与老者言，言使弟子；与幼者言，言孝弟于父兄；与众言，言忠信慈祥；与居官者言，言忠信"及"凡自称：于君士大夫，则曰下臣；宅者，在邦则曰市井之臣；在野则曰草茅之臣；庶人则曰刺草之臣；他国之人则曰外臣"，可略见古人对语言之重视。

《乡饮酒礼》是第四篇。《礼记·乡饮酒义》疏引郑玄《目录》说：“名曰《乡饮酒义》者，以其记乡大夫饮宾于庠序之礼，尊贤养老之义也。”盖乡饮礼有四：三年大比，乡大夫献贤者能者于其君，将行，以宾礼待之，与之饮酒，一也；乡大夫饮国中贤者酒，亦以宾礼待之，二也；州长会民习射而饮之酒，三也；党正蜡祭饮酒，以敬老者，四也。乡射之前，皆先行乡饮酒礼，故二者皆属乡礼；但《乡射礼》所记者射时之礼，故又兼属于“射礼”。《礼记·乡饮酒义》说：“乡饮酒之义：主人拜迎宾于庠门之外，入三揖而后至阶，三让而后升，所以致尊让也。盥、洗、扬觯，所以致洁也。拜至、拜洗、拜受、拜送、拜既，所以致敬也。尊让、洁、敬也者，君子之所以相接也。君子尊让则不争，洁、敬则不慢。不慢不争，则远于斗、辨矣。不斗、辨，则无暴乱之祸矣，斯君子所以免于人祸也。”又说：“乡饮酒之礼，六十者坐，五十者立侍以听政役，所以明尊长也。六十者三豆，七十者四豆，八十者五豆，九十者六豆，所以明养老也。民知尊长养老，而后乃能入孝弟。民入孝弟，出尊长养老，而后成教；成教而后国可安也。君子之所谓孝者，非家至而日见之也，合诸乡射，教之乡饮酒之礼，而孝弟之行立矣。孔子曰：‘吾观于乡，而知王道之易易也。’”

《乡射礼》是第五篇。

《燕礼》是第六篇。《礼记·射义》说：“古者诸侯之射也，必先行乡燕礼。卿大夫士之射也，必先行饮酒之礼。故燕礼者，所以明君臣之义也。乡饮酒之礼者，所以明长幼之序也。”《仪礼》列《乡饮酒礼》于《乡射礼》之前盖以此。故以礼之性质言，则《乡饮酒礼》与《燕礼》皆燕饮之礼。《乡射礼》与《大射礼》皆射礼。以行礼之地与人言，则乡饮酒与乡射为乡礼，燕礼与大射为邦国之礼。

《大射礼》是第七篇。《礼记·射义》说："射之为言者绎也，或曰舍也。绎者，各绎己之志也。故心平体正，持弓矢审固，持弓矢审固则射中矣。故曰为人父者，以为父鹄。为人子者，以为子鹄。为人君者，以为君鹄。为人臣者，以为臣鹄。故射者，各射己之鹄。故天子之大射谓之射侯。射侯者，射为诸侯也。射中则得为诸侯。射不中则不得为诸侯。"又说："射者，仁之道也。射求正诸己。己正而后发。发而不中，则不怨胜己者，反求诸己而已矣。孔子曰：'君子无所争，必也射乎！揖让而升，下，而饮，其争也君子。'"可见射礼不专为求胜，其中有政治意义和教育意义。

《聘礼》是第八篇。贾疏引郑玄《目录》说："大问曰聘。诸侯相于，久无事，使卿相问之礼。小聘使大夫。"《礼记·聘义》说："聘礼：上公七介、侯伯五介、子男三介，所以明贵贱也。介绍而传命，君子于其所尊弗敢质，敬之至也。三让而后传命，三让而后入庙门，三揖而后至阶，三让而后升，所以致尊让也。君使士迎于竟，大夫郊劳，君亲拜迎于大门之内，而庙受，北面拜贶，拜君命之辱，所以致敬也。敬让也者，君子之所以相接也。故诸侯相接以敬让，则不相侵陵。卿为上傧，大夫为承傧，士为绍傧。君亲礼宾。宾私面、私觌。致饔饩，还圭璋、贿赠、飨食燕，所以明宾客君臣之义也。"

《公食大夫礼》是第九篇。《觐礼》是第十篇。《公食大夫礼》为诸侯飨大夫之礼。《觐礼》为诸侯见于天子之礼。从广义说，都是君臣相见之礼，属于朝礼。不过，《春秋》诸侯相见亦称朝，则不在此朝之内。

《丧服》是第十一篇，记居丧衣服、年月、亲疏、隆杀之礼。

《士丧礼》是第十二篇，记士丧父母，自始死至殡之礼。

《既夕礼》是第十三篇，为《士丧礼》之下篇。既，已也。既夕谓葬前二日，已夕哭时，与葬间一日也。

《士虞礼》是第十四篇，记葬后之礼。虞，安也。既葬父母，迎神而反，日中祭于殡宫以安之也。

以上四篇属于丧礼一类。《礼记》之言丧礼者，有《曾子问》《丧服小记》《杂记》(上下)、《丧大记》《奔丧》《问丧》《间传》《三年问》《丧服四制》十篇。足见周人对丧礼之重视。

在丧礼中《丧服》一篇，最为重要。它把人与人之间的关系，用衣服的精粗和年月的长短来表示，辨析毫芒，精密之至，确实已达到“定亲疏、决嫌疑、别同异、明是非”的地步。《丧服小记》说：“亲亲，尊尊，长长，男女之有别，人道之大者也。”《大传》说：“亲亲也，尊尊也，长长也，男女有别，此其不可得与民变革者也。”这种说法，可谓说出丧服，或者说古礼的精髓。然而在四者当中，尤为亲亲尊尊为重。这个亲亲、尊尊，不是别的，就是《中庸》所说：“仁者人也，亲亲为大。义者宜也，尊贤为大。亲亲之杀，尊贤之等，礼所生也。”也就是说礼是形式，而仁义则是内容。

《特牲馈食礼》是第十五篇，为诸侯之士岁时祭祖庙之礼。

《少牢馈食礼》是第十六篇，为诸侯之卿大夫祭其祖祢于庙之礼。

《有司彻》是第十七篇，为《少牢馈食礼》之下篇，是既祭傧尸于堂之礼。

《礼记》中谈祭祀的，主要有《祭义》《祭统》《祭法》《郊特牲》四篇。其他如《礼运》《礼器》等，虽是通论，而语及祭祀的亦不在少数。

四、《乐》

孔子六艺之教当中有乐，是没有问题的。孔子对周乐也确实有修起之功。《论语·子罕》说："子曰：'吾自卫反鲁，然后乐正，雅颂各得其所。'"《八佾》说："子语鲁太师乐，曰：'乐其可知也。始作，翕如也；从之，纯如也；皦如也；绎如也；以成。'"就是证明。但是，是原有《乐经》后来亡佚呢？还是根本上就没有《乐经》呢？今已不可考。总之，现在不见有《乐经》。

《礼记·乐记》或言是公孙尼子所作，言乐事甚详，当是孔子遗说之仅存者，兹摘录其几个重要段落如下。

（一）言乐的起源及声音乐之异

"凡音之起，由人心生也。人心之动，物使之然也。感于物而动，故形于声。声相应，故生变，变成方，谓之音；比音而乐之，及干戚、羽旄，谓之乐。"

"感于物而动，故形于声"，很明显，这是唯物的观点。

（二）言乐与政的关系

"乐者音之所由生也，其本在人心之感于物也。是故其哀心感者，其声噍以杀；其乐心感者，其声啴以缓；其喜心感者，其声发以散；其怒心感者，其声粗以厉；其敬心感者，其声直以廉；其爱心感者，其声和以柔。六者非性也，感于物而后动。是故先王慎所以感之者。故礼以道其志，乐以和其声，政以一其行，刑以防其奸，礼、乐、刑、政，其极一也，所以同民心而出治道也。"

"凡音者，生人心者也。情动于中，故形于声。声成文，谓之音。是故治世之音安以乐，其政和；乱世之音怨以怒，其政乖；亡国之音哀以思，其民困。声音之道与政通矣。"

"宫为君，商为臣，角为民，徵为事，羽为物。五者不乱，则无怗懘之音矣。宫乱则荒，其君骄；商乱则陂，其官坏；角乱则忧，其民怨；徵乱则哀，其事勤；羽乱则危，其财匮。五者皆乱，迭相陵，谓之慢；如此则国之灭亡无日矣。郑、卫之音，乱世之音也，比于慢矣。桑间、濮上之音，亡国之音也，其政散，其民流，诬上行私而不可止也。”

“凡音者，生于人心者也。乐者，通伦理者也。是故知声而不知音者，禽兽是也。知音而不知乐者，众庶是也。唯君子为能知乐。是故审声以知音，审音以知乐，审乐以知政，而治道备矣。是故不知声者，不可与言音，不知音者，不可与言乐，知乐则几于礼矣。礼乐皆得，谓之有德。德者，得也。”

（三）言乐与礼的关系

“是故乐之隆，非极音也。食飨之礼，非致味也。清庙之瑟，朱弦而疏越，壹倡而三叹，有遗音者矣。大飨之礼，尚玄酒而俎腥鱼，大羹不和，有遗味者矣。是故先王之制礼乐也，非以极口腹耳目之欲也，将以教民平好恶而反人道之正也。”

“人生而静，天之性也。感于物而动，性之欲也。物至知知，然后好恶形焉。好恶无节于内，知诱于外，不能反躬，天理灭矣。夫物之感人无穷，而人之好恶无节，则是物至而人化物也。人化物也者，灭天理而穷人欲者也。于是有悖逆诈伪之心，有淫泆作乱之事。是故强者胁弱，众者暴寡，知者诈愚，勇者苦怯，疾病不养，老幼孤独不得其所，此大乱之道也。是故先王之制礼乐，人为之节。衰麻哭泣所以节丧纪也，钟鼓干戚所以和安乐也，昏姻冠笄，所以别男女也。射乡食飨，所以正交接也。礼节民心，乐和民声，政以行之，刑以防之，礼乐刑政四达而不悖，则王道备矣。”

“乐者为同，礼者为异，同则相亲，异则相敬。乐胜则流，礼胜则离。合情饰貌者，礼乐之事也。礼义立，则贵贱等矣。乐文同，则上下和矣。好恶著，则贤不肖别矣。刑禁暴，爵举贤，则政均矣。仁以爱之，义以正之，如此则民治行矣。乐由中出，礼自外作。乐由中出，故静。礼自外作，故文。大乐必易，大礼必简。乐至则无怨，礼至则不争。揖让而治天下者，礼乐之谓也。”

“故钟、鼓、管、磬，羽、籥、干、戚，乐之器也。屈伸俯仰，缀、兆、舒、疾，乐之文也。簠、簋、俎、豆，制度、文章，礼之器也。升降上下，周还、裼、袭，礼之文也。故知礼乐之情者能作，识礼乐之文者能述，作者之谓圣，述者之谓明，明圣者，述作之谓也。”

“乐者，非谓黄钟、大吕、弦、歌、干、扬也，乐之末节也，故童者舞之。铺筵席、陈尊俎、列笾豆，以升降为礼者，礼之末节也，故有司掌之。乐师辨乎声诗，故北面而弦。宗祝辨乎宗庙之礼，故后尸。商祝辨乎丧礼，故后主人。是故德成而上，艺成而下。行成而先，事成而后。是故先王有上有下，有先有后，然后可以有制于天下也。”

第九章
孔子的这一份珍贵的遗产——六经（下）

一、《易》

今人所称的《易经》，实际已包括《易大传》在内。因为《易大传》是专门解释《易经》的。人们为了翻检方便，很早以前就把二者合编在一起了。

关于《易经》问题，因限于篇幅，不能在这里详细地谈。现在只就最重要的三个问题谈一谈。

（一）《易经》问题

《易经》亦称《周易》。《易大传》说它作于殷周之际，比较可信。其他如说伏羲氏画八卦，神农氏、夏禹、周文王重为六十四卦以及周文王作卦辞、周公作爻辞等等，我看都没有确凿的证据，可置不论。

《周易》是卜筮之书，这一点无人否认。但是说它内部蕴藏着丰富的哲学思想，初时却有很多人不同意。不过，经过争论以后，近年来亦逐渐为多数人所承认了。这样，《周易》一书无异是一个具有先进的哲学内容和落后的卜筮形式的矛盾统一体。那么《周易》作者既具有先进的哲学思想，为什么不明白地讲出来？而还要利用落后的卜筮形式，其目的是什么？是不是为了欺骗？我们认为，这个问题是历史决定的。只有认真地考察这一时期的历史才能得到正确的解答。

卜筮属于宗教迷信范畴。早期人类没有宗教，宗教是在生产力和社会发展到氏族制阶段出现的。宗教之产生是由于原始人在知识之外还有一个极其宽广的无知的领域。原始人为了生活的需要，渴望了解这个领域，然而事实上又不能了解这个领域，于是创造了宗教。宗教的领域，正是原始人为自己创造的一些不正确的、歪曲的、虚幻的概念凑成的。另一方面，氏族社会，在知识方面有特大贡献的人往往即推为氏族首长。例如《周礼·考工记》的百工，多称某氏，即是证明。又《国语·郑语》说："夫成天地之大功者，其子孙未尝不章，虞、夏、商、周是也。虞幕能听协风，以成物乐生者也。夏禹能单平水土，以品处庶类者也。商契能和合五教，以保于百姓者也。周弃能播殖百谷蔬，以衣食民人者也。"由此观之，进入奴隶社会，奴隶主阶级垄断了物质生产资料的同时，又垄断了精神生产资料，是可以理解的。殷周之际，中国奴隶社会有很大发展。这时，统治阶级的个别人已具有先进的哲学思想，而被统治阶级的广大群众仍停留在宗教迷信境地，是毫不奇怪的。我们知道，周公东征，还用"予得吉卜"来对友邦君和庶士御事做动员工作，自然不能设想，在当时的情况下，赤裸裸地大讲哲学，就会得到广大人民群众的响应。所以《周易》作者尽管具有先进的哲学内容，而采取落后的卜筮形式，是不得已而为之，是历史决定的。用欺骗做解释，是不对的。

（二）《易大传》问题

《易大传》是专门解说《易经》的。它的功绩在于能透过现象看到本质；在于把“退藏于密”的东西，给明白无误地揭露出来。例如《易经》六十四卦以乾坤二卦居首，既济、未济二卦居末，中间相邻的两卦不反则对，等等，不是孔子作《序卦传》为之说明，又在《系辞传》中一再说：“乾坤，其《易》之蕴邪？”“乾坤，其《易》之门邪？”以及在《乾卦彖传》中说“大哉乾元，万物资始，乃统天”，在《坤卦彖传》中说“至哉坤元，万物资生，乃顺承天”，等等，谁人能知道是什么意思呢？实际上孔子为《易经》作《易大传》反复说明，几至舌敝唇焦，而若干读者还是长期瞆瞆，甚至有诋《易大传》不是孔子作的，置《史记·孔子世家》明明说“孔子晚而喜《易》，读《易》韦编三绝”于不顾，人之智愚贤不肖相去如此之远，亦可悲矣！

（三）《易经》的内容和形式问题

《易经》的内容和形式是矛盾的。从形式上看，它是卜筮之书，而其内容却蕴藏着丰富的哲学思想。因此，我们光读《易经》不行。光读《易经》只能看到它的形式一面，而看不到它的内容一面。必须兼读《易大传》，才能看到全面。即既看到它的形式一面，也看到它的内容一面。

兹先谈《易经》的形式问题。一般人都说《周易》是卜筮之书，其实，卜与筮不同。《礼记·曲礼上》说：“龟为卜，筴为筮。”也就是说卜是用龟，筮是用筴。筴亦作策，它是计数的工具。开始时可能用竹，因为筮字从竹，后来改用蓍草。《论衡·卜筮》说：“子路问孔子曰：‘猪肩羊膊可以得兆，雚苇藁笔可以得数，何必以蓍龟？’孔子曰：‘不然。盖取其名也。夫蓍之为言耆也，龟之为言旧也，明狐疑之事当问耆旧也。'”是其证。《易经》的筮，是用蓍以求卦。所以单从形式上说，《易经》是由蓍和卦构成的。

欲知蓍和卦的关系需要先讲筮法。在《易大传》之《系辞传》中有一段文字专讲筮法。筮法大体上可分为两部分。第一部分是建立大衍之数，第二部分是应用大衍之数求卦。

大衍之数的建立，原文是："天一，地二；天三，地四；天五，地六；天七，地八；天九，地十。天数五，地数五，五位相得而各有合。天数二十有五，地数三十。凡天地之数五十有五，此所以成变化而行鬼神也。"大衍之数是五十有五。这个五十有五的形成是由一二三四五六七八九十这十个数字开始的。把这十个数中的奇数名为天，偶数名为地。这就变成天数五，地数五。五位相得是一与二相得，三与四相得，五与六相得，七与八相得，九与十相得。实际上是天与地相得，也就是一阴一阳共成为一个矛盾的统一体。各有合，就是五个天数合在一起，为二十有五；五个地数合在一起，为三十。凡天地之数五十有五，就是天数二十有五与地数三十加在一起，为五十有五，形成大衍之数。此所以成变化而行鬼神也，就是说应用大衍之数可以求卦。

为什么大衍之数的形成是由十个数字开始呢？应当指出，古人对这个数字十，有一种异乎寻常的看法。例如《左传·庄公十六年》说："'不可使共叔无后于郑'。使以十月入，曰：良月也，就盈数焉。"孔颖达疏说："闵元年传曰：'万，盈数也'。数至十则小盈，至万则大盈。"柯斯文说："安达曼人和其他一些落后的部落能够计数到十，十以上的数目就一概称之为'多'或'很多'。"[①]证明人类数学发展史可能到十是一个阶段，而古人还残留在意识中。

① 《原始文化史纲》，人民出版社 1955 年版，第 164 页。

《易经》筮法正是利用十是盈数使其具有涵盖一切的意义。

关于应用大衍之数以求卦，《系辞传》原文说："大衍之数五十有五（旧脱'有五'二字，今据上文补），其用四十有九。分而为二以象两。挂一以象三。揲之以四以象四时。归奇于扐以象闰。五岁再闰，故再扐而后挂。"

大衍之数五十有五为什么不全用，而只用四十有九呢？这个问题，前人有许多说法。例如郑玄说："天地之数五十有五，以五行气通，凡五行减五，大衍又减一，故四十九也。"姚信、董遇说："天地之数五十有五者，其六以象六画之数，故减之而用四十九。"[①] 王弼说："演天地之数所赖者五十也。其用四十有九，则其一不用也。不用而用以之通，非数而数以之成，斯《易》之太极也。"[②] 其实，这些说法都不对。应当知道，用才有象，不用就没有象。其所以不全用，是因为全用，则分二、挂一、揲四、归奇之后，得不出七八九六，即得不出预期的结果。朱熹迷信所谓"河图"，竟说："皆出于理势之自然，而非人之知力所能损益也。"[③] 殊不知这正是人之知力的损益。

"分而为二以象两"。"象两"是象两仪，即象天地。所谓"法象莫大乎天地"。未分时则象大一，即象太极。

"挂一以象三"。"象三"是象三才。即象有天地，又有了人。这一点很值得注意。它表明《周易》是从自然讲起，而其着重点则在人，即在人类社会。《系辞传下》说："《易》之为书，广大悉备。有天道焉，有人道焉，有地道焉。兼三才而两之，故六。六者非它也，三才之道也。"《说卦传》说："昔者圣人之作《易》也……将

① 《周易正义》。

② 《周易注》。

③ 《周易本义》。

以顺性命之理。是以立天之道曰阴与阳，立地之道曰柔与刚，立人之道曰仁与义，兼三才而两之，故《易》六画而成卦。”《系辞传上》说：“是以明于天之道，而察于民之故，是兴神物，以前民用。”都是说明这个问题。

“揲之以四，以象四时”。在这里还要说明一个问题。这就是筮法应是原来就有的。而象两、象三、象四时，则可以肯定是孔子的解说，属于《易大传》的范围。象四时之所以必要是因为天地生万物是通过四时而发挥作用。《系辞传上》说：“法象莫大乎天地，变通莫大乎四时。”《论语·阳货》说：“子曰：‘天何言哉？四时行焉，百物生焉，天何言哉！’”等等，可以看出在自然界的发展变化中，四时的重要性。

“归奇于扐以象闰，五岁再闰，故再扐而后挂。”

“闰”和“再闰”是历法上事，应是象四时所包。

筮法原文又说：“乾之册二百一十有六，坤之册百四十有四，凡三百有六十，当期之日。二篇之册万有一千五百二十，当万物之数也。”

这一段说，是从蓍一方面来说明全《易》六十四卦结构的深刻意义。

“乾之册二百一十有六”是说六十四卦中的头一卦乾卦六爻的总册数。“坤之册百四十有四”是说第二卦坤卦六爻的总册数。乾坤两卦册数总合为三百有六十。“当期之日”是说相当于一岁的日数。这是什么意思呢？是说乾坤二卦在六十四卦的变化发展中是一个独立的环节。只有与《说卦传》说：“有天地然后万物生焉。”《系辞传上》说：“乾坤其《易》之蕴邪？乾坤成列，而《易》立乎其中矣。”《系辞传下》说：“‘乾坤，其《易》之门邪？乾，阳物也。坤，阴物也。阴阳合德而刚柔有体，以体天地之撰，以通神明之德。'" 参看上文，才能看到它的确切含义。

"二篇之册万有一千五百二十，当万物之数也。" 这是从蓍一方面来说明六十四卦结构的哲学意义。

原文又有"是故四营而成易，十有八变而成卦。八卦而小成，引而信之，触类而长之，天下之能事毕矣"。

"四营"谓分二、挂一、揲四、归奇，四度经营。"四营而成易"，一易略当一变，三变而成一爻。一卦六爻，故"十有八变而成卦"。

"八卦而小成"，此八卦说的是三画卦。亦即《系辞传下》所说的"八卦成列，象在其中矣"的八卦。《说卦传》所说"乾，健也。坤，顺也。震，动也。巽，入也。坎，陷也。离，丽也。艮，止也。兑，悦也。乾为马。坤为牛。震为龙。巽为鸡。坎为豕。离为雉。艮为狗。兑为羊。乾为首。坤为腹。震为足。巽为股。坎为耳。离为目。艮为手。兑为口。……"的八卦。"小成"是说它已形成了一个初级阶段。"乾，健也"等等是说八卦的性质。"乾为马"等等是说八卦的取象，亦即所谓"象在其中矣"。由此可知《说卦传》所说的"天地定位"，至"然后能变化，既成万物也"一大段文字所讲的是"八卦而小成"或"八卦成列"时事，而不是"引而信之"或"因而重之"以后形成六十四卦时事。

"引而信之"，韩康伯注说"信之六十四卦"是对的。"触类而长之"，应是占变时事，亦即所谓"爻在其中矣"时事。

由此可见，《易经》是由蓍和卦二者构成的。其次序是由蓍生卦，由卦生爻。《说卦传》说："昔者圣人之作《易》也，幽赞于神明而生蓍，参天两地而倚数。观变于阴阳而立卦，发挥于刚柔而生爻。"《系辞传上》说："是故蓍之德圆而神，卦之德方以知，六爻之义易以贡。"正说明这个问题。

下面谈卦。

卦包括符号和文字两部分。

《系辞传上》说："易有太极，是生两仪，两仪生四象，四象生八卦，八卦定吉凶，吉凶生大业。"这里讲的是《易经》作者的最基本的思想。什么是"太极"呢？虞翻说："太极，太一也。"是对的。《礼记·礼运》说："是故夫礼，必本于太一，分而为天地，转而为阴阳，变而为四时，列而为鬼神。"《说文·一部》一下说："惟初太极，道立于一，造分天地，化成万物。"实际上就是《易经》的观点。韩康伯说："夫有必始于无，故太极生两仪也。太极者，无称之称，不可得而名。"是不对的。太一亦作大一，说明它是整体的一，绝对的一，而不是一二三四的一。"太极生两仪"就是一分为二。《诗·鄘风·柏舟》"实维我仪"，毛传说："仪，匹也。"所以"两仪"不是别的，就是一对。即一阴一阳成为对立的统一。用符号来表示，就是 ⚊、⚋。"两仪生四象"，虞翻说："四象四时也。"从下文说"法象莫大乎天地，变通莫大乎四时"和筮法有"象两""象四时"来看，虞说是有根据的。宋人用符号来表示为 ⚌（太阳）⚍（少阴）⚎（少阳）⚏（太阴），也是对的。"四象生八卦。"八卦即乾坤震巽坎离艮兑。用符号来表示为 ☰ 乾 ☷ 坤 ☳ 震 ☴ 巽 ☵ 坎 ☲ 离 ☶ 艮 ☱ 兑。《说卦传》说："乾健也。坤顺也。震动也。巽入也。坎陷也。离丽也。艮止也。兑悦也。"这是说八卦的性质各不相同。又说："乾为马。坤为牛。震为龙。巽为鸡。坎为豕。离为雉。艮为狗。兑为羊。乾为首。坤为腹。震为足。巽为股。坎为耳。离为目。艮为手。兑为口。"这是说八卦的取象随时而异。"也"，表明不变；"为"表明可变。"八卦定吉凶，吉凶生大业。"这个八卦应为"引而信之""因而重之"之后的八卦。实际上说的是六十四卦，亦即《易经》的全部内容。只有它是

《易经》的全部内容，才能谈得上“定吉凶”和“生大业”。

《系辞传上》说：“圣人设卦、观象、系辞焉而明吉凶，刚柔相推，而生变化。”这是从作《易》说起。说明《易》的构成，首先是“设卦”。这卦是“因而重之”或“引而信之”的卦。即六十四卦。其次是“观象”，即观察卦的取象。以上二者都是符号上的事。再次则是“系辞”，即加上文字说明。而其目的则是“明吉凶”，使人知所趋避，用以指导人们的行动。“刚柔相推，而生变化”，则是说爻。下文所谓“彖者言乎象者也；爻者言乎变者也”是其证。《说卦传》也说过“发挥于刚柔而生爻”。

孔子作《易大传》是专门解说《易经》的。旧称《易大传》为“十翼”。计有《彖传》上下篇，是解说《易经》上下篇的卦辞的。《象传》上下篇，其中又分为“大象”“小象”。“大象”是孔子简明地谈他自己对六十四卦读后的体会。“小象”是对《易经》上下篇爻辞的解说。《系辞传》上下篇，带有通论性质。此外还有《说卦传》一篇，是专为解说卦的。《序卦传》一篇，是解说六十四篇排列次序的意义的。《文言》一篇。包括“乾文言”“坤文言”是增广解说乾坤两卦的。《杂卦传》一篇，杂说六十四卦的意义。因为《易大传》内容非常丰富，限于篇幅，不能详谈，下面着重谈几个问题。

1.《系辞传上》说：“天尊地卑，乾坤定矣。卑高以陈，贵贱位矣。动静有常，刚柔断矣。方以类聚，物以群分，吉凶生矣。”

这是就《易经》开始的乾坤两卦来通论尊卑、贵贱、动静、吉凶这几个问题。《易经》首乾次坤。乾为天，坤为地，乾的卦辞为“元亨利贞”，坤的卦辞为“元亨利牝马之贞”。乾卦彖传说：“大哉乾元，万物资始，乃统天。”坤卦彖传说：“至哉坤元，万物资生，乃顺承天。”这就是由自然界的天尊地卑，决定了人类社会的乾尊坤卑。卦有六爻，其位是由卑向高陈列。位高者为贵，位卑者为贱。爻有刚柔。刚动而柔静。在刚柔相推而生变化当中，其常动常静，是由刚柔决定的。“方”道也[①]。道同则类聚，物异则群分；同则相爱，异则相恶；“爱恶相攻，而吉凶生”[②]。

2.《系辞传上》说：“是故吉凶者，失得之象也。悔吝者，忧虞之象也。变化者，进退之象也。刚柔者，昼夜之象也。六爻之动，三极之道也。”这是对《易经》所使用的几个名词概念的解说。实际上是承上文。但上文没有悔吝，这是因为解说吉凶连类而及。又上文的吉凶，似只说卦，而此处的吉凶悔吝则亦兼爻。吉凶表明失得是两极，而悔吝为忧虞则是中间状态。悔可趋吉，吝则向凶。刚进柔退，进退就是变化。韩康伯注说“昼夜亦变化之道”是对的。这里所说的“昼夜”，主要是释“刚柔相推而生变化”，不是把“昼夜”看成是一对矛盾。“三极”，韩注释为“三才”是对的。

3.《系辞传下》说：“《易》之为书也，原始要终以为质也；六爻相杂唯其时物也；其初难知，其上易知，本末也；初辞拟之，卒成之终；若夫杂物撰德，辨是与非，则非其中爻不备；噫！亦要存亡吉凶，则居可知矣；智者观其彖辞则思过半矣。二与四同功而异位，其善不同，二多誉，四多惧，近也，柔之为道不利远者，其要无咎，其用柔中也。三与五同功而异位，三多凶，五多功，贵贱之等也，其柔危，其刚胜邪？”这是孔子读《易》以后，根据自己的体会，对几个重要方面和问题所做的说明。“原始要终”“六爻相杂”是就全书来说的。“原始”是说乾坤，“要终”是说既济未济。“以为质”是说用这种结构作为《易经》一书的总体。“六爻相杂”，则是说每一卦。“唯其时物”是说这个“六爻相杂”里边，既有发展过程时的问题，也有贵贱存亡物的问题。“其初”“其上”“中爻”

---

① 采《温公易说》。

② 《系辞传下》。

则是就一卦来说的。在一卦中，初爻是什么？很难知情，上爻是什么？就容易知道了，因为这是本末的关系。初辞是经过拟议才写出来的，而其上则是最终完成拟议的，所以易知。至于一卦的复杂情况，辨明是或非，则没有中爻是不完备的。有此初终及中四爻，于是此一卦的存亡吉凶居然可以知道了。但是彖辞是一卦的总说明，聪明的人，只看到彖辞，就可以了解到这一卦超过一半的意义了。以上是讲全书的结构和一卦六爻各自任务之不同。

"二与四同功而异位"这一段话是专就二与四、三与五这四爻来谈的。由于在一卦中，二与四都是阴位，所以说同功。但二居内卦之中，四在外卦近五，贵贱不同，所以说异位。在全《易》六十四卦中，居二的多誉，即多有美辞；居四的多惧，即多有危语，这是其善不同。"四多惧"是因为四近五，近君位故多惧。二与四都属柔，照一般原则说，柔处远不利。二远五而得无咎者，因为二处柔得中。"三与五同功而异位"，是因为三与五都是阳位，故曰同位。三贱五贵，故曰异位。在全《易》六十四卦中，"三多凶，五多功"就是因为贵贱不同。三与五都是阳位，柔爻处阳位是危险的，刚爻处阳位较好吧！

4.《系辞传上》说："子曰：'书不尽言，言不尽意。'然则圣人之意其不可见乎？子曰：'圣人立象以尽意，设卦以尽情伪，系辞焉以尽其言，变而通之以尽利，鼓之舞之以尽神。'"这段话主要是说《易》有尽言、尽意、尽利、尽神之妙用，亦即有尽言尽意尽利尽神的特点和优点。因为一般地说，书是表达语言的，语言（包括文字）是表达思想的。然而它有局限性，不可能把思想全部地毫无遗漏地表达出来。《易》却不然。《易》是"立象以尽意"，即利用符号以表达思想。因为《易》的符号 --、— 等等，好似代数学的 a、b，它可代表同类的任何事物，所以能尽意。即能穷尽思想。

《易》是“设卦以尽情伪，系辞焉以尽其言”，即利用卦这种符号来表达社会中的一切复杂情况，并用文字来说明，所以能尽言，因为《易》的系辞与一般的语言不同，它是卜筮的语言。如《系辞传下》所说：“其旨远，其辞文，其言曲而中，其事肆而隐。”“变而通之以尽利”，是说《易》是按照“变而通之”这一原则结构的。亦即按照同篇所说的“阖户谓之坤，辟户谓之乾，一阖一辟谓之变，往来不穷谓之通”这一原则结构的。或者说是按照“《易》穷则变，变则通”这一原则结构的。举乾卦为例来说吧，乾卦六爻，初爻说“阳在下也”，上爻说“盈不可久也”或“穷之灾也”，这不是分明反映是一个量变的过程吗？观《序卦》说各卦都是以反对为次，这一点不是正反映“变则通”或者说是反映质变吗？量变时是利，质变后又量变还是利，所以说：“变而通之以尽利。”“鼓之舞之以尽神”是什么意思呢？《庄子·人间世》有“鼓筴”，崔颢注说是“揲蓍”，成玄英疏释为“布蓍”，则此“鼓之舞之”，当亦是揲蓍之事。“以尽神”，无疑就是同篇所说的“蓍之德圆而神”的神。

5.《系辞传上》说：“乾坤，其《易》之蕴邪？乾坤成列，而《易》立乎其中矣。乾坤毁则无以见《易》，《易》不可见，则乾坤或几乎息矣。”《系辞传下》说：“子曰：‘乾坤，其《易》之门邪？乾阳物也，坤阴物也。阴阳合德而刚柔有体，以体天地之撰，以通神明之德。”以上这两段话以及《序卦传》全文，都是孔子对《易经》六十四卦结构的思想所做的最精湛的说明。

“乾坤，其《易》之蕴邪”是什么意思呢？是说《易经》的开头两卦已经把《易经》六十四卦的全部思想都包藏在里边了。这是由于《易经》六十四卦的开头两卦乾坤象征一个最大的矛盾统一体，以后诸卦都是由这个矛盾统一体内部矛盾的变化发展而产生的。《序卦传》说：“有天地然后万物生焉。”就是说明这个问题。

“乾坤成列，而《易》立乎其中矣。”这是对上一段话的补充，这两句话的意思实际上是一样的。

“乾坤毁，则无以见《易》”，应是指既济卦来说的。六十四卦开始时，乾纯阳，坤纯阴，最不平衡。发展到既济时，则“刚柔正而位当”，已达到完全平衡。从六十四卦整个发展过程来说，这时可以说是“乾坤毁”。《杂卦传》说：“既济定也。”亦是指这一点来说的。“乾坤毁”则发展已至尽端，所以“无以见《易》”。

“《易》不可见，则乾坤或几乎息矣。”应是指未济来说的。说“几乎息矣”实际上是没有息，也不可能息。这一个《易》发展已经完结。下一个《易》还将继续发展。《序卦传》说：“物不可穷也，故受之以未济终焉”。这句话讲得够深切著明了！

“乾坤，其《易》之门邪？”这个“门”字应用《系辞传上》“阖户谓之坤，辟户谓之乾，一阖一辟谓之变，往来不穷谓之通”作解。是说由于乾坤是对立的统一体，所以它能变化发展而形成六十四卦的整个过程。“乾阳物也，坤阴物也”，很明显是说乾坤两卦是一个矛盾的统一体。“阴阳合德而刚柔有体，以体天地之撰，以通神明之德”，则是说六十四卦的阴阳或刚柔的变化发展，就是体现自然界及自然界的发展规律。

二、《春秋》

关于《春秋》，这里谈四个问题。

（一）《春秋》的名称

关于《春秋》的名称，有四种说法：（1）春作秋成说。《公羊传》徐彦疏引《春秋说》曰：“哀公十四年春，西狩获麟，作《春秋》，九月书成。以其书春作秋成，故云《春秋》。”（2）“法阴阳之中”说。《公羊传》疏引《三统历》说：“春为阳中，万物以生，秋为阴中，万物以成。”贾逵服虔主之。（3）错举四时说。

杜预《春秋经传集解序》说：“《春秋》者，鲁史记之名也。记事者，以事系日，以日系月，以月系时，以时系年，所以纪远近，别同异也。

故史之所记必表年以首事，年有四时故错举以为所记之名也。”

（4）古恒称说。毛奇龄《春秋毛氏传》说：“旧谓春以善善，秋以恶恶。《春秋》者善善恶恶之书，则《毛诗》‘春秋匪懈’，《孝经》‘春秋祭祀，以时思之’，《中庸》‘春秋修其祖庙’，未闻有善恶于其间也，盖古来恒称如是矣。”毛说为是。

这是因为在尧制新历以前，应如《左传·襄公九年》所说“祀大火，而火纪时焉”。即观察心宿二以定季节，实行“火历”（用庞朴语）。当时应只知道有春秋，不知道有冬夏。所以当时的人习称一年为一个春秋。自尧制定新历，始知道“期三百有六旬有六日，以闰月定四时成岁”。即知道一年有四时春夏秋冬。《尚书·洪范》说“日月之行则有冬有夏”。说明尧时制历是“历象日月星辰”而不是只观察星宿，所以知道一年有四时，即有冬有夏。正因为这样，所以《礼记·孔子闲居》说：“天有四时，春秋冬夏。”《庄子·至乐》说：“是相与为春秋冬夏四时行也。”《尚书大传》说：“七政者谓春秋冬夏天文地理人道，所以为政也。”三书都称四时为春秋冬夏而不称春夏秋冬，可见旧日相沿成俗，短期内不易改变。鲁史记称春秋与《毛诗》的“春秋匪懈”、《中庸》的“春秋修其祖庙”一样，正是“古来恒称如是”。当然《公羊传·隐公六年》说“《春秋》编年，四时具，然后为年”。是书虽名为春秋，而仍然按照四时记事。

（二）《春秋》一书的本质特点

从《春秋》一书的本质特点来看，它是讲什么的呢？皮锡瑞《经学通论·春秋》说："《春秋》有大义，有微言。所谓大义者，讨乱贼以戒后世是也。所谓微言者，改立法制以致太平是也。"我看这个说法不见得对。《史记·滑稽列传》说："孔子曰：'六艺于治一也'。《礼》以节人，《乐》以发和，《书》以道事，《诗》以达意，《易》以神化，《春秋》以义。"《孟子·离娄下》说："王者之迹熄而诗亡，诗亡然后《春秋》作。晋之《乘》，楚之《梼杌》，鲁之《春秋》，一也。其事则齐桓、晋文，其文则史。孔子曰：'其义则丘窃取之矣。'"证明《史记》说"《春秋》以义"，最为可信。

什么是"义"呢？我们认为这就是《中庸》所说之义，即"仁者人也，亲亲为大。义者宜也，尊贤为大。亲亲之杀，尊贤之等，礼所生也"。因此《史记·自序》说："《春秋》者礼义之大宗也。"《庄子·天下》说："《春秋》以道名分。"也是对的。因为"礼义"当然是义。"名分"也是义。因为"义"讲"尊贤之等"与"道名分"一样，说到底都是崇尚等级制度。《公羊传·哀公十四年》说："君子曷为为《春秋》？拨乱世，反诸正，莫近诸《春秋》。"其实，这就是说孔子惩于春秋时天下大乱，想利用旧日的等级制度来恢复社会安宁秩序。今人一提等级制度无不持反对态度。我认为这是把等级制度与阶级制度混为一谈。其实，将来阶级消灭以后，等级可能还要存在。因为人类社会是由各种各样的人组成的。从性别来看，有男女；从年龄来看，有老幼；从智力来看，有智愚；从体力来看，有强弱。想要不分等级，绝对平等，是不可能的。《孟子·滕文公上》说："夫物之不齐，物之情也。或相倍蓰，或相什百，或相千万，子比而同之，是乱天下也。"所以我们应该反对阶级制度，反对压迫，反对剥削，不要一般地反对等级制度。一般地反对等级制度，必然导致平均主义。我们吃过平均主义的苦头。平均主义肯定不是马克思主义。

（三）所谓《春秋》以道义，在《春秋》一书里，有哪些具体表现

兹简要地举出几条显著的例子。

1.“据鲁、亲周、故殷。”

此条见于《史记·孔子世家》。可惜被何休做了错误的解释，以致为千载诟病。其实《公羊传·宣公十六年》说：“成周宣谢灾何以书？记灾也。外灾不书，此何以书？新周也。”这个“新周”，应读为亲周。古新、亲可通用。而何休不解此，仍读为新旧的新，以致错误地在《公羊解诂》里，说成“孔子以《春秋》当新王，上黜杞，下新周而故宋”。晋人王接说：“何氏黜周王鲁，大体乖硋，志通《公羊》，往往还为《公羊》疾病。”是对的。然而主今文的，直至清末，还以何说为是，可见门户之见为害之巨。

《史记》说“故殷”就是故宋。《礼记·乐记》“宜歌商”句下郑玄注：“商，宋诗也。”宋可名商，当然亦可名殷。《公羊传·襄公九年》说：“（宋灾）何以书？记灾也。外灾不书，此何以书？为王者之后记灾也。”《穀梁传·庄公十一年》说：“宋大水。外灾不书，此何以书？王者之后也。”又《襄公九年》说：“宋灾。外灾不志，此其志何也？故宋也。”这说明《春秋》是鲁史，自应根据鲁国的史实来写。周为共主，有的事情，在别国发生，鲁史可以不写，在周发生，就不能不写。因为周与鲁有特殊关系。这种写法在《春秋》里，名为“亲周”。《礼记·郊特牲》说：“天子存二代之后，犹尊贤也。尊贤不过二代。”根据尊贤不过二代的原则，周以杞、宋为二王后，则鲁自应上黜杞而故宋，以宋为王者后，在《春秋》书法上，自应给予特殊表示。孔子作《春秋》首先坚持这样一条原则，这就叫作“《春秋》以义”。

2.“所见异辞，所闻异辞，所传闻异辞。”

这条原则分别见于《公羊传》隐公元年、桓公四年、哀公十四年。很明显，“所见异辞，所闻异辞，所传闻异辞”是说所获得的史料有的是直接的，有的是间接的，有的是再间接的。因而在写法上不能一样。也就是说史料是近者详，远者略，在写法上也应该详近略远。《荀子·非相》说：“五帝之外无传人，非无贤人也，久故也。五帝之中无传政，非无善政也，久故也。禹、汤有传政而不若周之察也，非无善政也，久故也。传者久则论略，近则论详；略则举大，详则举小。”荀子的这种说法实际就是孔子作《春秋》坚持这条原则的真实意义。可是，这条原则却被何休给搞糊涂了。他于隐公元年这条原则之下说：“所见者谓昭、定、哀，己与父时事也。所闻者谓文、宣、成、襄，王父时事也。所传闻者谓隐、桓、庄、闵、僖，高祖、曾祖时事也。异辞者见恩有厚薄，义有深浅，时恩衰义缺，将以理人伦，序人类，因制治乱之法。故于所见之世，恩己与父之臣尤深，大夫卒有罪无罪皆日录之。‘丙申季孙隐如卒’是也。于所闻之世，王父之臣恩少杀，大夫卒无罪者日录，有罪者不日，略之。‘叔孙得臣卒’是也。于所传闻之世，高祖曾祖之臣恩浅，大夫卒有罪无罪皆不日，略之也。‘公子益师、无骇卒’，是也。于所传闻之世，见治起于衰乱之中，用心尚粗觕，故内其国而外诸夏，先详内而后治外，录大略小，内小恶书，外小恶不书；大国有大夫，小国略称人；内离会书，外离会不书，是也。于所闻之世，见治升平，内诸夏而外夷狄，书外离会，小国有大夫；‘宣十一年秋晋侯会狄于攒函’，‘襄二十三年邾娄劓我来奔’，是也。至所见之世，著治太平，夷狄进至于爵，天下远近大小若一，用心尤深而详，故崇仁义，讥二名，‘晋魏曼多、仲孙何忌’是也。所以三世者，礼为父母三年，为祖父母期，为曾祖父母齐衰三月，立爱自亲始。故《春秋》据哀录隐，上治祖祢。"《春秋》里这几条原则本来不是难懂的事，而何氏故意求深，不但把三世、内外两条原则牵附一起，而且制造一个据乱、升平、太平三世。这就不能不越说越使人糊涂了。

3."内其国而外诸夏，内诸夏而外夷狄。"

这条原则见于《公羊传·成公十五年》。原文说："曷为殊会吴？外吴也。曷为外也？《春秋》内其国而外诸夏，内诸夏而外夷狄。"这也是"以义"，即贯彻执行等级制度的表现。这个道理很容易懂。例如从吉林省对辽宁省来说，则吉林省为内，辽宁省为外。从中国对日本来说，则中国为内，日本为外，不过，何休把它同三世诸说纠缠在一起，就不容易懂了。当然，何氏说由于时代不同，这条原则也会发生变化，则是对的。

4."为尊者讳，为亲者讳，为贤者讳。"

《公羊传·闵公元年》说："'冬，齐仲孙来'。齐仲孙者何？公子庆父也。公子庆父则曷为谓之齐仲孙？系之齐也。曷为系之齐？外之也。曷为外之？《春秋》为尊者讳，为亲者讳，为贤者讳。子女子曰：'以《春秋》为《春秋》，齐无仲孙，其诸吾仲孙与！'"《公羊传·庄公四年》说："'纪侯大去其国'。大去者何？灭也。孰灭之？齐灭之。曷为不言齐灭之？为襄公讳也。《春秋》为贤者讳。何贤乎襄公？复仇也。何仇尔？远祖也。哀公亨乎周，纪侯谮之。以襄公之为于此焉者，事祖祢之心尽矣。尽者何？襄公将复仇乎纪，卜之曰：'师丧分焉'；'寡人死之，不为不吉也。'远祖者几世乎？九世矣。九世犹可以复仇乎？虽百世可也。家亦可乎？曰不可。国何以可？国君一体也。先君之耻，犹今君之耻也。今君之耻，犹先君之耻也。国君何以为一体？国君以国为体，诸侯世，故国君为一体也。今纪无罪，此非怒与？曰非也。古者有明天子，则纪侯必诛，必无纪者；纪侯之不诛，至今有纪者，犹无明天子也。古者诸侯必有会聚之事。相朝聘之道，号辞必称先君以相接。然则齐纪无说焉，不可以并立于天下。故将去纪侯者，不得不去纪也。有明天子，则襄公将为若行乎？曰不得也。不得则襄公曷为为之？上无天子，下无方伯，缘恩疾者可也。”《穀梁传·成公元年》说：“‘王师败绩于贸戎。不言战，莫之敢敌也。为尊者讳敌不讳败，为亲者讳败不讳敌，尊尊亲亲之义也。然则孰败之？晋也。’”又《成公九年》说：“‘晋栾书帅师伐郑。’不言战，以郑伯也。为尊者讳耻，为贤者讳过，为亲者讳疾。”按：“公”“穀”二传言讳颇多问题。《春秋集传纂例·三传得失议》说：“《公羊》《穀梁》，初亦口授，后人据其大义散配经文，故多乖谬，失其纲统。然其大指，亦是子夏所传。”我看这个说法很对。尽管二传散配经文，容或有误，而孔子作《春秋》，原有这条原则是可以肯定的。又啖助说：“讳者非隐其恶，盖讳避之，避其名而逊其辞。”这种说法也是对的。

余如“常事不书”（见《公羊传·桓公八年》），“书其重者”，见《公羊传·庄公十年》，原文说：“战不言伐，围不言战，入不言围，灭不言入，书其重者也”。“信以传信，疑以传疑”（见《穀梁传·桓公五年》），原文说：“‘春正月，甲戌，己丑，陈侯鲍卒’。鲍卒，何为以二日卒之？《春秋》之义，信以传信，疑以传疑。陈侯以甲戌之日出，己丑之日得，不知死之日，故举二日以包之也。’”又《庄公七年》说：“夏四月辛卯昔，恒星不见。’恒星者经星也。日入至于星出谓之昔。不见者，可以见也。‘夜中星陨如雨’。其陨也如雨，是夜中与？《春秋》著以传著，疑以传疑。中之，几也，而曰夜中，著焉尔。何用见其中也？失变而录其时，则夜中矣。其不曰恒星之陨，何也？我知恒星之不见，而不知其陨也。我见其陨而接于地者，则是雨说也，著于上见于下，谓之雨，著于下不见于上谓之陨，岂雨说哉？”等等，亦应是《春秋》以道义之义，在这里就不详说了。

（四）《春秋》与“三传”的关系

董仲舒说：“《春秋》文成数万，其指数千。”这个说法，未免有些夸张。今知《春秋》全书仅一万六千多字。然而说《春秋》文约义丰，是不成问题的。因此，《春秋》没有传注是不容易读通。今传世有“三传”，即《公羊传》《穀梁传》《左传》。在汉初，《公羊传》最先立学官；《穀梁传》次之；《左传》在汉哀帝时，刘歆始建议立学官，引起一场争论。即一方面博士不肯置对，认为“《左氏》不传《春秋》”。另一方面，刘歆认为“左丘明好恶与圣人同，亲见夫子，而《公羊》《穀梁》在七十子后，传闻之与亲见之，详略不同”。以后各树朋党，争论长期得不到解决。《史记·十二诸侯年表》篇首有一段话，可以解决这个问题。原文说：“是以孔子明王道，干七十余君，莫能用。故西观周室，论史记旧闻，兴于鲁而次《春秋》。上记隐，下至哀之获麟。约其辞文，去其烦重，以制义法。王道备，人事浃。七十子之徒，口受其传指，为有所刺讥、褒讳、挹损之文辞，不可以书见也。鲁君子左丘明惧弟子人人异端，各安其意，失其真。故因孔子史记，具论其语，成《左氏春秋》。”也就是说，《公羊》《穀梁》二传所记的，主要为“刺讥、褒讳、挹损之文辞，不可以书见也”，而《左氏》所记的，主要为“因孔子史记具论其语”。验之各书，昭然可据。三书既不能互相代替，也不须互相攻讦。宋人叶梦得说：“《左氏》传事不传义，是以详于史，而事未必实；《公》《穀》传义不传事，是以详于经，而义未必当。”这个说法是对的。

第十章
孔学流传述评（上）

孔子创立了儒家学派，建构了自己的思想体系。在孔子在世和孔子死去不久的那段时间里，孔子的学说就是整个儒家学派的学说。和儒家学派几乎同时产生的道家学派以及稍后出现的墨家学派，他们反对儒家的学说，其矛头总是针对着孔子本人和孔子学说。这在《老子》《墨子》《庄子》三部书中看得十分清楚。后来儒家学派发生分化，甚至出现互相攻击的情况，但是也都各以孔子学说为标榜。《中庸》说："仲尼祖述尧舜，宪章文武。"《孔子世家》说："孔子布衣，传十余世，学者宗之。自天子王侯，中国言'六艺'者折中于夫子，可谓至圣矣。"至东汉班固修《汉书·艺文志》，仍然强调儒家学派的思想特点是"游文于'六经'之中，留意于仁义之际，祖述尧舜，宪章文武，宗师仲尼"，认为儒家的思想得自于"六经"，等同于孔子。但是这样的说法只适用于理论上和口头上，如果仔细分析实际情况，那么就会发现，至晚从汉武帝采纳儒者董仲舒的建议，实行“罢黜百家，独尊儒术”的政策之时起，孔子学说就开始被根据政治上的需要，五花八门地改造过了。董仲舒曾说过“诸不在六艺之科、孔子之术者，皆绝其道，勿使并进”（《汉书·董仲舒传》）的坚决崇儒尊孔的话，然而他自己就提出了不少远离六艺之科、孔子之术的东西，冒充孔子学说，以讨统治者的欢心。以后随着孔子地位的不断提高以及道家的抬头、道教的产生和佛教的进入，儒学获得长足的发展，由汉代的今古文经学而魏晋的名教与玄学，而宋明的理学，而清代的实学，虽然起伏跌宕不定，时而高峰，时而幽谷，但总的趋势是前进的，佛道两家毕竟在它的下风。然而孔子的学说，却被扭曲、冷落、淹没了。孔子的名字光彩得很，被奉为神圣，而孔子的思想至少自汉代以后实际上已经不传，即使不能说“绝”，也是不绝若线，以至于今天我们要弄清楚孔子学说的真面目，查明白它的流传线索，竟非下番大功夫不可。

一、孔子与《诗》《书》《礼》的关系

孔子学说蕴含在哪里，哪些文献材料可以作为我们研究孔子学说的可靠根据，当前学术界对此有不同的看法。我们认为，研究孔子学说的文献材料，应首推经孔子选择整理并加进自己的见解而形成的六经即《诗》《书》《礼》《乐》《易》《春秋》，当然也包括《论语》及七十子后学遗说。有人说，真正可以用来研究孔子学说的，只有《论语》一书。我们不同意这种意见。这样做的结果，正如有人说的那样，孔夫子必将变成“空夫子”。

“六经”是历史上遗留下来的文化遗产，不是孔子的创作。但是都经过孔子不同程度的加工，加入了孔子的思想。孔子加工后的

“六经”，各具有一定的性质和作用。《庄子·天下篇》说：“《诗》以道志，《书》以道事，《礼》以道行，《乐》以道和，《易》以道阴阳，《春秋》以道名分。”是说得极简练极中肯的。

那么孔子对六经下过哪些功夫，做过什么加工呢？《史记·儒林列传》说：“孔子闵王道废而邪道兴，于是论次诗书，修起礼乐。”什么是论次？论是讨论去取，次是编排篇目。孔子究竟是怎样论次《诗》的，《史记·孔子世家》说得很具体：“古者诗三千余篇，及至孔子去其重，取可施于礼义，上采契、后稷，中述殷周之盛至幽厉之缺，始于衽席。故曰《关雎》之乱以为《风》始，《鹿鸣》为《小雅》始，《文王》为《大雅》始，《清庙》为《颂》始。”从司马迁的这段话看，孔子论次诗，首先做的是选定三百五篇诗的断代起讫和编定《风》《雅》《颂》三部分，并且为了避免简编错乱而明确规定了《风》《小雅》《大雅》《颂》的首篇各是什么。此即所谓诗的“四始”。这是读《诗》须先知道的。然后还有“六义”“二南”“正变”诸问题，都蕴含着孔子的用心。

孔子对《书》的论次，《史记·五帝本纪》说：“学者多称五帝尚矣。然《尚书》独载尧以来，而百家言黄帝，其文不雅驯，荐绅先生难言之。孔子所传《宰予问五帝德》及《帝系姓》，儒者或不传。”看来孔子对《书》做了两件事，一是断限，二是选材。尧以前的东西，证据不足，故不取。自《尧典》以下所选各篇都有重要意义。《尚书大传》载有孔子“七观”之说，曰“是故《尧典》可以观美，《禹贡》可以观事，《皋陶》可以观治，《洪范》可以观度，《六誓》可以观义，《五诰》可以观仁，《甫刑》可以观诫”。此“七观”之说虽不必出自孔子，然而孔子将这些篇选入《尚书》，含有他一定的用意，则是无疑的。

对于《礼》与《乐》二经是“修起”。“修起”的意思是说，礼坏乐崩，孔子起而修之，以免沦亡澌灭。其意义视“论次”为轻。《乐》已不传，今可不论。《礼》，今传世的有《周礼》《仪礼》《礼记》三种，号称“三礼”。哪一本是孔子“修起”的《礼》呢？我们认为是《仪礼》。《周礼》晚出，孔子似乎未曾见过。《礼记》显然是孔子身后七十子后学遗说的辑录，不是六经之一的《礼》。经孔子“修起”的《礼》是《仪礼》。在《礼记·杂记下》有一段话说：“恤由之丧，哀公使孺悲之孔子，学士丧礼，《士丧礼》于是乎书。”证明今传世的《仪礼》十七篇确是孔子“修起”的。

今传世的四十九篇《礼记》是七十子后学遗说的辑录，里边有不少篇大抵也是孔子所传。古代的礼，据《礼记·礼器》，有所谓“经礼三百，曲礼三千”之说，十分复杂繁缛，不易掌握。又据《左传·昭公五年》说：“公如晋，自郊劳至于赠贿，无失礼。”而女叔齐说“是仪也，不可谓礼”，知道古代的礼包括礼之仪节和礼之意义两方面。《仪礼》十七篇的经文讲的就是古礼冠昏丧祭朝聘射乡的仪节，而记文则略微涉及礼的内在含义。讲礼的含义比较重要的是《礼记》中的某些篇，如《冠义》《昏义》《乡饮酒义》《射义》《燕义》《聘义》以及《丧服四制》《大传》《丧服小记》等篇，实际等于解说《仪礼》之《士冠礼》《士昏礼》《乡饮酒礼》及《丧服》各篇的传。《礼记》的这些篇是十分重要的。《礼记·郊特牲》说得好：“礼之所尊，尊其义也。失其义，陈其数，祝史之事也。”知道礼的数度仪节并不难也不重要，难于把握而且至关重要的是了解数度仪节后面包含着的思想底蕴。

二、孔子与《易》的关系

“六经”中与孔子关涉最大，最能直接表现孔子思想的是

《易》和《春秋》。这是两部专谈理论的书，在六经中最为深奥难读。《易》即今传世的《周易》,《周易》包括经文和传文两部分。传文的部分是汉代人称为《易大传》或“十翼”的《彖传》上下、《象传》上下、《系辞传》上下、《文言传》、《说卦传》、《序卦传》、《杂卦传》。我们现在统称之为《易传》。根据传统的说法，它是孔子作的。

《论语·述而》说：“加我数年，五十以学易，可以无大过矣。”《论语·子路》说：“子曰：‘南人有言曰：人而无恒，不可以作巫医。’善夫！‘不恒其德，或承之羞’。子曰：‘不占而已矣。’”这是《论语》中孔子言及《周易》的两段话。说明孔子对《周易》极感兴趣，且有深刻的理解。但是历史上对它们曾有不同的理解。陆德明《经典释文》于“学易”下说：“如字。鲁读易为亦，今从古。”以为易还是易，但是他提出鲁《论语》易字为亦的说法，引起后世人以为孔子五十以学易，原来是子虚乌有的议论。若易字果为亦，则《论语》那段话当读为：“加我数年，五十以学，亦可以无大过矣。”这样就与孔子另外的一句话发生矛盾。《论语·为政》明明说，“吾十有五而志于学”，怎么又说“五十以学”呢！况且“五十以学”，不符合孔子一生的实际情况。说孔子希望自己五十岁开始学习，于理难通。再者，孔子“五十以学易，可以无大过矣”的思想在《系辞传》也有反映。《系辞传》说：“子曰：‘颜氏之子其殆庶几乎！有不善未尝不知，知之未尝复行也。《易》曰：不远复，无祇悔，元吉。’”由这段话能够看出两个问题。第一，孔子确实有一个学《易》可以无大过的思想。第二，既然如此，《论语·述而》“可以无大过”的话确实是指学《易》而言，不是泛指一般的学习。

《史记·孔子世家》说：“孔子晚而喜《易》，序《彖》《系》

《彖》《说卦》《文言》。读《易》韦编三绝。曰：假我数年，若是，我于《易》则彬彬矣。”《汉书·儒林传》说：孔子“盖晚而好《易》，读之韦编三绝，而为之传”。《汉书·艺文志》说：“孔氏为之《彖》《象》《系辞》《文言》《序卦》之属十篇。”《史记》与《汉书》都说孔子晚年喜《易》，都说功夫下到“韦编三绝”的程度，不是一般的爱好，都说孔子作了《易传》。《汉书》讲得比《史记》更明白确切，材料可能就是根据《史记》。问题就在司马迁的材料得自何处。据《史记·自序》，司马迁之父司马谈“受《易》于杨何”。传《易》之人自杨何上溯，据《史记·仲尼弟子列传》，“孔子传《易》于瞿（鲁人商瞿），瞿传楚人馯臂子弘，弘传江东人矫子庸疵，疵传燕人周子家竖，竖传淳于人光子乘羽，羽传齐人田子庄何，何传东武人王子中同，同传菑川人杨何”。《索隐》说：“自商瞿传《易》至杨何，凡八代相传。”是知司马谈是孔子《易》学的九传弟子，其《易》学渊源有自，由来不虚。由他传授给司马迁的孔子作《易传》之旧说，不至于有误。

1973年长沙马王堆汉墓出土的汉文帝初年的手抄帛书《周易》，其经文部分取名《帛书六十四卦》已在《文物》杂志1984年第3期发表，其传文部分尚在整理中。据有关文章透露，帛书《周易》传文有今传世本《周易》没有的一些东西，其中有一部分曰《要》篇，其文曰：“夫子老而好《易》，居则在席，行则在橐。有古之遗言焉，予非安其用，而乐其辞。后世之士，疑丘者或以《易》乎！〔子贡问〕：夫子亦信其筮乎？〔子曰〕：我观其义耳，吾与史巫同途而殊归。”共计孔子五句话，子贡一句话。开头的两句是此文记录者讲的。内容都是表达孔子对《易》的态度，治《易》的方法的。

“夫子老而喜《易》，居则在席，行则在橐”，此话说孔子老年喜《易》到了居行不离的程度，是《史记》《汉书》“韦编三绝”的另一种表述。帛书《易传》司马迁未必得见，二者不约而同地讲出内容一致的事，这事必定属实。

“有古之遗言焉，予非安其用，而乐其辞”。这是孔子的话。有古之遗言焉，是孔子强调《易》之卦爻辞中有许多古人留下的含有思想和教训意义的言论。《礼记·缁衣》引孔子话说：“南人有言曰：‘人而无恒，不可以为卜筮。’古之遗言与！龟筮犹不能知也，而况人乎！”就是极好的证明。下边两句，“用”字指用《易》进行卜筮。“安”是乐的意思。孔子说他研《易》不是用以卜筮，而是玩索《易》的卦辞爻辞，因为辞里边含有思想意义。这表明孔子视《易》为讲思想的书，他研《易》的目的是为了了解它的思想内容，不是用它卜筮。

“后世之士，疑丘者，或以《易》乎”！这话与《孟子·滕文公下》所记“知我者其唯《春秋》乎！罪我者其唯《春秋》乎”和《史记·孔子世家》所记“后世知丘者以《春秋》，而罪丘者亦以《春秋》”的孔子两段言论，句式可谓雷同。他作《春秋》鞭挞弑父弑君者，后世的乱臣贼子要罪他；而后世的士（有知识的人）要因《易》而对他疑惑不解。为什么呢？因为孔子不是一般地读《易》，而是对《易》做了深入的研究，而孔子是不语怪力乱神的智者，怎么对卜筮之书如此感兴趣呢！

“夫子亦信其筮乎”？子贡此问正是孔子担心后人要疑他的问题。子贡之所以敢对孔子如此发问，是因为孔子不相信卜筮，却又不点破，而且也谈论卜筮问题。这正是今传世本《易传》的特点之一。

“我观其德义耳”，对卜筮与鬼神的问题不做正面回答，只是从另一个方面说，让提问者自己体会，是孔子的一贯办法。孔子不相信卜筮，却不作出肯定的表示，把问题闪开，说他观《易》的德义。德义即思想内容，也就是《易》中的天之道与民之故。这与今传世本《易传》的观点是一致的。

“吾与史巫同途而殊归”。史巫即掌卜筮的筮人。同途是说筮人用筮卦，他也用筮卦。殊归是说虽然都用筮卦，但筮人用以卜筮，他用以研究哲理。

总而言之，帛书《周易》之《要》篇这几句话表明：孔子对《周易》下过非凡的功夫；孔子视《周易》为哲学书；孔子不搞卜筮，但绝不公开否定卜筮。今本《易传》正是这样的思想。说《易传》是孔子作，《易传》的思想属于孔子，还有什么可怀疑的呢！

我们还必须提及北宋欧阳修的《易童子问》。欧阳修不愧是大家，他对《易传》本身做了仔细推敲，发现《易传》有两个毛病，使他心生疑窦。一是文字繁衍丛脞，二是内容自相乖戾。前者指《文言传》释乾坤两卦过于烦琐。《系辞传》论蓍、卦、爻的部分言多语杂，而“要其旨归，止于‘系辞明吉凶’耳，可一言而足也”。后者提出两例，一是乾《文言传》既云元亨利贞为乾之四德，又说“乾元者始而亨者也，利贞者性情也”，则又不是四德。二是《系辞传下》“河出图，洛出书，圣人则之”和“包牺氏之王天下也”，仰观俯察，远取近取，“于是始作八卦”，以及《说卦传》“昔者圣人之作《易》也，幽赞于神明而生蓍，参天两地而倚数。观变于阴阳而立卦”，这三段话互相乖戾不相容。欧阳修据此得出结论：《易传》非孔子作。孔子是圣人，圣人不可能出这样多的毛病。《易传》乃许多人完成的杂凑。

欧阳修提出的两个问题是中肯的，他已看出了《易传》的芜杂不精之处，不似出于一人之手。这一点他是对的。《易传》的文字构成的确复杂，有的是孔子自作，有的是弟子记录，有的是采取前人旧说，也有的是后世人窜入，错简讹夺之处也不少，他看到的恰是这种情况。但是他的结论错了。他没有想到先秦著书与后世不同，人们在长期辗转抄袭中不免加入自己的货色。例如他举出的“河出图，洛出书，圣人则之”和“包牺氏之王天下也”仰观俯察而作八卦，即实为后世人所窜，显然不是《易传》原文所当有。至于说《系辞传》《文言传》《说卦传》往往一事多言，繁衍丛脞不似圣人语，即可以用《易》太艰深，不反复讲不足说明和历时既久、一文多见在所难免来解释。

说《易传》是孔子作，《易传》的思想属于孔子，与承认《易传》文字构成的复杂性并不矛盾。除却后世人窜入部分，其余都反映孔子的思想。孔子《易传》的思想从哪里来呢？来自《周易》古经。《易传》是对《周易》经文本来就有的内在思想的正确认识和发掘。也可以认为，孔子的哲学思想恰好与《周易》古经一致，二者一拍即合而不可分。

《易传》大部分是孔子所作，其中最为突出的是《系辞传上》：“子曰，夫《易》何为者也，夫《易》开物成务，冒天下之道，如斯而已者也。是故圣人以通天下之志，以定天下之业，以断天下之疑。是故蓍之德圆而神，卦之德方以知，六爻之义易以贡。圣人以此洗心退藏于密，吉凶与民同患。神以知来，知以藏往，其孰能与此哉？古之聪明睿知神武而不杀者夫！是以明于天之道而察于民之故，是兴神物，以前民用。圣人以此斋戒以神明其德夫。”这段话要而不烦，寥寥数语即抓住了问题的关键所在。观察之深刻，分析之精到，能为此者，在先秦除孔子以外实无第二人。在《左传》和《国语》中，春秋时代的大多数人视《周易》为卜筮之书，用以占卜决大事。而《易传》的作者却能透过现象看本质，明确指出《周易》的性质、功用和特点是开物成务，冒天下之道，是通过蓍与卦揭示天之道与民之故，是指导天下人的思想，成就天下人的事业，解决天下人的疑难，是用卜筮的形式表达哲学的内容。这位作《易传》的人，看透了《周易》的哲学本质，又认清了它的神道的妙用，掌握了深刻的辩证思维的方法，会是谁呢？只能是孔子。这段文字只是举例，实际上《易传》除了采用前人旧说，弟子记录孔子言论和后世人窜入的，全是出自孔子手笔。《文言传》的绝大部分和《系辞传上》自“鸣鹤在阴”至“《易》曰，负且乘，致寇至，盗之招也”以及《系辞传下》“《易》曰，憧憧往来，朋从尔思”至“《易》曰，莫益之，或击之，立心勿恒，凶”两大段专释爻辞的文字，当是孔子讲述弟子记录下来的东西。

属于采取前人旧说的部分主要在《文言传》《系辞传》和《说卦传》里。《文言传》中“元者善之长也，享者嘉之会也，利者义之和也，贞者事之干也”那一大段解释乾卦辞“元亨利贞”的话，又见《左传·襄公九年》出于鲁成公之母穆姜之口，而孔子生于襄公二十二或二十一年，孔子作《易传》更在以后。所以肯定是前言旧闻，不是孔子自己的。余如《系辞传》中“天一地二，天三地四，天五地六，天七地八，天九地十”至“二篇之策乃有一千五百二十，当万物之数”一章是讲筮法的。筮法必是古已有的，不可能是孔子的发明。《说卦传》的“乾健也，坤顺也，震动也，巽入也，坎陷也，离丽也，艮止也，兑说也”至“兑三索而得女，故谓之少女”一段文字是讲八卦性质及取象的，亦应是古已有之的成说，不是孔子所作。《系辞传》“易有太极，是生两仪，两仪生四象，四象生八卦”四句话亦必是孔子以前旧有的。孔子采用过来，当然反映孔子的认识。

属于后世人窜入的部分，能够肯定下来的，如《系辞传上》：“是故天生神物，圣人则之，天地变化，圣人效之。天垂象，见吉凶，圣人象之。河出图，洛出书，圣人则之。”其中自“天垂象”以下后人窜入的痕迹显然可见。《易》是通过蓍与卦见吉凶的，六十四卦三百八十四爻之辞皆本于卦象爻象而不见出自天象。这里突然冒出“天垂象，见吉凶，圣人象之”的话来，岂不蹊跷！所谓“天垂象，见吉凶”，是汉人喜谈的星变、灾异的那一套，极似后世占候家语。“河出图，洛出书”更令人莫名其妙。据《说卦传》，圣人作《易》是“幽赞于神明而生蓍，参天两地而倚数，观变于阴阳而立卦，发挥于刚柔而生爻”。《系辞传上》说：“易有太极，是生两仪，两仪生四象，四象生八卦。”这是讲八卦产生的逻辑过程。《系辞传下》说：“八卦成列，象在其中矣。因而重之，爻在其中矣。”这是说八卦重为六十四卦的逻辑过程。这些话已经讲明白了蓍、卦、爻产生的根据，却又出来个“河图洛书”，“圣人则之”，两相矛盾。自文章的角度看，前面已说过“天生神物，圣人则之”，紧接又说“河出图，洛出书，圣人则之”，既无新意又繁衍累赘，与《系辞传》之文不类。欧阳修的《易童子问》也准确尖锐地提出过这个问题。

后世人窜入之语又见《系辞传下》。“古者包牺氏之王天下也，仰则观象于天，俯则观法于地，观鸟兽之文与地之宜，近取诸身，远取诸物，于是始作八卦，以通神明之德，以类万物之情。”自此以下，“结绳而为网罟，以佃以渔，盖取诸离”至“上古结绳而治，后世圣人易之以书契，百官以治，万民以察，盖取诸夬”，这一大段文字断非《易传》原有之文，而“包牺氏作八卦”之说对后世影响深而且远，有必要略作分析。第一，“包牺氏”一词在此出现，兀实难解。孔子对待历史非常谨慎，他论次《书经》“独载尧以来”，以《尧典》为第一篇，尧以前事不取。司马迁也极谨慎，他作《史记》也只上溯到黄帝，三皇之事也不论。考先秦儒家书绝不言“包牺”，“包牺”只见于《庄子》《管子》《淮南子》。第二，《易传》涉及作《易》之人时皆泛称“圣人”，不确指为谁。此明言“包牺氏”，与全文不类。第三，仰观俯察，远取近取以作八卦的说法与“易有太极，是生两仪，两仪生四象，四象生八卦”不一致。比较起来，后者是先于孔子的长期内形成的旧说，它符合八卦产生的规律，反映《易》的世界观和方法论，是可以信据的。第四，“以通神明之德，以类万物之情”，是六十四卦起的作用，八卦只反映万物的八种性质，未能反映世界的变化，它不可能“以通神明之德，以类万物之情”。由此可见，“包牺氏作八卦”之说不足信。

《易传》有孔子自撰、弟子记录孔子语、采取前言旧说、后世人窜入四类情况。其中大部分应是孔子自撰。除《系辞传》《说卦传》外，《序卦传》出于孔子之手是无疑问的，《彖传》《象传》也是孔子所作。

有一个“子曰”的问题需要提到。“子曰”在《系辞传》和《文言传》里常见。《文言传》几乎全是弟子记孔子语，文前冠“子曰”是当然之事。《系辞传》里孔子自作的部分，文前也冠“子曰”，道理很简单，孔子之作在先，事后弟子们为强调作者是孔子，突出它的权威性，加上了“子曰”二字。这样的办法后世也有，如北宋周敦颐之《通书》，乃他自作，亦为后人每章加上“周子曰”。

三、孔子与《春秋》的关系

“六经”的最后一经是《春秋》，它与孔子有怎样的关系呢？《春秋》为孔子所作。这个问题《孟子》讲得最为明白。《滕文公下》说：

“世衰道微，邪说暴行有作。臣弑其君者有之，子弑其父者有之。孔子惧，作《春秋》。《春秋》，天子之事也，是故孔子曰：'知我者，其唯《春秋》乎！罪我者，其唯《春秋》乎！'"

"昔者禹抑洪水而天下平，周公兼夷狄，驱猛兽而百姓宁，孔子成《春秋》而乱臣贼子惧。"

《离娄下》说：

"王者之迹熄而诗亡，诗亡然后《春秋》作。晋之《乘》，楚之《梼杌》，鲁之《春秋》，一也。其事则齐桓、晋文，其文则史。孔子曰：'其义则丘窃取之矣。'"

《孟子》的这三段话回答了三个问题：第一，《春秋》为孔子作。第二，孔子作《春秋》有一定的政治用意。第三，《春秋》与一般史书不同，史书重事，《春秋》重义。

《春秋》是否孔子所作，这个问题的焦点在于《春秋》是孔子将鲁史旧文抄录一过，还是孔子以鲁史旧文作材料，加入自己的政治观点，从而形成一部新作品。《孟子》说："孔子曰：'其义则丘窃取之矣。'"这"窃取"一词意义重大。孔子所修的《春秋》，就内容说，依然是齐桓、晋文一类的霸业，就文体说，与不修之《春秋》一样，是一部史书。不同之处是孔子修《春秋》时把自己的政治思想加进去了，这是不修《春秋》所没有的，纯系孔子的创造。孔子给《春秋》"窃取"了一定的义，这义当然属于孔子。这就是孔子作《春秋》的含义。如果《春秋》中并没有孔子窃取之义，只是一部普通的鲁史，和晋《乘》、楚《梼杌》一样，则孔子自己完全不必如此看重《春秋》，说后世无论捧他骂他都必根据《春秋》这部书。

孔子作《春秋》的政治用意，《孟子》讲得极深刻。"孔子惧，作《春秋》"，"孔子成《春秋》而乱臣贼子惧"，两个"惧"字表明孔子对周室东迁后的社会变化确是忧心忡忡。礼坏乐崩、名分淆乱的状况，他视同洪水猛兽。他想制裁弑君弑父的乱臣贼子而又深知力不能及，乃作《春秋》，以针砭当时，规范后人，达于王事。乱臣贼子是历史的产物，非一部书所能解决。但是孔子作《春秋》的用意确然如此。

关于《春秋》一书的性质，据《孟子》的说法，《春秋》是“天子之事”，写的是齐桓、晋文之类的事件，采取的是史书的文体形式，而表达的是孔子自己的“义”，这“义”就是《庄子·天下篇》说“《春秋》以道名分”的“名分”和《史记·自序》说“《春秋》以道义”的“义”。《春秋》重义不重事，显然是一部政治书。

《孟子》关于孔子作《春秋》的观点绝非凭空杜撰，是上有渊源下有继承的。孔子自己曾说：“我欲载之空言，不如见之于行事之深切著明也。”董仲舒说：“孔子知言之不用，道之不行也，是非二百四十二年之中，以为天下仪表，贬天子，退诸侯，讨大夫，以达王事而已矣。”（俱见《史记·自序》）《史记·孔子世家》说：“孔子在位听讼，文辞有可与人共者，弗独有也。至于为《春秋》，笔则笔，削则削，子夏之徒不能赞一辞。弟子受《春秋》，孔子曰：‘后世知丘者以《春秋》，而罪丘者亦以《春秋》。’”传《春秋》的《公羊传》亦如此说。昭公二十二年说：“《春秋》之信史也，其序则齐桓、晋文，其会则主会者为之也，其词则丘有罪焉耳。”都认为《春秋》是孔子作，而所谓“作”，是指孔子将不修《春秋》加入了自己的义。

后世也有人否定孔子作《春秋》，最早否定的是晋人杜预。杜预出于政治上的原因，用《左传》压《春秋》，以周公排挤孔子。他在《春秋序》中说：“仲尼因鲁史策书成文，考其真伪，而志其典礼，上以遵周公之遗制，下以明将来之法”，“其发凡以言例，皆经国之常制，周公之垂法，史书之旧章，仲尼从而修之，以成一经之通体。”既然说《春秋》凡例主要是周公之遗制，只有一部分凡例属于孔子，便等于说《春秋》非孔子作。杜预为自己的论点找到的论据是《左传·昭公二年》韩宣子适鲁见《易象》与《鲁春秋》曰周礼尽在鲁矣这一条。以为用这一条即可证明孔子修《春秋》不过翻检周公旧制，抄录鲁史旧文而稍加刊正而已。

古人对杜预早已做过有力的驳难。唐人陆淳在《春秋集传释例》一书中指出，杜预以为《左传》之五十凡例皆周公之旧制，实不足信。《左传》之凡例有云“弑君称君，君无道也。称臣，臣之罪也”。周初未见臣弑君之事，周公何得预先定下臣弑君之书法？清人皮锡瑞在所著《经学通论》中说，倘依杜氏，孔子修《春秋》不过经承旧史，抄录一过，并无自己的褒贬义例，“孔子何以有知我罪我，其义窃取之言”？“孟子何以推尊孔子作《春秋》之功配古帝王，说得如此惊天动地”？

关于《春秋》一书的性质问题，杜预在《春秋序》中引《孟子》语时有意将“子曰：‘其义则丘窃取之矣’”一句舍弃不录，用意显然是想把《春秋》等同于一般史书。他在《春秋左传集解》后序中将《春秋》与《竹书纪年》相比照，力言《竹书纪年》“文意大似《春秋》经”，进而推定此乃“古者国史策书之常”，孔子为《春秋》，一仍旧史，无甚变化。其所举例是：竹书“称鲁隐公及邾庄公盟于姑蔑，即《春秋》所书邾仪父”。竹书“称晋献公会虞师伐虢灭下阳，即《春秋》所书虞师晋师灭下阳”。竹书“称周襄王会诸侯于河阳，即《春秋》所书天王狩于河阳”。杜预忽略了《竹书纪年》记诸侯列会皆举谥号，它不是春秋当世正史，乃战国魏襄王时人追记之作。它的体例并非“古者国史策书之常”，它文字简约似《春秋》，但是是它仿《春秋》，不是《春秋》仿它。

唐人刘知几更不解《春秋》一书的特殊性质，所作《史通》有

《惑经》《申左》二篇，以实录与否论“三传”短长，以史家标准衡量《春秋》，指斥《春秋》“于内则为国隐恶，于外则承赴而书，求其本事，大半失实”。“寻斯义之作也，盖是周礼之故事，鲁史之遗文，夫子因而修之，亦存旧制而已”。刘氏扬《左传》而抑《春秋》，视《左传》之义高于《春秋》。所谓“孔子成《春秋》而乱臣贼子惧”，“善人劝焉，淫人惧焉”，唯《左传》当之无愧，《春秋》则大为逊色。宋人王安石和近人梁启超更武断地贬《春秋》是“断烂朝报”“流水账簿”。

这都因为他们只把《春秋》当作一部史书来看。从史书的角度看《春秋》，其价值比不上《左传》，说它是“断烂朝报”似无不可。殊不知《春秋》是明义的书，与一般史书不同，故不必实录，亦不必善恶必书。它固然离不开史，但它不是史；它的特点是明义，却不空言义。它从明义出发取舍史料，亦从明义出发，遣词行文。

《春秋》因此有个微言大义的问题。“微言大义”一语出自《汉书·艺文志》采刘歆说，“昔仲尼没而微言绝，七十子丧而大义乖”和范宁《穀梁传序》“微言隐，异端作，而大义乖”。什么是微言大义？《史记·司马相如列传》说：“《春秋》推见至隐。”“推见”指记事，“至隐”即明义。《春秋》通过记事以明义，是有一套原则的。这原则就是微言大义，亦即《春秋》笔法。《春秋》笔法很丰富，《史记·孔子世家》说的“据鲁，亲周，故殷”和《公羊传》说的“所见异辞，所闻异辞，所传闻异辞”以及“内其国而外诸夏，内诸夏而外夷狄”，就是《春秋》微言大义的主要部分，后来何休作《公羊解诂》，把这三条概括为“三科九旨”。《春秋》不过一万六千五百字，写二百四十二年历史，其表达微言大义的具体办法有二，一是笔削，二是用辞多变。笔就是录，削就是不录。录与不录都有含义。如《左传·闵公元年》载晋侯灭耿，灭魏，灭霍。

此灭国大事，史书不可缺如，但《春秋》以为此于义无补，故削而不书。僖公十六年春，同一个月里发生“贾石于宋五”和“六鹢退飞过宋都”两件事。事情虽小，《春秋》以此是异事，且发生在王者后的宋国，故笔而录之。录，在用辞上又有一定的差别，通过用辞的变化表达思想。例如庄公四年载：“纪侯大去其国。”本来是齐襄公出兵灭了纪国，可以书“灭纪”，但孔子不书“灭纪”而书“纪侯大去其国”。这是为了表彰齐襄公报他的九世祖齐哀公因纪侯谮而为天王所烹的仇，如《公羊传》所说：“大去者何？灭也。孰灭之？齐灭之。曷为不言齐灭之？为襄公讳也。《春秋》为贤者讳，何贤乎襄公？复仇也。”又如僖公二十二年载：“冬十有一月，己巳朔，宋公及楚人战于泓，宋师败绩。”此为偏战，称日又称朔，《公羊传》解释说，宋襄公“临大事而不忘大礼”，打仗是你死我活的事，他竟能“不厄人”，“不鼓不成列”，孔子是要褒奖他。

《易》与《春秋》是“六经”中两部讲理论的书，前者孔子读《易》而作《易传》，是一部哲学著作，后者孔子因《鲁春秋》而作，是一部政治性著作。二者全是最难读的书。孔子用“六经”（或称“六艺”）做教材教学生，能学懂这两部书的只有少数高足弟子。《史记·孔子世家》说：“孔子以诗书礼乐教，弟子盖三千焉，身通六艺者七十有二人。”三千弟子都能学习诗书礼乐四经，其中能学通《易》与《春秋》即六艺皆通的只有七十二个人。古人言及六艺时无不《易》与《春秋》并举。《庄子·天下篇》说“《易》以道阴阳，《春秋》以道名分”，《史记·自序》说“《易》以道化，《春秋》以道义”，《司马相如列传》说“《春秋》推见至隐，《易》本隐之以显”，既指出了二书的差异，又肯定了它们的共性。差异是一讲哲学一讲政治，共性是二者都是讲理论的书。

总而言之，“六经”与孔子有密切的关系，孔子对它们下了极大的功夫。《诗》《书》是论次，《礼》《乐》是修起，《易》是赞，《春秋》是作。都是孔子留下的珍贵遗产，也是孔子学说的主要载体，孔子的思想大量地蕴含于其中。《易》与《春秋》尤为重要。治孔学而舍“六经”于不顾，是不可思议的。

四、孔子与《论语》的关系

《论语》当然是孔子学说的重要载体，但是绝对不是唯一的。有人研究孔子思想只依据《论语》，甚至以《论语》为标杆，《论语》没有的，皆不足信。这是不可取的方法。

关于《论语》与孔子的关系问题，这里从两方面说：第一，《论语》是孔子弟子及再传弟子记录孔子言论的书，是研究孔子学说的可靠依据；第二，孔子生前言论极多，流传下来的也不少，《论语》辑录的不过是其中的一部分。研究孔子学说，《论语》之外的孔子言论不可忽视。

先谈第一方面。

《论语》这一书名最早见于《礼记·坊记》。它说：“《论语》曰：‘三年无改于父之道，可谓孝矣。’”《坊记》谁作，古人说法不一。《经典释文》于《缁衣》篇名下引刘瓛云：“公孙尼子所作也。”《缁衣》与《坊记》文体相类，故或以为《坊记》亦当为公孙尼子作。公孙尼子，《汉书·艺文志》自注：“七十子弟子。”《隋书·经籍志》则曰：“似孔子弟子。”《史记·仲尼弟子列传》无公孙尼子，是知《汉书·艺文志》公孙尼子是七十子弟子之说为确。此为一说。又《隋书·音乐志上》引沈约云：“《中庸》《表记》《防记》《缁衣》皆取《子思子》。”是知沈约以为《防记》（即《坊记》）子思作。两说谁是，姑且不论，子思和公孙尼子都是七十子之弟子是可以肯定的。那么,《坊记》无论子思和公孙尼子谁作，距离孔子身后不久当为无疑。《坊记》既言及《论语》,《论语》之书名必是《论语》编定当时就已使用了的。王充《论衡·正说篇》说："初，孔子孙孔安国以教鲁人扶卿，官至荆州刺史，始曰《论语》。"王氏以为至汉武帝时代始曰《论语》，恐怕不能成立，因为《坊记》已经明明有《论语》之称了。马培棠《国故概要》说："《论语》之名，虽早见于《礼记·坊记》，而两汉时代称谓并不一致，或单称《论》，或单称《语》，或别称《传》，或称《记》，或详称《论语说》，直至汉后,《论语》之称方告确定。"马氏之说有一定道理，《论语》在汉时称谓可能不一，但是说《论语》之名至汉以后方告确定，似又未的。考汉人在比较正式的场合皆称《论语》，如《汉书·艺文志》《汉书·匡衡传》《说文解字叙》等无不称《论语》。

《论语》是什么人撰定的呢？《汉书·艺文志》(本刘歆《七略》)说："《论语》者，孔子应答弟子时人及弟子相与言而接闻于夫子之语也。当时弟子各有所记。夫子既卒，门人相与辑而论纂，故谓之《论语》。"赵岐《孟子题辞》说："七十子之畴，会集夫子所言，以为《论语》。"皇侃《发题》说："门人痛微言一绝，景行莫书，于是佥陈往训，各记旧闻，撰为此书，成为实录，上以尊仰圣师，下以垂轨万代。"《经典释文序录》说："《论语》者，孔子应答弟子及时人所言，或弟子相与言而接闻于夫子之语也。当时弟子各有所记，夫子既终，微言已绝，恐离居已后，各生异见，而圣言永灭，故相与论撰，因辑时贤及古明王之语，合成一秩，谓之《论语》。"以上诸说大体一致，盖皆本之于《汉书·艺文志》亦即刘歆《七略》。

另有一些人将《论语》撰辑者确指为孔门弟子中某人或某几人。《经典释文·论语音义》之"名曰《论语》"条下引郑玄说：

"仲弓、子游、子夏等撰。"《经义考》卷百十一引《论语谶》说："子夏六十四人共撰仲尼微言。"《文选·辩命论》注引《傅子》说："昔仲尼既殁，仲弓之徒追论夫子之言，谓之《论语》。"唐人柳宗元《论语辩》说："曾参少孔子四十六岁。曾子老而死。是书记曾子之死，则去孔子也远矣。吾意曾子弟子之为之也。"又说："盖乐正子春、子思之徒与为之尔。"（见《唐宋文举要》）宋人程颐说："《论语》，曾子、有子弟子论撰。所以知者，唯曾子、有子不名。"（见《程氏遗书外书卷六》）《经义考》引宋永亨说："《论语》所记孔子与人语及门弟子并对其人问答，皆斥其名，未有称字者，虽颜、冉高弟，亦曰回，亦曰雍。至闵子独云子骞，终此书无指名。昔贤谓《论语》出于曾子、有子之门人，予意出于闵氏。观所言闵子侍侧之辞与冉有、子贡、子路不同则可见矣。"

以上诸家之说看来抵牾，其实各有道理，可相为补充。然而与其确指某弟子门人所撰定，不如说是孔子弟子及其门人众手辑录而成。吴承仕《经典释文序录疏证》说："要以班《志》所述为得其实。"吴氏之说极是。"当时弟子各有所记。夫子既卒，门人相与辑而论纂"。这是最为妥当、完满的说法。一言以蔽之，《论语》是弟子及再传弟子辑录的孔子语录。

再谈第二方面。

今本《论语》自《学而》至《尧曰》二十篇记载的远不是孔子言论的全部内容，甚至最早的《论语》也不仅仅只有二十篇。把不属于今本二十篇《论语》的孔子言论排除在孔子学说范围之外的做法，是没有道理的。王充《论衡·正说篇》说："《论语》者，弟子共纪孔子之言行，敕记之时甚多，数十百篇。"王氏这段话堪可注意，它透露了两个消息。一则《论语》乃弟子共纪，七十子后学所为，非出少数二三子之手。二则《论语》最初形成时多达百数十篇，汉代出现的二三十篇仅仅是残剩而已。这在《孟子》书中可以找到证据。《孟子》引孔子言语盖四十多条，见于今本《论语》的不过十数条。《荀子》所引孔子言语则未见今本《论语》。那些孟、荀征引而不见于今本《论语》的孔子言语来自何处呢？解释只能是，或者出自至汉代已经不见了的那些《论语》篇章，或者出自根本未收入《论语》篇章的、七十子后学口耳相传的东西。宋人陆九渊说："夫子平生所言，岂止如《论语》所载！特当时弟子所载止此耳。"（《陆象山全集》卷三十四《语录上》）此言极有见地，孔子平生言论绝不止今本《论语》所载这么多；但是说"当时弟子所载止此耳"，似可商榷，当时弟子所载必多于今本《论语》，二十篇实乃当时弟子所载的一部分。

五、《论语》之外的七十子后学所记

我们讲过"六经"与孔子有密切的关系，指出过"六经"是孔子留下的珍贵遗产，是孔子学说的载体。研究孔子学说，"六经"是必不可少的，尤其《春秋》和《周易》，舍此二书而言孔子，则孔子势必变得空空如也，浅浅如也。

孔子学说的载体，除"六经"这一大块以外，还有七十子后学遗说这另一大块。忽略这一大块，孔子便成为不完整的半个。而且要知道，孔子学说在这两大块中是紧紧连着的、相互贯通的，想分也分不开。七十子后学所记孔子遗说中，《论语》固然是重要一项，但是如果以为只有《论语》，那就错了。

七十子后学所传所记，除《论语》之外，今存的文献，上文言及的《孟子》《荀子》书中包含一部分。《公羊传》《穀梁传》《礼记》《大戴礼记》是尤其重要的四部书，里边蕴含着关于孔子学说的丰富材料。前三部书今在“十三经”中，其实在先秦和汉代本不是经，和《大戴礼记》一样，只是解经的传和记。

《礼记》和《大戴礼记》这两部书很值得重视。它们是谁人写定的，古人留下一些说法，可以参考。例如《中庸》《表记》《坊记》《缁衣》四篇，《隋书·音乐志》引沈约说，出自《子思子》，意谓子思所作。《经典释文》引刘瓛说，《缁衣》系公孙尼子作。郑玄《礼记目录》谓《中庸》“孔子之孙子思伋作之”。司马迁《孔子世家》也说“子思作《中庸》”。今人中不相信这些说法的，大有人在。有人力求证明《中庸》乃汉人作品，与《论语》中孔子的中庸思想根本不是一路。我以为司马迁和郑玄是汉代人，如果《中庸》是汉代人的作品，骗过他们的眼睛大概不那么容易。要推翻他们的结论，就目前说，证据还嫌不足。

这里仅说一说《中庸》的思想与《论语》的中庸说是不是一样的问题。这个问题的回答应当是肯定的。《论语·雍也》说：“中庸之为德也，其至矣乎，民鲜久矣。”《论语》中孔子言及中庸的只此一语。《先进》篇有孔子“过犹不及”一句，即是中庸思想的注脚。意谓为人做事应掌握分寸，恰到好处，做不到足够的程度不行，做过了头也不行。过与不及都是极端，都不可取。然而要做到既不过也无不及，实在难能。所以孔子说，中庸是最高的修养，人们已经很久做不到了。再进一步的解释，《论语》中没有，但是《中庸》有一章全讲孔子关于中庸的话。孔子说：“天下国家可均也，爵禄可辞也，白刃可蹈也，中庸不可能也。”视中庸为最难能的修养，荣华富贵舍弃不取，蹈刃杀身，献出生命，都是可能的，唯独中庸无人做得到。这与《论语》所说的“中庸之为德也，其至矣乎，民鲜久矣”难道不是一个意思吗！况且《中庸》这一章的前头也引了“子曰：中庸其至矣乎，民鲜能久矣”的话，更加证明《论语》中孔子关于中庸的思想与《中庸》一致。《中庸》引了孔子论中庸的一段话至关重要，然而论者往往忽略。这段话是孔子对中庸的深刻解释。这段话是："仲尼曰：君子中庸，小人反中庸。君子之中庸也，君子而时中。小人之中庸也，小人而无忌惮也。"这里孔子将中庸解释为"时中"，而它的反义是"无忌惮"。下文紧接着又讲"道之不行也，我知之矣。知者过之，愚者不及也"等等，论述过与不及的问题。孔子显然认为中庸就是既不过又无不及，言语行为恰当适中。避免过与不及，其实就是做到时中。时字极端重要，不容忽视。中是适中、恰当。怎样才能适中、恰当，关键是把握住时，时就是人所生存的客观世界、客观环境的变化，所以时也可以叫作时变、时中，一个人做事看问题，善于观察时变，把握时变，驾驭时变，采取适时、恰当的对应措施，这当然是极难的事情。相反，无所忌惮，不顾时变，我行我素，是谁都无须费力就办得到的。孔子本人一生都在按中庸即时中的要求规范自己。孔子自己说"中庸不可能也"，其实他做到了。他说："我则异于是，无可无不可。"（《论语·微子》）又说："以道事君，不可则止。"（《论语·先进》）又说："邦有道则仕，邦无道则可卷而怀之。"（《论语·卫灵公》）到老了时终于达到"七十而从心所欲不逾矩"的水平。时的问题，孔子在《易传》中表现得最为充分。《周易》六十四卦三百八十四爻的根本意义就是反映时变。孔子对此理解极深，多次论及时的问题。艮卦《彖传》"时止则止，时行则行，动静不失其时，其道光明"这几句话最能反映孔子（当然也是《周易》的）关于时中亦即中庸的思想。孟子对于众多往圣最佩服孔子，说"乃所愿，则学孔子也"，因为孔子"可以仕则仕，可以止则止，可以久则久，可以速则速"（《公孙丑上》），是"圣之时者也"，伊尹、伯夷、柳下惠，诸圣谁也比不上孔子（《万章下》）。说到底，孟子心目中的孔子之所以伟大，是因为孔子做到了“不可能也”的中庸，而别人做不到。

我们只能说《中庸》反映的孔子的中庸思想与《论语》并无二致。至于《中庸》第一章讲的中和概念，与中庸是两回事。中庸是时中，不是中和。不能以为篇名曰《中庸》，内容就全讲中庸。《中庸》大部分章节不是讲中庸。篇名不反映内容或不全反映内容，是先秦文献的常见现象，不足为奇。或以为《中庸》对中庸的理解与《论语》不同，断定《中庸》出于汉人之手，理由是站不住脚的。

那么，究竟应当怎样看待《礼记》的作者问题呢？我以为和《论语》的成书问题一样，没有必要去具体落实，能够肯定它是孔子弟子及再传弟子记录并辑录而成就足够了。《汉书·艺文志》对这个问题处理得合适。它在“《记》百三十一篇”下自注云：“七十子后学者所记也。”不考究各篇谁作，只说是七十子后学所记，最为妥当。简短的一句话解决了三个问题：是记，即记录前人的东西，不是记者自己的创作；是七十子后学所记，七十子后学包括孔子思想学问的承传弟子和弟子之门人；记的东西当然与孔子有关，或者是孔子传授的礼说，如《冠义》《昏义》《乡饮酒义》《射义》《燕义》《聘义》《丧服四制》《丧服小记》《大传》等篇，是解释《仪礼》之思想意义的，可视作《仪礼》的传。或者是传授孔子的思想学说，如《礼运》《大学》《中庸》《坊记》《表记》《缁衣》《哀公问》《郊特牲》等篇，是重点表达孔子思想的。

《礼记》四十九篇饱藏着孔子的思想学说，引用大量的孔子言论，其中只有少部分见于今本《论语》。它们是研究孔子学说的无法回避的珍贵资料。《礼运》篇关于孔子对大同社会与小康社会的概括，尽管人们对它的评价不同，有人认为它是孔子的理想，有人认为它是孔子对历史的认识（我们赞成后者），却不能不承认它是孔子的东西。《表记》篇所记孔子语，“夏道尊命，事鬼敬神而远之”“殷人尊神，率民以事神”“周人尊礼尚施，事鬼敬神而远之”，高度概括地指明了夏、商、周三代意识形态的不同特点和发展线索。这些话都能找到文献上的根据，绝非后世人杜撰，与《论语》中表现出来的孔子对天命鬼神的态度一致，说它出于孔子之口是可信的。这三句话有深刻的逻辑关系，“殷人尊神，率民以事神”，是对“夏道尊命，事鬼敬神而远之”的否定。“周人尊礼尚施，事鬼敬神而远之”，是对“殷人尊神，率民以事神”的否定，对于“夏道尊命，事鬼敬神而远之”来说，是否定之否定。特别是提出周人尊礼，否定了殷人的尊神，符合孔子的思想，非孔子讲不出。

《礼记》中有关于个体婚制是文明社会的起点的正确思想，如《郊特牲》说：“男女有别然后父子亲，父子亲然后义生，义生然后礼作，礼作然后万物安。无别无义，禽兽之道也。”《昏义》说：“男女有别而后夫妇有义，夫妇有义而后父子有亲，父子有亲而后君臣有正。故曰：昏礼者，礼之本也。”《中庸》说：“君子之道造端乎夫妇。”同样的思想还见于孔子的《易传》，《序卦传》说：“有天地然后有万物，有万物然后有男女，有男女然后有夫妇，有夫妇然后有父子，有父子然后有君臣，有君臣然后有上下，有上下然后礼义有所错。”家人卦《彖传》说：“家人，女正位乎内，男正位乎外。男女正，天地之大义也。家人有严君焉，父母之谓也。父父子子兄兄弟弟夫夫妇妇，而家道正。正家而天下定矣。”这么多文献反映了同一个深刻的思想，不可能是偶然的巧合，只能做这样的解释：这个思想出于同一位思想家，这位思想家不能不是孔子。这也证明《礼记》是七十子后学所记，不是汉代什么人编凑的。

《礼记》还记载了孔子的思想核心仁义。《中庸》说：“子曰：

仁者人也，亲亲为大。义者宜也，尊贤为大。亲亲之杀，尊贤之等，礼所生也。”这话显然是说人的本质特点是仁与义，人的修养目标也是仁与义。《说卦传》说的“立天之道曰仁与义”，与此义同。《庄子·天道》说孔子自述其思想学说“要在仁义”“君子不仁则不成，不义则不生。仁义真人之性也”，可视作《中庸》记孔子论仁义的旁证。

《礼记》是七十子后学所记，是孔子学说的重要载体。与《礼记》同出一源，长期以来被冷落的《大戴礼记》，也是蕴含着孔子学说的重要文献。孔颖达《曲礼》疏说："郑康成《六艺论》云，戴德传《记》八十五篇，则《大戴礼》是也。戴圣传《记》四十九篇，则此《礼记》是也。”钱大昕《二十二史考异》卷七于《汉书·艺文志》“《记》百三十一篇，七十子后学者所记也”条下说："按，郑康成《六艺论》云：‘戴德传《记》八十五篇，戴圣传《记》四十九篇。’此云百三十一篇者，合大小戴所传而言。《小戴记》四十九篇。《曲礼》《檀弓》《杂记》以简策重多，分为上下，实止四十六篇，合大戴之八十五篇，正协百三十一之数。”是知《汉书·艺文志》著录的《记》百三十一篇就是《礼记》和《大戴礼记》。据《经典释文序录》说，“郑玄本治小戴《礼》(《仪礼》十七篇)，后以《古经》校之，取其于义长者顺者，故为郑氏学。玄又注小戴所传《礼记》四十九篇”，“大戴无传学者”。《礼记》由于郑玄给作了注，一直受重视，至唐代，政府把它定为经书，是读书人必读的。而《大戴礼记》至唐代已亡佚大部分，现在还剩下三十九篇。三十九篇中记曾子言行的十篇。曾子是七十子之一，所传必与孔子有关。余如《主言》《哀公问五义》《哀公问于孔子》《卫将军子文子》《五帝德》《劝学》《子张问入官》《千乘》《四代》《诰志》《小辨》《用兵》《少间》等篇记载很多孔子的言论。可见

《大戴礼记》也是保存孔子学说的珍贵材料。

《六经》《论语》《礼记》《大戴礼记》都是孔子学说的储藏库或者说载体。“六经”是孔子亲自整理、论次、修起、撰定的，其余则是七十子后学者所记所辑。属于七十子后学传授孔子学说的《春秋公羊传》和《春秋穀梁传》，是说解《春秋》之微言大义的。尤其《公羊传》，对《春秋》之义说解十分透彻；倘无公、穀二传，今日我们将无法知晓《春秋》的含义是什么，那《春秋》就真等于“断烂朝报”和“流水账簿”了。公、穀之外，又有《春秋左氏传》。《左传》重于记事，《春秋》记事极简，只记时间、地点、人物，事情经过、历史情节全然不记。《左传》则将《春秋》未记或记太简的事情加入和加详。公、穀以义解《春秋》，《左传》以事解《春秋》，三者都是《春秋》的传。《左传》是可以独立存在的一部史书，公、穀二传则必须依于《春秋》，离开《春秋》便失去存在的意义。

《左传》是谁作的呢？长期以来争论不休。《史记·十二诸侯年表》说：“鲁君子左丘明惧弟子人人异端，各安其意，失其真，故因孔子史记具论其语，成《左氏春秋》。”这段记载是可信的，《左传》这书是孔子同时的鲁人左丘明所作。读《春秋》只知其义，不知其事，也是不行的。西汉晚期刘歆认为《左传》是《春秋》的传而为之争立于学官，是不错的。错在他欲以《左传》取代公、穀二传，说什么“左丘明好恶与圣人同，亲见夫子，而公羊、穀梁在七十子后。传闻之与亲见之，详略不同”（《汉书·楚元王传》附《刘歆传》）。好像《左传》也是传《春秋》之义的，而且它所传之义比公羊、穀梁二传更详明、更可信。又，《左传》有凡例五十条，合称“五十凡例”。晋人杜预作《春秋左传集解》，说“其发凡以言例，皆经国之常制，周公之垂法”，为五十凡例张目。其实《左传》之五十凡例问题很大，根本不是“经国之常制”，也不是“周公之垂法”。唐人陆淳《春秋啖赵集传纂例》：“杜预云，‘凡例皆周公之旧典礼经。’按，其传例云，‘弑君称君，君无道也。称臣，臣之罪也’。然则周公先设弑君之义乎！又云，‘大用师曰灭，弗地曰入’，又周公先设相灭之义乎！又云，‘诸侯同盟，薨则赴以名’，又是周公令称先君之名以告邻国乎！虽夷狄之人不应至此也。又云，‘平地尺，为大雪’，若以为灾沴乎！则尺雪，丰年之征也，若以为常例，须书乎！不应二百四十二年唯两度大雪，凡此之类，不可类言。”陆氏的批评是对的。五十凡例既非周公之垂法，亦非孔子《春秋》应有之义。

“三传”中真正反映孔子《春秋》微言大义的是《公》《穀》二传。《公》《穀》二传是七十子后学所传授，且又明确解说《春秋》经义，欲了解《春秋》中孔子的思想，非自《公》《穀》不行。陆淳《春秋啖赵集传纂例》引啖助说“古之解说，皆是口传，自汉以来，乃为章句”。“三传之义，本皆口传，后之学者，乃著竹帛，而以祖师之目题之”。“左氏得其数国之史，以授门人，义则口传，未形竹帛，后代学者乃演而进之，总而合之，编次年月，以为传记”。“公羊、穀梁，初亦口授，后人据其大义，散配经文”，“其大指亦是子夏所传”。啖氏以为《左传》开始时也是口传，似乎不大可能。说公、穀二传先是口头传授，以后形于竹帛，则是有根据的。《汉书·艺文志》著录《公羊传》十一卷，自注云：“公羊子，齐人。”颜师古注云：“名高。”杨树达《汉书窥管》引王应麟云：“戴宏序云，子夏传与公羊高，高传与子平，平传与子地，地传与子敢，敢传与子寿。至汉景帝时，寿乃共弟子胡毋子都著于竹帛。”《四库全书总目提要》说：“旧题周公羊高撰，实高所传述，而其玄孙寿及胡毋子都录为书。”是知《公羊传》先是口相传授，由子夏传公羊高，至汉景帝时由公羊寿及胡毋子都著于竹帛而成书。总之，是七十子后学所传。

《汉书·艺文志》著录《穀梁传》十一篇。自注云："穀梁子，鲁人。"颜师古注曰："名喜。"但是古人对穀梁子之名说多歧异。桓谭《新论》谓"穀梁赤"，王充《论衡·案书篇》谓"穀梁寘"。阮孝绪《七录》谓穀梁俶，字元始。钱大昭《汉书辨疑》以为喜当作嘉。穀梁子的名，不是主要问题。主要问题是穀梁子的时代。杨士勋《春秋穀梁传序疏》说："穀梁子名俶，字元始，鲁人，一名赤，受经于子夏，为经作传，故曰《穀梁传》。"以穀梁子为子夏弟子，《穀梁传》是他作的。徐彦《春秋公羊传注疏》隐公第一下疏云："问曰：'左氏出自丘明，便题云左氏，公羊、穀梁出自卜商（子夏），何故不题曰卜氏传乎？'答曰：'左氏传者，丘明亲自执笔为之，以说经意，其后学者题曰左氏矣。'且公羊者，子夏口授公羊高，高五世相授至汉景帝时，公羊寿共弟子胡毋生乃著竹帛。胡毋生题亲师，故曰公羊，不说卜氏矣。穀梁者亦是著竹帛者题其亲师，故曰穀梁也。"据杨、徐二疏所说，《左传》是左丘明亲自执笔著书，公、穀二传则是子夏所传，但不是子夏亲笔著于竹帛。《公羊传》是口传至汉景帝时，由公羊寿与弟子胡毋生著于竹帛，故称公羊而不称卜氏。穀梁传，杨疏谓子夏弟子穀梁子为经作传，即执笔成书。徐疏则云著竹帛者是穀梁子之弟子，但是穀梁子何时人，他的将穀梁传著于竹帛的弟子是谁，没有说。《四库全书总目提要》于《春秋穀梁传注疏》条下说：《穀梁传》"则当为传其学者所作"，"疑彦之言为得其实，但谁著于竹帛，则不可考耳"。

《春秋》三传，《左传》传自左丘明，著于左丘明，左丘明受经于孔子。但《左传》传《春秋》之事，不传《春秋》之义，其"五十凡例"不知出自谁手，与孔子作《春秋》之笔法不合是显然的。《公羊传》《穀梁传》传自卜商（子夏），开始皆口相传授，前者著竹帛于西汉，后者何人何时著于竹帛不可考，但都是七十子后学所传授当无疑问。二者都是讲《春秋》微言大义的，当中反映了孔子作《春秋》的思想用心，是研究孔子思想的不可忽视的材料。

总之，不能认为只有一部今本《论语》反映孔子思想，别无其他。今本《论语》仅仅保存了孔子言行的一小部分，七十子后学保留下来的孔子遗说还有许多，《礼记》《大戴礼记》即是。《孟子》《荀子》中也保存一些。《公羊传》《穀梁传》既是七十子后学所传，也不容忽视。“六经”与孔子有密切的关系。《春秋》和《易传》是孔子留下的讲政治和哲学的理论著作，对它们采取不承认态度是错误的。所有这些蕴含孔子学说的文献，如果仔细观察分析，会发现它们是贯通的、联系的。把它们联系起来进行全面、总体的考察，是研究孔子学说的最可取的方法。孔子不只有一部《论语》，光靠《论语》，看不透孔子。

六、孔学与儒学之不同

孔学与儒学是两个概念，二者有联系，但是有很大的不同。它们经常被混淆被等同，我们现在有必要将它们的界限划清。孔学是孔子的学说，儒学是儒家的学说。孔学专指孔子本人的学说以及后人真正继承孔子学说的学问。儒学是宗师孔子，以六艺为法的学问，与孔子当然有关，但是它历时长久，人数众多，思想驳杂不纯，往往打着孔子的旗号，建构自己的学说。因为他们尊崇孔子，标榜六经，所以他们被称为儒家，他们的学问被称为儒学。儒学的特点是利用孔子的概念、范畴、命题作文章，同时从“六经”中找根据，借以发挥自己的东西。真正孔子的学说被掩盖被扭曲了。两千多年来，不能说孔学没流传，却也不能说孔学有流传。孔子被奉为至圣先师，供进庙里当神崇拜，他的学问的真谛却不绝若线。

宋元以后，孔学实际上已被理学取代。尤其自元代以后，朱熹的《四书集注》成为必读的“经书”。科举考试以朱熹的注文为立论根据。应试作的八股文，实际上是以朱熹的注文为据进行发挥。相比之下，“四书”的本文并不重要，更不必说“六经”了。“五四”时代人们激烈反对的封建礼教，表面上说是孔子，实际上是宋明理学家们的理学。清人戴震说的“以理杀人”，鲁迅《狂人日记》抨击的吃人的礼教，所指都是以朱熹为代表的理学思想而不是孔子学说。“五四”新文化运动中真正有识见的思想家莫不将封建礼教和宋明理学同孔子及孔学区别开来。鲁迅在《再论雷峰塔的倒掉》一文中对孔子的无神论持赞许态度，以为孔子确是伟大，生在巫鬼势力旺盛的时代，偏不肯谈鬼神，“‘祭如在，祭神如神在’，只用他修《春秋》的照例手段以两个‘如’字略寓‘俏皮刻薄’之意，使人一时莫名其妙，看不出他肚皮里的反对来”。在《在现代中国的孔夫子》中还说过：“孔子之道，在过去做官的人，只用作‘敲门砖’。”“孔子这人，其实是从死了以后，也总是当着‘敲门砖’的差使的”。陈独秀于二十世纪三十年代谈及孔子时说：“孔子影响至深且大。每一封建王朝都把孔子当神圣供奉。信奉孔子是假，维护统治是真。五四运动时期我们提出‘打倒孔家店’，就是这个道理。但在学术上，孔孟言论有值得研究之处。如民贵君轻之说，如有教无类之说，都值得探讨。”（濮清泉《我所知道的陈独秀》，载《文史资料选辑》第 71 辑）“余之掊击孔子，非掊击孔子之本身，乃掊击孔子为历代君主雕塑之偶像之权威也。非掊击孔子，乃掊击专制政治之灵魂也”。这是李大钊的名言，是尽人皆知的。可见，最激烈地反对封建礼教的人，并不把孔学与儒学混在一起反，在关键的时候总是另眼看待孔子的。

儒家学派是孔子创立的，孔子学说是儒家学说的基础。但是孔子死后没有太久，儒家学派就分裂了。据《韩非子·显学篇》说，儒家是分为八派的。“有子张之儒，有子思之儒，有颜氏之儒，有孟氏之儒，有漆雕氏之儒，有仲良氏之儒，有孙氏之儒，有乐正氏之儒”，八派中尚未包括子夏的一派。既分为八派，就表明他们之间已发生很大的学术差异了，纵然不宜说八派都背离了孔子，说他们支离了孔子而各执一端总是可以的。八派中对后世影响大的是子思一派和孟氏一派。思孟两派后人视为思孟学派。孟子是子思弟子或子思弟子之门人。这是有文献可查的。然而韩非子把他们视作两派，不至于毫无根据，他们可能还是有区别的。区别表现在哪里？不外乎对孔子学说的理解和发挥是不同的。还有，八派中未及曾子。《礼记·檀弓上》：“曾子疾病，乐正子春坐于床下。”这个乐正子春很可能是八派之一的乐正氏。郑玄注说：“子春，曾参弟子。”子思与曾子有无关系呢？汉人无说，唐人韩愈《送王秀才埙序》说：“子思之学，盖出曾子。”柳宗元《论语辩》说同。韩愈说曾子是子思的老师，然而他更重视孟子。他作《原道》提出儒家道统说，只讲到孟子，以为道统由孔至孟而中绝。又在《读荀子》一文中夸赞孟子是“醇乎醇者也”。南宋李元纲作诗道正统图，在孔孟之间加入曾子（还有颜子）和子思。从此在人们的心目中子思孟子学派是孔学的嫡传，便成为定论。朱熹的《四书集注》正是在这个前提下作的。

但是，不必说朱熹《四书集注》发挥的完全是他自己的理学体系，根本改变了孔学本色，即便与孔子只相隔三代的孟子，所云也并非像韩愈说的那样，“醇乎醇者也”。别的不说，单说他的性善论和求放心以及养心养性说就与孔子的“性相近，习相远”迥然不同。

这里讲的问题是孔学与儒学是不同的两个概念。你不能说出自《子思子》的《中庸》《坊记》《表记》《缁衣》《孟子》的思想不是对孔学的继承，但你也得承认子思孟子的确有自己的一套。《韩非子·显学篇》未曾提及的子夏，在传授孔学上倒是干了不少实际的工作，贡献很大，《诗》《易》《春秋》《礼》，他都传过，而且传得很实在（以后还将提到他）。郭沫若《十批判书》判定他是法家的先师，委实冤枉了他。至于颜氏之儒，可能是孔学的忠实信徒，可惜文献不足征。另外五家之儒与孔学相离更远，是可想而知的。

荀子对孔子身后的儒家诸子的批评更其严厉尖锐，他把儒家诸子与孔子的区分划得十分清楚，令我们极容易看出孔学与儒学、孔子与儒家的区别，不宜混同。他推崇孔子和子弓是大儒，他们“通则一天下，穷则独立贵名，天不能死，地不能埋，桀跖之世不能汙”（《儒效篇》），也是“无置锥之地，而王公不能与之争名”的“圣人之不得势者”（《非十二子篇》）。较好的是有雅德的“雅儒”（《儒效篇》）。其余则斥之为“陋儒”（《劝学篇》）、“俗儒”（《儒效篇》）、“腐儒”（《非相篇》）、“小儒”（《儒效篇》）。子张氏之儒“禹行而舜趋”，子夏氏之儒“正其衣冠，齐其颜色，嗛然而终日不言”，子游氏之儒“无廉耻而耆饮食”，皆被目为“贱儒”。子思、孟子“略法先王而不知其统”，“案往旧造说”，“甚辟违而无类，幽隐而无说，闭约而无解”，是荀子重点批评的对象（以上见《非十二子篇》）。荀子的这些看法，透露给我们重要的消息：早在先秦，儒家的队伍已经清杂不一，有些人论人品和思想偏离孔子很远。不能想象，儒家学说等于孔子学说。不过，他对子思、孟子的抨击未免太偏颇。莫说子思、孟子与孔子有所不同，就是他荀子自己，又何尝与孔子完全一致。应当说，孔子学说在子思、孟子、荀子那里是被继承了的，不曾有太大的走样。

汉人对诸子百家做了概括性的分析，总结出了诸子六家或十家的基本特点。我们更能看出儒学与孔学并不一致。《史记·自序》记司马谈《论六家要指》，指出儒者的特点是“以‘六艺’为法”。意谓阴阳、墨、法、名、道诸家不法“六艺”，唯儒者以“六艺”为法。《史记·孔子世家》又说：“中国言‘六艺’者折中于夫子。”是知儒家在“六艺”这一点与孔子联系起来。然而司马谈同时强调儒者的根本弱点是“情而寡要，劳而少功”，这就与孔子相距甚远了。说明汉代的儒者传授孔子的“六艺”是下了功夫的，而是否继承了孔子的学说则很难说，至少要打折扣。

《汉书·艺文志》将诸子列为十家，于各家皆有评论。儒家列第一，以为“于道为最高”，极力加以推重。强调儒家的特点在于“游文于‘六艺’之中，留意于仁义之际，祖述尧舜，宪章文武，宗师仲尼”。“六艺”之外，明确指出儒家讲仁义、师孔子。这是非常正确的。更有意义的是它讲出了儒家的弱点不仅仅是“情而寡要，劳而少功”，还有对孔子学说的背离。用它的话说，儒家“惑者既失精微，而辟（同僻）者又随时抑扬，违离道本，苟以哗众取宠。后进循之，是以五经乖析，儒学浸衰，此辟儒之患”。“随时抑扬”，抑扬的是孔学。“儒学浸衰”，浸衰的也是孔学；“失精微”，失的是孔学的精微；“违离道本”，违离的也是孔学的道本。东汉的班固对后世儒家偏离孔子学说的问题比西汉的司马谈看得更明白、具体、深刻。实际上，他已经提出了应将孔学与后世儒学区别开看的观点。自汉迄清，两千年中，这个问题总的说来越来越重。人们一提及儒学就等同于孔学，一提及儒家就等同于孔子。这样囫囵地看，是不对的。

第十一章
孔学流传述评（中）

孔学应当包含两个方面的内容：一方面是孔子学说，亦即孔子的思想；一方面是孔子学说的载体，亦即孔子传授的“六经”以及七十子后学记述孔子思想言行的其他多种文献材料。这两个方面相互联系，相为表里，不可分离。但是它们又各具特点、各具独立性，完全可以分开来看，个别加以分析。纵观孔学两千多年的历史，实际上有清晰可见的思想学说和载体两条线。二者的流传都有问题，然而问题有轻重。比较起来，思想学说流传中发生的问题严重，后世儒家没有不讲自己所传授的是孔子学说的（少数公开批孔的学者且不论），而真正传授孔子思想学说不加扭曲不加改造不加偷梁换柱的仅是少数。那么是不是说后世人只可恪守孔子的东西不得发展呢？当然不是。思想是上层建筑，它必然随着经济基础的变化发展而变化发展，让大家守着孔子的思想学说几千年不动，既不可能也不合理。一定的时代产生着一定的思想家和属于一定时代的思想。这是思想发展史的共性，是规律。需要指出的是，中国的思想史有其特殊性。中国两千多年的思想发展以儒家思想为主干，儒家思想又以孔子思想为主干，孔子的思想处于独尊的地位，被当作思想的标杆看待。明代李卓吾关于不以孔子的是非为是非的呼喊和韩愈《原道》说的“老者曰：孔子，吾师之弟子也；佛者曰：孔子，吾师之弟子也”的现象就是证明。因此大家在创立自己的思想体系时，儒家学派无不使用孔子的名义，甚至佛老异端也想把孔子往自己那里拉。站在历史的角度，这本是无可厚非的。但是事实须弄清楚，孔子的东西就是孔子的东西，后世的东西就是后世的东西，莫把儒学当孔学。

孔学的另一方面，孔子学说的载体，即六经和七十子后学所记述的关于孔子学说的文献材料的传授，问题也是有的，不过情形要好得多。这些宝贵的东西历经沧桑之后毕竟一代一代基本完好地保留了下来。

一、《诗经》的流传

因《乐经》早亡，这里只讲“五经”的流传。按照今文经学家的“六经”次序，先说《诗经》。《诗经》是孔子“论次”的，上文已经言及。《史记·孔子世家》说得尤为具体：“古者诗三千余篇，及至孔子去其重，取可施于礼义，上采契、后稷，中述殷周之盛至幽厉之缺，始于衽席，故曰《关雎》之乱以为《风》始，《鹿鸣》为《小雅》始，《文王》为《大雅》始，《清庙》为《颂》始。三百五篇，孔子皆弦歌之。”又说：“孔子以《诗》《书》《礼》《乐》教，弟子盖三千焉。”《汉书·艺文志》说：“孔子纯取周诗，上采殷，下取鲁，凡三百五篇。”陆德明《经典释文序录》说：“是以孔子最先删录。既取周诗，上兼商颂，凡三百十一篇，以授子夏，子夏遂作《序》焉。”《释文》不用《孔子世家》语，似乎不相信古诗三千之说。又不从《孔子世家》《汉书·艺文志》三百五篇之说，故云三百十一篇。吴检斋《经典释文序录疏证》云：“《小雅》有《南陔》《白华》《华黍》《由庚》《崇丘》《由仪》六篇，有其义而亡其辞。郑注云：‘此六篇《乡饮酒》《燕礼》用焉。孔子论《诗》《雅》《颂》各得其所，时俱在耳。篇题当在于此。遭战国及秦之世而亡之。其义则与众篇之义合编，故存。至毛公为《故训传》，乃分众篇之义各置于其篇端云。’汉儒以见在者为据，故多言‘三百五篇’。”

关于子夏传诗的问题，《释文》孔子删诗“以授子夏”之说，是有根据的。《论语·八佾》说：“子夏问曰：‘巧笑倩兮，美目盼兮，素以为绚兮。’何谓也？子曰：‘绘事后素。’曰：‘礼后乎？’子曰：‘起予者商也！始可与言《诗》已矣。’”《史记·仲尼弟子列传》引此语，是知孔子删诗以授子夏，是可能的。《汉书·艺文志》说：“又有毛公之学，自谓子夏所传。”陆玑《毛诗草木鸟兽虫鱼疏》说：“孔子删诗，授卜商，商为之《序》。”

关于诗《序》作者问题，《释文》以为子夏作，是大致不差的。《诗·棠棣》孔疏引《郑志》郑玄答张逸曰：“《序》，子夏所为，亲受圣言。”《释文》引沈重说：“按郑《诗谱》意，《大序》是子夏作，《小序》是子夏、毛公合作。卜商意有不尽，毛更足成之。”梁昭明太子编撰《文选》，第四十五卷《毛诗序一首》题名“卜子夏”。又，唐人成伯玙《毛诗指说》引昭明太子自为说云：“《大序》是子夏全制。其余众篇之首《序》，子夏唯裁初句，至‘也’字而止，其下是大毛公自以《诗》中之意而系其辞。”此魏晋六朝人承用郑玄说，皆谓子夏作《序》，或引申郑义而言《小序》由毛公足成。这大体可以信据。

范晔《后汉书·卫宏传》提出异说云："谢曼卿善《毛诗》，乃为其训。宏从受学，因作《毛诗序》，善得《风》《雅》之旨。于今传于世。"后世人略据《后汉书》卫宏作《序》之说而加以调停牵含，故《释文》于《诗序》文下引："或云《小序》是东海卫敬仲所作。"《隋书·经籍志》云："《诗序》，子夏所创，毛公及敬仲又加润益。"范晔之说不足凭信，郑玄上距卫宏不过百年，如果《诗序》是卫宏所作，郑玄不应全不知闻，而其作《诗笺》《诗谱》及答弟子问，全是明确的，并未涉及卫宏。

关于先秦子夏传《诗》之系统问题，《释文》说："徐整（字文操，豫章人，吴太常卿）云：'子夏授高行子，高行子授薛仓子，薛仓子授帛妙子，帛妙子授河间人大毛公。毛公为《诗故训传》于家，以授赵人小毛公（一云名苌）。小毛公为河间献王博士，以不在汉朝，故不列于学'。一云，'子夏传曾申（字子西，鲁人，曾参之子），申传魏人李克，克传鲁人孟仲子（郑玄《诗谱》云：子思之弟子），孟仲子传根牟子，根牟子传赵人孙卿子。孙卿子传鲁人大毛公'。"

由子夏至毛公的传授系统形成不同的两说：一说出于徐整，《释文》已明言；另一说《释文》未指明出处。实际上出自陆玑《毛诗草木鸟兽虫鱼疏》。两说相比较，徐说疏阔而不严谨，郑玄《诗谱》说"鲁人大毛公为《诂训传》于其家"，徐说大毛公为河间人，不确。又，徐云自子夏至大毛公，传四世，不如陆说自子夏至大毛公，传六世，为合事理。

《汉书·艺文志》著录《毛诗诂训传》三十卷，但称毛公，不著其名。毛公是毛亨还是毛苌，郑玄《诗谱》说："鲁人大毛公为《诂训传》于其家。河间献王得而献之，以小毛公为博士。"陆玑《疏》云："毛亨作《诂训传》，以授赵国毛苌。时人谓亨'大毛公'，苌'小毛公'。"至《后汉书·儒林传》则说："赵人毛苌传《诗》。"《隋书·经籍志》亦云："毛诗二十卷，河间太守毛苌传。"《四库全书总目提要》说："据郑玄《诗谱》、陆玑《毛诗草木鸟兽虫鱼疏》，则作《传》者乃毛亨，非毛苌也。今参稽众说，定作《传》者为毛亨。"近人王国维《书毛诗诂训传后》说："余谓二说皆是也。盖《故训》者大毛公所作，而传则小毛公所增益也。汉初诗家故与传皆别行。"按《提要》说是，王说可备参考。

在汉代，传授《诗》的除毛诗以外，还有鲁诗、齐诗和韩诗。毛诗是古文经，鲁、齐、韩三家诗是今文经。《诗经》经过秦火没有损失，因为《诗》是讽诵上口的，印在人的脑子里烧不掉，正如《汉书·艺文志》说的："遭秦而全者，以其讽诵，不独在竹帛故也。"所以毛、鲁、齐、韩四家诗在汉初几乎同时传授下来。《汉书·儒林传》说：汉兴，"言诗，于鲁则申培公，于齐则辕固生，燕则韩太傅。"《艺文志》说："鲁申公为《诗》训故，而辕固生、燕韩生，皆为之传。"《楚元王传》说："元王（刘邦之弟）少时尝与鲁穆生、白生、申公俱受《诗》于浮丘伯。文帝时，闻申公为《诗》最精，以为博士。申公始为《诗传》，号《鲁诗》。"汉初传《诗》的，在鲁有申公，是《鲁诗》。申公受《诗》于浮丘伯。浮丘伯，据《盐铁论·毁学篇》说："李斯与包丘子俱事荀卿。"（包丘子即浮丘伯）知是荀子的弟子。荀卿既传《毛诗》，也传《鲁诗》。

清人陈乔枞《鲁诗遗说考叙》说："三家之学，鲁最先出，其传亦最广。有张、唐、褚氏之学，又有韦氏学、许氏学，皆家世传业，守其师法。终汉之世，三家皆立学官，而鲁学为极盛焉。魏晋改代，屡经兵燹，学官失业，《齐诗》既亡，鲁诗不过江东，其学遂以浸微。"又说："《鲁诗》授受源流，《汉书》可考。申公受

《诗》于浮丘伯，伯乃荀卿门人，则《荀子》书中《诗》说大都为鲁说所本也。孔安国，申公弟子，太史公从孔安国问故，刘向世习《鲁诗》，白虎观会议诸儒如鲁恭、魏应，皆习《鲁诗》，《尔雅》亦《鲁诗》之学，石经以《鲁诗》为主，互证参观，固可以考见家法矣。”由陈氏之说我们知道《鲁诗》在汉代最盛，影响最大，然而它未过江东，即永嘉之后便销声匿迹，以至于《隋书·经籍志》《鲁诗》已不见著录。

关于《齐诗》，《释文》说："齐人辕固生（汉景帝时为博士）作《诗传》，号《齐诗》，传夏侯始昌。始昌授后苍，苍授翼奉及萧望之、匡衡。衡授师丹及伏理、满昌。昌授张邯及皮容，皆至大官，徒众尤甚。后汉陈元方亦传《齐诗》。"

陈乔枞《齐诗遗说考叙》说："《隋书·经籍志》云《齐诗》魏已亡，是三家《诗》之失传，齐为最早。""三家立于学官，《诗》《礼》师传既同出自后氏，则《仪礼》及二戴《礼记》中所引佚《诗》皆当为《齐诗》之文矣。郑君本治《小戴礼》，注《礼》在笺《诗》之前，未得《毛传》，《礼》家师说专用《齐诗》，郑君据以为解，知其所述多本《齐诗》之义。《齐诗》有翼、匡、师、伏之学。班伯少受诗于师丹，故彪、固世传家学，《地理志》所引并据《齐诗》之文。""至于公羊氏本齐学，治《公羊春秋》者，其于《诗》皆称齐，犹之穀梁氏为鲁学，治《穀梁春秋》者，其于《诗》亦称鲁也。董仲舒通五经，治《公羊春秋》，与齐人胡毋生同业，则习齐可知。"

必须提及的是，汉代《齐诗》有五际六情之说，将《诗》学引上术数之学的邪路。五际六情之说出自翼奉，事见《汉书·翼奉传》。情谓六方之情，律谓十二律。"北方之情，好也。好行贪狼，申子主之。东方之情，怒也。怒情阴贼，亥卯主之。贪狼必待阴贼而后动，阴贼必待贪狼而后用，二阴并行，是以王者忌子卯也。《礼经》避之，《春秋》讳焉。南方之情，恶也。恶行廉贞，寅午主之。西方之情，喜也。喜行宽大，巳酉主之。二阳并行，是以王者吉午酉也。《诗》曰：‘吉日庚午。’”（小雅《吉日》）“上方之情，乐也。乐行奸邪，辰未主之。下方之情，哀也。哀行公正，戌丑主之。辰未属阴，戌丑属阳，万物各以其类应。”所谓五际，即卯、酉、午、戌、亥。亥为革命，是为一际。卯为阴阳交际，是为二际。午为阳谢阴兴，是为三际。酉为阴盛阳微，是为四际。戌为阴极生阳，是为五际。卯，《天保》；酉，《祈父》；午，《采芑》；亥，《大明》；戌，《十月之交》。是为五际。《大明》在亥，水始；《四牡》在寅，木始；《嘉鱼》在巳，火始；《鸿雁》在申，金始。是为四始。以《诗》篇值岁，候休咎之应，修消复之术。故《易》有阴阳，《诗》有五际，《春秋》有灾异。实际上等于将《诗》也纳入了阴阳五行的迷信道路。

关于韩诗，《释文》说：“燕人韩婴（汉文帝时为博士），推《诗》之意，作《内外传》数万言，号曰‘韩诗’。”韩婴以下授受系统是：淮南贲生。另有其孙韩商为博士，接着其后人宣帝时的韩生。韩生传授河内赵子，赵子传授蔡谊。蔡谊传授食子公和琅邪王吉。食子公传授太山栗丰。王吉传授淄川长孙顺。栗丰传授山阴张就，长孙顺传授东海发福。自魏晋以后，毛郑《诗》时行，三家诗衰微，《韩诗》亡虽在后，治《韩诗》的人为数不多。《韩诗》的书籍逐渐亡佚。《汉书·艺文志》著录有：《韩诗经》二十八卷、《韩故》三十六卷、《内传》四卷、《外传》六卷、《韩说》四十一卷。至《隋书·经籍志》只剩《韩诗》二十二卷，薛氏章句。《唐书·艺文志》载《韩诗》卜商《序》韩婴《注》二十二卷，又《外传》十卷。《唐志》虽有著录，但唐代定《五经正义》，专主《毛诗》《郑笺》，国学课目，科举取士，于诗独立毛郑。《韩诗》虽在，却已形存实亡。宋元以后，《韩诗》之传遂绝，仅存《外传》十卷而已。

在《诗经》的流传上，宋代是个重要时期。宋人思想趋于活跃，学术上疑古风兴起：在“五经”的研究方面提出许多新观点，采取一些新方法，形成了学术史上著名的与汉学相对抗的宋学。

宋代学者对《诗经》的论争首先集中在对《毛诗序》的态度上。北宋欧阳修作《毛诗本义》，认为《诗序》“皆毛氏之学，卫宏之所集录也”。南宋郑樵作《诗辨妄》，斥《诗序》乃“村野妄人所作”。王质作《诗总闻》，《毛传》《诗序》《郑笺》《孔疏》全不理会，解诗单凭自己的理解。朱熹作《诗集传》，进一步从理论上阐述《诗序》之不足信。以为《诗序》不可不废，它是“后人杜撰，先后增益凑合而成”，因此主张“今但言诗，不必信序”。他的书废序不用，自己为有些诗篇作题解，书后附《诗序辨说》驳斥《诗序》。朱熹在书前序中提出“凡诗之所谓风者，多出于里巷歌谣之作，所谓男女相与咏歌，各言其情者也”的新观点，认为风诗全是民歌。

宋代在《诗经》研究上坚守汉学传统的代表作是吕祖谦的《吕氏家塾读诗记》。吕氏赞成程颐“学诗而不求序，犹入室而不由户也”的观点，说：“或问诗如何学？曰：只于大序中求。”又说：“国史得诗必载其事，然后其义可知，今小序之首是也。其下则说诗者之辞也。”又曰：“《诗》小序要之皆得大意，只后之观《诗》者亦添入。”充分肯定《诗》大序和每篇小序之首句。吕氏之说，是妥当的，今日读《诗》亦当如是。

朱熹风诗皆里巷歌谣之说，看似新颖，实则纯属臆想之义。古代文化全部垄断在贵族手里，庶人无缘沾教育的边，文字无从得识，何得有歌谣之作！《史记·自序》说："《诗》三百篇，大抵贤圣发愤之所为作也。此人意皆有郁结，不得通其道也。"为得其实。今人朱东润作《诗三百篇探故》，对此问题做了极充分的研究，结论是："《国风》百六十篇之诗，其中一半以上为统治阶级之诗，则可断言。"对自朱熹以来的风诗是民歌之说给予了有力的辩驳，论据充足，实可信据。

元明学人言《诗》，一本朱熹的《诗集传》，无可称道者。

清代学者对《诗》的研究有很大的贡献，有价值的著作很多，其中最重要的有清初陈启源的《毛诗稽古编》，这在清代《诗》的研究中是开风气之作。全书三十卷，前二十四卷依次说《诗》三百五篇，后六卷为《总诂》，是总论性质的东西。《总论》包括《举要》《考异》《正字》《辨物》《数典》《附录》六部分。这书在朱熹《诗集传》统治数百年后首次系统地提出异义，它力争恢复汉学，说《诗》依据《尔雅》《毛传》《郑笺》《孔疏》《陆疏》以及《释文》，对宋学持批评态度。

清代较晚的时候，嘉庆、道光年间以及之后，治《诗》成就最突出的有马瑞辰、胡承珙、陈奂三家。

马瑞辰著有《毛诗传笺通释》三十二卷。第一卷是通论，概述"诗人乐说""鲁诗无传辨""毛诗诂训传名义考"等十九个问题。以下各卷依次逐篇疏解，有新见者立专条，无则缺如。《毛传》《郑笺》并释，以古文为主，今文亦不排斥。《毛传》《郑笺》《孔疏》有误均加以纠正。马氏的贡献主要在训诂方面。

胡承珙著有《毛诗后笺》三十卷，结构与《毛诗传笺通释》近似，小序大多数采用首句。《毛传》《郑笺》《孔疏》正确者肯定，错误者纠正，实事求是，绝不调停牵合。采用汉学的成果，也采用宋学的成果，谁对就肯定谁，谁错就驳正谁。材料使用得十分充分，可谓旁征博引，不株守一家言。但是，立论的起点是《毛传》，方法也是汉学的，与宋人的东西大不相同。

陈奂著有《诗毛氏传疏》三十卷，结构与马、胡二氏之书不同，三百五篇依篇逐字逐句疏解，大序小序全文采用。直接疏解《毛传》，《郑笺》《孔疏》置之不理。其《叙》曰："读《诗》不读《序》，无本之教也。读《诗》与《序》而不读《传》，失守之学也。""凡毛氏之学，其源出于荀子，而善承毛氏者唯郑仲师、许叔重两家《周礼注》《说文解字》，多所取说，其余先儒旧说不悉备载，亦不复驳难。有足以申明毛氏者，《郑笺》《孔疏》与近人说诗家亦皆取证。"可见陈疏的特点是一切从毛，一切为了申毛，与毛无关者不取亦不驳。

马、胡、陈三家是治《毛诗》的。清代三家诗研究也取得重要成果，魏源的《诗古微》、王先谦的《诗三家义集疏》是有代表性的今文诗著作。

二、《书经》的流传

《书经》与《诗经》一样，也是孔子论次的。《史记·仲尼弟子列传》《索隐》与《正义》引《家语》云：漆雕开"习《尚书》，不乐仕"。是知孔子弟子漆雕开传《尚书》。其后的传授情况皆不可考。秦火之后，西汉初年传《书经》的只有济南伏生一人。据《史记》《汉书》两《儒林传》，伏生传《书经》为二十九篇，其篇目是：《尧典》一，《皋陶谟》二，《禹贡》三，《甘誓》四，《汤誓》五，《盘庚》六，《高宗肜日》七，《西伯戡黎》八，《微子》九，《牧誓》十，《洪范》十一，《大诰》十二，《金縢》十三，《康诰》十四，《酒诰》十五，《梓材》十六，《召诰》十七，《洛诰》十八，

《多士》十九,《无逸》二十,《君奭》二十一,《多方》二十二,《立政》二十三,《顾命》二十四,《康王之诰》二十五,《费誓》二十六,《甫刑》二十七,《文侯之命》二十八,《秦誓》二十九。此二十九篇伏生壁藏、口授之书,汉代立于学官,后来称之为今文尚书。

《汉书·艺文志》著录《尚书古文经》四十六卷。自注:"为五十七篇。"颜师古注说:"孔安国《书序》云:'凡五十九篇,为四十六卷。承诏作传,引序各冠其篇首,定五十八篇。'郑玄《叙赞》云:'后又亡其一篇。'故五十七篇。"

王先谦《汉书补注》说:"四十六卷者,孔安国所得壁中古文,以考伏生二十九篇,得多十六篇,共四十五篇,加孔子序一篇,为四十六篇,故云四十六卷也。为五十篇者,据《尚书》孔疏云,伏生二十九篇,是计卷,若计篇则三十四。其得多十六篇者,按《舜典》一,《汨作》二,《九共》九篇三,《大禹谟》四,《弃稷》五,《五子之歌》六,《胤征》七,《汤诰》八,《咸有一德》九,《典宝》十,《伊训》十一,《肆命》十二,《原命》十三,《武成》十四,《旅獒》十五,《毕命》十六。《九共》九篇,出八篇,又为二十四篇。以二十四加三十四,为五十八篇,是也。"吴检斋《经典释文叙录疏证》说:"马、郑以前无就经作传之例,安国承诏作传,《史》《汉》并无其文。且孔果有《传》,汉魏诸儒岂得置诸不论?'承诏作传'云云,全由作伪者创意为之。""综核旧文,合之事实,窃谓景、武之际,鲁共王坏壁发书,孔安国得之,以今文读之,因以起其家。得多十六篇,献之而未得立,私家相传而已,亦无作传之事。"吴说近是。

据《史记》《汉书》两《儒林传》,知孔安国古文《尚书》的传授系统是:都尉朝、庸生、胡常、徐敖、王璜和涂恽、桑钦。这个系统一直连系到东汉。据《后汉书》之《贾逵传》《郑兴传》《卫宏传》《桓谭传》《马融传》《郑玄传》，涂恽授《古文尚书》给贾徽。贾徽又从刘歆受过《左氏春秋》《周官》《毛诗》等古文经。贾逵从其父贾徽那里承接了全部古文经学。马融传授《古文尚书》，上与贾徽有关，下与卢植、郑玄有关。郑玄《古文尚书》的老师除马融外，还有张恭祖。刘歆传《古文尚书》给贾徽，由贾徽而贾逵，又传《古文尚书》给郑兴，由郑兴而郑众。与郑兴同时治《古文尚书》的还有卫宏、桓谭。

东汉末年治《古文尚书》最重要的人物是马融和郑玄。马融作《古文尚书传》十一卷，郑玄作《古文尚书注》九卷。必须指出的一点是，马、郑治《古文尚书》，仅及与《今文尚书》相同的那二十九篇，而不涉及《古文尚书》特有的那十六篇。因此后来有人误以为马、郑治的是《今文尚书》。

马融、郑玄还与另一个《古文尚书》的传本有关，那就是杜林的漆书古文本。据《后汉书·杜林传》，西汉末年凉州刺史杜邺的儿子杜林于战乱中流落西州，得漆书《古文尚书》一卷。东汉建国后，杜林将他的漆书《古文尚书》传授给郑兴、卫宏、徐巡。贾逵、马融、郑玄诸人皆与杜林漆书有关联。

杜林漆书只有一卷，而事实上杜林所传《尚书》是二十九篇，但也不超出二十九篇之外。马融、郑玄为《古文尚书》作的《传》与《注》，正是如此。孔颖达《尚书正义》《尧典》题下引马融《书序》说："逸十六篇，绝无师说。"这就是说，马融、郑玄传授的《古文尚书》只是与今文相一致的二十九篇，古文才有的那十六篇，只见经文而无师说章句。

《古文尚书》虽很兴旺，却未正式立学官。立学官的是伏生所传的《今文尚书》。《汉书·儒林传》及有关传记记载了西汉《今文尚书》的传授系统。主要有三家。一家由伏生传张生、夏侯都尉、夏侯始昌、夏侯胜，是为大夏侯氏之学。夏侯胜之下有孔霸和许商。一家由夏侯建创立。夏侯建从其叔父夏侯胜和欧阳高学，撰《尚书章句》二十九卷。其再传弟子有郑宽中、张无故、秦恭、假仓、李寻等人。一家由伏生传济南张生和千乘欧阳生。欧阳生授倪宽，倪宽授欧阳生之子。欧阳氏世传其业，至曾孙欧阳高作《尚书章句》三十一卷，为欧阳氏学。欧阳氏一派传授的《今文尚书》最为兴盛，是两汉《今文尚书》学的主干。欧阳氏家学一直传到东汉欧阳歙，凡八代皆为博士。另外，欧阳高还传授林尊、平当及陈翁生，翁生传殷崇及龚胜，平当传朱普及鲍宣。东汉欧阳歙以下传授《今文尚书》的有曹曾、曹祉以及陈弇、牟长、桓荣等人。

伏生所传《今文尚书》三家后来的命运极为不好。西晋末年发生“永嘉之乱”，中原文化典籍再次遭遇浩劫。据《隋书·经籍志》载：“及永嘉之乱，欧阳、大小夏侯《尚书》并亡。”“至东晋，豫章内史梅赜始得安国之传，奏之。时又缺《舜典》一篇。齐建武中，吴姚方兴于大桁市得其书，奏上，比马、郑所注多二十八字。于是始列国学。”《经典释文叙录》说：“近唯崇《古文》，马、郑、王《注》遂废，今以孔氏为正。”永嘉之乱中，《尚书》今古文都亡佚，所以才有东晋豫章内史梅赜献孔传《古文尚书》之事。

梅赜献的《古文尚书》共五十八篇，每篇（《舜典》除外）有孔安国作的注，题“孔氏传”。汉代传下的百篇《书序》依年代顺序分插在篇之首或篇之尾。全书开卷有一篇以孔安国名义写的《尚书序》，后世人称之曰《书大序》。这五十八篇除却汉代伏生传授的那二十九篇（后申衍为三十三篇）外，多出二十五篇。篇目是：《大禹谟》一、《五子之歌》二、《胤征》三、《仲虺之诰》四、《汤诰》五、《伊训》六、《太甲》三篇九、《咸有一德》十、《说命》三篇十三、《泰誓》三篇十六、《武成》十七、《旅獒》十八、《微子之命》十九、《蔡仲之命》二十、《周官》二十一、《君陈》二十二、《毕命》二十三、《君牙》二十四、《冏命》二十五。其中《大禹谟》《五子之歌》《胤征》《汤诰》《伊训》《咸有一德》《武成》《旅獒》《冏命》等九个篇名在汉代的逸《书》十六篇中有，而没有逸十六篇中的《汩作》《九共》《典宝》《肆命》《原命》等五个篇名，多出《仲虺之诰》《太甲》《说命》《微子之命》《周官》《君陈》《毕命》《君牙》等八题十二篇。

梅赜献的《尚书孔安国传》于东晋开始立学官。同时立学官的还有《尚书郑玄注》。此后的情况，《隋书·经籍志》说："梁、陈所讲，有孔、郑二家，齐代唯传郑义。至隋，孔、郑并行，而郑氏甚微。"

应该明确地指出，梅赜献的东晋孔安国《古文尚书》与汉代流传的孔安国《古文尚书》不是一物。

唐代初年太宗、高宗两朝官修《五经正义》，国家明经科举考试依此为准。主编孔颖达于《尚书正义》舍郑玄注的真古文，采用梅赜献的孔安国作传的《古文尚书》。孔颖达在《尚书正义序》中说："安国注之，实遭巫蛊，遂寝而不用。历及魏晋方始稍兴，故马郑诸儒莫睹其学，所注经传时或异同……古文经虽早出，晚始得行。其辞富而备，其义弘而雅，故复而不厌，久而愈亮，江左学者，咸悉祖焉，近至隋初，始流河朔。"孔颖达把梅赜献的孔安国作传的《古文尚书》奉为正宗，用它的经，依它的传，兼采前朝刘焯、刘炫诸家的义疏，编成《尚书正义》。从此一息尚存的郑注《古文尚书》便销声匿迹了。

《尚书正义》开始时是专书单行，不与经文传文合。至南宋淳熙年间有人将经、传、疏合刻为《尚书注疏》。至明清两代乃汇刻入《十三经注疏》。

后来查明，东晋梅赜献，唐初孔颖达据以撰写《尚书正义》的《尚书》是伪书，孔安国的传是伪传。其中包含的二十九题三十三篇经文，与西汉伏生传的《今文尚书》的经文相同，是真的，余皆伪托之作。《书大序》和各篇的传完全不是西汉孔安国所作。上文我们曾提过，孔安国传授过《古文尚书》，但未做过传。

宋人吴棫、郑樵、洪迈、晁公武、朱熹等人都对《古文尚书》本文及《书序》、孔传提出过怀疑。朱熹讲得很尖锐，他说："某尝疑孔安国《书》是假书"，"孔《书》是东晋方出，前此诸儒皆不曾见，可疑之甚"。"某看得《书小序》不是孔子自作，只是周秦间低手人作"。"《尚书》孔安国传，此恐是魏晋间人所作，托安国为名"。"今《大序》格致极轻，疑是晋宋间文章"（见阎若璩《尚书古文疏证》后附《朱子古文书疑》）。

宋人大胆怀疑，细致的考证却不曾做。论定《古文尚书》及孔传为伪书的任务是清人完成的。清人证《古文尚书》及孔传之伪的关键性著作是阎若璩的《尚书古文疏证》。书中阎氏立一百二十八条证据（中有三十条有目无文）论证《古文尚书》之伪。从此东晋传下来一直立于学官的《古文尚书》被定为"伪古文"，孔传被定为"伪孔传"，这个本子被定为"伪孔本"。

此外，有惠栋的《古文尚书考》二卷，将伪书二十五篇逐篇找出其出处，彻底掘出伪书的老根，使伪书之伪无容置辩。惠氏以为"伪古文"是梅赜伪造，与王肃也有关。后来程廷祚作《晚书订疑》三卷，提出伪古文尚书不是出于东晋，东晋立学官的《尚书》是汉代原有之孔氏古文。谓晚《书》出现在宋元嘉以后，至萧齐始立学官。程氏有力地论证了伪古文尚书之作伪者不是王肃，力主伪孔传和伪古文出王肃之手的是丁晏的《尚书余论》。支持程说，以为非王肃造伪的有晚清陈澧《东塾读书记》和近人吴承仕、陈梦家等。

论定伪古文、伪孔传、伪书大序是伪的，二十九篇今文尚书是真的，已经足够，作伪者为谁的问题，并不紧要，无须过多纠缠。重要的是深入研究今文二十九篇的内容的问题。清人在这方面做过一些努力。这工作其实极难，因为伪古文和伪孔传通行以后，汉人的传注亡佚殆尽，如今欲作注疏，缺乏可凭据的现成材料。成就较大的有：江声的《尚书集注音疏》、王鸣盛的《尚书后案》、孙星衍的《尚书今古文注疏》。其共同特点是墨守汉学，非汉儒之说不取。汉学中又以古文说为主，今文家亦不取。三书相较，孙书为略优。后来陈乔枞著《今文尚书经说考》和《欧阳夏侯遗说考》，搜集了最古老的今文家说，是有贡献的。单篇研究中，胡渭的《禹贡锥指》十卷，颇有价值。近人曾运乾的《尚书正读》是注释今文二十九篇的著作中较好的一部，足资参考。

总之，孔子论次的《书经》(或曰《尚书》) 流传，两千多年来走过一个大弯路，然而终于将伏生最早传授的二十九篇今文真品保存下来了，这一点必须给予肯定。

三、《礼经》的流传

该说《礼》与《乐》了。《乐》早已亡佚，现在说《礼》的流传。划入经部的礼书今有《周礼》《仪礼》《礼记》三部。《周礼》似与孔子无涉，《礼记》乃孔子身后七十子后学所记，孔子修起的《礼》是《仪礼》十七篇。《仪礼》的流传较为顺利，不曾发生过什么问题，只是十七篇的排列次序古人有过不同意见。

《仪礼》成书于孔子，但传授不明，汉初的情况，《史记·儒林列传》说："诸学者多言《礼》，而鲁高堂生最本。《礼》固自孔子时而其经不具，及至秦焚书，书散亡益多，于今独有《士礼》，高堂生能言之。”汉初传《士礼》（即《仪礼》）的是高堂生。高堂生以下，孔颖达《礼记正义序》引郑玄《六艺论》云：“按《汉书·艺文志》《儒林传》云：‘传《礼》者十三家，唯高堂生及五传弟子，戴德、戴圣名在也。’”又引《六艺论》云：“五传弟子者，熊氏云，‘则高堂生、萧奋、孟卿、后仓及戴德戴圣为五也’。此所传皆《仪礼》也。”这是西汉传授《仪礼》的系统。戴德、戴圣叔侄二人既传《仪礼》十七篇，也传《记》八十五篇，即《大戴礼记》，传《礼记》四十九篇，即《小戴礼记》。

戴德与戴圣《仪礼》和大小戴礼记都传。至东汉末年，郑玄注《周礼》《仪礼》《礼记》“三礼”，先前不在礼家传授之内的《周礼》如今与礼归于一途，先前二戴所传《礼记》与《仪礼》十七篇相附而行，现在各为一书。郑玄注《仪礼》十七篇，意义重大。清末皮锡瑞著《经学通论》云：“汉《礼经》通行，有师授而无注释，马融但注《丧服经传》，郑君始全注十七篇。郑于礼学最精，而有功于《礼经》最大。向无郑君之注，则高堂传《礼》十七篇将若存若亡而索解不得矣。”对郑注《仪礼》评价至为切当平允。

郑注之后，唐人贾公彦的《仪礼注疏》据齐黄庆隋李孟哲二疏而作，其书自明以来刻本舛讹殊甚，顾炎武《日知录》谓万历北监本十三经中《仪礼》脱误尤多。阮元《仪礼注疏校勘记序》说：“《仪礼》最为难读。昔顾炎武以唐石刻九经校明监本，惟《仪礼》讹脱尤甚。经文且然，况注疏乎！贾疏文笔冗蔓，词意郁啬，不若孔氏《五经正义》之条畅。传写者不得其意，脱文误句，往往有之。宋世注、疏各为一书，疏自感平校勘之后更无别本，误谬相沿迄今，已无从一一厘正。”

《仪礼》难读之叹始于唐人韩愈。宋人朱熹以为“《仪礼》难读，以今观之，只是经不分章，记不随经，而注疏各为一书，故使读者不能遽晓。今定此本，尽去此诸弊，恨不得令韩文公见之也”（《答应仁仲书》)。朱熹所谓“今定此本”之此本，系指其晚年所修之《仪礼经传通解》而言。《通解》的特点是合经（《仪礼》）传（《礼记》）为一书。书中以《仪礼》为经，而取《礼记》及读经史杂书所载有及于礼者，皆以附于本经之下。这书的最大功劳是章句分明，节节截断。每节最后题明“右某事”，比贾公彦分节更简明，但缺点也是明显的。主要有两点，一是阮元《仪礼注疏校勘记序》所云：“朱子作《通解》于《疏》之文义未安者，多为删润，在朱子自成一家之书未为不可，而明之刻《注疏》者一切唯《通解》之从，遂尽失贾氏之旧。”二是皮锡瑞《经学通论》所说：“其失在厘析《仪礼》诸篇，多非旧次，如《士冠礼》，三屦本在辞后，乃移入前。陈器服章加冠戒宿等辞，本总记在后，乃分入前各章之下之类，未免宋儒割裂经文之习。”

古人公认《仪礼》难读。欲其不难，盖有三法，一曰分节，二曰释例，三曰绘图。清人解决了这三个问题。分节，有张尔岐的《仪礼郑注句读》；释例，有凌廷堪的《礼经释例》；绘图，有张惠言的《仪礼图》。新疏则有胡培翚的《仪礼正义》。

四、《易经》的流传

前文已言及，《易经》与孔子关系至为密切，孔子在《易经》上下的功夫最大，作了《易传》。孔子学说的精华部分蕴含在《易经》之中。不了解这一点或不承认这一点，无异于抹掉孔子学说的一大半。

《易经》或者说《周易》，其经与传两部分是完整地流传下来了。古今研究《易经》的著作数以千计。六经之中，人们对《易经》下的功夫最大，然而问题也最严重。问题的焦点在于后世有不少的人离开孔子研究《易经》的观点、方法，把《易经》视作单纯的卜筮之书，抱着卜筮的目的研究《易经》，从而使《易经》研究出现义理和象数两大派。象数派使《易》学研究走上歧途，使孔子《易》学思想险遭湮没。皮锡瑞《经学通论》说："孔子删定六经，传授之人唯《易》最详，而所传之义，唯《易》亡最早。"此言最为得实。

《易经》的早期传授，见于《史记·仲尼弟子列传》和《汉书·儒林传》。《仲尼弟子列传》说："孔子传《易》于（商）瞿。瞿传楚人馯臂子弘。弘传江东人矫子庸疵。疵传燕人周子家竖。竖传淳于人光子乘羽。羽传齐人田子庄何。何传东武人王子中同。同传菑川人杨何。何元朔中以治《易》为汉太中大夫。"《汉书·儒林传》说："自鲁商瞿子木受《易》孔子，以授鲁桥庇子庸。子庸授江东馯臂子弓。子弓授燕周丑子家。子家授东武孙虞子乘。子乘授齐田何子庄。及秦禁学，《易》为筮卜之书，独不禁，故传授者不绝也。汉兴，田何以齐田徙杜陵，号杜田生，授东武王同子中、洛阳周王孙、丁宽、齐服生，皆著《易传》数篇。同授淄川杨何，字叔元，元光中征为太中大夫……要言《易》者本之田何。"

《史记》与《汉书》记述之传授系统大同而小异。《索隐》说："《儒林传》《荀卿子》及《汉书》皆云馯臂字子弓，今此独作弘，盖误耳。应劭云：'子弓是子夏门人'。"是子弘应作子弓，子弓即子夏之门人子弓。矫与桥，疵与庇，形近而讹，实即一人。《史记》《汉书》子弓与桥庇二人前后颠倒，应以《史记》为是。子弓既是子夏门人，其直接受《易》于商瞿，在时序上是合理的。商瞿受《易》于孔子，子夏也可能受《易》于孔子。孔子将《易》授给商瞿、子夏二人。商瞿受《易》于孔子，《史记》《汉书》已明言，子夏受《易》于孔子，史无明言。但是《大戴礼·易本命》与《孔子家语·执辔》都讲到《易》的问题，后者冠以“子夏问于孔子曰”，前者冠以“子曰”。疑《易本命》乃子夏所著，大戴取以为记。说子夏受《易》于孔子，是有根据的。这样，子弓受《易》，很可能兼师于商瞿、子夏二人。

据《史记》与《汉书》，汉初传《易》的第一人是田何，是毫无疑义的。《易》于汉初之传授，《史记》不及丁宽，《汉书·儒林传》则以为丁宽授田王孙，王孙授施雠、孟喜、梁丘贺。又说，“至成帝时，刘向校书，考《易》说，以为诸《易》家说皆祖田何、杨元、丁将军，大谊略同。唯京氏为异党，焦延寿独得隐士之说，记之孟氏，不相与同”。由此看出汉初传《易》者有两股流，一是田何、丁宽、杨何（传之施、孟、梁丘），这一股流是孔子《易》学的正传。一是焦延寿、京房之学，走上阴阳术数之歧路，这一股流不是孔子《易》学的正传。遗憾的是，杨何、王同、丁宽、服生以及施、孟、梁丘三家之《易传》，《汉书·艺文志》曾著录，随后很快就亡佚了。杨何、施、孟、梁丘都立博士，授生徒，而书竟无一字存。虽然书无存，汉初诸家传《易》之说，在当时别的著作中可依稀寻到一些痕迹。《淮南子》、贾谊《新书》、董仲舒《春秋繁露》、刘向《说苑》等书说《易》皆主义理，切人事，不言阴阳术数。其说《易》之观点与田何、丁宽、杨何诸人是一致的。

在此应特别提及孟喜。据《汉书·孟喜传》，孟喜曾从田王孙受《易》，得《易》家候阴阳灾变书。诈称是田王孙临死时枕他的膝，授给他的。可知孟喜不是孔子《易》学的正传。又据《汉书·京房传》，孟喜传《易》与焦延寿，焦延寿传与京房。京房是汉代传《易》的重要人物。《汉书·艺文志》著录《孟氏京房》

十一篇、《灾异孟氏京房》六十六篇、《京氏段嘉》十二篇。顾实《汉志讲疏》说："汉有两京房，此乃《汉书》另有《传》之京房，字君明，顿丘人，曾为魏郡太守，亦见《儒林传》。而非《儒林传》杨何弟子之京房也。京房之学出于孟喜；段嘉之学出于京房，故曰《孟氏京房》《京氏段嘉》。"《汉书·京房传》说，"京房字君明，东郡顿丘人也。治《易》事梁人焦延寿。延寿字赣"。"其说长于灾变，分六十四卦，更直日用事，以风雨寒温为候，各有占验。房用之尤精"。《四库全书》著录《京氏易传》三卷，入子部术数类，《提要》云："汉京房撰"。"房著有《易传》三卷、《周易章句》十卷、《周易错卦》十卷、《周易妖占》十二卷、《周易占事》十二卷、《周易守林》十二卷、《周易飞候》九卷又六卷、《周易飞候六日七分》八卷、《周易四时候》四卷、《周易混沌》四卷、《周易委化》四卷、《周易逆刺占灾异》十二卷、《易传积算法杂占条例》一卷。今唯《易传》存"。"其书虽以《易传》为名，而绝不诠释经文，亦绝不附合《易》义。上卷中卷以八卦分八宫，每宫一纯卦统七变卦，而注其世应、飞伏、游魂、归魂诸例。下卷首论圣人作《易》揲蓍布卦，次论纳甲法，次论二十四气候配卦与夫天地人鬼四易，父母兄弟妻子官鬼等爻，龙德虎形天官地官与五行生死所寓之类。盖后来钱卜之法实出于此。故项安世谓：'以京易考之，世所传《火珠林》即其遗法'。"吴检斋《经典释文序录疏证》说："自京氏长于占候，《易》家世应、飞伏、六位、十甲、五星、四气、六亲、九族、福德、刑杀之法皆以京氏为本，后世治京《易》者颇能言之。"

孟喜、焦赣、京房是汉代以卜筮为宗旨的象数派《易》学的创始者，影响极大也极坏，后人称之为汉易的，所指就是他们的东西。《四库提要》的作者将《京氏易传》列入子部术数类而不入经部易类，是正确的。

上述田何、丁宽、杨何以及施、孟、梁丘、京氏，都是今文《易》。田、丁、杨之《易》早已不传。施、梁丘之《易》亡于西晋永嘉之乱。孟、京之《易》，《经典释文序录》说“人无传者”，《隋书·经籍志》说“有书无师”，不久就衰微了。据《汉书·儒林传》，西汉还有个名高相的人传《易》，称高氏学。高氏《易》无章句，专说阴阳灾异。未立学官，传授两代，至新莽时被诛灭。高氏所传也是今文《易》。

在《易经》的传授上有重要意义的是费直传的费氏《易》。费氏《易》是古文，对后世的影响极大。根据《汉书·艺文志》、两《汉书》之《儒林传》以及《后汉书》陈元等人本传，知道费氏《易》至东汉为陈元、马融、郑众、郑玄所传。其特点是，第一，费氏的先师是谁，不知道。第二，诸家皆今文，费氏《易》以古文，号古文《易》。第三，费氏《易》无章句，以孔子之传文解经文。第四，刘向曾以中《古文易经》校诸家《易》，发现施、孟、梁丘三家之《易》没有“无咎”“悔亡”，唯费氏《易》与《古文易经》相同。第五，《汉书·儒林传》说“费氏长于卦筮”，而《汉书·艺文志》所著录独无费氏卦筮之书，说明费氏《易》与孟、焦、京之《易》不是一路。

费氏《易》的这些特点中最为根本的一点是它把孔子传授的《易》之经文和传文完整地保存下来。东汉治《易》的学者如陈元、马融、郑众、郑玄以及荀爽，所用都是费氏的本子。魏王弼注《易》的底本也是费直的。至于这些人治《易》的各自观点、方法究竟如何，那是另一回事。

关于费氏《易》，皮锡瑞《经学通论》以为“郑君用费氏《易》，其注《易》有爻辰之说，盖本费氏《分野》一书”。《分野》

即《晋书·天文志上》:“十二次。班固取《三统历》十二次配十二野，其言最详。又有费直说《周易》、蔡邕《月令章句》，所言颇有先后。”所云“费直说《周易》”即指《周易分野》而言。罗泌《路史》亦称“费直《易》十二篇，以《易》卦配地域”。唐人《开元占经》亦引费直《周易分野》。又,《隋书·经籍志》、两《唐书》之《艺文志》《经籍志》著录有《易林》,《新唐书·艺文志》有《费氏周易逆剌占灾异》十二卷。这些著作恐怕是后人伪托，非真出费氏。否则，何以《汉书·艺文志》全不见著录，而《儒林传》又明言费氏“亡章句，徒以《彖》《象》《系辞》十篇文言解说上下经”!

郑玄有《周易注》,《后汉书》本传明文记载，余如《七录》《旧唐书·经籍志》《经典释文序录》《新唐书·艺文志》《隋书·经籍志》均有著录。《周易注》是郑玄被袁谭逼来元城后所作，是其众多著作之最后一部。晋以后，郑玄《周易注》一直立学官，南北朝郑玄注与王弼注互有消长。大体上说，南朝用王弼《周易注》，北朝用郑玄《周易注》。隋朝南北统一，王弼注盛行，郑玄注浸微。唐初修《五经正义》,《周易正义》用王弼和韩康伯注，郑玄注遭遇决定性的失败。《隋书·经籍志》郑注著录尚存九卷，至宋《崇文总目》则仅存《文言》《说卦》《序卦》《杂卦》四篇合一卷。以后这一卷也亡佚不见。宋末王应麟为辑佚古书之学，裒辑郑玄《周易注》一卷，清人惠栋补正为三卷。

王弼、韩康伯《周易注》取得官方承认，而郑玄《周易注》为历史所淘汰，不是偶然的。根本的原因在它们自身的短长。郑玄注虽然胜于孟喜、京房之《易》，但毕竟是汉易象数派的一套，偏离了《周易》孔学的原义。王弼注虽然有老、庄的影响，却是孔子《易》学的正传。把孔子《易》学从汉易的扭曲中解脱出来，使之恢复原貌的，正是王弼注。

郑玄注经，最精者“三礼”。其注《易》则颇不为高明。郑玄先注“三礼”而后注《易》，据礼证《易》对于卦爻辞的解释有一定的贡献。问题是郑玄早年学京氏《易》，受阴阳术数的影响不小，其注《易》总的说来脱离孔子《易》学的正路很远。他创立了爻体说，是《周易》原来没有的。爻体，就是六画卦中的每爻各代表一个三画卦。《礼记·檀弓》孔疏引郑玄注贲卦六四爻辞说：“六四，巽爻也。”《周礼·旊人》贾疏引郑玄注损卦辞说：“四，巽爻也，巽为木。五，离爻也，离为日。日体圆，木器而圆，簋象也。”损卦四为阴爻，五也为阴爻。李鼎祚《周易集解》萃卦辞引郑玄注说：“四本震爻，震为长子。五本坎爻，坎为隐伏。居尊而隐伏，鬼神之象。长子入阙升堂，祭祖祢之礼也，故曰：‘王假有庙’。二本离爻也，离为目，居正应五，故利见大人矣。”萃卦四、五都是阳爻，二是阴爻。李鼎祚《周易集解》颐卦辞引郑玄注说：“二、五，离爻。”颐卦二、五都是阴爻。《昭明文选·左太冲吴都赋》李善注引郑玄注井九二爻辞说：“九二，坎爻也。坎为水，上直鱼，生一，艮爻也。艮为山，山下有井，必因谷水所生鱼。”惠栋《周易郑注》辑本“生一”作“九三”。《诗·无羊》孔疏引中孚卦辞郑玄注说：“二五皆坎爻。”中孚二、五都是阳爻。

据上所引，知郑玄的爻体说大致是这样的：卦中六爻，阴爻体现三画阴卦，阳爻体现三画阳卦。二、五之阳爻体现三画阳卦坎，二、五之阴爻体现三画阴卦离。四之阳爻体现三画阳卦震，四之阴爻体现三画阴卦巽。三之阳爻体现三画阳卦艮。三之阴爻体现哪一卦，初与上之阴爻阳爻各体现哪卦，郑注残缺不见，但可以推知，三之阴爻应体现三画阴卦兑，上之阴爻亦当如此。初爻则当与四一致。概括起来，郑玄解卦用的爻体说，盖为初与四之阴爻体现三画阴卦巽，阳爻体现三画阳卦震；二与五之阴爻体现三画阴卦离，阳爻体现三画阳卦坎；三与上之阴爻体现三画阴卦兑，阳爻体现三画阳卦艮。

郑玄爻体说的用意是，将六爻转化为八卦中乾坤之外的六卦，然后用六卦之卦象解释卦辞或爻辞。其实质是为卦爻辞的一字一词都找出象的根据来。结果无不辗转牵附，强为之解。损卦辞有云："二簋可用享。"郑玄就说，六四是巽，巽为木。六五是离，离为日，日是圆的。是木器而且是圆的，于是生出簋象。这不可能是作《易》者的本意，是郑玄构想出来的。

郑玄还有爻辰说。爻辰说始于京房，郑玄加以改动、发挥。郑玄采用爻辰说，也是为了解释卦爻辞。爻辰说，顾名思义，就是将卦之爻与十二辰搭配起来。京房将乾六爻自初至上配以子、寅、辰、午、申、戌；将坤六爻自初至上配以未、巳、卯、丑、亥、酉。郑玄略加改变，乾六爻从京房说不变，坤六爻自初至上改配未、酉、亥、丑、卯、巳。又将乾、坤之爻辰引申到其余六十二卦。凡阳爻所配之辰比照乾卦，阴爻所配之辰比照坤卦。更以乾坤十二爻配十二辰之物象和十二次之星象，又以十二辰之方位配二十八宿之次。

郑玄用爻辰说释卦爻辞，如：中孚卦辞豚鱼吉，《诗·无羊》孔疏引郑玄注说："三，辰在亥，亥为豕。"又说："爻失正，故变而从小名，言豚耳。四，辰在丑，丑为鳖蟹。鳖蟹，鱼之微者。爻得正，故变而从大名，言鱼耳。"坎卦上六爻辞曰："系用徽纆。"《公羊传·宣公元年》徐疏引郑玄注说："系，拘也。爻辰在巳，巳为蛇，蛇之蟠屈似徽纆也。"比卦初六爻辞曰："有孚盈缶。"《诗·宛丘》孔疏引郑玄注云："爻辰在未，上值东井，井之水，人所汲用缶。缶，汲器。"

清人王引之《经义述闻》卷一“爻辰”条对郑玄的爻辰说做了尖锐的批评，他说，“《易》之取象见于《说卦》者较然可据矣。汉儒推求卦象，皆与《说卦》相表里，而康成则又以爻辰说之。阳爻之初二三四五上，值辰之子寅辰午申戌；阴爻之初二三四五上，值辰之未酉亥丑卯巳，而以十二辰之物象、十二次之星象配之。舍卦而论爻，已与《说卦》之言‘乾为’‘坤为’者异矣，而其取义又多迂曲”，“如坎上六‘系用徽纆’，注云‘爻辰在巳，巳为蛇，蛇蟠屈似徽纆也’”。“爻辰既巳而为蛇，何不遂取蛇象而取蛇所似之徽纆乎！初九辰在子，子为鼠；九二辰在寅，寅为虎；九三辰在辰，辰为龙；九四辰在午，午为马；九五辰在申，申为猴；上九辰在戌，戌为犬。初六辰在未，未为羊；六二辰在酉，酉为鸡；六三辰在亥，亥为豕；六四辰在丑，丑为牛；六五辰在卯，卯为兔。岂亦将象其禽之所似以为爻乎！辗转牵合，徒见纠纷耳”。爻辰说同汉儒其他诸说一样，要害的问题是脱离《周易》之本义而另搞一套。

东汉搞汉易的另一重要人物是荀爽。荀爽是荀子的十二世孙，作《汉纪》的荀悦和荀彧的叔父，生当东汉末年。据《后汉书·荀淑传》，荀爽著《易传》。《隋书·经籍志》著录《周易》荀爽注十一卷、《周易荀爽九家注》十卷。后书不知谁人所集，题荀爽，是因为所集九家《易》说以荀爽为主。九家是：荀爽、京房、马融、郑玄、宋衷、虞翻、陆绩、姚信、翟子玄。据《经典释文序录》，荀爽传费氏易。荀悦《汉纪》说：“孝桓帝时故南郡太守马融著《易》解，颇生异说。及臣悦叔父故司空爽著《易传》，据爻象承应阴阳变化之义，以十篇之文解说经意，由是兖豫之言《易》者咸传荀氏学。”从“以十篇之文解说经意”看，荀氏似传费氏易，然而实际上荀氏治《易》只是采用费氏的本子而已，其《易》学思想自有其特殊的一套。

荀爽《易》学的中心是升降说。升降说是由他创始的。升降是阳升阴降。这是最基本的原则，但并非一律阳升阴降，为了按照他的想法解释卦爻辞，有时阳也可降，阴也可升。总之是通过阳爻阴爻上下倒换位置的办法来解说经文乃至传文。例如，《乾·文言传》说："水流湿。"李氏《周易集解》引荀爽说："阳动之坤而为坎，坤者纯阴，故曰湿也。"所谓"阳动之坤"，谓乾升坤五也。又"火就燥"，荀爽说："阴动之乾而成离，乾者纯阳，故曰燥也。"所谓"阴动之乾"，谓坤五降乾二也。乾二升坤五，则坤上体成坎。坤五降乾二，则乾下体成离。临卦九二小象说："咸临吉无不利，未顺命也。"李氏《周易集解》引荀爽说："阳感至二，当升居五，群阴相承，故无不利也。阳当居五，阴当顺从，今尚在二，故曰未顺命也。"这是用升降说解释传文。

用升降说解释经文，如需卦上六爻辞："入于穴，有不速之客三人来，敬之终吉。"李氏《周易集解》引荀爽说："三人谓下三阳也。须时当升，非有召者，故曰不速之客焉。乾升在上，君位以定。坎降在下，当循臣职，故敬之终吉也。"又说："需道已终，云当下入穴也。云上升极则降而为雨。"这不是阴爻阳爻的升降，而是内外卦的升降。由内外卦的升降释爻辞。泰九二爻辞："包荒，用冯河，不遐遗，朋亡，得尚于中行。"李氏《周易集解》引荀爽说："河出于乾，行于地中。阳性欲升，阴性欲承，冯河而上，不用舟航。自地升天，道虽已远，三体俱上，不能止之，故曰不遐遗。"又说："中谓五，坤为朋。朋亡而下，则二上居五而行中和矣。"荀氏解这一爻用的升降更为复杂。既讲下体俱上，上体俱下，又说九二上升居五。上下体的升降夹杂着爻的升降，完全是随意而定。这样随便决定升降，泰岂不变成了否？依荀氏升降法释泰九二爻辞，把原有的含义全给弄走了样，令人没办法理解这句爻辞究竟是什么意义。

随后出现一位更重要、影响更大的象数派《易》学家，他就是三国吴国的虞翻。虞翻会稽余姚人，生当孙权在位时。虞翻性情疏直，数有酒失，晚年被孙权流放到交州。《三国志·吴书》本传说虞翻曾著《易注》。《经典释文序录》著录虞翻《易注》十卷。《吴书》注引《翻别传》说，自高祖至他本人，虞家五世治《易》。“前人通讲，多玩章句，虽有秘说，于经疏阔”，虞翻则“蒙先师之说，依经立注”。他对当时的几位治《易》的大家皆有所批评，说荀爽“有愈俗儒”，比俗儒好一点而已。马融释《易》，更不及荀爽。郑玄略强于宋忠，而“皆未得其门，难以示世”。

然而虞氏治《易》的思想方法与荀、郑诸人实属一路。如果说他有什么独特之处的话，那就是他在象数的路上走得更远。虞翻是传西汉孟氏《易》的，同时也采取京房的东西，对荀爽《易》说也有所吸取。因此他的《易》学具有集汉易大成的性质。他治《易》讲究纳甲、互体、半象、旁通、消息、卦变等等，且发挥得圆通、充分。

纳甲。纳甲始于西汉京房。办法是以甲乙丙丁戊己庚辛壬癸十干配八卦，同时比附五行，以之占说灾异。至魏伯阳著《参同契》则用以比附月魄盈亏，以进行鼎炉修炼。真正用纳甲解说《周易》，是从虞翻开始的。如李氏《周易集解》引虞氏释《系辞传上》之“悬象著明，莫大乎日月”句说：“谓日月悬天成八卦象。三日莫，震象出庚，八日兑象见丁，十五日乾象盈甲，十七日旦巽象退辛，二十三日艮象消丙，三十日坤象灭乙。晦夕朔旦，坎象流戊，日中则离，离象就己。戊己土位，象见于中，日月相推而明生焉。故悬象著明，莫大乎日月者也。”这样的说法纯系穿凿附会，是硬加在《周易》身上的。

互体。互体之说亦始于京房，其说为将六画卦的二三四和三四五各看成一个三画卦。郑玄以后至虞翻，互体说愈益复杂。虞翻将初至五,二至上，各互六画卦一。如蒙䷃，坎下艮上，虞氏将初至三和三至五，坎下坤上，看成另一个六画卦师䷆。又蒙卦二至四为震，四至上为艮，成另一六画卦颐䷚。这是在一个六画卦中包含另两个六画卦。后来发展到一个六画卦中包含三个六画卦，解卦时可随意选择一个。初至四二至五三至上，可各互成一个六画卦。如小畜《象传》李氏《周易集解》引虞翻说："初至四体夬。"是从小畜中看出夬象来。师《象传》李氏《周易集解》引虞翻说："五变执言时有颐养象，故以容民畜众矣。"师䷆二至四为震，五阴爻变为阳爻，则三至五为艮，震下艮上，是六画卦颐。是从师中看出颐象来。泰九三爻辞李氏《周易集解》引虞翻说："从三至上，体复。终日乾乾反复道，故无平不陂，无往不复。"泰䷊之三至上，三至五为震，四至上为坤，震下坤上，是六画卦复䷗。是从泰中看出复象来。一卦中包括无数另外的卦，可以根据自己的想象，任意解释卦爻辞。此纯属虞翻的臆造，作卦爻辞的人当初不可能想得如此复杂。

半象。此说乃虞翻所创。顾名思义，半象者，象未全，三画卦仅见二画也。如需九二爻辞曰："需于沙，小有言，终吉。"李氏《周易集解》引虞翻说："大壮，震为言，兑为口。四之五，震象半见，故小有言。"依虞氏卦变理论，需䷄自大壮䷡来，大壮四与五相易，即为需。大壮之四与五，为震之一半。本来可以取大壮上体震之全象，而取半象，完全为了落实"小有言"的"小"字。如此隐晦曲折，作爻辞者写定"小有言"一语时，怎能想得出，除非他是神仙。

旁通。这是虞氏始创的。旁通谓两卦相对之爻，此阳彼阴，此阴彼阳，两两相通。但六十四卦不是全部取旁通之义，虞翻注取旁通义者计二十例。小畜䷈与豫䷏、谦䷎与履䷉、比䷇与大有䷍、豫䷏与小畜䷈、履䷉与谦䷎、蛊䷑与随䷐、同人䷌与师䷆、临䷒与遯䷠、大有䷍与比䷇、离䷝与坎䷜、剥䷖与夬䷪、恒䷟与益䷩、复䷗与姤䷫、夬䷪与剥䷖、大畜䷙与萃䷬、姤䷫与复䷗、颐䷚与大过䷛、革䷰与蒙䷃、坎䷜与离䷝、鼎䷱与屯䷂，这二十例取旁通之义。旁通，解一卦而涉及第二卦，甚乃第三卦。如小畜初九爻辞曰："复自道，何其咎，吉。"李氏《周易集解》引虞翻说："谓从豫四之初成复卦，故复自道。出入无疾，朋来无咎。何其咎，吉，乾称道也。"小畜䷈与豫䷏旁通，豫四之初而成复䷗，故曰"复自道"。复《象传》说："出入无疾，朋来无咎"，故曰"何其咎，吉"。解一卦而辗转株连另两卦，绝非作卦爻辞者本意。虽《文言传》有"六爻发挥，旁通情也"一语，但"旁通"者实乃普遍通达的意思。虞氏借《文言传》"旁通"之名而曲解其义，失《周易》之本真，不足信据。

消息。六十四卦中有十二卦阴爻阳爻不相混杂。将它们排列起来，能看出阴爻与阳爻相互消长的规律。汉人谓之十二消息或十二月消息。虞翻亦有十二消息之说。息训长。十二消息卦中，阳长阴消之卦六，即复䷗、临䷒、泰䷊、大壮䷡、夬䷪、乾䷀；阴长阳消之卦六，即姤䷫、遯䷠、否䷋、观䷓、剥䷖、坤䷁。前六卦曰息卦，后六卦曰消卦。这十二消息卦恰巧与一年十二月相配，复一阳生于下，与十一月冬至阳气初生相当，故复为十一月卦。自余临十二月，泰正月，大壮二月，夬三月，乾四月，姤五月，遯六月，否七月，观八月，剥九月，坤十月。泰、大壮、夬配春，乾、姤、遯配夏，否、观、剥配秋，坤、复、临配冬。与此十二消息卦相对而言，余五十二卦曰杂卦。十二消息之说在《易传》中可以找到根据，如《系辞传下》“寒往则暑来”，虞氏注云：“谓阴息阳消，从姤至否。”“暑往则寒来”，虞氏注云：“阴屈阳伸，从复至泰。”虞氏之解说可能是对的。十二消息是汉儒和虞翻诸《易》说中唯一在孔子《易传》中能找到根据的一说。

卦变。“卦变”之名始于王弼，汉人曰“之卦”。“之卦”，顾名思义，是说卦中此一爻变为彼一爻，彼一爻易为此一爻，而使卦发生变化。这在《彖传》里有根据。如贲《彖传》：“柔来而文刚，分刚上而文柔。”蛊《彖传》：“刚上而柔下。”噬嗑《彖传》：“刚柔分，柔得中而上行。”随《彖传》：“刚来而下柔。”问题在于对《彖传》的话怎样理解。《彖传》所指刚柔上下云云，实限于贲䷕、蛊䷑、噬嗑䷔、随䷐；归妹䷵、丰䷶、益䷩、损䷨等十八个由阴卦和阳卦所组成的卦。《说卦传》三画卦乾为父，坤为母，其余六个三画卦皆由乾坤相求索而生。所云不是八卦产生也不是六十四卦产生问题，只反映六画卦既成之后上下二体是一阴卦一阳卦时，它们之间的关系。由这关系看这个六画卦的卦象卦义。而虞翻则以为卦变问题普遍存在于六十四卦之中，且视之为六十四卦各个生成之根由。完全歪曲了《周易》的原义，与孔子《易传》的思想相去甚远。

虞翻卦变说有以下诸要点：（一）六画卦乾坤二五互之而成六画卦坎离。乾二、五之坤成坎，坎二至四互体震，三至五互体艮，故乾二、五之坤成震、坎、艮。坤二、五之乾成离，离二至四互体巽，三至五互体兑，故坤二、五之乾成巽离兑也。（二）“之正”说。六十四卦中惟既济䷾一卦六爻皆当位居正，即阴爻居阴位，阳爻居阳位。《易传》有当位不当位之说，并无“之正”之义。虞氏创“之正”说，以为六画卦中不正之爻皆应变而“之正”而成既济。以此释卦爻辞。如损六五爻辞曰：“或益之……”虞翻注说：

"谓二、五已变成益，故'或益之'。"又说："三上易位成既济。"损☶兑下艮上，二三五上四爻皆不正。二五变，三上易位，则成既济。这是四爻不正而"之正"的例。其余一爻、二爻、三爻、四爻、五爻、六爻不正的卦，皆可以变而"之正"，用"之正"说释卦爻辞。（三）由消息卦推知杂卦之由来。虞氏以为复、临、泰、大壮、夬等阳息之卦皆自六画卦乾来，姤、遯、否、观、剥等阴消之卦皆自六画卦坤来。而其余五十四杂卦主要由消息卦来。自临来者四卦：明夷、升、解、震。自观来者五卦：晋、萃、坎、艮、蹇。自否来者八卦：随、噬嗑、咸、益、困、涣、渐、未济。自泰来者八卦：蛊、井、贲、归妹、恒、节、损、既济。自遯来者六卦：讼、无妄、离、家人、革、巽。自大壮来者六卦：需、大畜、大过、睽、鼎、兑。剥、复、夬、姤四个消息卦不生卦，故师、同人、大有、谦四卦直接自乾坤来。小畜自需（上变）来。履自讼（初变）来。豫自复（两象易）来。颐、小过自晋（四之初、上之二）来。大过、中孚自讼（上之三、四之初）来。比自师（二升五）来，丰自噬嗑（上之三）来。旅自贲（初之四）来。屯、蒙自坎、艮来。睽、蹇二卦重出，睽既自大壮来，又自无妄（二之五）来，蹇既自观来，又自升（二之五）来。虞氏此说之要害是六画卦又产生六画卦，与孔子《易传》之义显然违背。《易传》认为"六十四卦由八卦因而重之"而生。八卦则依"易有太极，是生两仪，两仪生四象，四象生八卦"的逻辑顺序产生。《说卦传》说乾为父，坤为母，乾坤父母生六子，是就三画卦而言。三画卦乾和三画坤产生六子，重而为六十四个六画卦。虞氏说六画卦乾坤生坎离及震艮巽兑诸六画卦，又生五阳息卦和五阴消卦。消息卦又生诸杂卦，且杂卦更生杂卦。完全脱离《周易》原义，驰骋臆说。（四）震巽特变。于一个六画卦中，巽体三爻逐一变而成震，震体三爻逐一变而成巽，在变化中出现的一系列新的卦象，便成为解释卦爻辞的根据。此与其他卦变之例不同，故称特变。蛊䷑《彖传》："先甲三日，后甲三日。"虞注说："谓初变成乾（大畜䷙），乾为甲。至二成离（贲䷕），离为日。谓乾，三爻在前，故'先甲三日'，贲时也。变三至四（噬嗑䷔），体离。至五成乾（无妄䷘），乾三爻在后，故'后甲三日'，无妄时也。"这一卦特变的过程极复杂，要点是自初至五五爻皆变，下体自初至三依次变为乾，变为离，变为震。上体自四至五依次变为离，变为乾。如此特变的目的是为"先甲三日，后甲三日"寻找象的依据。震巽特变更为隐曲牵强，与《周易》原义根本不合。

虞翻自称传孟氏易，但他不讲灾异，也不专主孟氏。他继承并发展了汉儒象数派《易》学的主要东西，成为象数派《易》学的集大成者。虞氏《易》使象数派《易》学的烦琐主义达于顶峰，使孔子的《易》学几乎湮灭。

三国时代的另一个《易》学人物，魏国的王弼撰写《周易注》和《周易略例》，给汉儒象数派的烦琐《易》学以猛烈的扫荡，承继了孔子义理《易》学的传统，使之发扬光大，其救弊起废之功，实不容低估。

王弼字辅嗣，三国魏山阳人，生于公元226年（魏黄初七年），卒于公元249年（正始十年）。据《三国志·钟会传》，王弼"好论儒道，辞才逸辩，注《易》及《老子》，为尚书郎，年二十余卒"。王氏《周易注》及《老子注》今传世。又据《钟会传》注引《博物志》，王弼是刘表的外曾孙，王粲的嗣孙。王弼的父亲王业曾承获蔡邕所藏万卷书。《钟会传》注引何劭《王弼传》说："何晏以为圣人无喜怒哀乐，其论甚精，钟会述之。弼不与同，以为圣人茂于人者神明也，同于人者五情也。神明茂故能体冲和以通无，五情同故不能无哀乐以应物。然则圣人之情，应物而无累于物者也。今以其无累，便谓不复应物，失之多矣。”是知王弼并不是一个超然物外的人物。何劭《王弼传》又说王弼有言曰：“圣人体无，无又不可以为训，故不说也。老子是有者也，故恒言无所不足。”王弼《老子》第四十章注说：“天下之物，皆以有为生。有之所始，以无为本。将欲全有，必反于无也。”是知王弼的本体论主“以无为本”，与《老子》“道生一，一生二，二生三，三生万物”及“天下万物生于有，有生于无”的客观唯心论相似亦相通。这大概就是王弼既注《老子》又注《周易》，援《老》入《易》的思想基础。王弼的哲学思想在根本之点上与孔子《易传》是不同的。

王弼著《周易注》和《周易略例》，对《易》学的伟大贡献在于尽扫象数而伸义理，实际上弘扬了孔子《易》学的正确方法。他的《易》学集中地反映在《周易略例》里。《周易略例·明象》说：“是故触类可为其象，合义可为其征。义苟在健，何必马乎！爻苟合顺，何必坤乃为牛！义苟应健，何必乾乃为马！而或者定马于乾，案文责卦，有马无乾，则伪说滋漫，难可纪矣。互体不足，遂及卦变，变又不足，推及五行。一失其原，巧愈弥甚。从复或值，而义无所取。盖存象忘意之由也。”邢瑭注：“大壮九三有乾，亦云‘羝羊’。坤卦无乾，彖亦云‘牝马’。”又：“遯无坤，六二亦称牛。明夷无乾，六二亦称马。”王氏揭示汉易忘意求象，舍本逐末，巧说滋漫，不得要领之大蔽，抨击象数易可谓切中要害，备而有当。象数家释《易》一心求象，遇牛虽无坤亦必穷思殚虑求出坤来，见乾纵使无马亦必辗转找出马来方罢休，弄得卦爻辞支离破碎而意不能全。

王弼自己的主张交代得相当明确。他说：“言生于象，故可寻言以观象。象生于意，故可寻象以观意。”“得意在忘象，得象在忘言。故立象以尽意，而象可忘也。重画以尽情，而画可忘也。”王弼承认《易》象的重要意义，肯定《易》意须由象尽，无象则《易》意无所寄寓，《易》亦不复为《易》。王弼之尤为高明处在于确切地指出了《易》中象与意和言的关系。言就是卦爻辞。王弼以为象在卦爻辞中，卦爻辞是象的文字表达。卦爻辞表达的是卦之象、爻之象。卦爻之外无别象，意就是思想，就是性情。《易》的根本目的是表意表情。象在它表意表情时才有自身的价值。研《易》学《易》的实质不是别的，是通过观象玩辞以求其意，求其情，即把握《易》中思想。“得意在忘象，得象在忘言”两句话极得《易》之真谛，孔学之本义，存留千古而不朽可能也。

王弼对《易》学的另一贡献是他说出了汉儒谁也没说出也不可能说出的话：“卦者时也，爻者适时之变者也。”（《周易略例·明卦适变通爻》）这句话抓准了卦与爻的实质，可以说是一语破的。《易》是摹写客观世界的，而客观世界又是永恒变动不居的。《易》摹写世界必然落实在世界之变上。因此《易》才有六十四卦三百八十四爻。变就是时。《系辞传下》说：“变通者趣时者也”，“爻也者效天下之动者也”。王弼的上述这句话与孔子《系辞传》完全相合，而且有所深入。王弼不仅指示出卦爻是反映时、动的，而且第一次确切无误地指明了卦与爻的关系。卦代表一个时代，在这个时代的范围内，卦相对不变。这一点极为重要，没这一点便陷入相对主义的不可知论。爻代表一个时代中的一个阶段，它是动的。六爻之动构成一卦自始至终的发展过程。卦也是动的，所以才说“卦者时也”。但卦是相对于他卦而言才是动的。若相对于构成它的六爻而言它又是静的。六爻在一卦之内变动不居，周流变化，所以才说，“爻者适时之变者也”。

王弼《周易注》包括六十四卦的卦辞爻辞和《文言传》《彖传》

上下、《象传》上下。《系辞传》上下、《说卦传》《序卦传》《杂卦传》是晋韩康伯注的。因为二人思想基本一致，后世人遂合为一书。王弼《周易注》一出即受到重视，南北朝期间与郑玄《周易注》相抗衡，至隋取郑注而代之，遂居独尊地位。唐初孔颖达奉敕修“五经正义”，于《周易》取的就是王弼和韩康伯的《周易注》。王、韩《周易注》进入官修《五经正义》，得到官方的承认，在《周易》流传的历史上是一件大事。它使孔子奠定基础的义理派《易》学取得了决定性的进展。

后世人对王弼《周易注》褒贬不一，迷恋象数派《易》学的人贬斥王注是自然的，而真正理解《周易》的学者总是给王弼注以极高也极公允的评价。主撰“五经正义”的孔颖达说它“独冠古今，所以江左诸儒并传其学，河北学者罕能及之”。王应麟《困学纪闻》说：“以义理解《易》，自王弼始”，“自辅嗣之学行，而象数之学隐”。宋人程颐说：“学《易》先看王弼。余谓辅嗣之注，学者不可忽也。”《四库提要》说：“平心而论，阐明义理，使《易》不杂于术数者，弼与康伯深为有功。”“祖尚虚无，使《易》竟入于《老》《庄》者，弼与康伯亦不能无过。瑕瑜不掩，是其定评。诸儒偏好偏恶，皆门户之见，不足据也。”

在《周易》流传的历史上另一里程碑式著作是北宋程颐的《易传》。是书《宋史·艺文志》作九卷，《二程全书》与《四库全书》均作四卷。据杨时跋语谓程氏未及成书而卒。其书用王弼注本，但解六十四卦、《彖传》《象传》《文言传》，将《序卦传》分置各卦之首。《系辞传》《说卦传》《杂卦传》无注。《四库提要》谓：“程子不信邵子之数，故邵子以数言《易》，而程子此传则言理，一阐天道，一切人事。”程氏《易传》序自述说：“予所传者辞也，由辞以得其意，则在乎人焉。”又说：“得其辞不达其意者有矣，未有不得于辞而能通其意者也。”程氏注《易》，推辞考卦，不重象，不言占。以为吉凶消长之理，进退存亡之道，备于辞；得其辞，象在其中，占则无须言了。

程颐对《周易》的性质认识得很准很透，极符合孔子对《周易》的看法。他是把《周易》作为一部哲学著作来对待的，不把它看成单纯卜筮之书。眼力敏锐的学者对他评价都很高。吕祖谦说：“理到语精，平易的当。”魏了翁说：“明白正大，切于持身用世。”丁晏说：“愚初读《本义》（朱熹著），专于卜筮，于《易》义未尽详也。后读程传，旁通曲畅，昭若发蒙。”

孔子奠基的义理派《易》学经王弼、孔颖达、程颐的发扬光大而得流传不息。然而象数派《易》学经南北朝的低落阶段，未曾绝灭，至唐代中期又死灰复燃。其最大的表现是李鼎祚撰《周易集解》，把早已亡佚之汉魏象数派诸家《易》说搜集汇合成书，从文献学的角度看，固然有相当的价值，而站在《易》学的立场说，它使已经清净的《易》学领域又见浑浊，影响是不好的。李鼎祚其人，《唐书》无传，据袁桷《清容居士集》载资州有鼎祚读书台，知为资州人。生活时代亦不可确考，《旧唐书·经籍志》称录开元盛世四部诸书而未载李氏此书，是知李氏为天宝以后人。

李氏《周易集解》集前人《易》说凡三十余家：子夏、孟喜、焦延寿、京房、马融、郑玄、荀爽、刘表、宋衷、王肃、王弼、何晏、虞翻、陆绩、姚信、翟玄、韩康伯、向秀、王廙、张璠、干宝、蜀才、刘瓛、沈驎士、伏曼容、姚规、崔觐、卢氏、何妥、王凯冲、侯果、孔颖达、崔憬等。书中虽将王弼、韩康伯、孔颖达诸人之说辑入，然而宗旨却如李氏自序所言，“刊辅嗣之野文，补康成之逸象”，宗郑康成之象数学，排王弼之义理学，是明确的。陈振孙《直斋书录解题》说：“隋唐以前，《易》诸家书，逸不传者，赖此书犹见其一二，而所取于荀虞者尤多。”李氏此书于《易》学是一种倒退。

至宋代，《易》学分为明显的义理与象数两派。程颐，还有他的前辈胡瑗，以及后来的李光、杨万里，是义理派的代表人物。宋代的象数派表现为图书之学，其最早的创始者是北宋初的方士陈抟。据《宋史·朱震传》引其所著《汉上易传》说：“陈抟以先天图传种放，放传穆修，修传李之才，之才传邵雍。”陈抟得修炼之图，因之创为太极、无极、河图、洛书、先天、后天诸说。周敦颐因陈说而稍为之变动，著《太极图说》。邵雍精于数，又稍加改移，著《皇极经世书》。于是宋代论《易》者多祖述其说。义理派《易》学家则反其道而行之，对图书之学大不以为然。其主要代表人物程颐于《答张闳中书》中说：“《易》因象以知数，得其义则象数在其中矣。必欲穷象之隐微，尽数之毫忽，乃寻流逐末，术家所尚，非儒者之务也。”

图书之学通过朱熹而扩大影响于后世。自元迄清，朱熹的学术地位达于极顶，朱熹对经典的解释与经典本身具有同样的权威性。朱熹的话与孔子的话一样不容怀疑。因此，朱熹之言语倘有毫忽之偏差，影响下去，其误谬便不止千里了。

朱熹的学问承传程颐，故后世人合称之曰程朱学派，可是在《易》学上，朱熹却承继程颐所反对的图书之学而与程颐相径庭。朱熹崇尚图书之学，虽未公开标榜反程，而实际上是象数派。朱熹明言《周易》是卜筮之书，从占筮的角度看待《易》辞。故其所著《易》书取名《周易本义》，意谓他所阐发的正是《周易》之本义——卜筮。他认为程颐忽略象数是个重大缺欠，须予以补充，所以于其书卷之首加入九个图。晚年又作《易学启蒙》，进一步发明图书之学。

朱熹论《易》，喜言太极、无极、先天、后天之说。如他说，“自伏牺以上，皆无文字，只有图书，最宜深玩”；“至于河图之出，然后五十有五之数，奇偶生成，粲然可见。此其所以深发圣人之独智，又非汎然气象之所可得而拟也。”“某于世传河图、洛书之旧，所以不敢不信者，正以其义理不悖，而证验不差尔。”（《答袁机仲书》）“天地只是不会说，请他圣人出来说。若天地自会说话，想更说得好自在。如河图、洛书，便是天地画出的。”“先天图直是精微，不起于康节、希夷，以前元有，只是秘而不传，次第是方士辈所相传的。”（《朱子全书》卷二十六）

朱熹一生著作不少，留下的零碎言语尤多，其声名和思想影响中国意识形态领域六百年之久，被誉为思想大家，是未被称作“圣人”的圣人。然而实际上够得上真知灼见的东西不过寥寥。他对孔子的“六经”几乎都做过研究，写过数种专书，见解却往往浅薄。《诗集传》废诗序而逞臆说，谓风诗多出于里巷歌谣之作，已属武断，置诗人作诗之义与孔子编诗之义有别于不顾，尤有欠审慎。朱熹于“六经”更大的失误不在《诗》而在《易》。他生当王弼、孔颖达、程颐之后，本当对孔子《易传》的思想有所理解，对《周易》一书的性质有所认识，而他竟后退到汉代去，认准《周易》是卜筮之书，占卜是学《易》的目的，象数是《易》的根本。他对道家方士假托《周易》名义搞出的东西甚感兴趣，不但对陈抟等人搞的河图、洛书、先天、后天等深信不疑，努力鼓吹，还撰写过《周易参同契考异》《阴符经考异》一些附合道家方术的书，用与《周易》根本无关的东西阐发《周易》的义理。朱熹学问固然博大，而对《周易》所知甚浅。他对后世《易》学的影响不小，而贡献是反面的。

清代学者对《周易》的研究可分为两派三类。一派倒退回去搞汉易，代表人物有惠栋、张惠言、焦循。一派是站在义理派的立场治《易》，其中一些人直接批判宋人陈、邵的图书学，先锋人物有黄宗羲、黄宗炎兄弟和胡渭，另一些人正面宣扬宋明人以程颐为代表的义理派《易》学观点，最重要的著作是李光地主纂的《周易折中》。

惠栋著有《周易述》二十一卷、《易例》二卷、《易汉学》八卷，今收在《清经解》和《清经解续编》中。这三部书都是全面肯定汉代象数《易》的。材料取自李鼎祚的《周易集解》，经过爬梳整理，加以系统化而成。《周易述》经传分开，先经后传，采摘、融合荀爽、虞翻、郑玄诸人遗说，约之成注成疏。惠氏治《易》盲目信古，不问其所以然，凡汉人之说都对都好，并且不知汉人各家的差别，一概拿来混用。卦气、纳甲、升降、互体、旁通、爻辰、飞伏、半象、两象、卦变这些汉人臆造的东西，是他解经解传的依据。《易汉学》不解卦，属于通论性质的书，它依次介绍孟喜、虞翻、京房、郑玄、荀爽等人的《易》说。最后分析河图、洛书、先天、后天、太极图等。惠氏的原则是愈古愈可信，他既论证这些东西皆出于宋人道家之手，理所当然地对它们持否定态度。《易例》只有两卷，主要用汉魏诸家的观点解释《易》学概念和命题如太极生次、太易、易、伏牺作《易》大义、伏牺作八卦之法、大衍、太极、元亨利贞大义、虞氏“之卦”大义、飞伏、爻等、贞悔、消息、乾升坤降、甲子卦气起中孚、两象易、反复不衰卦、旁通卦变、震巽特变、君子小人、五行相次等。惠栋在《易》学史上所起的作用很不好。汉人孟喜、京房、荀爽、郑玄以及三国虞翻诸人，离开孔子《易传》的正确观点、方法，创为与《易》根本无涉的所谓象数，在卦爻之外妄自生出诸多原不属于《易》的象来。魏人王弼起，尽扫象数，摧陷廓清，再经孔颖达的《周易正义》和程颐《易传》的继续开拓，笼罩在孔子《易》学大路上的雾瘴被驱散，这本是《易》学上的大好事，然而惠栋信古不知古，错将汉人自为的物什当成《周易》固有的本色，费了好大的力气从李鼎祚《周易集解》的箱箧中掏出来他认为至好无比的东西，精心制作，力求系统。他倾注了心血，以为将大有功于《易》，却不知道他的功是反面的。

张惠言主要的《易》著有《周易虞氏义》九卷、《周易虞氏消息》二卷、《虞氏易礼》二卷、《周易郑氏义》二卷、《周易荀氏九家义》一卷、《易义别录》五卷，收在《清经解》里。还有《易图条辨》一卷、《虞氏易事》二卷、《虞氏易言》二卷、《虞氏易候》一卷，收在《清经解续编》里。张氏对汉易的鼓吹比较惠栋更加发挥尽致，惠栋于汉易各家混同地说，不见侧重，张氏则重点分明在虞氏《易》，认为虞氏《易》最为完善可取，介绍、弘扬虞氏《易》不遗余力，把背离孔子《易》学更远的赝品当作真物推荐给世人，影响更为不好。张氏对宋人陈、邵诸家的图书之学耐心爬梳条辨，批评只在小处，大处还是肯定的。这一点似乎更在惠栋之下。

焦循《易》著有《易章句》十二卷、《易通释》二十卷、《易图略》八卷三种，统称《雕菰楼易学三书》，今收在《清经解》中。焦循对汉易的推究阐释，其系统化、理论化的水平超过惠栋、张惠言。焦氏在《易通释叙目》中说："其商瞿所受，杜田生所传，散见于孟喜、京房、郑康成、荀爽、虞翻之说，不绝如缕。惜乎汉魏诸儒不能推其所闻以详发圣之蕴，各持其见，苗莠杂糅，坐令老庄异端之流出而争之矣。"视汉代搞阴阳灾异五行，以纳甲、爻辰、卦气、旁通等等解《易》的孟喜、京房、郑玄、荀爽、虞翻之流为孔子《易》学的正传，有意混淆汉代象数《易》学与孔子义理《易》学的界限，影响之坏，可想而知。焦氏与惠栋、张惠言不同之处是他对汉易并不囫囵接受，他批判了汉易的许多东西，如卦变、半象、两象易、纳甲、纳音、卦气、爻辰诸说皆在他抨击之列。但是焦氏传的依然是汉易的东西，而且更糟的是他把明明是汉易的东西说成是他从经文传文中实测出来的，即得之于《周易》本身。他在《易图略叙目》中说，“余学《易》所悟得者有三，一曰旁通，二曰相错，三曰时行。此三者皆孔子之言也。”“比例之义出于相错，不知相错则比例之义不明。”“升降之妙出于旁通，不知旁通则升降之妙不著。”“变化之道出于时行，不知时行则变化之道不神。”升降、旁通，与汉人讲的没什么两样。至于时行、相错、比例，表面上好像与汉易不同，就其本质看，实与汉易无异。只是借用孔子《易传》中的几个词语为名，自做了些新花样以解《易》，自以为得孔子之义，其实是他的杜撰。所谓“相错”，不过也是用彼一卦解此一卦，例如他说家人䷤、解䷧即丰䷶、涣䷺之相错（丰䷶、涣䷺之上下体相互交错而成家人䷤、解䷧），所以丰卦称“蔀其家”。鼎䷱、屯䷂相错为噬嗑䷔，噬嗑食也，故鼎卦称“雉膏不食”。所谓“比例”亦同此，例如他说睽䷥二之五为无妄䷘，井䷯之噬嗑䷔五亦为无妄䷘，故睽之“噬肤”即噬嗑之“噬肤”。坎䷜三之离䷝上成丰䷶，噬嗑䷔上之三亦成丰䷶，故丰之“日昃”即离之“日昃”，丰之“日中”即噬嗑之“日中”。焦氏之相错、比例以及旁通、时行，与汉人之卦变、互体、旁通、半象、升降等等相比，其曼衍不经的程度有过之而无不及。焦氏这么搞，比汉人要自觉得多，危害也大得多。正如他在《易图略》中说的：“说《易》者执于一卦一爻，是知五雀之俱重，六燕之俱轻，而不知一燕一雀交而适平，又不知两行交易遍乘而取之，宜乎左支右屈，莫能通其义者也。”解此卦不在此卦求索，而于他卦苦苦搜寻，当然不是孔子治《易》的方法。阮芸台说他“石破天惊”，王伯申说他“凿破混沌，扫除云雾”，实在不当得很，都因为只见他的表面，未见他的内里。梁启超著《中国近三百年学术史》说“里堂之学不能叫作汉学，因为他并不依附汉人；不唯不依附，而且对于汉人所纠缠不休的什么飞伏、卦气、爻辰、纳甲之类一一辨斥”。评价甚高，殊不知焦里堂一面批评了汉易，一面又继承了汉易，看上去颇见创新，实则不曾离开汉易窠臼一步。

在上述惠、张、焦三家回头搞汉易之前，清初曾有几位有识见的学者著书批判宋人图书之说，其功劳不容泯灭。他们是黄宗羲、黄宗炎和胡渭。

黄宗羲，字太冲，号梨洲，浙江余姚人，著有《易学象数论》六卷，《四库全书》收入。前三卷论河图、洛书、先天、方位、纳甲、纳音、月建、卦气、卦变、互卦、筮法、占法，附加原象，为内篇，全部论象。后三卷论太玄、乾凿度、元包、潜虚、洞极、洪范数、皇极数以及六壬、太乙、遁甲，为外篇，全部论数。基本观点是说作《易》的圣人用象揭示思想给人看，《易》象止有八卦、六爻、象形、爻位、反对、互体、方位七种，后人搞的纳甲、动爻、卦变、先天四者是伪象。这个观点大体上是对的。黄氏此书的弱点是对河图、洛书未作彻底的批评，反而据宋人薛季宣之说，以为河图即后世之图经，洛书即后世之地志。《顾命》所谓之河图即后世之黄册。结果非但未能击败陈邵图书之学，倒使对方得据经典以反唇回击。

黄宗羲的弟弟黄宗炎著有《周易象辞》二十一卷，附《寻门余论》二卷、《图书辨惑》一卷，《四库全书》收入。《周易象辞》解释卦辞爻辞全以义理为主，力排宋人图书之学。《寻门余论》力斥图书源于伏牺、藏匿数千年、至陈抟始出之说为不可信。《图书辨惑》说陈抟之图书乃道家养生之术；周敦颐的《太极图说》图掺杂神仙，说假冒《易》道；朱熹从“而”字分析更流于佛家。

胡渭所著《易图明辨》，是扫荡宋人图书之学最有力、最有功、最具水平的一部书。可惜二百多年来如同湮没，未得到应有的重视。书共十卷，《四库全书》收入，《清经解续编》亦收入。书中对河图、洛书、五行、九宫、周易参同契、先天太极图、龙图、易数钩隐图、启蒙图书、先天古易、后天之学、卦变等等做条分缕析、溯本寻源的批评。最后一卷列“象数流弊”一目，总结性地批判陈抟、邵雍之学，从理论上深刻指明义理与象数的关系。

胡氏论《易》，旁征博引而要领显著，观点明确而理据俱足，对《易》学中的荒唐谬悠之说锋锋利利地批判开来，如同剥笋，步步紧逼，层层深入，使之明明晃晃无处容身；它们究竟是些什么物什，令人看得一清二白，无须置疑。所云道理，最为根本的有以下各点：(一)图书非《易》原有，应一概废弃不用。他说：“《诗》《书》《礼》《乐》《春秋》，皆不可以无图，唯《易》则无所用图。六十四卦二体六爻之画，即其图矣。白黑之点，九、十之数，方圆之体，复姤之变，何为哉！其卦之次序方位，则乾坤三索、出震齐巽二章尽之矣。图可也，安得有先天后天之别。河图之象，自古无传，从何拟议？洛书之文，见于《洪范》，奚关卦爻？五行、九宫初不为《易》而设，《参同契》先天太极，特借《易》以明丹道，而后人或指为河图，或指为洛书，妄矣。妄之中又有妄焉，则刘牧所宗之龙图，蔡元定所宗之关子明《易》是也。此皆伪书。九、十之是非，又何足校乎！故凡为《易》图以附益经之所无者，皆可废也。”(卷首《题辞》)(二)区分《易》之象数与后世人附益之象数的不同。胡氏说：“《易》之所谓象数，蓍卦焉而已。卦主象，蓍主数。二体六爻，刚柔杂居者，象也。大衍五十，四营成易者，数也。经文粲然，不待图而明。若朱子所列九图，乃希夷、康节、刘牧之象数，非《易》之所谓象数也。”(《象数流弊》篇)(三)强调《易》之象不同于物象。胡氏说，“八卦以象告，爻彖以情言’，象者二体六爻之画是也”。“潜龙牝马等语，若《诗》之比兴，总谓之辞，非夫子之所谓象。”又引项安世语曰“凡卦辞皆曰彖，凡卦画皆曰象”，“故指画为象，非谓物象也。大象总论六画之义，小象各论一画之义，故皆谓之象。其曰天曰龙者，自因有象之后推引物类以明之耳。本称之象，非此之谓也”(《象数流弊》篇)。(四)指认《易》非单纯卜筮之书，圣人非专为卜筮而作《易》。胡氏说：“《易》为卜筮之书，与医药种树并称，秦人之见也。”“圣人岂专为卜筮而著一书，使天下后世之人日日端策拂龟听命于鬼神而不务民义也哉！”且谓伏牺、文王、周公、孔子之作《易》经传，其意一致，皆在立人之道曰仁与义。《易》之于人伦日用不可斯须去，上可以穷理尽性，下可以反身寡过，非徒卜筮之书(《象数流弊》篇)。(五)视孔子、王弼、程颐为《易》学之正宗而陈、邵图书之学为别传。胡氏引顾炎武《日知录》说：“夫子未尝专以象数教人为学也。是故出入以度，无有师保，如临父母，文王、周公、孔子之《易》也。希夷之图，康节之书，道家之《易》也。自二子之学兴而空疏之人，迂怪之士，举窜迹于其中，以为《易》，而其《易》为方术之书，于圣人寡过反身之学，去之远矣。”又引黄宗羲《易学象数论》说：“《汉书·儒林传》孔子六传至菑川田何，《易》道大兴。吾不知田何之说何如也。降而焦、京世应、飞伏、动爻、互体、五行、纳甲之变无不具者。吾读李鼎祚《易解》，一时诸儒之说芜秽康庄，使观象玩占之理尽入于淫瞽方技之流，可不悲夫”！“王辅嗣出而注《易》”，“庶几潦水尽而寒潭清矣”，“试读其《注》简当而无浮义，何曾笼落玄旨，故能远历于唐发为《正义》，其廓清之功不可泯也。”“逮伊川作《易传》，收其昆仑旁薄者，散之于六十四卦中，理到语精，《易》道于是乎而大定矣。”“世儒过视象数，以为绝学，故为所欺，余一一疏通之，知其于《易》本了无干涉。”

清代主义理斥象数图书之《易》著不止黄氏兄弟和胡氏三家，唯以三家之说最为锋利明通，故扼要评述如上。清代另外亦有采宋元明义理派《易》学诸家说解《周易》经传之著作多种，而以李光地主纂的《周易折中》尤为有功于孔子之《易》学。此书卷首冠以《纲领》，概述作《易》传《易》源流，通论《易》道精蕴、经传义例，指示读《易》之方法，评说诸家说《易》之短长。大体肯定王弼、程颐义理之学，而对汉宋象数之学未做坚决的批评，故大多采取朱熹之说，于义理、象数两派各打五十板。编后附有蔡元定以朱熹名义写的《易学启蒙》，更能说明编者于朱熹之谬说仍不能断然抛弃。但是假若揭开表面文章看其解卦的实质，则知编者委实心在义理，而于象数、图书之学不感兴趣。每观象解卦释爻皆首举朱子《本义》而次以程颐《易传》，然后在“集说”栏目之下列举自汉迄明诸家《易》说。重点在宋元明以义理说《易》诸家。虽首朱熹，名义而已，其指归则在程颐。象数、图书诸家如京房、荀爽、郑玄、虞翻、陆绩、干宝、蜀才、关朗、刘牧、周敦颐、邵雍、朱震、来知德等，偶尔亦有所采取，但必有助于训释卦辞爻辞，发明经义。谶纬、互体、卦变、纳甲、爻辰等等全在它摒弃之列，一切支离幻渺之说，咸斥不录。一部官修之书，在以朱熹为圣人，以朱子压孔子的时代，敢于恢复、彰明孔子《易》学的传统，对汉易不予理睬，对朱熹抬举的陈、邵图书之学予以事实上的批评，实为《易》学史上的壮举。

清人在弘扬义理派《易》学，恢复孔子《易》学传统方面做过许多贡献，然而问题并未解决。《周易折中》《易学象数论》《易图明辨》问世已二百多年，学界死死咬定《周易》是卜筮之书，专心于象数、图书的，仍不乏其人，以至于书肆上冒《周易》之名贩算卦之实的末流滥书充斥不绝。

五、《春秋》的流传

《春秋》表面上看是一部史书，它分年纪事，上起鲁隐公元年即周平王四十九年，公元前722年，下止鲁哀公十四年即周敬王三十九年，公元前481年，中经鲁国隐、桓、庄、闵、僖、文、宣、成、襄、昭、定、哀十二公，计242年。文字约1.6万，是“六经”中字数最少的一部。据《汉书·艺文志》记载，《春秋》在汉代有两种本子。一种是《春秋古经》十二篇，十二公一公一篇，皆古字古言。钱大昕《汉书考异》说：“谓左氏经也。刘歆《传》：‘歆校秘书，见古文《春秋左氏传》。’又云：‘《左氏传》多古字古言。’许慎《五经异义》言：‘今《春秋》，公羊说，古《春秋》，左氏说。’”一种是《经》十一卷，班氏自注曰：“公羊、穀梁二家。”知是公、穀所传之今文《春秋》经。因闵公不过两年，附于庄公为一卷，故十二公为十一卷。在汉代这两种本子《春秋》经都单行，与公、穀、左三传并不配合。经与传什么时候配合到一起的呢？杜预《春秋左传集解》序说：分经之年与传之年相附，比其义类，各随而解之。”陆德明《经典释文》卷十五说：“旧夫子之经与丘明之传各卷，杜氏合而释之，故曰《经传集解》。”是知左氏经传之合始于杜预。公、穀所传之今文《春秋》经传合一始于何时何人，史无明文。据《四库全书总目提要》，《公羊传》与经之配合，始于唐人徐彦为《公羊传解诂》作疏之时。《穀梁传》与经之配合，始于晋人范宁作《春秋穀梁传集解》。然而皆属推测之辞，不宜视为定论。

自汉迄清，《春秋》经的流传，问题发生在人们对“三传”的态度上。对“三传”各持怎样的看法，又取决于人们对《春秋》这部书的性质怎样看。看法不外乎两种：一种视《春秋》为明义之书；一种以为《春秋》乃史书，唯记事而已。

《孟子·离娄下》说：“晋之《乘》，楚之《梼杌》，鲁之《春秋》，一也。其事则齐桓晋文，其文则史。孔子曰：‘其义则丘窃取之矣。”《庄子·天下篇》说：“《易》以道阴阳，《春秋》以道名分。”《荀子·儒效》说：“《春秋》言是其微也。”董仲舒《春秋繁露·玉杯》说：“《易》本天地，故长于数；《春秋》正是非，故长于治。”《史记·滑稽列传》说：“《易》以神化，《春秋》以义。”《自序》说：“《易》以道化，《春秋》以道义。”又，《自序》引董仲舒述孔子语：“我欲载之空言，不如见之于行事之深切著明也。”可见战国和汉代诸大家皆视《春秋》为借事明义之书。近人皮锡瑞《经学通论》说：“孔子并非不见国史，其所以特笔褒之者，止是借当时之事，做一样子，其事之合与不合，备与不备，本所不计。孔子是为万世作经，而立法以垂教，非为一代作史而纪实以征信也。”皮氏此说极是。《春秋》不是纪事的史书，是借事明义的经书，是讲政治的书。

《春秋》经文之义要靠传来说解，否则不能明白。《春秋》有公、穀、左三传。《公羊传》《穀梁传》直接释《春秋》微言大义。《左传》记事详赡，虽不传义，却可以证《春秋》之义。所以正确的态度应当是“三传”并举，承认“三传”都是《春秋》的传。《四库全书总目提要》于《春秋左传古义》六十卷说：“周左丘明撰，晋杜预注，唐孔颖达疏。左氏褒贬或不确，而所述事迹则皆征国史。不明事迹之始末，而臆断是非，虽圣人不能也。故说《春秋》者，必以是书为根柢。”肯定《左传》是《春秋》的传。皮氏

《经学通论》引张杓曰："传有二义，有训诂之传，有载记之传。训诂之传主于释经，载记之传主于纪事。""公、穀依经立传，经所不书，更不发义，故康成谓穀梁善于经，王接亦曰公羊于文为俭，通经为长，此而例之训诂之传，犹或可也。""汉晋诸儒言左氏者，莫不以为纪事之书，所谓载记之传是也。"张氏传有二义之说是正确的。公、穀二传释《春秋》之义，左氏以事解《春秋》。否认《左传》是《春秋》之传，是不对的。

然而曾经有一种错误的认识对《春秋》的流传影响极为不好，即为了抬高《左传》的地位，否认《春秋》是明义之书，把《春秋》与史书等同起来。第一个这样做的人是西汉末年的刘歆。刘歆整理中秘图书，贡献极大，其功不可泯灭，唯其于《春秋》之言论甚为谬悠不经。《汉书·艺文志》乃抄自刘歆之《七略》，其说出自刘歆，当无疑问。其《序文》曰："昔仲尼没而微言绝，七十子丧而大义乖。"此纯系谬说。等于否认了《公羊传》《穀梁传》是传《春秋》微言大义的。同时也等于把《春秋》是道义之书，贬为记事之书了。《汉书·艺文志》之《六艺略》春秋类结语说："左史记言，右史记事。事为《春秋》，言为《尚书》。帝王靡不同之。"此话亦本于刘歆《七略》，思想属于刘歆无疑。中国古代根本没有左史记言右史记事之事，且古人于"六经"总是《诗》《书》对举，《礼》《乐》对举，《易》《春秋》对举。刘歆为了抬高《左传》，争立《左传》于学官，乃故意硬将《春秋》与《尚书》对举，诬《春秋》为记事之书。《汉书·楚元王传》说："歆以为左丘明好恶与圣人同，亲见夫子，而公羊、穀梁在七十子后。传闻之与亲见之，其详略不同。"刘歆衡量"三传"短长的标准是详略。左丘明见过孔子，故《左传》详；公、穀在七十子后，未见过孔子，故《公羊传》《穀梁传》略。既云详略，所指必是史事。若言明义，则详略无从说起。刘歆心中所想，《春秋》是记事之书，《左传》记事较详，故视公、穀二传为优。

第二个贬抑《春秋》的人是西晋人杜预。杜预是司马懿的女婿，他作《春秋左传集解》，出于政治上的用心，用《左传》压《春秋》，以周公抑孔子。其《春秋序》说，“仲尼因鲁史策书成文，考其真伪，而志其典礼，上以遵周公之遗制，下以明将来之法。”“其发凡以言例，皆经国之常制，周公之垂法，史书的旧章。仲尼从而修之，以成一经之通体。”显然是在论说《春秋》之作虽经孔子之手，但孔子因的是鲁史策书成文，遵的是周公的遗制，明的是将来之法，没有多少是他自己的东西。这实际上就是否掉了孔子作《春秋》。杜氏取《左传·昭公二年》“韩宣子适鲁，见《易象》与鲁《春秋》，曰周礼尽在鲁矣”一句为据，以为以此即可证明所谓孔子作《春秋》，不过翻检周公旧制，抄录鲁史旧闻而稍加刊正而已。杜氏在其《春秋左传集解》后序中更加无视孔子为《春秋》有其窃取之义。将《春秋》与《竹书纪年》相比照，以为《竹书纪年》“其著书文意大似《春秋》经”，“推此，足见古者国史策书之常也。”将《春秋》与一般国史策书等同起来。又说：“(《竹书纪年》) 诸所记多与《左传》符同，异于《公羊》《穀梁》，知此二书近世穿凿，非《春秋》本意，审矣。”可见杜氏品评《春秋》及“三传”，心中有一个标准，即看纪事如何，不管明义怎样。《竹书纪年》纪事与《左传》符合，“皆承告据实”，好。《公羊传》《穀梁传》则近世穿凿，不好。杜氏将“三传”短长完全弄反。

在贬《春秋》抬《三传》的路上走得更远的是作《史通》的唐朝人刘知几。刘氏相信刘歆“左史记言，右史记事，事为《春秋》，言为《尚书》”的说法，而拘泥尤甚。《史通·载言》说：“古者言为《尚书》，事为《春秋》，左右二史，分尸其职。盖桓文作霸，纠合同盟，春秋之时，事之大者也，而《尚书》缺纪。秦师败绩，穆公诫誓，《尚书》之中，言之大者也，而《春秋》靡录。此则言、事有别，断可知矣。”以为记事是《春秋》的特点，因而于《六家》篇将《春秋》作为史书与《史记》《汉书》《左传》《国语》等同列，视《春秋》与《竹书纪年》《汲冢琐语》《晏子春秋》《虞氏春秋》《吕氏春秋》《楚汉春秋》等为同类。更于《惑经》篇指斥《春秋》有十二“未谕”，以史家标准衡量《春秋》。前人论《春秋》之语，如夫子“作《春秋》，笔则笔，削则削，子夏之徒不能赞一辞”，“善人劝焉，淫人惧焉”，“孔子成《春秋》，乱臣贼子惧”，“孔子曰，知我者其唯《春秋》乎！罪我者其唯《春秋》乎”等等，刘氏一概斥之为虚美之辞，从根本上否定了《春秋》的价值。于《申左》篇抨击《春秋》尤不遗余力。说《春秋》“于内则为国隐恶，于外则承赴而书。求其本事，大半失实”。“寻斯义之作也，盖是周礼之故事，鲁国之遗文，夫子因而修之，亦存旧制而已”。“至于实录，付之丘明，用使善恶毕彰，真伪尽露。向使孔经独用，《左传》不作，则当代行事，安得而详者哉？”以实录与否论《春秋》与《左传》,《左传》当然强于《春秋》。问题在于刘氏不知《左传》作为《春秋》传，以事解《春秋》，纪事详于《春秋》，是理所当然的；《春秋》借事明义，不以纪事为主，所以才需要《左传》来解它。

刘氏以史家的标准要求《春秋》，更以史家标准说“三传”短长。其谓《左传》有三长，一曰“笔削及发凡例，皆得周典”，二曰“其《传》广包它国，每事皆详”，三曰“凡所采摭，实广闻见”。虽云“三长”，其实不过一长，记事详赡而已。其谓《公羊传》《穀梁传》有五短，一曰“语地则与鲁产相违，论时则与宣尼不接”，二曰“其录人言也，语乃龃龉，文皆琐碎”，三曰“自我作古，无所准绳，故理甚迂僻，言多鄙野”，四曰“述经文，无所发明，依违而已”，五曰“违夫子之教，失圣人之旨，奖进恶徒，疑误后学”。虽曰五短，其实不过一短，即二传不如《左传》远甚。意谓今有《左传》在，公、穀二传可废矣。所以刘氏说：“若无左氏立传，其事无由获知。然设使世人习《春秋》而唯取两传也，则当其时二百四十二年行事茫然缺如，俾后来学者几成聋瞽者矣。”刘氏不适当地过分夸大了《左传》的意义，根本不承认《公羊传》《穀梁传》的价值。就史书的角度说，《左传》是无与伦比的；倘无《左传》，古史将大半不明。就《春秋》传的角度说，公、穀是不可或缺的，倘无公、穀，《春秋》之义将不能明。

《左传》这书在汉代出现较晚，第一个与之打交道且给后世人留下深刻印象的，是西汉晚期的刘歆。据《汉书·楚元王传》载，刘歆“校秘书，见古文《春秋左氏传》，歆大好之。时丞相史尹咸以能治《左氏》，与歆共校经传。歆略从咸及丞相翟方进受，质问大义。初，《左氏传》多古字古言，学者传训故而已。及歆治《左氏》，引传文以解经，转相发明，由是章句义理备焉”。“歆以为左丘明好恶与圣人同，亲见夫子，而公羊、穀梁在七十子后，传闻之与亲见之，其详略不同。”“及歆亲近，欲建立《左氏春秋》及《毛诗》《逸礼》《古文尚书》皆立于学官。”又刘歆《移让太常博士书》呼吁“谓左氏为不传《春秋》，岂不哀哉”！《后汉书·范升传》记范升与韩歆讨论立不立《左氏春秋》于学官说：“《左氏》不祖孔子，而出于丘明。师徒相传又无其人，且非先帝所存，无因得立。”

这些记载给人以这样的印象，《左传》在西汉传授不明；刘歆本人与《左传》有密切的关系，《左传》本不解经，至刘歆“引传文以解经”，才成为《春秋》传；《左传》与孔子无涉，是后世人把它与《春秋》连系起来的。因此，后世有人怀疑《左传》中之五十凡例、“君子曰”及其他解经语是刘歆故意窜入的，甚至于说

《左传》全书都是刘歆伪造。至少认为《左传》不解《春秋》，不是《春秋》的传。

说刘歆伪作《左传》，于事理不合。刘歆能够托古自作《左传》这么一部大书而不露马脚，且敢于面对反对派的激烈反对，在皇帝面前公然推销自己的私货，料他不会有这么大的能力和胆量。况且在当时书由手写的条件下，刘歆即使能伪作一部书，却不能使人不识破。反对《左传》立学官的博士们只说《左传》不传《春秋》，却不说《左传》是刘氏伪作。还有，在刘歆同时代治《左传》的还有尹咸和翟方进，并非刘歆独自一家。《左传》这书在汉代是有传授脉络的。刘歆之前早有《左传》流传，无须也不容刘氏去作伪。《史记·十二诸侯年表》序说："孔子明王道，干七十余君，莫能用，故西观周室，论史记旧闻，兴于鲁而次《春秋》。""鲁君子左丘明惧弟子人人异端，各安其意，失其真，故因孔子史记具论其语，成《左氏春秋》。"清代今文经学家刘逢禄《左氏春秋考证》说："曰'鲁君子'，则非弟子也。曰《左氏春秋》，与铎氏、虞氏、吕氏并列，则非传《春秋》也。故曰《左氏春秋》，旧名也。曰《春秋左氏传》则刘歆所致也。"又说："太史公时名《左氏春秋》，盖与晏子、铎氏、虞氏、吕氏之书同名，非传之体也。《左氏传》之名盖始于刘歆《七略》。"刘氏只是说《左氏传》之名始于刘歆，司马迁作《史记》时名曰《左氏春秋》，《左氏春秋》不是《春秋》的传，没有说《左氏传》是刘歆伪作。《春秋左传集解·春秋序》孔疏引刘向《别录》云："左丘明授曾申，申授吴起，起授其子期，期授楚人铎椒，铎椒作《抄撮》八卷授虞卿，虞卿作《抄撮》九卷授荀卿，荀卿授张苍。"张苍以下之传授系统，《汉书·儒林传》和《经典释文序录》皆有说。其实《别录》的一段记载足以证明《左传》乃先秦旧籍，非刘歆伪记之作。刘向的话可信否？可信。刘向没有必要也没有可能为他的儿子后来作伪说下假话。据《汉书·楚元王传》，刘向是个“简易无威仪，廉靖乐道，不交接世俗”，敢于坚持与外戚恶势力做斗争的正派人，刘歆却做了王莽新朝的国师嘉信公。在学术上，向歆父子亦有分歧。刘向习《穀梁春秋》，而刘歆见《春秋左氏传》，大好之，以为《左传》详于公、穀二传。“歆数以难向，向不能非间也，然犹自持其《穀梁》义。”父子政治品格迥异，学术观点两歧，于情理上说，刘向不可能与儿子刘歆合谋欺世骗人。孔疏所引刘向《别录》关于《左传》传统系统的记载，细节或不免有误，但大体应是事实。而况在刘歆校中秘书，发现《春秋左氏传》“大好之”之前，早有人见过《左传》。《左传》在民间被发见，献上朝廷，藏入中秘，然后刘歆才得以见之。尽管《左传》之出，诸说不一，王充《论衡·案书篇》以为出于孔壁，许慎《说文解字序》以为张苍所献，《汉书·楚元王传》以为自来藏于秘府，但有一点是共同的，即在刘歆之前就存在《左传》这部书，只是书的名称前后有异罢了。

关于《左传》这部书，我们应承认它是先秦旧物。它出于孔子同时代人鲁君子左丘明之手，当为事实。说刘歆伪作《左传》，迄今仍找不出立得住的文献证据。《公羊传》《穀梁传》是《春秋》的传，《左传》也是《春秋》的传。《春秋》借事明义，公、穀二传直解《春秋》的义，《左传》则将《春秋》的事补全加详，令人易于理解《春秋》的义。《左传》的“君子曰”有一定的意义，其“五十凡例”则大多不足取。西汉的博士们咬定《左传》不传《春秋》，不是《春秋》传，是出于今古文门户之见和争夺立学官不立学官的政治用心。

但是《春秋》毕竟是“道名分”，“道义”的书，里面蕴含着孔子的政治思想。《公羊传》以及《穀梁传》是七十子后学直接讲解、传授《春秋》之微言大义的。传播孔学，公穀二传远胜于《左传》。故公、穀二传显则《左传》微，《左传》显则公、穀二传微。《左传》显则《春秋》之义微，公、穀二传显则《春秋》之义显。

汉代治《公羊传》的学者不少，卓有影响的二人而已，一是西汉的董仲舒，二是东汉的何休。董仲舒留下一部《春秋繁露》，何休留下一部《春秋公羊经传解诂》即《公羊注》。关于董仲舒，《汉书·儒林传》说，汉兴，“言《春秋》，于齐则胡毋生，于赵则董仲舒”。《史记·儒林列传》说：“汉兴至于五世之间，唯董仲舒名为明于《春秋》，其传公羊氏也。”《史记·十二诸侯年表序》说：“上大夫董仲舒推《春秋》义，颇著文焉。”《索隐》曰：“《春秋繁露》是。”是知董仲舒治春秋公羊学，是汉初五世间最懂《春秋》的人。他研究《春秋》之义，不研究《春秋》之史，他写过许多关于《春秋》的文章，编成书就是今存的《春秋繁露》。

《春秋繁露》对《春秋》及公羊学的贡献主要有三：第一，解决了《春秋》微言大义的问题。微言大义应保存在七十子后学传授的公、穀二传中，但什么是微言大义，二传未明确点出，后人见仁见智，莫衷一是。清人皮锡瑞《经学通论》说大义是诛讨乱臣贼子，微言是改制立科。这是不对的。诛讨乱贼是孔子作《春秋》的目的，孔子对此并不讳言，《孟子》书也已讲得清清楚楚，如果这便是微言大义，本不是问题，《汉书·楚元王传》何以记刘歆的话说“夫子没而微言绝，七十子丧而大义乖”！第一个触及《春秋》微言大义问题的人是董仲舒。《公羊传·成公十五年》说：“曷为殊会吴？外吴也。曷为外也？《春秋》内其国而外诸夏，内诸夏而外夷狄。王者欲一乎天下，曷为以外内之辞言之？言自近者始也。”《公羊传》于隐公元年、桓公二年、哀公十四年三次述及“所见异辞，所闻异辞，所传闻异辞”。这两段话体现着《春秋》“自近者始”的原则。“自近者始”，是《春秋》大义之一。董仲舒对《春秋》这一观点理解极为深透。《春秋繁露·王道》说：“亲近以来远，故未有不先近而致远者也。故内其国而外诸夏，内诸夏而外夷狄，言自近者始也。”《春秋繁露·观德》甚至把《春秋》“陨石于宋五”和“六鹢退飞”都说成是“自近者始”原则的体现。说那是“耳闻而记，目见而书，或徐或察，皆以其先接于我者序之”。推及国事更是如此。董氏说，“诸侯朝鲁者众矣，而滕薛独称侯”，“诸侯与盟者众矣，而仪父独渐进”，“吴楚国先聘我者见贤”，都蕴含着《春秋》“自近者始”的原则。《春秋繁露·楚庄王》把《春秋》十二公划为所见、所闻、所传闻三个时间段落，以为《春秋》于三个不同时期记事用辞有差别，“于所见微其辞，于所闻痛其祸，于所传闻杀其恩”。为什么要这样呢？董氏说，“义不讪上，智不危身，故远者以义讳，近者以智畏。畏与义兼，则世逾近而言逾谨矣”。远的事情有所避讳，近的事情有所畏忌。时间越近说话越小心谨慎。这是“自近者始”。《春秋》还有一项大义，董仲舒也注意到了。《孟子》说“《春秋》，天子之事也”，《公羊传·僖公四年》说“桓公救中国而攘夷狄，卒怗荆，以此为王者之事也”。“天子之事”，“王者之事”，不外是说《春秋》站在王者的高度评说二百四十二年历史，其办法主要是笔削。司马迁从董仲舒学过《春秋》，他对《春秋》的认识必来自董仲舒。《史记·自序》说，“余闻董生曰：‘周道衰微，孔子为鲁司寇，诸侯害之，大夫壅之。孔子知言之不用，道之不行也，是非二百四十二年之中，以为天下仪表，贬天子，退诸侯，讨大夫，以达王事而已矣。’”“夫《春秋》上明三王之道，下辨人事之纪，别嫌疑，明是非，定犹豫，善善恶恶，贤贤贱不肖，存亡国，继绝世，补敝起废，王道之大者也。”《孔子世家》说，“至于为《春秋》，笔则笔，削则削，子夏之徒不能赞一辞。弟子受《春秋》，孔子曰，‘后世知丘者以《春秋》，而罪丘者亦以《春秋》’。”通过笔削的办法“以达王事”，这一重要原则实际上也是董氏指出的。

董仲舒对《春秋》公羊学的第二个贡献，是他指出了《春秋》用辞有常有变的特点。《竹林》说："《春秋》无通辞，从变而移。"又说："《春秋》之道，固有常有变，变用于变，常用于常，各止其科，非相妨也。"《精华》说："《春秋》固有常义，又有应变。"《玉英》说："《春秋》有经礼有变礼。"《楚庄王》说："《春秋》之用辞，已明者去之，未明者著之。"《春秋》这一为世人公认的用辞多变的特点是董仲舒首先说明白的。董氏对《春秋》用辞多变的特点把握得圆熟而准确。《孟子》说"《春秋》无义战"，《春秋》实际上于战攻侵伐之事必一二书，且有偏战之说。董氏以《春秋》用辞多变解释这一矛盾。董氏说《春秋》之于偏战，是善其偏不善其战。偏战，《竹林》说："比之诈战，则谓之义；比之不战，则谓之不义。故盟不如不盟，然而有所谓善盟；战不如不战，然而有所谓善战。不义之中有义，义之中有不义。辞不能及，皆在于指。非精心达思者，其孰能知之！"这话比"《春秋》无义战"灵活、辩证，更符合《春秋》的实际情况。又，《春秋·宣公十五年》："宋人与楚人平。"依《春秋》常例，外平不书，书则必有深义。董氏指出《春秋》书此，意在表彰楚大夫司马子反。《春秋》的原则是"卿不忧诸侯，政不在大夫"。司马子反未经与国君请示，擅自与交战的敌方讲和，体恤宋民人相食之苦。这两条都犯了，《春秋》还大书之，是因为司马子反做到了当仁不让。为了不失仁，在特殊情况下，礼可不顾。董氏强调说："故说《春秋》者无以平定之常义，疑变故之大。"这极得孔子作《春秋》之要领。

第三，《史记·孔子世家》讲《春秋》"据鲁，亲周，故殷"的原则，很可能司马迁得自董仲舒。“据鲁”，《春秋》本鲁史，以记鲁事为主。“亲周”，周乃天子之国，周事《春秋》理当优先记载。“故宋”，宋是王者后，宋事《春秋》亦不得忽略。《公羊传·宣公十六年》说：“成周宣榭灾。成周者何？东周也。宣榭者何，宣宫之榭也。何言乎成周宣榭灾？乐器藏焉尔。成周宣榭灾何以书？记灾也。外灾不书，此何以书？新周也。”新、親二字古通用。《公羊传》之“新周”即《史记》之“親周”。《公羊传·襄公九年》说：“宋火何以书？记灾也。外灾不书，此何以书？为王者后记灾也。”《穀梁传》说：‘宋灾。外灾不志，此其志何也？故宋也。”知《春秋》确有親（新）周、故宋之义。《春秋繁露》之《三代改制质文》、《王道》诸篇既云“新周”又云“王周”，似自相矛盾，然而若遍检全书，仔细寻绎，董氏以为《春秋》“親周”而非“绌周”“王鲁”的观点，清晰可见。

董仲舒在《春秋》研究上的糟粕也不容忽视。他的天人感应说对当代和后世产生了极坏的影响。《春秋》记灾异但不讲感应，董氏则将自然灾异归诸天意感应且加诸《春秋》。《王道》篇说：“日为之食，星陨如雨，雨螽，沙鹿崩，夏大雨水。”“地震，梁山崩，壅河三日不流，彗星见于东方，孛于大辰，鸲鹆来巢”。是周衰，诸侯背叛，并兼无已，臣下僭上造成的。这些臆说硬加诸《春秋》，既给《春秋》的流传投下阴影，也开了汉代符瑞、谶纬风的先河。

在《春秋》流传历史上另一位重要人物是公羊家何休。何休生于公元 2 世纪，著有《春秋公羊传解诂》，今传世。还有《春秋驳汉事六十条》《公羊墨守》《左氏膏肓》《穀梁废疾》《公羊文谥例》等，已大部分亡佚。何休是位坚定的公羊家，在反对左氏家的理论斗争中不遗余力。他用十七年的工夫写成的《春秋公羊传解诂》至今仍是《春秋》学的基本著作。他提出的“三科九旨”事实上成为后世《春秋》公羊学的理论核心。清人刘逢禄《公羊春秋何氏释例》说："无'三科九旨'则无公羊，无公羊则无《春秋》。"可见何休于《春秋》公羊学贡献很大。但是何休的问题也不小。他提出的"三科九旨"在主要之点上歪曲了《春秋》和《公羊传》的本义。

何休提出的"三科九旨"蕴含在他的巨著《春秋公羊传解诂》中，后世公羊学者往往有具体的引述。徐彦《春秋公羊传注疏》书题下引《公羊文谥例》说："'三科九旨'者，新周故宋以《春秋》当新王，此一科三旨也。所见异辞，所闻异辞，所传闻异辞，二科六旨也。内其国而外诸夏，内诸夏而外夷狄，是三科九旨也。"

何休这"三科九旨"后二科语出《公羊传》原文，前一科是他自己提炼出来的。《春秋》与《公羊传》都无黜周王鲁之义，"三科九旨"第一科"新周故宋，以《春秋》当新王"的黜周王鲁之说是何休强加给《春秋》和《公羊传》的。

何休的黜周王鲁说得自对《公羊传》的曲解。《春秋·宣公十六年》书："成周宣榭火。"《公羊传》解释说："成周宣榭灾，何以书？记灾也。外灾不书，此何以书？新周也。""新周"即"親周"，何休却说："新周，故分别有灾不与宋同也。孔子以《春秋》当新王，上黜杞，下新周而故宋，因天灾中兴之乐器，示周不复兴，故系宣榭于成周，使若国文，黜而新之，从为王者后记灾也。"何休把天人感应的观点加诸孔子，把黜周的帽子扣到《春秋·隐公元年》头上。周既被黜为王者后，便须有新王。新王本无有，何休乃"以《春秋》当新王"。《春秋》毕竟是书不是国，于是又提出"王鲁"之说，以为《春秋》以鲁当新王，用鲁统取代周统。《春秋》书："三月，公及邾娄仪父盟于昧。"称邾娄君之字以褒之，《公羊传》释曰："渐进也。"何休却说："《春秋》王鲁，托隐公以为始受命王，因仪父先与隐公盟，可假见褒尝之法，故云尔。"把鲁隐公想象为始受命王。

何休既杜撰了《春秋》“黜周王鲁”之说，《解诂》中凡遇稍可牵强之事，都扯到“王鲁”上来。如《春秋·隐公七年》书：“六月辛亥宿男卒。”何休说：“《春秋》王鲁，以隐公为始受命王，宿男先与隐公交接，故卒褒之也。”实则《春秋》于大夫尚且书卒书日，宿国之君卒日乃当然之事，与“王鲁”与否无涉。何休是给《公羊传》作注，《公羊传》没有“黜周王鲁”之义，所以注文往往自相矛盾。《春秋·定公二年》书：“雉门及两观灾。”又书：“新作雉门及两观。”何休注说：“立雉门两观不书者，僭天子不可言。”又说：“天灾之，当减损如诸侯之制，而复修大，僭天子之礼。”谴责了鲁定公的僭越行为，而与他的《春秋》“黜周王鲁”之说形成对立。

何休的“黜周王鲁”说不是孔子作《春秋》本有之义，纯系他自己的臆造。所以后世许多人批评他的观点。《晋书·王接传》记王接说：“任城何休训释甚详，而黜周王鲁，大体乖硋，且志通《公羊》而往往还为《公羊》疾病。”杜预在《春秋序》中说：“所用之历即周正也，所称之公即鲁隐也。安在其黜周而王鲁乎？子曰：‘如有用我者，吾其为东周乎！’此其义也。”《左传·隐公元年》孔疏引刘炫说：“新王受命，正朔必改，是鲁得称无，亦应改其正朔；仍用周正，何也？既王于鲁，则是不事文王；仍奉王正，何也？诸侯改元自是常法，而云记王改元，是妄说也。”孔颖达在《春秋序》疏中说：“《春秋》之文安在‘黜周王鲁’乎？若‘黜周王鲁’，则鲁宜称王，周宜称公。”又说：“孔子之作《春秋》，本欲兴周，非黜周也。”《春秋集传纂例·春秋宗指议》引啖助说：“夫子伤主威不行，下同列国，首王正以大一统，先王人以黜诸侯，不书战以示莫敌，称天王以表无二尊，唯王为大，邈矣崇高，反云

‘黜周王鲁’，以为《春秋》宗指。”啖氏指斥这是说《公羊》者“反经毁传”的大罪过。以上诸家的批评是正确的。孔子作《春秋》，意在正名分，道礼义。“黜周王鲁”说不属于《春秋》，也不属于《公羊传》，而属于何休。

“黜周王鲁”说外，何休还创立了《春秋》“张三世”说。他把不能用“黜周王鲁”说解释的《春秋》所有书法原则完全纳入“张三世”的框架之内。“张三世”说是何休从他提炼的“三科九旨”的第二部分即“所见异辞，所闻异辞，所传闻异辞”中发挥出来的。说见《春秋公羊经传解诂》隐公元年，其文云：

“于所见之世，恩已与父之臣尤深，大夫卒有罪无罪皆日录之，‘丙申季孙隐如卒’是也。于所闻之世，王父之臣恩少杀，大夫卒，无罪者日录，有罪者不日略之，‘叔孙得臣卒’是也。于所传闻之世，高祖曾祖之臣恩浅，大夫卒有罪无罪皆不日，略之也，公子益师、无骇卒是也。”

“于传闻之世，见治起于衰乱之中，用心尚粗觕，故内其国而外诸夏；先详内而后治外；录大略小；内小恶书，外小恶不书；大国有大夫，小国略称人；内离会书，外离会不书是也。于所闻之世，见治升平，内诸夏而外夷狄，书外离会，小国有大夫，宣十一年秋晋侯会狄于欑函，襄二十三年邾娄劓我来奔是也。至所见之世，著治太平，夷狄进至于爵，天下远近大小若一，用心尤深而详，故崇仁义，讥二名，晋魏曼多、仲孙何忌是也。”

“所以三世者，礼为父母三年，为祖父母期，为曾祖父母齐衰三月。立爱自亲始，故《春秋》据自哀录隐，上治祖祢，所以二百四十二年者，取法十二公，天数备足，著治法式。”此《春秋》有据乱、升平、太平的说法系何休所创，不同于董仲舒，与《公羊传》相去尤远，更不反映《春秋》的真面目。从春秋的实况看，正是孔子所深恶痛绝的衰乱时代，不是由据乱而升平而太平，倒是自礼乐征伐自诸侯出发展到自大夫出，乃至陪臣执国命，世道是每况愈下，孔子怎会违背己意，倒转过去看历史。

何休将“异外内”等《春秋》书法原则统统纳入三世之说中，抹杀了《春秋》用辞有常有变之义。例如称“人”的问题，依《春秋》常义，小国大夫称人，大国大夫不称人，国君更不称人。然而有时候小国大夫不称人，大国大夫却称人，甚至齐桓晋文亦称人。该称人者不称人，不该称人者却称人，《春秋》借此表达它对人物的进退褒贬。倘依何休的说法，称人不称人全凭所处时代而定，则否掉了《春秋》常变之义，《春秋》便不成其为《春秋》了。

何休用三世说解释《春秋》大夫卒日与否，亦与《公羊传》之义不符。《公羊传·隐公元年》固然说：“何以不日？远也。所见异辞，所闻异辞，所传闻异辞。”但这只是一般性原则，实不排除例外的情况。何休说所传闻世大夫卒有罪无罪一概不日，实则《春秋》于所传闻世书大夫卒七次，竟四次书日。何休说所闻世大夫卒有罪不书日，无罪书日，而《春秋》于所闻世实书大夫卒十三次，唯宣五年叔孙得臣卒不书日，余皆书日，而叔孙得臣据《公羊传》也是无罪大夫。《公羊传》讲究日月例，但大夫卒日与否乃另有用意，与三世说无干。

何休概括的“三科九旨”三方面问题都是《春秋》书法原则中最重要的，但其中包含的思想是属于他自己的。他从“三科九旨”第一科中推衍出的“黜周王鲁”说，歪曲了孔子作《春秋》的目的。从第二科和第三科中创造的“张三世”说，以为志通《公羊传》，反而曲解了《公羊传》。

真正反映孔子《春秋》思想的是《公羊传》和《穀梁传》，《左传》仅仅以事解《春秋》。然而自汉以后至唐数百年间，二传浸微，左氏孤行、刘歆为《左传》争一席地的愿望当时没实现，后来实现了。东汉之后，杜预作《春秋左传集解》之前，王肃之经学与郑玄之经学对攻。王肃著有《春秋左传注》。郑玄之于《春秋》，据《世说新语》文学篇，“郑玄欲注《春秋传》，尚未成，时行与服子慎遇，宿客舍，先未相识。服在外车上与人说己注传意，玄听之良久，多与己同。玄就车与语曰：‘吾久欲注，尚未了，听君向言，多与吾同，今当尽以所注与君。’遂为《服氏注》。”服子慎即服虔。郑玄未成《左传》注，服虔受而成之。是知服氏、郑氏于《春秋》乃一家之学。《后汉书·儒林传》称服氏作《春秋左氏传解》，又以《左传》驳何休之所驳汉事六十条。郑玄虽未成《左传》注，但著有驳难公羊家何休的《发墨守》《针膏肓》《起废疾》，其扬左氏抑公羊的态度是清楚的。郑学于魏晋南北朝时极受重视。这也是自此以后《左氏》大兴的一个原因。三国时代，据《三国志》之《王肃传》和《杜畿传》裴注引鱼豢《魏略》说，当时有董遇、贾洪、邯郸淳、薛夏、隗禧、苏林、乐详等七人为儒宗，其中董遇、贾洪特精于《春秋左氏传》。乐详从谢该问学《左氏传》，著有《左氏乐民间七十二事》。唯隗禧于《左传》甚不为意，其答鱼豢问曰：“欲知幽微莫若《易》，人伦之纪莫若《礼》，多识山川草木之名莫若《诗》。《左氏》直相斫书耳，不足精意耳。”七人之外，另有周生烈作《春秋左传注》，杜宽作《春秋左传解》。麋信作《春秋穀梁传注》《左氏传说要》《理何氏汉议》，兼治三传，而以《穀梁传》之注最为得意。吴、蜀治《左传》者亦大有人在，诸如吴之士燮、张昭、诸葛瑾、张纮、徵崇，蜀之来敏、尹默等人皆雅善《左传》。

西晋治《左传》的重要人物是杜预。杜预是杜畿之孙、杜恕之子、司马懿之婿，专攻《左氏传》，著作除《春秋左氏经传集解》外，还有《春秋释例》《春秋长历》《盟会图》。杜氏《集解》扬左氏抑公穀，否定孔子作《春秋》之意，上文已论及，此不赘言；此欲点明者，杜氏《集解》与前人解经不同之处有三。一、分经附传，聚集经传为之作解；二、尽弃公、穀二传不取，专以己意解传解经；三、引前人刘、贾、许、颖诸家说，不著其名，而服虔之说不用。

西晋《春秋》学《左传》居优势，专治《公羊传》的人极少，知名的只有王接和他的儿子王愆期。《晋书·王接传》说，王接常谓"《左氏》辞义赡富，自是一家书，不主为经发。《公羊》附经立传，经所不书，传不妄起，于文为俭，通经为长"。乃更作《公羊春秋注》，多有新义。王愆期发挥其父王接的思想，再作《公羊传注》。

西晋出现了治《春秋》三传兼采的新趋势。《晋书·刘寔传》记刘寔"尤精三传"，撰《春秋条例》三十卷。《晋书·儒林传》记刘兆"思三家之异，合而通之"，作《春秋调人》，又作《全综》，解《左氏》而纳入公、穀二传。氾毓作《春秋释疑》，合三传为之解注。《华阳国志》载王长文据经摭传，著《春秋三传》十二篇。

至东晋，范宁沉思积年，作《春秋穀梁传集解》，其义精审，为世所重。多存旧说，不主一家。虽注《穀梁传》却不拘守《穀梁传》，于三传短长皆有所议论。其《集解》序说，《春秋》乃孔子因鲁史而修，内含一字之褒，片言之贬，有罪者无所逃，有德者无所隐，抑扬无分贵贱，一从德义。《公羊》《左氏》《穀梁》都是《春秋》的传，然而说经殊异，臧否不同，治《春秋》者必当弃其所滞，择善而从。其于三传短长曾括而言之曰："《左氏》艳而富，其失也巫。《穀梁》清而婉，其失也短。《公羊》辩而裁，其失也俗。若能富而不巫，清而不短，裁而不俗，则深于其道者也。"范氏所以以为治《春秋》当以没身为限，非积年所能精究。

东晋一百年间，《左传》固然居于优势，但公、穀二传亦尚未绝。东晋初年元帝时立《春秋左氏传》杜预、服虔两家。当时太常荀崧曾上疏请增置《公羊传》《穀梁传》，诏以为《穀梁传》肤浅，不足置博士，《公羊传》可立，因遇王敦之乱而未立。据《宋书·百官志》载，元帝末年增立《春秋公羊传》博士一人。以后改五经博士为太学博士，《春秋》三传各为一经，由国子助教分掌。又据《南齐书·陆澄传》称，东晋末孝武帝泰元年间，《左传》取服虔而兼取贾逵经，《穀梁传》用麋信注。是知东晋官学《春秋》三传皆立，而《左传》杜注服注并取。

南北朝时期，南朝据《南齐书·陆澄传》说，宋、齐于《左传》皆专立服氏注，及齐用陆澄建议，始立杜预《春秋左传集解》，然而至梁代传《左氏传》者犹皆以贾逵、服虔之说驳杜氏义。《穀梁传》东晋末立麋信注，此时又立范宁注。是知南朝实三传并立，不只立《左传》。《公羊传》立何休注，《穀梁传》麋注范注并行。

北朝，《北史·儒林传》序说，"其《公羊》《穀梁》二传，儒者多不厝怀"。其所载研习《春秋公羊传》的只有梁祚一人，而且有刘兰一人排毁《公羊传》。于《左传》，据《北史》记载，北朝儒者通习服氏注。最著名的儒者徐遵明，于《春秋》则传服氏所注《左传》。但服氏注北朝并未专行，传杜氏注者往往有人在，且来往驳难不已。卫冀隆为服氏之学，上书难杜氏《春秋》六十二事，贾思同则驳卫冀隆乖错十一条，姚文安又难服虔《左传解》七十七条，名曰《驳妄》。李崇祖又申明服氏义，名曰《释谬》。互相是非，终于未能裁正。

南北朝时期，南北诸儒传《春秋》者（他经亦然）虽歧见纷纭，但方法却大体相同。汉人治经以经为主，所作传注皆以解经为目的。自魏晋以及南北朝，则以明注为主，忘本而逐末，本经厝置不顾，唯在汉魏晋诸家注上讨是非，或者坚守一家之说而加以申释，或者旁引诸家之义而进行证明。经学变成了注学，孔子的本义已置诸脑后，甚至连三传亦不措意，大家反复彼此驳难的只是注。故《隋书·经籍志》说魏晋以来，“《穀梁》范宁注，《公羊》何休注，《左氏》服虔、杜预注，俱立国学。然《公羊》《穀梁》，但试读文，而不能通其义。后学三传通讲，而《左氏》唯传服义。至隋，杜氏盛行，服义及《公羊》《穀梁》浸微，今殆无师说”。

唐初孔颖达奉敕修“五经正义”，于《春秋》取《左传》，于《左传》取杜氏注，于杜注取刘炫和沈文阿疏。之后又有杨士勋作《穀梁传疏》，取范宁注，徐彦作《公羊传疏》，取何休注。开元年间，从李元瓘议，全国各州县学生于五经之外还要研习《公羊传》《穀梁传》《周礼》《仪礼》四经。公、穀二传用的可能是范、徐二疏。是知唐朝国家对《春秋》三传都很重视，着重《左传》但不排斥公、穀二传。南北朝时期开始出现的义疏形式，至此被正式肯定下来。南北朝人作义疏，疏注却往往攻注，唐代则立下了疏不破注的规矩。孔颖达《春秋左传正义》一概宗杜，唯杜注是从。时或有不同注意之辞，亦于考证中默默梳理，绝不公然攻注。这样的义疏把着眼点放在某家注上，尊注过于尊传，尊传又过于尊经。传已不暇顾及，经更无论了。注错，疏则往往跟着错。疏的文字也相当芜杂破碎，论证既广博而少折中，读来则难得要领。

物极必反。唐代《春秋》三传皆有义疏出，且全为洋洋大作。此过于尊注的做法势必引出反其道而行之的意见。据新、旧《唐书》之《儒学传》载，武后长安年间，王元感上所作《春秋振滞》，与《正义》唱反调，朝臣学士有人讥之，也有人褒之。至代宗大历年间，啖助、赵匡、陆淳师弟三人治《春秋》，自名其学，旧说一概打破。赵、陆同师啖助。啖助撰《春秋集传总例》六卷，卒后，陆淳裒录遗文，请赵匡加以损益，赵匡随而疏之，陆淳又纂而汇之，成十卷四十篇，名曰《春秋啖赵集传纂例》。陆淳另著有《春秋辨疑》《春秋微旨》二书。他们对三传不全信亦不全否，以为左、公、穀各有得失。啖助说《左传》“叙事虽多，释意殊少，是非交错，混然难证”。然而它“叙事尤备，能令百代之下，颇见本末，因以求意，经文可知”。后世作传之人“妄有附益，故多迂淡。又《左氏》本末，释者抑为之说，遂令邪正纷揉，学者迷宗也”。至于《公羊传》《穀梁传》，“初亦口授，后人据其大义，散配经文，故多乖谬，失其纲统。然其大指亦是子夏所传。故二传传经密于《左氏》。《穀梁》意深，《公羊》辞辨，随文解识，往往钩深。但以守文坚滞，泥难不通，比附日月，曲生条例，义有不合，亦复强通，踳驳不伦，或至矛盾，不近圣人夷旷之体也”。啖氏批评当时治《春秋》经之现状说，三传“已互失经指，注又不尽传意，《春秋》之义几乎泯灭”。人们“因注迷经，因疏迷注，党于所习”。“今公、穀二传殆绝，习《左氏》者皆遗经存传，谈其事迹，玩其文采，如览史籍，不复知有《春秋》微旨”。啖氏自己所作书则直接释经，取三传之长以说《春秋》，义有未尽，则申己意。对前人旧注，或依而书之，或随文改之，或演而进之，或删而不用，一视与经义相通与否。啖、赵、陆三人的说法和做法，对刘知几《史通》抬《左传》贬《春秋》的观点是个打击，对只重注不顾经传的唐人三传义疏也是个否定。其书一出，即引起波澜，好异者骛之不迭。柳宗元觉以得执弟子礼于陆淳为荣。同时卢仝作《春秋摘微》，解经亦不用三传。以至于韩愈赠卢仝诗有“春秋三传束高阁，独抱遗经究终始”之句。

啖、赵、陆三人的书，其观点固然不无偏激之处，对前人传注否定过多，释经势必难于通畅条贯，但是在当时《左传》孤行、二传殆绝的情况下，等于给《左传》热浇了冷水，给公、穀二传多少正了名。

一个世纪之后，唐宣宗大中年间工部尚书陈商立《春秋左传学议》，据孙光宪《北梦琐言》和令狐澄《大中遗事》载，他以为“孔圣修经，褒贬善恶，类例分明，法家流也。左丘明为鲁史，载述时政，惜忠贤之泯灭，恐善恶之失坠，以日系月，修其职官，本非扶助圣言，缘饰经旨，盖太史氏之流也。举其《春秋》，则明白而有实，合之《左氏》，则丛杂而无征。杜元凯曾不思夫子所以为经，当与《诗》《书》《周易》等列。丘明所以为史，当与司马迁、班固等列。取二义乖刺不侔之语，参而贯之，故微旨有所未周，琬章有所未一”。

陈商划清《春秋》与《左传》界限，批评杜预混淆二者区别的观点，基本上是正确的。它很可能是受啖、赵、陆的启发而来，在当时响应的人不少，几乎形成一股潮流，促使人们由一个极端走向另一个极端，由难疏而难注，由难注而难传，由难传而弃传言经。舍《春秋》不顾，一味在注疏中追求，当然要不得；现在三传皆不取，单凭自己之意说《春秋》，必然离题更远。指斥三传作传的人非直接受于孔子，故不可信，后世距孔子更远的人，离传而说经，岂非更不可信！离开三传说《春秋》《春秋》便真的成为不可解也不须解的“断烂朝报”了。

啖、赵、陆的《春秋》说对宋人的影响极大。说他们的思想奠定了宋人《春秋》学的基础，实不为过。宋人学术不信注疏，专为标新立异之风气一开始就很盛。司马光《论风俗札子》(《困学纪闻》卷八引)说：“近岁公卿大夫，务为高奇之说，流及新进后生，口传耳剽，读《易》未识卦爻，已谓‘十翼’非孔子之言；读《礼》未知篇数，已谓《周官》为战国之书；读《诗》未尽周南、召南，已谓毛郑为章句之学；读《春秋》未知十二公，已谓三传可束之高阁。”司马光所说恰是当时时尚所趋，他自己也不能逃脱疑古风的影响。他著有《疑孟》一卷十一篇（载《司马温公文集》第七十四卷）。陆游说：“自庆历后，诸儒发明经旨，非前人所及；然排《系辞》，毁《周礼》，疑《孟子》，讥《书》之《胤征》《顾命》，黜《诗》之序。不难于议经，况传注乎！”（《困学纪闻》卷八引）“疑《孟子》”所指即司马光。由于啖助赵匡废弃三传的影响，而注疏不取，只谈《春秋》的著作日盛。宋代这样的书较多。孙复的《春秋尊王发微》、王皙的《春秋皇纲论》、孙觉的《春秋经解》、苏轼的《春秋集解》等，都是或者发挥啖助思想方法或者直接引用啖助观点的书。余如刘敞的《春秋权衡》《春秋传》《春秋意林》、崔子方的《春秋经解》、叶梦得的《春秋传》、胡安国的《春秋传》、陈傅良的《春秋后传》、吕祖谦的《春秋左氏传说》、程公说的《春秋分纪》、黄仲炎的《春秋通说》、赵鹏飞的《春秋经筌》等等，或折中旧说，或抒发己意，或议论比附，或借古讽今，无不是摒弃注疏、参贯三传、断以己意的著作，究其实质，与啖、赵之书盖为同一类。这些书以刘敞的为最优，胡安国的为最显贵。胡书书事按《左传》，取义依公、穀，并采《孟子》《庄子》《春秋繁露》以及王通、邵雍、二程、张载之说以润色之，是一部写得不错的书，但是它毕竟起不到《春秋》之“传”的作用，元、明两代捧它到最高处，用它取士，《四库全书总目提要》说：“明初定科举之制，大略承元旧式，宗法程朱”，“以安国之学出程氏”，“遂独用安国力，渐乃弃《经》不读，惟以安国之《传》为主。当时所谓经义者，实安国之《传》义而已”。至清，胡传被废弃不用了。原因主要在于没有什么著作能够长久地取代“三传”而成为研究《春秋》的根据。有人说清人重汉学，抑宋学；胡传是宋学，自然在摒弃之列。实则不然，清人并非凡汉学都抬举，宋学都贬抑，不宜用汉宋的界限来界定清人的学问。

元明两代之《春秋》学尤不足道。元代人株守宋人之书，自己所得新义甚少。俞皋的《春秋集传释义大成》，将胡安国《春秋传》与“三传”并列；程端学的《春秋三传辨疑》，弃“三传”而又驳“三传”；赵汸的《春秋属辞》《春秋左氏传补注》，既宗杜注，又采取公、穀，是元人最有价值的《春秋》学著作。明人株守元人之书而不及宋，几乎没有略可称道的《春秋》学著作，大多是抄袭前人的东西。顾炎武《日知录》卷十八《窃书》条说：“有明宏治以后经解之书皆隐没古人名字，将为己说者也”。“有明一代之人，其所著书，无非窃盗而已”。“故得明人书百卷，不若得宋人书一卷也”。顾氏语当近事实。

清代之《春秋》学一反唐宋人弃传说经之弊，全在“三传”上专门下功夫，其成果累累可观。突出的是《左传》《公羊传》两部新疏。刘文淇的《春秋左氏传旧注疏证》是《左传》新疏。新疏新在它广搜贾、郑、服三家旧注，比照杜注，加以疏证，近人说《左传》之书有可取者亦予采纳。陈立的《公羊义疏》是《公羊传》的新疏。新疏亦新在博采古义上，凡唐以前公羊古说，以及清代诸家说《公羊》者，皆精择之，贯通之。另有一些专门之作，虽不是义疏体，但征引广博，见解精到，水平实高过疏，且可为新疏所取资的，如顾炎武的《左传杜解补正》、惠栋的《左传补注》、刘逢禄的《公羊何氏释例》、《公羊何氏解诂笺》、凌曙的《公羊礼疏》、包慎言的《公羊历谱》等等皆是。其余如孔广森的《春秋公羊通义》、李贻德的《左传贾服注辑述》，前者旁通诸家，兼采左穀，择善而从；后者于贾服古注搜罗甚博，义有未安者亦略为驳难。于二书时人给以很高的评价。独《穀梁传》清人未著新疏，但是也出了几部好书。钟文蒸的《穀梁补注》、许桂林的《穀梁释例》、柳兴恩的

《穀梁大义述》、侯康的《穀梁礼证》，虽算不上新疏，却也都有相当的价值。柳书尤佳，陈澧见之，叹为精博，阮元许为扶翼孤经。许书亦颇得赞誉，孙星衍称为条理精密，论辨明允。

《春秋》是借事以明义的书，有孔子的政治思想包含其中。它文字简单得很，不过一万六千字，记叙春秋二百四十二年诸国史事。作史书看，简直就是"断烂朝报"，若知晓它的含义，非借助"三传"不可。所以如何理解"三传"就成为理解《春秋》的关键所在了。西汉主要是《公羊传》为重，东汉则"三传"并行。至魏晋，"三传"都有了专门的注，接着在南北朝至隋唐期间人们又纷纷为"三传"之注作疏。由经到疏，层层扩展发挥，一万多字的东西竟用数以百万计的字加以解释，而且"三传"注疏互相抵牾，各成系统，各系统内的注疏亦纷歧不一，五花八门，学者难所适从。注疏烦琐到了极点，便走向反面。唐人索性"三传"注疏皆不取，奋起以己意作传，直接研经。宋、元、明三代学子真的不知公、穀、左三传为何物了。清代汉学兴起，学者追求实事求是，不尚浮游谈，于是治《春秋》者回过头去搞"三传"，搜罗古注，创作新疏，成果累出，尤以《公羊传》为最。清人回头搞汉易，是个倒退，而回头搞"三传"，探讨古注，却是个进步。因为汉人治《易》，脱离孔子原义远甚，汉人治《春秋》研"三传"则大体醇正。《春秋》学自汉迄清经历了否定之否定的过程，恰似走了一条之字形的路。

第十二章 孔学流传述评（下）

孔子学说的流传大体有两条线索，一是孔子学说的载体，一是孔子学说自身。孔子学说的载体问题实际上是孔子研究的史料问题。这个问题学术界一向分歧很大。很多人把孔子局限在一部《论语》里，《论语》之外与孔子无涉。“六经”是绝对被与孔子划清了界限的。后世人搞的那些唯心的、封建的东西，本不属于孔子，却硬是扣到孔子头上。公平地说，“六经”，尤其是《周易》《春秋》二经，其思想属于孔子。《论语》自不必说，《论语》之外的七十子后学的其他记载，也当视为研究孔子的宝贵资料。孔子学说必须从这些材料中寻找，同时把汉代及汉代以后人们在儒学或新儒学的名义下，对孔子学说的误解、曲解，同孔子学说区别开来。儒家与孔学有关，但不是孔学。后世人的思想或者借取孔子名义，或者掺和一点孔子东西，然而大多不是孔子的学问。孔子是个伟大的哲学家。孔子的世界观是唯物的、辩证的。孔子的人生论是现实的、可取的。孔子的学说有时代性，更有真理性。孔子思想中有些东西历史跨度很大，至今仍不失为真理，可以说具有超时代性。孔子学说之载体问题已如上述，以下粗略地评述一下孔子学说本身的流传问题。

一、孟子、荀子对孔学的继承

孔子的学问在先秦儒家那里得到完满的承传，大体不曾走样。这传承的人就是孟子和荀子。孟、荀二人在传承孔学问题上有区别，孟子好一些，荀子则稍差。韩愈《读荀子》谓“孟子醇乎醇者也，荀与杨大醇而小疵”，评价至为公允。然而韩愈在其《原道》一文中提出儒家道统说时又提出了与之不尽相合的说法。韩氏谓：“尧以是传之舜，舜以是传之禹，禹以是传之汤，汤以是传之文、武、周公，文、武、周公传之孔子，孔子传之孟轲。轲之死，不得其传焉。荀与杨也，择焉而不精，语焉而不详。”韩愈的这一说法，也是“大醇而小疵”，在主要之点上正确，在次要问题上不足。说孔学由孟子传承，对。说孔学至孟子而后很快就断了，未能一贯传下来，也是对的。说孟子死后不得其传，把荀子抛开，则不对。

先说孟子。

孟子其人，《史记·孟子荀卿列传》说：“驺人也，受业子思之门人。……是以所如者不合。退而与万章之徒序《诗》《书》，述仲尼之意，作《孟子》七篇。”又其书《离娄下》载孟子自谓：“予未得为孔子徒也，予私淑诸人者。”《公孙丑上》载孟子自谓：“乃所愿则学孔子也。”是知孟子是孔子之孙子思之门人的弟子，他是从别人那里间接传承孔子的学问的。

孟子其书，今存七篇。《汉书·艺文志》著录《孟子》十一篇，盖兼外书四篇而言。赵岐《孟子题辞》说："著书七篇，二百六十一章，三万四千六百八十五字，又有外书四篇：《性善辩》《文说》《孝经》《为政》。其文不能宏深，不与内篇相似，似非孟子本真，后世依放而托之者也。"又说："孟子名轲，字则未闻。"《孟子》七篇今存，其属于孟子，向无疑义，是研究孟子思想可信的也是唯一的史料。《孟子》有东汉末年赵岐所作注。赵注是唯一尚存的《孟子》注，也是汉人所作注中较好的一部。《十三经注疏》本《孟子》注采用的即是赵注。疏署名孙奭。孙奭，宋人。此疏是《十三经注疏》中最不好的一种，很可能是什么人托孙氏之名伪撰，书中繁芜踳驳之处极多。清人焦循晚年为《孟子》作新疏，题曰《孟子正义》。焦疏以疏解赵注为主，搜集当代人六十多家之说，择善而从，于赵注亦多有规正。在名物制度上用力颇大，训释极详赡。对书中义理的说解不能说很深刻，但说它说得过去总是可以的。

孟子是自古迄今最了解孔子的人，他对孔子学说把握得最准确、最透彻，后世没有一个赶得上他。

孔子的宇宙观是唯物论的。《论语·阳货》说："子曰，天何言哉？四时行焉，百物生焉，天何言哉！"孔子心目中的天不是有意识的主宰，而是以太阳运行为主的自然界。没有什么主宰，天在那里自然地运动，即《系辞传》所说："寒往则暑来，暑往则寒来，寒暑相推，而岁成焉。"孔子当然不知道地球绕太阳运转和自身运转造成年岁、四时的科学道理，但他凭直观经验认定天地是自然而然地运动着，没有鬼神操纵。《论语》里不见孔子关于宇宙本原问题的言论。这样的言论在《易传》有记载，而且十分明确。《系辞传》说："易有太极，是生两仪，两仪生四象，四象生八卦。"此四语所言二义，一指卦的产生途径，一指宇宙之本原何在。无论何指，太极都是一种存在，天地万物或者说乾坤六十四卦由它生成。它之前还有什么，孔子不回答更不提出这个问题。不说宇宙是由无到有，是被什么东西创造出来的，当然是唯物论的观点。宋人张载《正蒙》说："大《易》不言有无，言有无诸子之陋也。"已经看出了这一点。许慎《说文解字》第一个字"一"，解说："惟初太极，道立于一，造分天地，化成万物。"把太极解释为天地未分的一，一分为二而成天地，天地而生万物，与孔子《系辞传》的说法一致。如果再看看《序卦传》说的"有天地然后万物生焉，盈天地之间者唯万物"两句话，孔子的宇宙观是唯物论的这一判断便是毋庸置疑的了。

孟子对孔子的这些言论不曾征引也不曾评论。《孟子》书中引《诗》引《书》，议论《春秋》，未引《周易》，我们不知道他对《周易》究竟是怎样看的。可是我们看得出孟子的宇宙观和孔子一样，也是唯物论的。《孟子·万章上》说："莫之为而为者天也，莫之致而至者命也。"是孟子关于天命的最著名的两句话。依孟子的意思，什么事情莫之为而为，自然而然地出现，主体意志没起作用也起不了作用，就是天。《梁惠王上》说："七八月之间旱，则苗槁矣。天油然作云，沛然下雨，则苗浡然兴之矣。"这便是自然之天。《公孙丑下》："孟子说：'天时不如地利，地利不如人和'。"这个天当然也指自然。同篇记孟子说浩然之气"塞于天地之间"，意与《序卦传》"盈天地之间者唯万物"略同。《尽心上》："上下与天地同流。"又："仰不愧于天，俯不怍于人。"《离娄下》："天之高也，星辰之远也，苟求其故，千岁之日至可坐而致也。"这些"天"的概念除自然之天而外，无法找出另外的解释。《离娄下》的一段话尤其明确地将天讲成自然，竟认为可根据天体的运行计算出千年之后的冬至、夏至来。《滕文公上》孟子引孔子曰："大哉尧之为君，唯天为大，唯尧则之。”原文出自今《论语·泰伯》。孔子把天同尧联系起来，天显然指称自然之天。《尚书·尧典》有尧“乃命羲和，钦若昊天，历象日月星辰，敬授人时”的话，尧的时候，对日月星有了认识，且能观察它们的运行，得知一年四时三百六十五天的概念。尧以前做不到这一点，尧做到了。尧是伟大的，天也是伟大的。只有尧能够认识天，遵循天道安排人事。孟子同意孔子的观点，所以才加以征引。

孟子“万物皆备于我”一语常被人们同宋人陆象山“吾心即宇宙”相比拟，据此断定孟子的宇宙观是主观唯心论。这是一个误会。孟子“万物皆备于我”与“吾心即宇宙”所云实非一义。“万物皆备于我”出自《尽心上》，原文云：“万物皆备于我矣，反身而诚，乐莫大焉，强恕而行，求仁莫近焉。”统观上下文意，孟子要表达的是君子求仁的方法，并非以为“我”就是“万物”，没了主观的“我”，就没了客观的世界。

孟子强调求仁的方法在一个恕字，人能强恕而行，仁便不远了。恕的含义是推己及人，由自己的爱恶想到别人的爱恶。所谓“己欲立而立人，己欲达而达人”“己所不欲，勿施于人”是也。人能否做到这一步呢？孟子以为能，因为“万物皆备于我”，别人的饥寒温饱、喜怒忧乐，和“我”一样。“我”爱恶什么，会推及别人也爱恶什么。问题在于，“我”能否做到“反身而诚”，即对待别人像对待自己一样。

在《孟子》书中找不到能够阻碍我们认为孟子与孔子一样具有唯物主义宇宙观的东西。

孔子是辩证法大师，在古代只有老子可与他伦比，然而水平在他之下。孟子对孔子的辩证法把握得最准。古希腊与孔子同时代的赫拉克利特说：“一个人不能两次踏进同一条河流。”列宁曾给予高度的评价，说他奠定了辩证法的基础。孔子站在河边说："逝者如斯夫，不舍昼夜。"(《论语·子罕》) 一切都在昼夜不停地逝去，像这条河一样。在对世界变化不居这一点的认识上，孔子与赫拉克利特同样伟大、深刻。世界是变化的这一思想在《易传》中有更充分的反映。《系辞传》说："天地之大德曰生。"天地即自然界的最大特点是生，生即发展变化。又说："生生之谓易。"天地万物生生不已，永远处在发展变化之中，这就是世界，就是《易》。这样的思想老子也是有的。孔子的《易传》还指出事物发展变化的原因在事物自身内在的对立面统一和转化。《系辞传》说："一阴一阳之谓道。"又说："刚柔相推而生变化。"其实这是对立统一的古老说法。《老子》书中"反者道之动"那个命题义与此同。

世界由于它自身的原因处在永恒的发展变化中，所以人类便有一个如何认识和适应变化中的世界的问题。于是才有了《易》，有了反映变化的六十四卦和三百八十四爻。孔子在《易传》中把客观世界的变化，卦爻对客观世界变化的反映，以及人类对这两方面情况的主观上的适应，叫作"时"。引申开来，有"时成""及时""时中""时舍""时行""时义""随时""时用""有时""失时""趣时"等等，用语虽多有不同，而意义则无二，都是指示人们把握住时，使主观符合客观世界的变化。"与时偕行"(乾《文言传》、损《彖传》、益《彖传》)、"与时消息"(丰《彖传》)这两句话是比较有代表性的，而最能集中反映孔子时概念的是艮《彖传》，其文云："时止则止，时行则行，动静不失其时。"意谓人的行止不能一定，时当止则止，时当行则行。孔子这一宝贵的思想在《论语》中也可见到。《微子》篇记孔子在品评古代贤人伯夷、叔齐、虞仲、夷逸、朱张、柳下惠、少连的各自优点之后说，"我则异于是，无可无不可"。孔子和他们都不同，孔子做事一切依时而定，什么事没有一定可或一定不可。此时可的，彼时不可。《中庸》记孔子说："君子之中庸也，君子而时中。小人之中庸也，小人而无忌惮也。"事情由不可到可，由可到不可，其界限微小不易觉察，来去之间相去其实并不远，往往只有一小步之差。不易掌握，但又必须掌握。所以孔子说："爵禄可辞也，白刃可蹈也，中庸不可能也。"老子在这一点上就大为逊色了。老子看见强者、刚者、先者、生者必变为弱者、柔者、后者、死者，便提出"弱者道之用""柔弱胜刚强""不敢为天下先"的命题，号召人们守柔、守雌、守黑，为天下谷。孔子《易传》也说人应当"遁世无闷"，但那是在乾初九"潜龙勿用"的时候，不是在任何时候都如此。也说人应该守"地道""妻道""臣道"，应该"括囊无咎无誉"，应该"或从王事，无成有终"，应该"元亨利牝马之贞"，但必须处在坤的时候才可如此。

孟子对孔子看问题做事情依时而定、不拘一偏的思想体会深刻。他说，"有生民以来未有孔子也"，孔子是"出乎其类，拔乎其萃"的人。伯夷"非其君不事，非其民不使，治则进，乱则退"，伊尹"何事非君，何使非民，治亦进，乱亦进"，孔子则不同，"可以仕则仕，可以止则止，可以久则久，可以速则速"。孟子说他谁也不学，"乃所愿，则学孔子也"（见《公孙丑上》）。孟子最欣赏孔子的辩证法。孔子的辩证法只有孟子真正理解了。

孔子思考的重点似乎在天道，实则在人事。孔子思想的核心，就其哲学基础说，是时；就其所占比重说，是仁义。孔子学说最具有特色，最惹人注意的内容就是仁义。但是传统的说法都以为孔子言仁知而孟子言仁义。实则孟子讲仁义，孔子也讲仁义。仁与义是分不开的一个对子。讲仁必讲义，讲义必讲仁。孔子仁强调的仁多而义少些，孟子仁义并重，这与各自处的时代有关。只讲仁不讲义，在理论上和实践上都说不通。孔子说过，“唯仁者能好人，能恶人”（《论语·里仁》）。孔子讲的仁固然是人类之爱，但不同于墨子的兼爱和基督教的博爱以及佛家的普度众生。孔子的仁爱是有等差区别的，不是什么人都爱，也不是对不同的人施与相同的爱。对有的人还要憎恶。能爱也能恨的人才是仁者。仁之中固有义在。《礼记·丧服四制》说：“门内之治恩揜义，门外之治义断恩。”家族内血亲之爱第一，家族外政治之爱第一。家族内仁而有义，家族外义而含仁。仁义之不可分，古人已经认识到了。《汉书·艺文志》说：“仁之与义，敬之与和，相反而皆相成也。”正确地指出仁义都以对方的存在为前提。

孔子之前解释仁字没与人相联系，如《逸周书·本典》说：“与民利者仁也。”以为给人好处就是仁，这样理解的仁，浅薄无深义。孔子提出“仁者人也”的命题，用人释仁，仁就有了哲学的蕴含，标志人类对自身的认识有了突破性的进展。与孔子同时或后于孔子的人并非都能达到这样的认识水平。《墨子·经说下》说：“仁，爱也。”强调仁是爱的一面，忽略了爱的主体是人的一面。《庄子·天运》说：“虎狼仁也。”理由是虎狼亦有父子之亲。说禽兽是仁，等于否定“仁者人也”这一命题。《吕氏春秋·爱类》说：“仁于他物，不仁于人，不得为仁。不仁于他物，独仁于人，犹若为人。仁也者，仁乎其类者也。”把仁归结到人类之爱上，离开人则无从言仁，与孔子的说法相符。

孔子“仁者人也”这话不见《论语》，出于《礼记·中庸》，原文云：“为政在人，取人以身，修身以道，修道以仁，仁者人也，亲亲为大，义者宜也，尊贤为大。”这段话的思想可分析为三点：一说人之所以为人因为人处在血亲关系和政治关系之中；二说人处理好这两种关系的办法不外乎仁义二途；三说仁义有等差，仁以亲亲为首，义以尊贤为首。

从统治者的角度看仁义，必与政治结合，仁义就成为仁政了。孔子的仁政主张在《易传》里有。《系辞传》说："天地之大德曰生，圣人之大宝曰位，何以守位曰仁，何以聚人曰财，理财正辞禁民为非曰义。"统治者为实现其统治，守住其君位，必须行仁政。行仁政不是空话，须落到实处。于是要有义的内容，即解决人民的物质生活问题，处理好发号施令的问题，合理安排用礼与法控制社会秩序的问题。

孔子的仁义学说，孟子准确地继承并且有所发展。孟子对孔子"仁者人也"的命题抓得极准，体会极深。《尽心下》说："仁也者人也。"《离娄下》说："仁者爱人。"仁离不开人和人类之爱。孔子讲"亲亲之杀，尊贤之等，礼所生也"（《中庸》），主张爱有差等。孟子与孔子同，说"仁之实，事亲是也；义之实，从兄是也"（《离娄上》）。说"君子之于物也，爱之而弗仁；于民也，仁之而弗亲。亲亲而仁民，仁民而爱物"（《尽心上》）。关于行仁的方法，孔子提出"己所不欲，勿施于人"和"己欲立而立人，己欲达而达人"的恕道（《颜渊》、《雍也》），孟子则认为恕之于人不仅是必要的，而且是必然的、可能的。他说"老吾老以及人之老，幼吾幼以及人之幼"（《梁惠王上》），"万物皆备于我矣。反身而诚，乐莫大焉。强恕而行，求仁莫近焉"（《尽心上》）。将他人比自己，推己及人，是求仁、实现人生价值的途径。

孟子力倡仁政，超过孔子。《梁惠王》上下全部是讲仁政问题。孟子仁政的根本内容是省刑薄税，鼓励生产，令民得温饱，此与孔子同。孟子说，统治者实行仁政的条件主要是他应当有"与民同乐"的思想，知道"乐民之乐者，民亦乐其乐；忧民之忧者，民亦忧其忧"的道理，做到"乐以天下，忧以天下"，即让统治者把

“强恕而行”的个人行仁的方法扩展应用到对待国家天下之人民百姓上。此同于孔子又高过孔子。

孟子在人性问题上发生理论的错误，离开了孔子，这是应该清楚的。孟子主张人性善，其理论上的错误在于将人的自然属性与社会属性混同起来。人的自然属性无所谓善恶，人的社会属性各人不同，随时而变，不能统论善恶。董仲舒《春秋繁露·实性》讲自然属性与社会属性的区别，比孟子清楚。他说：“性者天质之朴也。善者王教之化也。无其质则王教不能化，无其王教则质朴不能善。”质朴之性即自然属性，王教之化即社会属性。而孟子将社会属性明确地混入自然属性之中。孟子把人之后天获得的仁义礼智四德转译为仁义礼智四端。四端先天已有，即所谓恻忍之心、羞恶之心、恭敬之心、是非之心。所以得出结论说，“仁义礼智非由外铄我也，我固有之也”(《告子上》)。“仁义礼智根于心”(《尽心上》)。孔子关于人性问题十分谨慎，《论语》中只有一句话，曰“性相近也，习相远也”。性是自然属性，是天赋的，无须学问而与生俱有。这个性人人大致一样，故曰“相近”。习是社会属性，是后天获得的，不经学问教化不能有。这个习人与人不必相同，亦必不相同，故曰“相远”。孔子的认识是唯物的、正确的。孟子讲性善，荀子讲性恶，以及后世人讲的善恶混、性三品等等，通通错误。他们不知道人之所以为人、所以与禽兽有别，在于人有社会属性，在于人生存于社会关系中，而禽兽只有自然属性，无社会属性。他们不知道人是社会的，个体不能单独存在，而禽兽是自然的，个体是它必然的生存方式。他们不知道人性存在于人之社会性之中，故而人不可能有统一的或永恒不变的善性或恶性。孔子对这一点未见得认识十分清楚，但他“性相近也，习相远也”这句话表明他在人的社会属性与自然属性有区别这个关键环节上是正确的。从孟子开始搞乱了这个问题。

再说荀子。

荀子对孔子的学问也是继承了的，但有不同。韩愈说他“大醇而小疵”，是说得对的。他由于主人性恶，强调过法的作用，有两位出大名的弟子成为法家的重要人物，因而自汉迄清，一直受冷落，声名和地位都从未赶上孟子。至清代，汪中作《荀卿子通论》,《四库全书总目提要》列《荀子》于子部儒家类之首，荀子的地位才略见提高。《四库全书总目提要》说：“平心而论，卿之学源出孔门，在诸子之中最为近正，是其所长。主持太甚，词义或至于过当，是其所短。韩愈‘大醇小疵’之说，要为定论，余皆好恶之词也。”这是公允的评价。汪中《荀卿子通论》以为“荀卿之学出于孔氏，而尤有功于诸经”，“自七十子之徒既没，汉诸儒未兴，中更战国暴秦之乱，六艺之传赖以不绝者，荀卿也。周公作之，孔子述之，荀卿之传之，其揆一也”。肯定荀子传孔子之六艺，贡献之大不可低估。汪氏据《经典释文序录》、《盐铁论》、刘向《别录》、《汉书·楚元王传》、《汉书·儒林传》，指出毛诗、鲁诗、《左氏传》《穀梁传》之传授皆与荀卿有关。与荀卿有关的还有韩诗及大小戴礼。汪氏还认为从《荀子》书的内容看，荀子所论往往与孔子之六艺合。例如，“其说霜降逆女，与毛同义”；“《礼论》《大略》二篇，《穀梁》义具在”；“《解蔽》篇说《卷耳》,《儒效》篇说《风》《雅》《颂》,《大略》篇说鱼丽国风之好色，并先师之逸典”；“《大略》篇《春秋》贤穆公善胥命，则为《公羊春秋》之学”；“刘向又称荀卿善为《易》，其义已见《非相》《大略》二篇，盖荀卿于诸经无不通，而古籍缺亡，其授受不可尽知矣”。汪氏又据《非相》《非十二子》《儒效》三篇每以仲尼、子弓并称，“子弓之为仲弓，犹子路之为季路，知荀卿之学，实出于子夏、仲弓也”。又据《宥坐》《子道》《法行》《哀公》《尧问》五篇，杂记孔子及诸弟子言行，知其“盖据其平日之闻于师友者，亦由渊源有渐，传习有素而然也”。

从哲学的角度看，《荀子》书三十二篇贯穿着崇尚仁义的观点，与孔子根本一致。《荀子》仁义的思想集中反映在《议兵》篇。《议兵》记陈嚣说荀卿“议兵常以仁义为本”。荀卿说：“彼仁者爱人。爱人故恶人之害之也。义者循理，循理故恶人之乱之也。彼兵者所以禁暴除害也，非争夺也。故仁人之兵所存者神，所过者化，若时雨之降，莫不说喜。”把人仅仅同人相联系，说“仁者爱人”，是正确的。强调仁人能爱人也能恶不仁之人即害人乱人之人，也是正确的。以为战争起于以仁伐不仁，不承认有为了争夺的战争，是不正确的。无论正确不正确，都与孔、孟的观点如出一辙。荀子过分相信仁义的作用，竟说在战争中“坚甲利兵不足以为胜，高城深池不足以为固，严令繁刑不足以为威”，与孔、孟的思想也无二致。《议兵》篇还记李斯问荀子：“秦四世有胜，兵强海内，威行诸侯，非以仁义为之也，以便从事而已。”荀子驳斥他，说：“非汝所知也。汝所谓便者，不便之便也。吾所谓仁义者，大便之便也。彼仁义者所以修政者也。改修则民亲其上，乐其君，而轻为之死。”荀子与李斯显然在仁义这一根本问题上意见相反。仁义是“大便之便”，仁义是修政的，这一观点在孔子那里可找到根据。《中庸》记孔子说：“为政在人，取人以身，修身以道，修道以仁。仁者人也，亲亲为大，义者宜也，尊贤为大。”孔子的意思是，搞好政治关键在人，人的修养根本在仁义。荀子之“仁义者所以修政者也”的论断岂不恰恰渊源于孔子！

荀子特重礼义。《荀子》书三十二篇礼字出现约三百次，其中许多次是礼义并举。孔子言仁多，荀子言礼多。如果孔子的思想核心是仁义的话，那么荀子的思想核心就是礼。仁义礼三者在理论上和实践上都是不可分的。孔子贵仁义，但也重礼；荀子贵礼，也绝不排斥仁义。荀子对仁义礼三者的关系摆得极明白。《大略》篇说：“王者先仁而后礼。”“亲亲故故庸庸劳劳，仁之杀也。贵贵尊尊贤贤老老长长，义之伦也。行之得其节，礼之序也。仁爱也故亲，义理也故行，礼节也故成。仁有里，义有门。仁非其里而虚之，非礼也。义非其门而由之，非义也。”“君子处仁以义然后仁也，行义以礼然后义也，制礼反本成末然后礼也，三者皆通，然后道也。”行仁行义要有里有门，即有一定的节制、一定的条件。这节制、条件就是礼。这和《中庸》所载孔子说的“亲亲之杀，尊贤之等，礼所生也”以及《论语·颜渊》“克己复礼为仁。一日克己复礼，天下归仁焉”，“非礼勿视，非礼勿听，非礼勿言，非礼勿动”的言论一样，强调礼由仁义生，然而仁义离不开礼。

荀子特别强调礼，是由于时代的原因。企望人们自觉地行仁义，自觉地“克己复礼”，“强恕而行”，已经不可能；用礼约束、控制人们的行为，才是现实的、可行的。荀子言礼并未忽略仁义，他言礼始终以仁义为前提，也以仁义为归宿。但是他把礼的意义看得很重。《非相》篇特别指出人之所以为人，所以不同于禽兽，只是因为“人道莫不有辨，辨莫大于分，分莫大于礼”。人与猩猩皆二足而无毛，人之特别之处是有辨有分，父子有亲，男女有别，既人有社会关系的约束，又有处理好这种关系的办法。这种认识，孔、孟也有，荀子强调的程度则超过孔、孟。《礼论》篇说：“绳者直之至，衡者平之至，规矩者方圆之至，礼者人道之极也。”无绳衡不得直平，无规矩不成方圆，无礼则不成人。礼与绳衡规矩一样具有控制、约束、修正的作用。《大略》篇说：“礼者政之輓也，为政不以礼，政不行矣。”“人无礼不生，事无礼不成，国家无礼不宁”。视礼为治国之大要，修身之根本。礼义由谁实行？由君子，即统治者。正如《王制》篇所说："天地者生之始也，礼义者治之始也，君子者礼义之始也。""无君子则天地不理，礼义无统，上无君师，下无父子，夫是之谓至乱。"礼义由统治者推行，带有一定的强制性。从国家的政治角度说，这就是礼治。礼治本质上也是仁政。孔子是主仁政的，也说"道之以德，齐之以礼，有耻且格"。荀子的政治主张有自己的发挥，然而大体不离孔子的格。孔子说"道之以德，齐之以礼"，礼是第二位的，荀子则将礼抬到压倒一切的地位，既齐之以礼又道之以礼。

荀子的礼与法家崇尚的权势、勇力、权谋相对立而不可调和，绝对是属于孔子范围的东西。《非十二子》篇说："今之所谓士仕者，漫者也，贼乱者也，恣睢者也，贪利者也，触抵者也，无礼义而唯权势之嗜者也。"《乐论》篇说："贱礼义而贵勇力。贫则为盗，富则为贼，治世反是也。"《王霸》篇说："絜国以呼功利，不务张其义，齐其信，唯利之求，内则不惮诈其民而求小利焉，外则不惮诈其与而求大利焉。"如是"而身死国亡，为天下大戮"，"是无它故焉，唯其不由礼义而由权谋也"。是知荀子讲的礼义是社会认同的道义原则，庶民遵守，统治者也要遵守。嗜权势，贵勇力，由权谋，法家主张的一套，与荀子讲的礼义不能同在并行。

荀子有《性恶》一篇，与孟子唱反调，诘孟子之性善说而反诸是。其说云："人之性恶，其善者伪也。"又说："故圣人化性而起伪，伪起而生礼义。"伪字与为字古书通用。荀子意谓人之性本是恶的，善是后天教化习染而成。上文已言及性善性恶在理论上都不对。孔子说"性相近，习相远"是对的。人的共同本性大体相同，相差无几，这是自然属性，如衣食饱暖的需求，欢乐愉悦的欲望，无所谓善恶；善恶是社会属性，是后天形成的，是善是恶不能一定，谁善谁恶亦必不尽同。孟子说人性善，生来就有仁义礼智四端，意欲人尽性而乐于善，着眼在发挥人的主体意识。荀子说人性恶，生来就是恶的，自私自利的，意欲人化性而勉于善，着眼在提倡外力对人的约束、控制和教化。荀子主性恶，所以他特别强调礼义的重要性。人性是恶的，礼义就成为社会、国家、个人第一要紧的东西。

荀子传承了孔子唯物论的宇宙观。这很可能与他熟悉《周易》有关。现有已知的文献材料记载的《周易》传授源流中未见荀子。在《荀子》书中却看得出荀子对《周易》所知甚深。《大略》篇有"善为《易》者不占"一语，说明他不把《周易》看作单纯的卜筮之书。不看作卜筮之书，当然是看作讲思想的书了。这就与孔子的观点一致。在战国时代就能肯定《周易》的性质不是卜筮，是不简单的。荀子以后至清代，明确说《周易》不单纯是卜筮之书的思想家，实在寥寥无几。《荀子》书中有三处引《周易》原文用以说明现实的问题。《非相》篇引坤六四"括囊无咎无誉"，《大略》篇引小畜初九"复自道，何其咎"和糅合咸《彖传》《序卦传》之意曰"《易》之咸见夫妇，夫妇之道不可不正也，君臣父子之本也。咸感也，以高下下，以男下女，柔上而刚下"，都不从迷信的角度看《周易》。不把《周易》看成单纯卜筮之书，不必是唯物论者；唯物论者却必不把《周易》看成单纯卜筮之书。

看《荀子》关于天的论述，知道他承继了孔子的观点。《不苟》篇说："天不言而人推高焉，地不言而人推厚焉，四时不言而百姓期焉。"显然与孔子"天何言哉？四时行焉，百物生焉，天何言哉"意同。《礼论》篇曰："天地者生之本也。"《王制》篇曰："天地者生之始也。"《富国》篇曰："天地生之。"《大略》篇曰："天施然也。"又曰："天地生之。"《富国》篇曰："夫天地之生万物也。"《君道》篇曰："其于天地万物也。"《天论》篇曰："则天地官而万物役矣。”这些用语很可能来自孔子《易传》。荀子接受了《序卦传》“有天地然后万物生焉”、乾《彖传》“大哉乾元，万物资始”、坤《彖传》“至哉坤元，万物资生”、益《彖传》“天施地生”的思想。

荀子的天道观源自孔子，比孔子表现出的唯物论精神更坦率更彻底。《天论》篇论述“天人之分”，其对宗教迷信的批判意识是无与伦比的。“天行有常，不为尧存，不为桀亡。应之以治则吉，应之以乱则凶”。天是自然无为的，人间的治乱吉凶在人不在天。“天有常道矣，地有常数矣”，“天不为人之恶寒也辍冬，地不为人之恶辽远也辍广”。又进一步指明天地是自然，是不听人意的客观存在。“星之坠，木之鸣”也是自然现象，不过是少见的特殊的“物之罕至者也”的自然现象。人们对于它们“怪之可也，而畏之非也”。荀子在此基础上甚至提出“物畜而制之”“制天命而用之”的大胆设想。这就超过孔子更向前迈一步。

无神论者不必是唯物论者，唯物论者必是无神论者。孔子是唯物论者，也是无神论者。孔子由于时代的原因，出于政治上“神道设教”的需要，不能公开明朗地否定祭祀，否定鬼神；心里明明不相信鬼神，却绝不点破。他或者“不语怪力乱神”(《论语·述而》)，或者模棱地说，“祭神如神在”(《八佾》)，“敬鬼神而远之，可谓知矣”(《雍也》)，“未能事人，焉能事鬼”，“未知生，焉知死”(《先进》)，使后世人疑惑不解，以至于见仁见智，莫衷一是。荀子是看透了孔子的，把孔子的无神论拿过来，并且把遮在上头的一层“神道设教”的纸揭破。《天论》篇说：“雩而雨，何也？曰无何也，犹不雩而雨也。日月食而救之，天旱而雩，卜筮，然后决大事，非以为得求也，以文之也。故君子以为文而百姓以为神。以为文则吉，以为神则凶也。”祭祀、卜筮，君子心中清楚，是文饰的东西，普通百姓才真相信有鬼神。

荀子从孔子那里承受了辩证法的观念，也是无疑问的。荀子用变化的观点看待天地万物。《不苟》篇的“变化代兴谓之天德”与《周易》之《系辞传》的“天地之大德曰生”,《礼论》篇的“阴阳接而变化起”与《系辞传》的“刚柔相推而生变化”，思想完全一致，用词略有不同。人怎样适应客观世界的变化的问题，荀子说的也与孔子吻合。《不苟》篇的“与时屈伸，柔从若蒲苇，非慑怯也。刚强猛毅，靡所不伸，非骄暴也。以义变应，知当曲直故也”，《仲尼》篇的“君子时屈则屈，时伸则伸也”,《解蔽》篇的“当时则动，物至而应，事起而辨，治乱可否，昭然明矣”。一似孔子的“我则异于是，无可无不可”(《微子》),“可以速而速，可以久而久，可以处而处，可以仕而仕”(《孟子·万章下》),《周易》之《系辞传》的“尺蠖之屈，以求伸也。龙蛇之蛰，以存身也”，艮《彖传》“时止则止，时行则行”。

孔子的学说幸得孟子、荀子的传承和弘扬，否则将更加晦暗不显。韩愈《读荀子》说《荀子》书“考其辞，时若不粹；要其归，与孔子异者鲜矣”，以为“大醇而小疵”。这个评价是公平的。韩愈又说“孟氏醇乎醇者也”，则偏袒孟子过矣。荀子主性恶，于孔子的性论有所不合，是小疵；孟子言性善，于孔子的性论何尝有所合，何尝不是小疵。韩愈《原道》更论定孔子所传之道传到荀子为止，以下不得其传，何其武断之甚耶！

二、孔学在汉代几被埋没

韩愈《原道》论定孔子所传的道至孟子而中断，虽不免偏激武断，但不是完全没有道理。如果改谓孔子所传之道到荀子为止，并且说荀子之后，孔子之道不绝若线，而不说“不得其传”的话，那就接近事实了。韩愈所说的孔子传的道，《原道》文中其实已经交代得十分清楚，那就是仁义，其文是《诗》《书》《易》《春秋》，其法是礼乐刑政，是由尧舜禹汤文武周公传下来的，不是老与佛的道。对照《中庸》“仲尼祖述尧舜，宪章文武”和《汉书·艺文志》儒家者流“游文于六经之中，留意于仁义之际，祖述尧舜，宪章文武，宗师仲尼”的说法，知道韩氏之说大致不差，孔子传的道渊源有自，其要在仁义。宋人朱熹以为伪古文尚书《大禹谟》所谓“人心惟危，道心惟微，惟精惟一，允执厥中”的四句十六字乃尧舜禹汤文武周公传至孔子的秘诀，即所谓道统，把心学、道学的东西加诸孔子，实在不如韩愈讲得真切妥贴。

孔子的学说在先秦流传较好，至少可以说没有太大的问题。秦火之后问题就大了。总括而言，可以两面看，“六经”和《论语》等文献材料，尽管注疏五花八门，不无问题，但原文总算保存流传下来，人们可以随时查阅。这一方面的情形我们在上一章已经说过；另一方面，孔子的思想，亦即理论方面，问题可就太大了。在汉代，孔子治学重义理的方法几被抛弃，学者们埋头于文字训诂里去。至宋代，新儒家学派起，学者不再拘泥于训诂，纷纷恢复把握义理的方法，在经典的研究中加入自己主观的东西，甚至假借孔子的名义建立属于自己的体系。儒学兴盛起来，孔学埋没下去。到了清代，在治学的方法上形成了考据的路子，而在治学的内容上，一些人打出汉学的旗帜，一些人墨守宋学，还有一些人汉宋兼容并蓄。三种人的学问固然不同，思想没有贴近孔子则是一样的。

孔学与儒学不是一回事，宜分别视之。自汉迄清，表面上看儒家宗师仲尼，鼓吹仁义，孔学与儒学异名而实一，然而实则不然，儒学的发展总是伴随着孔学的衰落。汉学之旧儒学、宋学之新儒学以及当今的现代新儒学统称为儒学，而与孔学区分开来才是明智的。因为在两千多年的历史发展中让历代思想家们拘守孔子的东西不变，是绝对不可能的。汉学、宋学、清学自有它们产生的理由和价值。把儒学与孔学分开研究，极为合适。清人胡渭多少有了这样的意识，他在《易图明辨》题词中写道："吾谓先天之图与圣人之《易》离之则双美，合之则两伤。"他仅仅在《易》学方面看出了这个问题。梁启超作《清代学术概论》，在评价胡渭《易图明辨》时说："须知所谓无极太极，所谓河图洛书，实组织宋学之主要根据。宋儒言理，言气，言数，言命，言心，言性，无不从此衍出。周敦颐自谓'得不传之学于遗经'，程朱辈祖述之。谓为道统所寄，于是占领思想界五六百年，其权威几与经典相埒。渭之此书，以《易》还诸羲文周孔，以图还诸陈邵，并不为过情之抨击，而宋学已受致命伤。自此，学者乃知宋学自宋学，孔学自孔学，离之双美，合之两伤。自此，学者乃知欲求孔子所谓真理，舍宋人所用方法外，尚别有其途。不宁唯是，我国人好以阴阳五行说经说理，不自宋始，盖汉以来已然。一切惑世，诬民，汩灵，窒智之邪说邪术皆缘附而起。胡氏此书，乃将此等异说之来历和盘托出，使其不复能依附经训以自重，此实思想之一大革命也。"梁氏将对比面扩展了。胡渭讲宋人先天图与孔子之《易》的离合，梁氏将离合问题指向全部宋学与孔学。自今日看来，毋宁说"离之双美，合之两伤"的是整个两千多年的儒学与孔学更合适。

孔学遇到的第一次劫难是秦火和秦挟书律。这次劫难同孔学以后遭到的不幸相比只是皮毛而已。秦火其实没把"六经"怎么样，《周易》被视为卜筮之书没有烧。《诗》三百篇人们口头吟诵，烧不掉。《春秋》公、穀二传本来是口传未著于竹帛。许多藏于山崖屋壁的书，汉初经过几代人的努力也陆续搜集齐全。西汉晚期经刘向、刘歆父子校理，后来著录于《汉书·艺文志》的“六经”及七十子后学所记的书是相当可观的。秦火和挟书律对孔学的打击不过是皮肉之苦，真正致命的是汉人在许多方面对孔学精髓的忽视、歪曲，乃至肢解、阉割。

汉初的一些人如伏生、高堂生、张苍、浮丘伯、申公等，以及热心搜集天下书籍的景帝之子河间献王刘德，在恢复孔子传授的典籍方面所做的贡献不能泯灭。他们对孔子的思想言论没有留下任何解释，我们不去说他们。还有东汉作《论衡》的王充居然问孔，公开抨击孔子，对孔学有益无害，我们也不去说他。我们只说那些试图正确理解孔学的人和书，及那些对孔学表面看是鼓吹实则起了埋没作用的人和书。

孔子的思想学问主要藏在《春秋》和《周易》里面。这两部书在汉代都受到重视，对它们有相当多的解释。《春秋》，汉代《公羊传》著于竹帛，极为行时，董仲舒为解释《春秋》及《公羊传》的思想，作《春秋繁露》，流传至今，东汉何休为《公羊传》作《解诂》，使《公羊传》的思想更加理论化、系统化。但是二人都加入了自己的东西，何休加入的尤其严重。二人两相比较，董仲舒的言论中保留孔学本色多。《周易》在汉代遭遇最不幸，孔子的《易》学方法和思想几被埋没。《周易》是用象数表达哲学思想的书，象指八卦的取象和六十四卦每卦上下体和六爻的象。卦爻之外无别象。汉人的神秘主义思想特别严重，专门在《周易》的神秘方面下功夫，给《周易》象数之外硬加上几无穷尽的新象数，如纳甲、爻辰、卦变、互体、半象、飞伏、世应等等，使一部本来就难以理解的《周易》更加神秘莫测，令人感到卦爻辞似乎非神不能作，凡人不能解。

董仲舒在《春秋》公羊学上的贡献前面已有评述，这里谈谈他在天道观、人性论、仁义诸问题上对孔子思想的阐发。

董仲舒的天道观大体遵循孔子，天被他描述为人类看得见说得出的自然界，这自然界以阴阳对立转化为动力和形式永远不停地变化着。关于天，董氏的言论很复杂，既谓天是可见的、客观的，又说天有神秘性。董氏说“天者万物之祖，万物非天不生”（《春秋繁露·顺命》），与《易·序卦传》“有天地然后万物生焉”的说法一致。又说“天之道，春暖以生，夏暑以养，秋清以杀，冬寒以藏”（《四时之副》），“天德施，地德化”，“春生夏长，百物以兴，秋杀冬收，百物以藏”（《人副天数》），与孔子《论语·阳货》说的“天何言哉？四时行焉，百物生焉，天何言哉”意义相同，以为天生万物通过春夏秋冬四时的运行得以实现。在言及礼的时候，说礼“以德多为象万物，以广博众多，历年久者，为象其在天。而象天者莫大日月，继天地之光明，莫不照也。星莫大于大辰，北斗常星，部星三百，卫星三个，大火二十六星，伐十三星”（《奉本》）。这是说天的实质性含义是日月星。生成万物，有四时变化，以日月星为内容，这样的天当然是自然之天。《论语》和《易传》中孔子讲的天正是这样的。

董氏眼中的天是不停地有规律地变化着的。他说：“天之道有序而时，有度而节，变而有常，反而有相。”（《天容》）天道之变化有时序，有节度，有常变，有相反。天道变化的原因和形式，董氏认为在于阴阳之对立转化，很符合《易传》的观点。董氏说：“天地之常，一阴一阳。阳者天之德也，阴者天之刑也。”（《阴阳义》）又说：“天道大数，相反之物也，不得俱出，阴阳是也。”（《阴阳出入》）又说：“天之常道，相反之物也，不得两起，故谓之一。一而不二者，天之行也。阴与阳，相反之物也。”（《天道无二》）天道之变化总是一会儿阴一会儿阳，一边阴一边阳，阴阳两面不能同时出现。犹如春天过去夏天才能来，月亮下去太阳才能升。下边一段话具有更大的普遍意义。他说：“凡物必有合。合必有上必有下，必有左必有右，必有前必有后，必有表必有里。有美必有恶，有顺必有逆，有喜必有怒，有寒必有暑，有昼必有夜。此皆其合也。阴者阳之合，妻者夫之合，子者父之合，臣者君之合。物莫无合，而合各有阴阳。”(《基义》)前面说的“故谓之一”的“一”系指一分为二而言，阴阳不能同时出现，如同走路不能两只脚一齐迈出去，必须先迈一只，后迈一只。后面说的“物必有合”的“合”系指合二而一言，凡物必有阴阳两面，不能有阴无阳或有阳无阴，犹如无臣则无所谓君，无子则无所谓父，无妻则无所谓夫。董氏这些话统而观之，他说的是这样的道理：天地万物皆有阴阳两面，没了这一面也就没了另一面。然而阴阳两面却又不能同时出现，必须是阴阳交替而行。《系辞传》讲的“刚柔相推而生变化”和“一阴一阳之谓道”也是这个意思。与现代人说的对立统一很相似。

孔子的哲学充满理性精神，孟子、荀子也莫不如此。孔子在鬼神问题上态度似模棱不定，实则否定鬼神，只是为了以祭祀、卜筮等神道设教，才未将内心的话挑明。董仲舒当然更不可能不提倡祭祀，鼓吹神道设教，比起孔子来有过之无不及。现存《春秋繁露》八十二篇有十二篇专门讲祭祀。孔子讲天人合一，《易传》中贯穿着天人合一的思想。《易传》的天人合一主要是说人的主观应与客观世界取得一致。亦即《论语·为政》中孔子说的：“四十而不惑，五十而知天命，六十而耳顺，七十而从心所欲，不逾矩。”一个人一生逐渐修养到从心所欲而又不逾矩的地步，算是实现了天人合一。同样的思想在乾《文言传》里说成“夫大人者，与天地合其德，与日月合其明，与四时合其序，与鬼神合其吉凶。先天而天弗违，后天而奉天时。天且弗违，而况于人乎！况于鬼神乎”！因为是主观与客观的统一，所以能否实现这种统一，取决于个人的修养和智能如何，一般人的水平做不到。董仲舒的天人合一则是另一种意义。孔子仅仅说人的主观精神有与客观世界合一的可能性与必然性，董仲舒则把天与人的合一看成为普遍存在的客观事实，是已然的。自然界与人类的生理与心理特点具有天生的一致性，每个人只要认识这一点而言行不违背就可以了。孟子讲“万物皆备于我”，强调“我”与我的同类的关系。既是同类，他人的喜怒哀乐好恶，“我”完全能够体验、理解。董仲舒讲的天人合一，强调人与天相同相通，有一定的神秘主义色彩。

董仲舒说：“天亦有喜怒之气、哀乐之心，与人相副。以类合之，天人一也。春，喜气也，故生。秋，怒气也，故杀。夏，乐气也，故养。冬，哀气也，故藏。四者天人同有之，有其理而一用之。与天同者大治，与天异者大乱。故为人主之道，莫明于在身之与天同者而用之，使喜怒必当义乃出，如寒暑之必当其时乃发也。”（《阴阳义》）又说：“寒暑移易其处，谓之败岁。喜怒移易其处，谓之乱世。明王正喜以当春，正怒以当秋，正乐以当夏，正哀以当冬，上下法此，以取天之道。”（《阳尊阴卑》）这是说，人的喜怒哀乐四气与天之春夏秋冬一样有规律而又不可避免；人对自己的喜怒哀乐四气可节制而不可止；人当自我把握，当喜则喜，当怒则怒，当哀则哀，当乐则乐，犹如春夏秋冬一样不可移易颠倒。董氏还以为人比物高明，人与天地为偶而物不能，人之生理构造与天地相通。他说，“人有三百六十节，偶天之数也，形体骨肉偶地之厚也。上有耳目聪明，日月之象也。体有空窍理脉，川谷之象也。心有哀乐喜怒，神气之类也。”“人之身首妢而圆，象天容也。发，象星辰也。耳目戾戾，象日月也。鼻口呼吸，象风气也。胸中达知，象神明也。腹胞实虚，象百物也。百物者最近地，故腰以下，地也。天地之象以腰为带。颈以上者，精神尊严，明天类之状也。颈而下者，丰厚卑辱，土壤之比也。足布而方，地形之象也。”（《人副天数》）人之长成人这种样子，处处都能在自然界里找到相应的根据，依董氏的见解，人体乃是天地自然的摹本。不过，他没有说人是超自然的主宰按照自己的意志创造出来的。董仲舒的天人合一说超过了孔子《易传》之天人合一观点，已经离开了理性思考的范围，进入了神秘主义的境地。但是在这一点上还不能说他已最后陷进了宗教唯心主义的泥潭。

董仲舒在学问上的最大不幸是他提出了天人感应说。他的动机可能是好的。汉王朝日益强大的中央集权的专制主义君主政治客观上需要产生一种理论，借以控制君主权力的使用，调解君主的统治与人民百姓的关系。《春秋繁露》全书贯穿着这样一个思想：君主对人民的统治必须有所顾忌，不能肆无忌惮。什么力量会使君主有所戒惧呢？在当时的历史条件下，理性的说教不起作用，给天涂上一层神秘色彩最有威力。孔子没有这种思想，《论语》说孔子不语怪力乱神，《易传》也绝不涉及这一问题。《春秋》，据清人高士奇《左传纪事本末》卷五十三统计，凡纪灾异一百二十二次，其中日食三十六，星孛三，星陨、陨石各一，不雨七，无冰三，大雨震电一，雨雪三，大雨雹三，地震五，山崩二，大水九，等等，都只记灾异而已，而且所记皆与民生日用密切相关的，并不言其事应。孟子引书曰“天作孽犹可违，自作孽不可活”，重人事而不言天意，荀子更将灾异的实质点破，说：“星坠木鸣，国人皆恐。曰，是何也？曰，无何也。是天地之变，阴阳之化，物之罕至者也。怪之可也，而畏之非也。夫日月之有蚀，风雨之不时，怪星之党见，是无世而不常有之。上明而政平，则是虽并世起，无伤也。上暗而政险，则是虽无一至者，无益也。”（《天论》）灾异是自然现象，可怪不可畏，人间的政治明暗险平与它无关。董仲舒则出于时政的需要，歪曲孔子作《春秋》记灾异的本意，以为《春秋》记灾异中有天意在，孔子作《春秋》记灾异是为了表达天谴天威，告诫人君内自省惧，振过救失。他说："天地之物，有不常之变者谓之异，小者谓之灾，灾常先至而异随之。灾者天之谴也，异者天之威也。谴之而不知，乃畏之以威。"灾小异大，灾谴告于先，异威胁于后，都是天意。七说："凡灾异之本，尽生于国家之失。国家之失，乃始萌芽，而天出灾害以谴告之。谴告之而不知变，乃见怪异以惊骇之。惊骇之尚不知畏，恐其殃咎乃至。以此见天意之仁而不欲陷人也。"灾异出现的原因是统治者政治上的失误，目的是促使统治者纠正失误。又说："灾异以见天意。天意有欲也有不欲也。所欲所不欲者，人内以自省，宜有惩于心，外以观其事，宜有验于国。故见天意者之于灾异也，畏之而不恶也。以为天欲振吾过，救吾失，故以此报我也。"（均见《必仁且知》）统治者宜知灾异的出现乃天意欲拯救他，要惧怕不要厌恶。这种天人感应说，是孔子学说中根本没有的，是董仲舒出于政治上的需要建立起来的，不是孔学的东西，后世比较正统的儒家人物也不相信这一套，但是在汉代却很有影响力。由此我们看出董仲舒的宇宙观极复杂。上文我们曾言及他心目中的天是有规律地变化着的客观存在，这里又说到他以为天有意志，是个超自然的主宰。两者是对立的，却又缠绕在一起，反映董仲舒作为一个思想家理论上的不成熟性。

孔子作的《春秋》没有五行说，董仲舒给加了进来。他说："天有五行，一曰木，二曰火，三曰土，四曰金，五曰水。木，五行之始也；水，五行之终也；土，五行之中也。此其天次之序也。木生火，火生土，土生金，金生水，水生木。此其父子也。"又说，"木居东方而主春气，水居南方而主夏气，金居西方而主秋气，火居北方而主冬气。是故木主生而金主杀，火主暑而水主寒。”“土居中央为之天润。土者天之股肱也，其德茂美，不可名以一时之事，故五行而四时者，土兼之也。”“甘者，五味之本也。土者，五行之主也。五行之主土气也，犹五味之有甘肥也，不得不成。是故圣人之行，莫贵于忠，土德之谓也。”（《五行之义》）这是说五行所主方位和四时以及它们之间相次相生的关系。以下董氏又论及五行相胜，五行顺逆，五行变救，五行五事，治乱五行，等等。用五行说解释灾异，指导政治。例如他说，“木有变，春凋秋荣”，是徭役众、赋敛重的表现。挽救的办法是省徭役、薄赋敛。“火有变，冬温夏寒”，是不肖在位、贤者伏匿的表现。挽救的办法是举贤良、赏有功。“土有变，大风至，五谷伤”，是不信仁贤、淫逸无度的表现。挽救的办法是省宫室、举孝悌。五行说非始自董仲舒。最早的五行说可能有一定的道理，董仲舒的五行说看不出有什么理性在，把自然界的变异同人事政治联系起来，全是牵强附会，是孔学中绝对没有的东西。

董仲舒对仁义的理解堪可称道，是他治《春秋》的重要创获之一，显示出作为一位以公羊学名世的大思想家卓出特立的识见。仁义是孔子学说的核心，《论语》和《周易》都有孔子关于仁义的论说，唯《春秋》未明言仁义的问题。董仲舒在《春秋》中发掘出仁义之法，从《春秋》所记事实的角度阐述他对孔子仁义的理解。他讲的，孔子似未曾讲过，然而仔细寻绎，却又不出孔子的大义。董氏以为《春秋》为仁义立法，其要点在于仁与义反映我与人的关系及处理好这一关系的道德原则。董氏说：“仁之法在爱人不在爱我；义之法在正我不在正人。我不自正，虽能正人，弗予为义。人不被其爱，虽厚自爱，不予为仁。”“爱在人谓之仁，义在我谓之义。仁主人，义主我也。故曰，仁者人也，义者我也。”（《仁义法》）这样从人我关系上理解仁义，与孔子是有差别的。孔子说“仁者人也，亲亲为大；义者宜也，尊贤为大”，在仁上是强调爱人有程度差异，先亲亲即爱父母兄弟妻子，然后推及他人。在义上是强调处理各种人事关系时要适宜恰当，合乎礼节。董仲舒对仁义的理解，仁强调爱别人，不在爱自己；义强调宜正自己，不在正别人。发挥了孔子“躬自厚而薄责于人”（《论语·卫灵公》）的精神。这样理解仁义，虽与孔子有所不同，但未离开仁者人也、义者宜也的根本，说是对孔子仁义说的补充亦无不可。况且董氏对仁义的理解得自孔子的《春秋》，凿凿有据。董氏说“昔者晋灵公杀膳宰以淑饮食，弹大夫以娱其意”，虽厚自爱却不爱人，《春秋》不予为仁。“昔者楚灵王讨陈蔡之贼，齐桓公执袁涛涂之罪，非不能正人也，然而《春秋》弗予，不得为义者，我不正也。”“潞子之于诸侯，无所能正，《春秋》予之有义，其身正也。”（《仁义法》）董仲舒还强调仁者必明道正义而不谋功利。诈以成功，苟为而已，不得谓仁。胶西王称勾践、文种、范蠡为越之三仁，以比拟殷之三仁比干、微子、箕子。董氏对之以越无一仁，更无三仁。理由是越人为诈以伐吴，显然不仁。这正是孔子的观点。泓之战，宋襄公不鼓不成列，不禽二毛，不重伤，孔子赞许之，于僖公二十二年记曰：“冬十有一月己巳朔，宋公及楚人战于泓，宋师败绩。”《公羊传》说孔子“以为虽文王之战亦不过此也”，故既称日又言朔。孔子对宋襄公的表扬和董仲舒对越人诈以伐吴的批评，用意同。董仲舒的名言：“仁人者，正其道不谋其利，修其理不急其功。”（“对胶西王越大夫不得为仁”，《汉书·董仲舒传》作“正其谊不谋其利，明其道不计其功”。）这是就《春秋》而发的，符合孔子的仁义说。孔子的仁义概念中包含着反对用非正当手段获取利益的思想。孔子一向主张君子应正确处理义与利的关系，不是不要利，是不要非义之利。孔子说“不义而富且贵，于我如浮云”（《论语·述而》），未有绝对不要利的意思。合义而得的利，当然要；不合义的利，当然不要。宁肯过饭疏食饮水、曲肱而枕之的清贫生活，不享受不义而来的富贵，孔子的义利观不错，董仲舒那两句有关义利之辩的名言也正确。至于宋人将义利搞到绝对对立的程度，那是宋人的事情，与董仲舒无关。

谈到汉代人对孔子学说的传承，我们还要提及司马迁。司马迁是史家，不是哲学家，似乎不可能对孔子思想有所传承，其实大大不然。司马迁是位有思想深度的史家，对孔学的了解要远远高过他同时或其后的诸多五经博士。那些博士其实很不博，皓首通一经，只是摆弄章句，训释文字，“碎义逃难”，往往释一语而用数万言，且终不得要领。文字训诂的工作对理解孔子传授的“六经”和孔子的学说固然是必要的，汉人在这方面所做的贡献抹杀不了，例如郑玄留下的《诗笺》《周礼注》《礼记注》《仪礼注》等至今仍是学者不可少的研究依据；但是文字训诂不过是研究“六经”和孔子的初步，更重要的工作是进行义理的分析。犹如建筑，砖瓦木料必须有，通过设计、施工把它们建构起来才是楼。对前人思想文化的理解，文字训诂属于初步层次，义理上的把握属于后期层次。司马迁对孔学的研究虽不多，但他是从义理上理解孔子的。论全面论专门，他不如董仲舒；论影响，由于《史记》的关系，或者视董仲舒为大。

司马迁作为史家，到鲁国做过实地考察，熟谙孔子生前身后的史闻，其父是受《易》于杨何的司马谈，又从董仲舒习过《春秋》公羊学，对孔子和孔子的学问有相当深的理解，实属自然。《史记》给孔子的地位极高。设《孔子世家》，将布衣与王侯同列。又设《仲尼弟子列传》，因重老师而重弟子。其《自序》《十二诸侯年表》《儒林列传》诸篇亦每言及孔子。《孔子世家》和《仲尼弟子列传》之外，《史记》称引孔子言行九十次，居全书所有人物之首。

司马迁是七十子后学及孟子之后给孔子作出公允而适当评价的第一人。《孔子世家》太史公赞语说："天下君主至于贤人众矣，当时则荣，没则已焉。孔子布衣，传十余世，学者宗之。自天子王侯，中国言'六经'者折中于夫子，可谓至圣矣。"司马迁这段话告诉我们"六艺"和孔子有密切的关系，理解"六艺"应以孔子的认识为准。孔子布衣，无位无势，十余世不断受到人们的尊敬、景仰，完全出自心愿，无丝毫的强迫。强迫人们景仰，"没则已焉"。孔子的受人尊敬，用孟子的话说就是"中心悦而诚服也"的"以德服人者"(《孟子·公孙丑上》)。

司马迁《史记》对《周易》和《春秋》及孔子和它们的关系论述不多，然而非常老练妥当。一言一语，往往切中肯綮。"孔子以《诗》《书》《礼》《乐》教，弟子盖三千焉，身通'六艺'者七十有二人"(《孔子世家》)。三千弟子中通《周易》和《春秋》的只有七十二高徒，言外之意，这是两部一般人理解不了的书，它们可能是讲理论的。"《易》以道化，《春秋》以道义"(《自序》)。系引董仲舒语，《史记》既引用，视作司马迁的认识亦无不可。用一个"化"字概括《周易》的性质，用一个"义"字概括《春秋》的性质，再准确不过。"化"字表明《周易》是讲变化的哲学书，"义"字表明《春秋》是讲理论的政治书。

《春秋》和《周易》都是讲思想的书，而且有着共同的特点，即思想都不用概念直接表达，而采用中介的手段。《春秋》通过史事，《易》通过筮卦。这是它们的不同。司马迁说："《春秋》推见至隐，《易》本隐之以显。"(《司马相如列传》赞语）非常简练准确地讲出了两书表达手段恰巧相反。"之以"《汉书》作"以之"。颜注曰："之，往也。"《索隐》引虞喜《志林》曰："《春秋》以人事通天道，是‘推见以至隐’也，《易》以天道接人事，是‘本隐以之明显’也。”其实差别不在人事与天道孰先孰后，差别在表达手段之隐显不一。《春秋》通过历史事实讲政治观点，历史事实是显明的，政治观点藏在里面，是隐晦的，故曰：“推见至隐。”《易》通过筮卦即象数讲哲学观点，筮卦是隐晦的，哲学观点藏在里面，目标是把它发掘出来，故曰：“《易》本隐之以显。”司马迁既然能准确抓住《春秋》和《易》的特点，对二书的理解必是深刻的。

董仲舒和司马迁是汉代承传孔学贡献最大的两位。此外，大家不少，但都是为“六经”作传注、搞训诂的人。其中有些人涉及义理，也都不得孔学的真谛，且每每背离孔子的精神，非但未能弘扬孔学，反而客观上起了埋没的作用。

这些人中最有代表性的人物是东汉末年的山东大儒郑玄。郑玄字康成（127—200），是两汉以训诂为主的经学的集大成者，也是最优秀最杰出的文献注释家。他的贡献主要有二：一是打破经今古文学两派的成见，使专门之学变为通学；二是为各类文献做了多达百万字的注释，其中“三礼”注尤为突出。他的长处在训诂，他的学问在名物礼仪制度。义理是他的短项。他不是思想家。如果一定说是，那也是蹩脚的一个。他对孔学极不得要领。“三礼”是讲制度的，他注释得很好；《周易》是讲思想的，他注释得很糟。糟在他背离《周易》的本义，自己另搞一套，释卦爻创为爻辰说、爻体说，采取互体说，卦爻之外另造象，极尽穿凿之能事，后来王弼作《周易略例》批评汉《易》“定马于乾，案文责卦”，针对的主要是他。郑康成如何卦爻之外另造象，借以任意曲解卦爻辞，前面已有论及，此不赘言。这里仅谈谈他释《易》驰骋臆想，强不知以为知的冬烘情形。

《系辞传》有“大衍之数五十，其用四十有九”。“大衍之数五十”句实际应是“大衍之数五十有五”，传抄误脱“有五”二字，本与“天地之数五十有五”一致。“其用四十有九”，是说筮时用四十九，不用五十五。为什么用四十九而不用五十五？这道理极简单，没有什么深意，不过因为用四十九才能求出七、八、九、六来，用五十五不能。郑康成注却说：“天地之数五十有五，以五行气通，凡五行减五，大衍又减一，故四十九也。”竟胡乱解释，硬说五十由五十五减去五得来，减五的五又与五行扯上，说来说去，说不出减五又减一究竟有何意义。

其实《周易》中没有五十这个数。有的只是五十有五，五十五是十个自然数的和，所以叫大衍之数。因为十个自然数中天数地数各半，所以十个自然数之和又叫天地之数。筮法就从这五十五的大衍之数中取出四十九以行筮求卦。为什么取四十九而不是五十五全用，没有太深太多的道理，只是因为四十九能筮出七、八、九、六来。

为什么不直接用四十九，非搞出一个五十五的大衍之数不可呢？大概有两个原因：一是为了增加筮的神秘性，使人们有神秘感，以求对筮深信不疑；一是十这个数在古人心目中是盈数，是小成之数。故用十个自然数之和最有意义。用九个自然数之和是四十五，不足四十九，不行。用十一个自然数之和是六十六，远远大过四十九，也不行。关于十是盈数的问题，文献有征。《左传·庄公十六年》说：“不可使共叔无后于郑，使以十月入，曰良月也，就盈数焉。”杜预注“盈数”说：“数满于十。”《左传·僖公四年》说：“十年尚犹有臭。”孔颖达疏说：“十是数之小成。”《左传·闵公元年》说：“万，盈数也。”孔颖达疏说：“数至十则小盈，至万则大盈。”不唯古代中国人如此，几乎全世界的古代民族都经历过计数到十为止的阶段。至于《系辞传》说“天一地二，天三地四，天五地六，天七地八，天九地十”，是把十个自然数划分为两部分，奇数为阳，偶数为阴。天数地数就是奇数偶数，无更多的意义，与“在天成象，在地成形”的自然界的天地不是一回事，郑康成完全不懂这些，乃把五行五方牵扯进去，说：“天一生水于北，地二生火于南，天三生木于东，地四生金于西，天五生土于中。阳无偶，阴无配，未得相成。地六成水于北，与天一并。天七成火于南，与地二并。地八成木于东，与天三并。天九成金于西，与地四并。地十成土于中，与天五并。”孔子《系辞传》介绍的筮法只有天数地数，十个自然数，合成大衍之数，其用四十九，根本没有水火木金土五行和北南东西中五方位的影子。郑康成把它们引用进来，七拼八凑，就为后来宋人画河图、洛书张了本。

三、宋学兴起而孔学益衰

汉学重文字训诂，在义理方面神秘主义浓重，孔学几被埋没。宋学兴起，一个个享盛名的号称新儒家的思想家纷纷挺立。有人说这标志着孔学经过两汉以来数百年冷落之后再获复兴。表面看去，孔学重义理，宋学也重义理；孔学重仁义，宋学也重仁义。宋学的兴起就是孔学的复兴，是没问题了，实则根本不是那么回事。宋学自宋学，孔学自孔学。宋学对孔子只是借用名义，发挥的全是宋人自己的思想和理论，和孔子的学说大不一样。如果说汉学把孔学忽略、冷落了的话，那么就可以说宋学扭曲、修改了孔学。宋学的兴起造成孔学更加衰落，以振兴儒学为己任的宋学人物中没有谁真正继承孔子的学说。不要听他们口中呼着孔夫子的大名就以为他们传授的必是孔子的学说。明代中叶的李贽在《藏书》中说宋明理学家“咸以孔子之是非为是非”，是一个历史的误会。宋明理学家有自己的是非标准，何尝以孔子之是非为是非！姑且以“饿死事极小，失节事极大”（《程氏遗书》卷二十二下）为例，程颐说此话，是要女人丧夫饿死不得改嫁。孔子以及先秦儒家没有这样的主张。孔子说君子“欲而不贪”（《尧曰》），承认人之欲而不许贪，更不说禁止寡妇改嫁。经过孔子整理的《仪礼·丧服》明言子可随母适人。《礼记·礼运》说“饮食男女，人之大欲存焉”，没讲人不许有欲。《礼记·乐记》说“灭天理而穷人欲”是大乱之道，只说人欲不可穷极，不言人欲务须灭尽；朱熹则改为“革尽人欲，复尽天理”（《语类》卷十三），把人欲与天理绝对对立起来，鼓吹禁锢人欲。这偏执拘泥的思想方法与孔子实无共同之处。在哲学的其他许多重要问题上更远远地偏离了孔学。孔学进入宋代被弄得面目全非。后世学子知有“四书”而不知有“六经”，知《四书集注》而不知“四书”本文，甚至知朱子而不知孔子。或者说朱子在孔子后，发展了孔子，重朱子有何不好。问题就在这里，从历史的角度客观地分析，朱学与孔学谁个高谁个低，谁更具有真理性，谁禁得起岁月的考验而更多地为现代中国人所接受，是孔子不是很清楚吗！所以我说，宋学就是宋学，说宋学使儒学振起，未为不可，说宋学兴孔学亦兴，则大不可也。实际情形是：宋学兴而孔学益衰。明清时代的中国，孔子坐在庙堂，越来越成为人们顶礼膜拜的遥远而抽象、可望不可即的神，朱熹却在现实生活中成为最高的权威。人们最权威的价值观念是朱熹的学说而不是孔子的学说。这种思想文化的格局在20世纪初兴起、迄今仍然兴旺的现代新儒家学派那里，始终是严重关注的焦点。

经过长期的思考，我们逐渐地感觉到，当人们注意考虑传统文化与现代生活融贯结合的时候，视线应超越以朱熹为代表的宋人理学而追寻原色的孔子和孔子学说。朱学、理学、儒学作为中国人的宝贵文化哲学遗产当然不能不研究，但务须与孔学划开界限。孔学自孔学，儒学自儒学。孔学才是中国传统思想文化的真正主干。

朱熹的确是一个集大成者，他的哲学体系渊源不远，北宋诸大家的主要哲学论点都作为源头活水被综合在他的庞大体系中。他对北宋周敦颐、张载、程颢、程颐四子非常尊重，于邵雍、司马光的学问亦有借鉴。“六先生”全是他崇拜的前辈，而他最推重的则是程颐。故后世人每每将他们合称之为“程朱”，把属于他们师弟同一个传授谱系的学者群称作程朱学派。

朱熹字元晦，一字仲晦，别称紫阳。今江西婺源人。他生于南宋高宗建炎四年（1130 年），卒于宁宗庆元六年（1200 年）。他的老师主要有延平李侗和绩溪胡宪。与之过从较多的著名学者有吕祖谦、张栻、陆九渊等。他为官正派，故遭遇很不幸，蒙受所谓“庆元党祸”的打击，死后赐谥曰文，世人尊称为朱文公。后又追封信国公、徽国公，配享学宫。

朱熹是以孔子道统的传人自居的。据《宋史》本传载，他的高弟兼贤婿黄榦曾说：“道之正统，待人而后传。自周以来，任传道之责者不过数人，而其能使斯道章章较著者，一二而止耳。由孔子而后，曾子、子思继其微，至孟子而始著。由孟子而后，周、程、张子继其绝，至熹而始著。”显然视朱熹为与孟子地位相等的孔子道统的传人。但是自今日看来，说他是孔子道统的传人，只是他们师弟的自我感觉。客观地分析，他不但不是孔子道统的传人，说他违背了孔学的要旨倒合乎实际。因为，虽然他一生研究的全是与孔子有关的儒家经典，著作相当多，《易》《诗》《礼》《论语》《孟子》《中庸》《大学》等都有专著存世，但是他的宇宙论、认识论、仁义说、心性说以及哲学方法得自北宋周、程、张四子而不是孔子。他在这四位前辈身上下了很大功夫。周敦颐有《太极图说解》和《通书》，他就作《太极图说解》和《通书解》；张载有《西铭》和《正蒙》，他就作《西铭解》和《正蒙解》。在程氏兄弟身上花的力气尤大。所著《伊洛渊源录》《近思录》以及整理编辑的《程氏遗书》《程氏外书》等都与程氏兄弟有关。后世学者为他编纂的书有《朱子全书》六十六卷、《朱子语类》一百四十卷、《朱子大全集》一百二十一卷、《朱子遗书》一百六卷、《朱子语录类要》十八卷、《朱子语录四纂》等近三十种。从这些书中特别是语类、语录中清楚地看出他是宋学的集大成者，而不是孔学的传人。

朱熹的宇宙论与孔子不同。孔子的宇宙论我们已经说过，是唯物论的。《论语》中没有明确的言论指明这一点，不过从“天何言哉？四时行焉，百物生焉，天何言哉”一段话看得出孔子以为世界是个客观的存在，它自身没有意志，也不被有意志者所创造。参以《易传》所说“易有太极，是生两仪”，“有天地然后万物生焉，盈天地者唯万物”，孔子宇宙观的唯物论性质就是确定无疑的了。孔子思想中的宇宙本体是太极。太极是天地未判、混沌一体的宇宙初始状态，它非为创生，亦无开始。《老子》与之对立，说：“道生一，一生二，二生三，三生万物。”又说：“天下万物生于有，有生于无。”一与有相当于太极，与孔子之说同。在一与有的前头又加上一个道一个无，就根本不同了。说太极或者说一、有这个物质性实体，是被无或道创造出来的，那么无或道当然就是非物质性实体了。所以《老子》的宇宙观是客观唯心论的。《庄子》与《老子》同。

朱熹的宇宙论是综合周敦颐、张载、二程的观点而形成的。张载作《西铭》，《宋史·道学传》说：“张载作《西铭》，程颐尝言，《西铭》理一而分殊，扩前圣而未发。”知程颐以为张载《西铭》主旨是“理一分殊”。朱熹作《西铭解》说：“天地之间，理一而已。然乾道成男，坤道成女，二气交感，万物化生，则其大小之分，亲疏之等，至于十百千万而不能齐也。非圣贤者出，孰能合其异反其同乎？《西铭》之作，意盖如此。程子以为‘理一而分殊’，可谓一言以蔽之矣。”知朱熹也是用“理一分殊”来解释《西铭》的。

照朱熹的理解，“理一分殊”，理一是形而上的，分殊是形而下的。万物千差万别，绝不一致，这就是分殊。万物虽千差万别，里面藏着的理却只有共同的一个，这就是理一。朱熹的理是什么呢？朱熹自己做过许多解释，综合起来不外乎这样的意思：第一，理是形而上的道。《朱子文集》卷五十八说：“天地之间，有理有气。理也者，形而上之道也，生物之本也。”卷三十六又说：“凡有形有象者，即器也。所以为是器之理者，则道也。”理与道是同一概念。其特点是无形无象，是形而上的。第二，在朱子那里，理即道。道实际上有两种，一种是抽象的道，一种是具体的道。前者是宇宙万物的本体，亦即创造者；后者则与万事万物结合在一起，不可分离。道有两种，一种是世界的本原，一种是决定具体事物规定性的特殊规律，这种观点与老、庄完全相同。《老子》说：“道可道，非常道。”有可以言状的非常道，有不可言状的常道。非常道有德有舍，寓于具体事物中。常道则是“视之不见”，“搏之不得”，“听之不闻”，“其上不皦，其下不昧，绳绳不可名，复归于无物”，“无状之状，无物之象”，“迎之不见其首，随之不见其后”（《老子》第十四章），“有情有信，无为无形，可传而不可授，可得而不可见；自本自根，未有天地，自古以固存；神鬼神帝，生天生地；在太极之上而不为高，在六极之下而不为深，先天地生而不为久，长于上古而不为老。”（《庄子·大宗师》）这个常道与朱熹的理相当，它与具体事物相脱离，先有了它然后才有天地万物，是它创造了世界。《朱子语类》卷一说：“未有天地之先，毕竟是先有是理。”又说：“未有天地之先，毕竟也只是理。有此理便有此天地。若无此理，便亦无天地，无人无物，都无该载了。”朱熹和老庄一样，把道或理看成是先于天地万物又创生天地万物的东西。

老庄讲的常道，即朱熹讲的“理一分殊”之“理一”的理。“分殊”的“分”则是老庄讲的非常道。非常道是可以名状的道，具体的道。朱熹讲的“分殊”恰与此同。朱熹说：“既有此气，然后此理有安顿处。大而天地，细而蝼蚁，其生皆是如此。”（《朱子文集·答杨志仁书》）看这话的口气，极似得自庄子语意。《庄子·知北游》庄子答东郭子问道“恶乎在”，说道“在蝼蚁”，“在稊稗”，“在瓦甓”，“在屎溺”，“无所不在”，而且“每下愈况”，越是下贱之物越能说明道普遍存在于万物之中。朱熹的“理一分殊”直接得自张载、程颐，究其思想渊源则可寻到老庄那里，而与孔子及《易传》的观点迥然不同。“理一分殊”的要害在“理一”，“理一”决定了程朱哲学的客观唯心论的性质。

朱熹“理一分殊”论又与周敦颐的《太极图说》有关。

周敦颐，字茂叔，号濂溪，道州营道（今湖南道县）人。生于宋真宗天禧元年（1017 年），卒于神宗熙宁六年（1073 年）。程颢、程颐兄弟是他的学生。重要的著作有《太极图说》和《通书》。这两部书最能反映他的哲学思想。《太极图说》是他对太极图所做的解释。他的太极图相传是自河上公、魏伯阳、钟离权、陈抟传下来的。陈抟是宋初华山道士，曾刻无极图于华山石壁。周氏的太极图是否就是陈抟华山石壁之无极图，现已无法证实。但是《宋史·朱震传》说：“陈抟以先天图传种放，放传穆修，修传李之才，才传邵雍”，“穆修以太极图传周敦颐”，周敦颐的《太极图说》第一句又是“无极而太极”，周氏的太极图很可能就是陈抟的无极图。太极图本是道家修炼的东西，周敦颐给予新的解说，赋予它宇宙论的意义。《太极图说》全文如下：

“无极而太极。太极动而生阳，动极而静。静而生阴，静极复动。一动一静，互为其根，分阴分阳，两仪立焉。阳变阴合而生水火木金土，五气顺布，四时行焉。五行一阴阳也，阴阳一太极也。太极本无极也。五行之生也，各一其性。无极之真，二五之精，妙合而凝，乾道成男，坤道成女，二气交感，化生万物，万物生生，而变化无穷焉。”

“唯人也，得其秀而最灵。形既生矣，神发知矣，五性感动，而善恶分，万事出矣。圣人定之以中正仁义，而主静，立人极焉。故圣人与天地合其德，日月合其明，四时合其序，鬼神合其吉凶。君子修之吉，小人悖之凶。故曰立天之道曰阴与阳，立地之道曰柔与刚，立人之道曰仁与义。又曰原始反终，故知死生之说。大哉《易》也，斯其至矣。”

据说周敦颐将《太极图说》亲自授予程氏兄弟，然而甚可怪者，二程与门人讲论问答之语，在其书中记载颇详，其于张载《西铭》每每言及，于周氏之太极图和《太极图说》竟未尝及一字一语。而朱熹为之撰《解》，脱稿后二十多年始出以授人。临终前五日犹为学生讲太极图至深夜。可以说，朱熹的哲学思考一生都用在太极图及《太极图说》上。《太极图说》是怎样的一种哲学，朱熹追求的便是怎样的一种哲学。《太极图说》开篇就说“无极而太极”，床上叠床，在“太极”的头上另加一个“无极”。“太极”是《易传》的范畴，是太一的同义语，意指天地未分时的浑沌世界，是物质性的实体。“无极”不是《易传》用语，是《老子》第二十八章用的概念。“无极而太极”这一思想肯定源自道家。《老子》说“道生一，一生二，二生三，三生万物”，“天下万物生于有，有生于无”，“无极而太极”的“无极”恰似那个道、那个无。“无极而太极”，等于说世界本不存在，是道、无创造了它，这不是孔子及其《易传》的思想。至于水火木金土五行更非《易传》所有的东西。五行最早见于《尚书·洪范》,《周易》只讲阴阳不讲五行。

朱熹对《太极图说》除作《解》之外，一生有过许多议论，与友人书或答门人弟子问，往往涉及，而论之最多的是太极与无极的关系。简而赅地说，朱熹在此问题上的观点有三。第一，太极与无极是一不是二，其《答陆子美书》说："无极即是无形，太极即是有理。""周先生之意，恐学者错认太极别为一物，故著无极二字以明之。"(《周子全书》卷三引）第二，"无极"和"太极"是一个东西，那么它是什么？朱熹说："极是道理之极至。总天地万物之理，便是太极，太极只是一个实理，一以贯之。"它"实为万物之根柢""无极而太极，正所谓无此形状而有此道理耳"，"非谓太极之上别有无极也，但言太极非有物耳"(《周子全书》卷一引)。朱熹的意思是说太极是天地万物的总道理，是天地万物之根。从有形无形的角度说，它无形，故云无极；从有实理无实理的角度说，它有实理，故云太极。朱熹于《太极图说》下了几十年功夫，一字一句全都沉潜反复，力求融合贯通，故他的说解全有意义，绝非信口诌来。一则他歪曲了周氏的原意。周氏"无极而太极"之太极与《周易》"《易》有太极"之太极并无二致，只是在前面又加上一个无极，就与老、庄的"道生一""有生于无"滚到一起去了。与老庄道家滚到一起可能恰是周氏的原意，朱熹却硬要加以掩盖，故意将无极与太极说成一回事，力图帮周氏同老子分清界限，竟明确地说："《老子》之言有无，以有无为二，周子之言有无，以有无为一。"(《周子全书》卷一引）朱熹忘了，"大《易》不言有无，言有无诸子之陋也"(张载《正蒙》)。二则他也歪曲了孔子及其《易传》的本意，将太极说成道、理，道、理生成天地万物，还是跑到道家老庄那里去了。

朱熹关于"无极而太极"的第三个观点，是将这个命题与"理一而分殊”统一起来。在他看来，周氏的无极就是太极，太极就是理。理须自两方面看：一方面，理高高在上，是天地万物之根，天地万物由它创生；一方面，理又寓于天地万物之中，无处不在。他说：“人人有一太极，物物有一太极。”（《朱子全书》卷四十九）又说：“统体是一太极，然又一物各具一太极。”（上书卷九十四）太极高高在上而创生万物，即“理一而分殊”之“理一”，太极又散在万事万物之中，即“理一而分殊”的“分殊”。这不是孔子及其《易传》的观点，与老庄常道、非常道的观点如出一辙。孔子及《易传》只承认天之道、地之道、人之道、君道、臣道、子道、妻道等具体的道，这道的实质是一阴一阳之更迭变化，即规律。不承认在具体事物之外另有一个什么独立的道。一阴一阳的更迭变化是千殊万别的具体事物的道的共性，意谓凡道，无论寓于何事何物，都是一阴一阳。但不存在一个超然物外而为天地万物之根的道。朱熹，不论他的初衷如何，他肯定有一个统摄万物而为万物根的道（他将道也称为太极），他事实上就站到孔子及《易传》的对立面一边去了。朱熹将“理一”与“分殊”的关系比拟为天上的月，“只一而已，及散在江湖，则随处可见，不可谓月已分也”。道（朱熹又称理，称太极）在一切事物之中，“不是割成片去，只如月印万川相似”（《朱子语类》卷九十四）。讲得再形象不过，有个超然万物之外的道，万物之道皆自它来。

朱熹直接继承周敦颐、张载、二程的人性说并加以体会综合而创立了自己的人性论。我们说过，孔子言性极少，只讲过“性相近也，习相远也”两句，然而接近实际，自今日看来仍有很大的真理性。与生俱有的天赋之性即自然属性，大家是极接近的，几无差异；有差异，往往差异很远，那是习即后天的习染造成的。孟子主人性善，将属于后天的修养而形成的东西加入人的自然属性里去，提出仁义礼智四端之说。朱熹的人性论是遵循孟子四端说建立的，且给四端说寻到根据。但是，朱熹的人性论直接得自周敦颐的《太极图说》。他曾作《太极图说解》，同时围绕《太极图说》与友人弟子书信往还答问无数。他遵循孟子，发挥周敦颐，而悖离了孔子。

朱熹把理与气的关系应用到人性上，以为人有本然的天地之性和反映气质的气质之性两种性。两种性共存于每个人身上而不可分。天地之性得自太极即理。气质之性来自阴阳五行即气。天地之性是理想的性，它必须通过气质之性表现出来。天地之性人皆相同，落实到阴阳五行处便产生气质之性，气质之性则有昏明厚薄之别。其实这是“理一分殊”说在人性问题上的体现。人为什么昏明厚薄不同，朱熹认为是由于人的禀赋不同。他说“圣人禀气至清”，“赋质至粹”，故能“生知安行”(《周子全书》卷二引)。“贤人得清气多，浊气少，清中微有些渣滓在，未便能昏蔽得他，所以聪明亦易开发”。“自大贤而下，或清浊相半，或清的少，浊的多，昏蔽得厚了”，“须十分加澄治之功”，“转昏为明”。“看来人生气禀是有多少般样”，“不可以一律齐，毕竟清明纯粹恰好的，极为难得，所以圣贤少而愚不肖者多”(《周子全书》卷二引)。由于人禀赋的气质不同，人才有昏明厚薄智愚贤不肖的差异。这就把孔子的“习相远”的“习”即后天的习染作用，亦即人的社会性，全部否掉了。朱熹用他气质之性的理论，把孟子的性善论发挥得更加精微奥妙。孟子说人人心中有恻隐、羞恶、辞让、是非四心，朱熹则为四心找出气质上的依据。朱熹说：“人性虽同，禀气不能无偏重。有得木气重者，则恻隐之心常多。”“有得金气重者，则羞恶之心常多。”“水火亦然。唯阴阳合德，五性全备，然后中正而为圣人也。”(《周子全书》卷二引)朱熹把四心与所谓五行直接搭拢一起，比孟子细致，也比孟子荒诞不经。

关于人的修养问题，宋人诸说虽不无差异，但背离孔子学说是一致的。周敦颐的《太极图说》主张“圣人定之以中正仁义而主静”。《周易》之《说卦传》说“立人之道曰仁与义”，只言仁义是人之本而不及中正。至于阴阳刚柔动静，孔子以及《易传》一向不主一偏，一切依时而定、周氏所谓“主静”，其实已是道家气味。程明道作《定性书》，说：“天地之常，以其心普万物而无心；圣人之常，以其情顺万物而无情。故君子之学，莫若廓然而大公，物来而顺应。”其道家的味道达到不嗅可知的程度。普万物顺万事，谓大公，无心无情谓至顺。凡事不着一毫私意，只是顺理而行，不绝物亦不累于物。《庄子·应帝王》说：“至人之用心若镜，不将不迎，应而不藏，故能胜物而不伤。”如同镜子一般，物未来不动而迎，物已去不随而将。这不将不迎，应而不藏，与无心无情，至公至顺，简直看不出有什么不同。周敦颐主静，程颢教人静坐，李侗亦教人静坐。程颐不说主静而言主敬。敬字工夫，通贯动静，而必以静为本。朱熹知道主静、静坐有入佛入禅之嫌，乃犹疑不定，时而主张居敬，时而又怕敬之所施不见先后。但总的说来，朱熹要程颐的敬，也不忘周敦颐、程颢之静。宋代这些思想大家给人的表面印象似乎他们恢复了汉魏以来被埋没了数百年的孔子之学，实则恰好相反，他们重视义理，当然好，但却肆意以臆断代替冷静的研究，他们的兴旺促使孔学事实上的进一步衰落。

朱熹的仁说也违背了孔子。孔子对仁的理解，强调一个人字。孔子曾说：“仁者人也。”（《中庸》）樊迟问仁，孔子答以“爱人”（《论语·颜渊》）。在孔子这里，仁的含义首先是人。仁只关人类自身，人类之外不在内。其次是爱，爱的范围以人类为限，人类之外不在内。人对花鸟虫鱼山川林木也有爱，但那是喜爱、怜爱等一般的爱，而不是仁爱。仁爱不是无差别的爱，无缘无故的爱。孔子说，“仁者人也，亲亲为大，义者宜也，尊贤为大”(《中庸》)，爱别人要首先爱自己的父母兄弟。爱自己的亲人才能推及爱别人的亲人。爱别人的亲人是由于爱自己亲人的缘故。《孟子·尽心上》说：“君子之于物也，爱之而弗仁。于民也，仁之而弗亲。亲亲而仁民，仁民而爱物。”亲、民、物三类对象都要爱，但是性质有区别。对于物，仅仅是爱，而不是仁。对于亲人是爱，也是仁，但更重要的是亲。对于亲人之外的人即民当然是爱，也是仁，但不是亲。《吕氏春秋·爱类》说：“仁也者，仁乎其类者也。”极得孔子说的真谛。总而言之，孔子的仁说其要点有二：一讲仁是人类的事，不关人类以外；二讲仁有差等，由亲亲开始，推己及人。朱熹不理睬孔子的仁说，实际上提出了另外两点。一讲仁就是爱，不管爱什么、爱谁。朱熹说：“仁乃性之德而爱之本，因其性之有仁，是以其情能爱。”(《朱子文集》答张钦夫)仁被说成人的性，人有仁性，故能爱。又说：“仁者，爱之理，心之德也。”(《论语·学而》集注)“仁者，心之德，爱之理也。”(《孟子·梁惠王》集注)进一步说仁是“爱之理”。理即朱熹性论中的天地之性，本然之性，是每个人身上都有的，它是爱的根源。至于仁的社会原因及爱的差等，他一概不讲。和韩愈《原道》讲的“博爱之谓仁”是一样的观点，都是把仁视作抽象人性的体现。

朱熹的仁说之第二个要点是它强调仁是天地之心在人身上的表现，仁不是人类所专有。朱熹说：“天地以生物为心者也，而人物之生，又各得夫天地之心以为心也。故语‘心之德’，虽其总摄贯通，无所不备，然一言以蔽之，则曰仁而已矣。”又说：“盖仁之为道，乃天地生物之心，即物而在，情之未发而此体已具，情之已发而其用不穷。”又说：“此心何心也，在天地则块然生物之心，在人则温然爱人利物之心，包四德而贯四端者也。”（《仁说》，载《朱子文集》卷六十七）朱熹完全离开孔子“仁者人也，亲亲为大”和仁者“爱人”的正确观点，把仁的概念从人类扩及到天地万物，以为人之仁心来自天地生物之心，天地生物之心“即物而在”，天地有仁，物有仁，人有仁，仁在宇宙间普遍存在。《论语》没有这样的说法，《易传》也没有这样的说法。《系辞传》说到生的问题，但说“天地之大德曰生”，“生生之谓易”，未说生就是仁。《易传》言仁无出人之外者。《文言传》说：“君子体仁足以长人。”又说：“仁以行之。”《系辞传上》说：“安土敦乎仁。”《系辞传下》说：“何以守位曰仁。”又说：“小人不耻不仁。”《说卦传》说：“立人之道曰仁与义。”言仁都只限于人，没有涉及天地万物的。

朱熹的仁说来自程颢。程颢作《识仁篇》，开篇就说：“学者须先识仁。仁者浑然与万物同体。”其《语录》中有曰：“仁者以天地万物为一体。”突出强调人与天地万物为一体，人仁，天地万物亦仁。《识仁篇》又说：“天地之用皆我之用，孟子言‘万物皆备于我’，须反身而诚，乃为大乐。”下文又以“盖良知良能无不丧失”释之。把孟子之“万物皆备于我”误解为人人皆具佛性。其实孟子没有我与万物为一体的意思。他讲的是求仁的方法。“万物皆备于我矣。反身而诚，乐莫大焉。强恕而行，求仁莫近焉。”这段话，“万物”应理解为人。别人的喜怒哀乐爱恶欲和我一样。他们有的我也有，我有的他们也有。求仁的切近方法就是坚定地行恕，即“己欲立而立人，己欲达而达人”，“己所不欲，勿施于人”。我不想要的，知道别人也不想要。我想得到的，知道别人也想得到。像对待自己一样地对待别人，这是人生最大的快乐。孟子这里并没有离开人而言及人以外的天地万物。程颢单把“万物皆备于我”一句提出，用“良知良能，无不丧失”作解，纯系断章取义、割裂原文，影响极不好。不但朱熹吸取了他的观点，时至今日依然有人不顾下文为何，单把“万物皆备于我”一句拿出，根据臆想随意作解。

以上讲了宋学。宋学丰富得很，只讲了朱熹作为代表。朱熹有个博大的体系，只讲了他背离孔学的主要几点。宋学讲究义理，方法很像孔子，而在实质性内容上却完全发挥他们自己的东西。他们对于孔子，只借其名而不取其实。朱熹学问博则博矣，然而不精，掇拾前人的多，属于自己真知灼见的少。他在中国思想界独领风骚六百年，地位事实上高过孔子。我们应当将朱熹与孔子剥离开来。说朱熹代表的宋学是儒学、道学、新儒学可，说是孔学则大不可也。宋学的兴旺意味着孔学的日益衰微。

四、孔学至清代不绝若线

孔子其人自汉武帝独尊儒术之后一直受着中国历代中央政府的尊崇，乱世则差些，或有说他坏话的时候，治世是绝对抬举他的。民间大致也如此。在学术界则是另一种情形：像王充、李贽那样公开抨击孔子学说的是极少数，大多数学者和学派都打着孔子和“六经”的旗帜。但是孔学，即孔子的思想学说，一直未受到应有的重视。汉学重训诂，宋学重义理，严格地说，都不是孔学，而是儒学。儒学的特点是宗师孔子，研究“六经”，根据需要，发挥自己的思想或专长。自汉唐以来人们给“六经”（实际是五经）写下传注疏解等大量的解释学著作，使孔子所整理著述的“六经”这份珍贵的文化遗产得以保存下来。《论语》保存得相当完好。古人留下的《尔雅》《说文解字》迄今仍是研治“六经”不可或缺的工具书。这些是我们的先人对孔学的伟大贡献。然而在另一方面，在对孔子学说本身的研究方面问题却非常之大。汉人的训诂学、《易》象数学以及谶纬之学，几将孔学埋没。宋人的义理之学走上空言理心性命的极端，给孔学造成的危害大于汉学。清代近三百年学术发展的形势对孔学略为有利，孔学受到一定程度的重视，情况好于宋元明；然而也是不绝若线，免于澌灭而已。

清代学术的进步始终在复古的形式下进行。17世纪，即明末清初100年左右，人们否定明中期以来兴盛已极的王阳明学派，复宋代程朱理学的古，同时发扬汉唐训诂注疏的传统，奠定了后来得到发展的考据学的基础。乾隆、嘉庆年间（1736—1820），形成了界限严格的汉学派。这一派主张通过考据阐明经书的精义，以求得孔子学说的真谛。他们否定宋学而推重东汉贾马许郑以训诂为特色的古文经学。后来发展到为考据而考据，为学问而学问的地步，其研究终于不免支离破碎，训诂就是目的，不再注意通过训诂研究孔学了。于是在道光、咸丰年间，即19世纪中期，又有公羊学派的兴起。这一派人否定以考据为方法的东汉古文经学，欲复西汉今文经学的古。他们借公羊学的名义大谈政治，讽喻时事，由一个极端走向另一个极端。

17世纪，即明末清初的100年间，兴起了以孙奇逢、黄宗羲、顾炎武、李颙及王夫之为代表的黜明崇宋的宋学派。其中最主要的人物是顾炎武和王夫之。他们否定明中叶以来崛起的，影响最大也最坏的王阳明心学，努力恢复他们崇拜的宋代程朱理学的地位。程朱理学，我们已经分析过，也是悖离孔学的。但是王阳明的心学悖离孔学更远。顾炎武等人猛力扫荡王学浮华空疏的弊病，建立经世致用、溯本务实的学风，虽然尊崇程朱理学，在义理方面也无重要的建树，但是他们批判王学实际上即等于为孔学的前进开辟道路。至于他们尊崇程朱与否，并不重要。

南宋朱熹完成的理学体系，当时就遇到了心学学派创始人陆象山的挑战。陆氏提出“心即理”的命题，认为一切外界现象都是心的现象。人之心是唯一的存在，没有了心，其他一切都成虚妄，所以他说：“宇宙便是吾心，吾心便是宇宙。”（《全集》卷六十三）学者解决自己心的问题就可以了，根本无须外求。“六经皆我注脚”，何须我去治六经。陆氏这种主张是程颢《定性书》“廓然而大公，物来而顺应”说的继承和发展，多少也是禅学影响的结果。

王阳明名守仁，字伯安，阳明是号。浙江余姚人。明成化八年（1472 年）生，嘉靖八年（1529 年）卒。青年时曾研究过朱熹的全部著作。依照朱熹“格物致知”的学说在庭院里格了七天竹，没格出道理，倒格出病来，就是他早年著名的故事。三十几岁时由于触忤权臣刘瑾被贬至贵州龙场当驿丞。在龙场的一天夜半，忽然悟出格物致知须向自我心里求，“圣人之道，吾性自足，向之求理于事物者误也”。以此为起点，至五十岁以后形成心即理、知行合一、致良知的体系。王阳明的学说在明代中叶出现，很有一些新鲜感，给被程朱理学的狭隘、固陋和空疏气氛几乎窒息了的学术界注入不少活力。朱熹一派受官方的重视和保护，本来就是呆滞的，加上它的求知面到后来仅限于朱熹的《四书集注》《近思录》一类的朱学著作，王阳明的学说却将人的心打开，凭它任意驰骋。朱熹认为理与心、知与行是并立的。王阳明说心就是理，知就是行，四者一体。朱说重穷理，主知；王说重实践，主意。王学以反对朱学为己任，曾一度受到人们的认可，后来却出了很大的问题。王派人物士行不好，其末流已近于猖狂放纵，纯任流行，而无所约束。甚至达到沉迷酒色、挟妓夜饮、侥幸苟利、矫诈嗜杀的程度。王派的学问最终陷入空谈的境地。其最显著的特点，也是弱点，是知有语录不知有“六经”，学问从语录中出。语录是自程氏兄弟开始的。程朱陆王两大学派的人物莫不如此。老师生时与门人弟子高谈阔论，身后由门人弟子追记成书。这些语录比“六经”更有权威。黄宗羲曾经说：“明人讲学，袭语录糟粕，不以‘六经’为根柢，束书而从事于游谈。”(《清史稿·黄宗羲传》)顾炎武曾经说，“今之言学者，必求诸语录”，“今之语录，几于充栋矣，而淫于禅学者实多”(《亭林诗文集》卷六《下学指南序》)，“今之所谓理学，禅学也，不取之五经，而但资之语录，较诸帖括之文而尤易也”(上书卷三《与施愚山书》)，“今之为禄利者，其无藉于经术也审矣，穷年所习不过应试之文，而问以本经犹茫然不知为何语”，“百人之中尚有一二读书，而又皆躁竞之徒，欲速成以名于世，语之以五经，则不愿学，语之以白沙(陈宪章)、阳明之语录，则欣然矣”，“其中小有才华者颇好为诗，而今日之诗，亦可以不学而作。吾行天下，见诗与语录之刻，堆几积案，殆于瓦釜雷鸣，而叩以二南雅颂之义，不能说也”(上书卷三《与友人论门人书》)。是知王学之浅薄远超过朱学，朱熹是主张读书的，朱熹本人义理讲得多，“六经”研究得也多，有分量的著作留下不少，王阳明却不见有可称道的书存世。

明朝的最后一百多年在王学的影响下空谈心性不务实际形成风气，对学风、民风影响都极坏。王渔洋发策谓“今之学者偶有所窥，则欲尽废先儒之说而出其上；不学则借一贯之言以文其陋；无行则逃之性命之乡，以使人不可诘”(《日知录》卷十八《朱子晚年定论》条引)。顾炎武引毕王氏语后说：“此之言者尽当日之情事矣。”王氏概括的三条，顾氏认为是当时学界实情的写照。三条究其实是一条，那就是空谈心性。不读书不切实事地谈，历来为人所不取。《宋史·林之奇传》说：“晋人以王、何清谈之罪深于桀纣。本朝靖康祸乱，考其端倪王氏实负王、何之责。”宋人视王安石与王弼何晏的清谈同属一类。顾炎武说：“以一人而易天下其流风至于百有余年之久者，古有之矣。王夷甫之清谈，王介甫之新说，其在于今则王伯安之良知是也。”(《日知录》卷十八《朱子晚年定论》)明末之人视王阳明与王安石、王衍为同一类。对王安石的新说应作怎样的评价，这里姑且不论，顾炎武指斥王阳明学说开了明代后期一百多年的清谈流风，误国误民，这一点是重要的。即热衷于清谈，佛老的货色必行时。“当万历之末，士子好新说，以庄列百家之言窜入经义，甚者合佛老与吾儒为一，自谓千载绝学”(《亭林诗文集》卷五《富平李君墓志铭》)。这样的学问“譬犹筑数仞之墙而浮埃聚沫以为基”(宋人游酢语,《日知录》卷十九引)。顾炎武对王学造成的清谈风气深恶痛绝，在他看来，“得明人书百卷，不若得宋人书一卷”(《亭林诗文集》卷二《钞书自序》)。

顾炎武对王阳明心学的要害给以尖锐的抨击。顾炎武本名绛，字宁人，号亭林，江苏昆山人，生于明万历四十一年(1613年)，卒于清康熙二十一年(1682年)。明时屡试不第。清初不与清人合作，乃周游天下。考察山川风俗，古今治乱之迹。金石碑碣以及地理、经济等实学无所不通。著作甚多，有《日知录》三十二卷、《天下郡国利病书》百二十卷、《音学五书》三十八卷、《下学指南》六卷、《左传杜解补正》三卷等十五种。顾氏批判王阳明心学，尊崇宋代的程朱理学。然而实际上他批王是真的，推重程朱不过虚晃而已。考他的著作，罕见有言理言性命言天道的，大多是用训诂考据的方法研究经学，或者是经世致用的。正如他自己所宣言的：“凡文之不关于六经之指，当世之务者，一切不为。”(《亭林诗文集》卷四《与人书三》)他一生的著述和言论实不外乎两方面，一面是研究六经之旨和当世之务，一面是批评不关六经之旨和当世之务的高谈阔论。这后一方面所指就是王氏心学。王氏心学的特点是空谈心性而远离实事。学问的方法和学问的内涵都与孔子绝对不同。顾氏抓住王学的这个要害给予抨击，相当尖锐严厉。他说：

"窃叹夫百余年以来之为学者，往往言心言性，而茫乎不得其解也。命与仁，夫子之所罕言也，性与天道，子贡之所未得闻也。"孔门"自曾子而下，笃实无若子夏，而其言仁也，则曰博学而笃志，切问而近思。今之君子则不然，聚宾客门人之学者数十百人，譬诸草木，区以别矣，而一皆与之言心言性。舍多学而识，以求一贯之方。置四海之困穷不言，而终日讲危微精一之说"。"性也，命也，天也，夫子之所罕言，而今之君子之所恒言也。出处去就辞受取与之辨，孔子孟子之所恒言，而今之君子所罕言也。""呜乎士而不先言耻，则为无本之人。非好古而多闻，则为空虚之学。以无本之人而讲空虚之学，吾见其日从事于圣人，而去之弥远也"。(《亭林诗文集》卷三《与友人论学书》) 顾氏对王学的批判一针见血，卓有见地，指出王氏心学乃无本无实，一片空虚，口头上标榜孔子，其实去孔学远甚。顾炎武不愧为思想大家，善于独立思考，敢发前人之未敢发。原因是他具有学者应有的气魄，他对问题总是依据自己的观察作出判断，绝不依草附木，随波而逐。他曾规劝友人说："君诗之病在于有杜，君文之病在于有韩欧。有此蹊径于胸中，便终身不脱依傍二字，断不能登峰造极。"(《亭林诗文集》卷四《与人书十七》) 顾氏一生恰是不见依傍二字，不走前人旧路，总是自己独开蹊径，勇敢攀登。顾氏对孔学未做过正面的积极性研究，但他无情地批判王阳明心学，拨开了孔学周围弥漫的云雾，为后人研究孔学开辟了道路。

在明末清初的宋学派大家中，王夫之是另一位重要人物。王夫之字而农，号薑斋，衡阳（今属湖南）人，生于明万历四十七年（1619 年），卒于清康熙三十一年（1692 年）。年轻时曾从瞿式耜抗清，事败后辗转于湘西，与苗、瑶等少数民族杂居。晚年居衡阳石船山，专事著述，人称船山先生。王氏著述甚丰，今存之《船山遗书》二百八十八卷，只是他的著述的一部分。王夫之为学宗张载，推重程朱，深恶陆王。他和顾炎武一样，给陆王学派以激烈的抨击。他说："姚江之学，横拈圣言之近似者，摘一句一字以为要妙，窜入禅宗，尤为无忌惮之至。"(《俟解》) 将王学以禅学冒充孔学的无忌惮行为无情地揭破。他在天理与人欲的关系上极力驳斥宋明理学家们的荒诞，反其道而言之。宋明理学家主存天理灭人欲，视人欲为万恶之源。王夫之则说"天理即在人欲之中，无人欲则天理亦无从发现"(《正蒙注》)，"随处见人欲，即随处见天理"(《读四书大全说》卷八)，"私欲之中，天理所寓"(《四书训义》卷二十六)，"天理充周，原不与人欲相对垒"(《读四书大全说》卷八)，"孟子所言之王政，天理也，无非人情也"(《四书训义》卷二十六)。以为理欲皆出自然，本为一体，肯定了人欲的合理性。王氏的这一思想固然具有近代意义，然而寻其渊源，无疑是得自孔子。与孔学至近而与程朱陆王殊，是它的显然的特点。

王夫之的思想比他同时代的几位大家更具有思辨色彩，说他是一位大哲学家亦绝不为过。他在宇宙论、认识论、人性论、历史观等方面都有研究，造诣极深。他的几乎所有的哲学结论都是反宋明理学而与孔学相一致的。其他方面在此无须细说，这里只略说一下《易》学就够了。王夫之著有《周易稗疏》《周易内传》《周易外传》，在别的著作中于《易》亦每有论及。孔子之《易》学一陷于汉人象数派的埋没，再陷于宋人图书学的冲击，若无王弼、程颐的廓清扫荡，孔子《易》学几有不存之虞。王夫之在维护孔子《易》学方面亦有大功。他说："《易》之为道，圣人以天性之神，尽天地之妙，而立为大经，达为百顺，非其他象数之学所可与也。焦赣、京房、虞翻之流，恶足以知此，况如《火珠林》之鄙俗乎！"汉人搞的象数《易》他是不信的。在理论上，他说《周易》"因数而知象，数为象立，不泥于数；因象而穷理，象为理设，不执于象也”，说明《易》必有象数，而不可泥于象数，象数的意义在于穷理。他还指斥邵雍关于《易》卦产生的加一倍法，说：“邵子乃画奇耦各一之象为两仪。增为二画之卦为四象，又增三画之卦为四画之卦凡十六，又增为五画之卦凡三十有二，苟合其加一倍之法，立无名无象无义之卦，则使因倍而加，极之万亿而不可象，非所谓致远恐泥者欤！”王夫之认定《易》不是单纯卜筮之书，如果“《易》但为占用，几与《壬遁》、《火珠林》等，则健顺毁而几无以见《易》”（皆见《正蒙注》卷七），王氏对《周易》的看法基本上同于孔子。《周易》是表达孔子哲学思想的宝藏。王氏对《周易》的正确态度，无异于在一个重要方面维护了孔学。

明末清初另有一位稍后于顾王二位的思想家颜元，既反对明学，也排斥宋学和汉学。他有两个弟子，一位叫李塨，一位叫王源。他们形成极特殊的一派，注重实践和鄙视一切空谈，是这一派的特点。他们最为可贵的贡献是善于划分汉学、宋学、王阳明心学等和孔学的界限。这个界限他们划得比任何人都清楚。他们最有功于孔学，可惜未引起人们的注意，对后世的影响有限。

颜元，字浑然，号习斋，博野（今属河北）人。生于崇祯八年（1635 年），卒于清康熙四十三年（1704 年）。著有《存学》《存性》《存治》《存人》四编，收入《颜氏遗书》及《颜李遗书》。还有其弟子编的《颜习斋先生年谱》，收入他的日记及遗稿。颜氏为学几经变化，初宗陆王，继信程朱，终归孔学。他晚年特别强调程朱陆王与孔学不同，宋学近于禅，重读书，空谈心性，与孔学殊异。他用孔学的标准严格检讨宋学。指出程朱动辄谈性命，“参杂于释老，徒令异端轻视吾道”。“非佛之近理，乃程子之理近佛”（《存学》）。他说“程朱与孔孟体用皆殊”（《习斋记余》），他南游“见人人禅子，家家虚文，直与孔门敌对，必破一分程朱，始入一分孔孟，乃定以为孔孟、程朱截然两途”。因此他不想“作道统中乡愿”《颜习斋先生年谱》卷下），决意弄个是非分明。他特别痛恨宋学之空谈心性，不切实用，抨击他们“习妇女态，甚可羞，无事袖手谈心性，临危一死报君王”即为上品，其下品更不知何如（《存学》）。宋儒功夫全在口上纸上，全在静坐、语录中。他们“如得一路程本，观一处又观一处，自喜为通天下路程，人亦以晓路称之，其实一步未行，一处未到”（《颜习斋先生年谱》）。颜氏这样认识宋学，实在透辟极了，大胆极了，顾炎武、王夫之等人皆不如他。

遗憾的是颜氏的思想走向了极端。抨击宋学徒知空谈心性、不切实用是对的，无论在理论上抑或在实践上都有深刻意义。但是特重实行，达到否定一切书本知识的地步，则不足取。他教育弟子，一切不用，只用《周礼·大司徒》所说“乡三物”，即六德、六行、六艺。六德是知仁圣义忠和，六行是孝友睦姻任恤，六艺是礼乐射御书数。他注重礼乐射御书数的实际习练而轻蔑读书，走入盲目复古的歧途，必然得不到理解和响应。因为以读书为无用，所以他由抨击宋学而发展到否定汉学的训诂注疏，以为“书之病天下久矣，使生民被读书之祸，读书者自受其祸，而世之名大儒者方且读尽天下书，方且每篇三万遍，以为天下倡。历代君相方且以爵禄诱天下于章句浮文之中，此局非大圣大贤不能破”（《言行录》）。视书与读书为一大骗局，把读书与实行绝对对立起来，号召人们“用实功，惜精力，勿为文字耗损”（《颜习斋先生年谱》卷下）。颜氏反对程朱陆王空谈心性，推重孔学，本来极有意义，可惜他又极力反对读书，不要一切文字，则实际上等于把孔学也否掉了。

至乾、嘉时代，汉学兴起，学风日趋朴实，宋学高谈义理之风至此被“为学问而治学问”的考证精神所取代。清初的顾炎武、王夫之、阎若璩、胡渭、毛奇龄、万斯大等人是乾嘉学派的先声。惠栋是乾嘉学派的开创者。清初诸儒治学尚不免有程朱陆王之余绪残存，至惠栋及其弟子江声、余萧客，则严格划清汉学与宋学的界限，壁垒森严，绝不混淆。而真正确立清代汉学家之治学精神和方法的是戴震以及他的弟子段玉裁、王念孙。乾嘉时期的学术成就辉煌无比，大有功于孔学。不过惠栋缺点严重，他的治学方法太偏执，凡是汉人的东西都好都对。他治《易》，汉人的爻辰、纳甲、升降、世应、飞伏、六日七分等等《易》外别传的货色都当作千余年不传的宝贝拿来加以疏通证明。陈抟之河图、洛书也不是《易》的正宗，与爻辰、纳甲是同样的不可取，只因为是宋人搞的，就在他排斥之列。在惠氏那里，汉不汉成为检验是非的标准，梁启超为他的方法概括为八个字，曰“凡古必真，凡汉皆好”，是得当的。

总的说来，乾嘉学派采取汉人训诂考证的方法，扎扎实实地研究了经学与小学，补救了宋明人治学疏阔空洞的弊病，于孔学功劳不小。对孔学贡献最大的是皖派领袖戴震。他从义理的角度对孔学做了正面的阐发，也是正确的阐发。清代孔学虽若线却终未绝，端赖顾炎武诸人和戴震。顾氏诸人逆流而动，力排阳明心学，使孔学得以喘息。戴氏平心静气地精研孔学，使孔学略得弘扬光大。戴震对孔学研究之精审、深刻可谓前无古人。

戴震，字东原，安徽休宁人，生于雍正二年（1724 年），卒于乾隆四十二年（1777 年）。比他的老师江永少四十三岁，比惠栋少二十七岁。戴氏自幼聪颖好学，读书多求甚解，不懂的问题一直追究到底。他由《说文解字》入手理解十三经。平生著作很多，涉猎极广。音韵、历算、水利等等无不精通，且有独到见解。属于义理方面的著作有《原善》三篇和《孟子字义疏证》三卷。他自己以为“平生著述之大，以《孟子字义疏证》为第一”（段玉裁《戴东原集序》引）。我们认为的确如此。就是说，戴氏学问的宝贵处不似梁启超所说在方法，而在思想，在对宋学与孔学的识别。《孟子字义疏证》全书贯穿着对宋学的批判，对宋学的批判同时就是对孔学的肯定。

戴氏在《孟子字义疏证》中一再揭示宋儒的思想出入于老释这个老底，指出宋学之所以异于孔学，原因在此。戴氏之前没有人具有如此勇敢的批判精神。程颢是宋学大家，戴氏引程叔子《明道先生行状》的话揭他："自十五六时，闻周茂叔论道，遂厌科举之业，慨然有求道之志，泛滥于诸家，出入于老释者几十年，返求诸'六经'然后得之。"张载是宋学的大家。戴氏引吕与叔《横渠先生行状》说："范文正公劝读《中庸》，先生读其书，虽爱之，犹以为未足，又访诸释老之书，累年尽究其说，知无所得，返而求之'六经'。"对朱熹也不客气，引廖德明《录癸巳所闻》说："先生言：二三年前见得此事尚鹘突，为他佛说得相似，近年来方看得分晓。"（《朱子语录》卷一百一十三载）戴氏还特别地强调"朱子慕禅学在十五六岁时，年二十四见李愿中，教以看圣贤言语，而其后复入于释氏。至癸巳，年四十四矣"。戴氏给宋儒下断语说："宋儒出入于老释，故杂乎老释之言以为言。"并且每将宋儒言论与老释对照，来证实他的结论。例如朱熹《论语集注》之首章、《大学章句》"在明明德"章，皆言"复其初"，戴氏找出它源于《庄子·缮性》"缮性于俗学以求复其初，滑欲于俗知以求致其明，谓之蔽蒙之民"。"文灭质，博溺心，然后民始祸乱，无以返其性情而复其初"。程朱"其所谓理，别为凑泊附著之一物"，戴氏说此"犹老、庄、释氏所谓'真宰''真空'之凑泊附著于形体也"。戴氏说："程子朱子之学，借阶于老、庄、释氏。故仅以理之一字易其所谓'真宰''真空'者，而余无所易。"又说宋儒"所谓理，即如释氏所谓'本来面目’。而其所谓‘存理’，亦即如释氏所谓‘常惺惺’”。王阳明在解《大学》“格物致知”时自己就说：“本来面目，即吾圣门所谓良知。”说“本来面目”即“良知”，是对的，但“良知”说是他王氏的，不是孔子的。“本来面目”确是佛家语，出自禅宗六世祖慧能。原文云：“不思善，不思恶，正与么时，那固是明上座本来面目。”(《坛经·自序品》)程门高弟谢良佐说：“敬是常惺惺法。”(《上蔡语录》)“敬”是宋人特别强调的修养方法，“常惺惺”则是佛家的修养方法。谢氏语证明程朱的一套往往得自佛家。宋学的这个老底曾有人揭过，谁也不曾像戴氏揭得这样彻底，无所顾忌。经他这么一揭，宋学不是孔学，便确然无疑了。

戴氏批判宋明理学更集中地表现在对几个哲学概念的解释上。

关于理。什么是理？宋儒以为理如有物焉，得之于天而具于心，理无心则无着处。戴氏力驳宋人之理说。戴氏说：“察之而几微必区以别之名也。是故谓之分理。在物之质曰肌理，曰腠理，曰文理，得其分则有条而不紊，谓之条理”。“理义在事情之余分缕析，接于我之心知，能辨之而悦之”。戴氏引孔子说：“为此《诗》者，其知道乎！”（此《诗》指《诗·大雅·烝民》：“天生烝民，有物有则，民之秉彝，好是懿德。”）又引孟子说：“故有物必有则，民之秉彝也，故好是懿德。”（孔、孟语见《孟子·告子上》）戴氏自己说：“以秉持为经常曰则，以各如其区分曰理，以实之于言行曰懿德，物者事也。语其事，不出乎日用饮食而已矣。舍是而言理，非古圣贤之所谓理也。”戴震对理的理解与宋人有根本的不同。宋人以为在事物之外有一个独立的理。对于人来说，它得自于天而存于自己心中。这不是孔子的观点。戴震的意思，理就在日用饮食之中，它不是别的，它就是事物自身各自固有的条理性，亦即今语所谓之规律性，它可以被人心所感知。戴氏之说同于孔子。

戴氏对宋人以为理如有物焉，得之天而具之于心，因以心之意见当之，大不以为然。戴氏认为理客观存在于具体事物之中。人有一个如何认识理的问题，故心与理发生关系。心与理的关系其实是主观与客观的关系。戴氏引孟子说："心之所同然者，谓理也，义也。圣人先得我心之所同然耳。"（《告子上》）戴氏说，什么是"心之所同然"？"心所同然"，是"凡一人以为然，天下万世皆曰，'是不可易也'"。只是自己一人意见，未得天下人认同，便不是理。这是说，理与非理有客观标准，一人主观裁断不是理。

宋人将理与欲对立，以为人的表现"不出于理则出于欲，不出于欲则出于理"，鼓吹"存天理，灭人欲"。戴氏说此与老、庄同。周敦颐《通书》说"无欲则静虚动直"，朱熹屡言"人欲所蔽"，以为无欲则无蔽。戴氏说这显然出自老、庄。《老子》第三章："常使民无知无欲。"《庄子·天道》："夫虚静恬淡寂寞无为者，天地之平而道德之至。"无疑是宋人无欲、灭欲主张的源头。孔、孟绝对不是这样。孟子说："养心莫善于寡欲。"戴氏据此说，"欲不可无也，寡之而已"。又引《诗·小雅·天保》"民之质矣，日用饮食"和《礼记·礼运》"饮食男女，人之大欲存焉"，说明"圣人之治天下，体民之情，遂民之欲，而王道备"。老、庄、释的说法与孔子不同，谁都知道，他们的话无人相信，但是程朱陆王这些人大家都以为是代表孔子立言的，大家都信而不疑，所以理欲之分，人人能言。没有人重视体民之情，遂民之欲。"尊者以理责卑，长者以理责幼，贵者以理责贱，虽失，谓之顺。卑者幼者贱者以理争之，虽得，谓之逆"。结果造成"人死于法，犹有怜之者，死于理，其谁怜之"！戴氏一再指出一切以理责人而无视人的自然欲望，乃至以理杀人的说教，都是老、释思想使然，而与孔子背道而驰。

关于天道。宋儒讲理气之辨，说理就是道，理在气先，理在气上，理可离开气而独自存在。《周易》的“太极”就是理。朱熹说：“太极生阴阳，理生气也。阴阳既生，则太极在其中，理复在气之内也。”（《太极图说解》）戴氏说宋人讲的理气之辨，是他们在老、释的影响下发明出来的，“六经”，孔、孟之书不讲这个。戴氏批判宋儒的观点，说：“道，犹行也。”把道比喻为人之走路。人在走路，就是道。走离不开人，无人，何言走？道离不开物。无物，何言道？戴氏说：“阴阳五行，道之实体也。”阴阳五行这实体的运动、变化就是道。所以戴氏说：“气化流行，生生不息，是故谓之道。”用“气化流行，生生不息”定义道概念。意谓道与物统一不可分，两者本一物，从形质已成的静态角度看，就是器，即所谓形而下；从形质未成的动态角度看，就是道，即所谓形而上。戴氏的理解对宋儒的观点是批判，对孔子《易传》“一阴一阳之谓道”“立天之道曰阴与阳”“形而上者谓之道”的理论是继承。

关于性。孔子说：“性相近也，习相远也。”是古人关于人性问题的最为正确的说法。人的自然属性，大家相去不多。实际上人们差异很大，善恶智愚往往不同，那是后天习染的结果，这是人的社会属性。孟子论人性善，荀子论人性恶，都与孔子不同。把后天习染而成的善恶说成人的自然禀赋，是错误的。宋儒把性断为两截，一截为气质之性，一截为理义之性。后者是理，是天给予的，大家都一样的善。前者反映人之差别，人有善有恶是由它造成的。那理义之性往往“为气质所污坏”。因此宋人在修养问题上提倡主敬、存理，以防止理义之性“为气质所污坏”。

戴氏批判宋儒的观点，说那是老、庄、释主于无欲、主于静寂的翻版。“因改变其说为主敬，为存理，依然释氏教人认本来面目，教人常惺惺之法”。宋儒自以为是“六经”、孔、孟的观点，其实根本不是。戴氏对宋儒的批判是正确而深刻的，不过他自己则接受了孟子性善论的观点，而且不知道孔、孟人性论之不同，竟把它们混淆起来。

关于仁义。仁义是孔子学说的核心之一。孔子之仁义概念含义前文多次言及。孔子之仁义概念，唐宋人均有所曲解。戴震主观上很想正确解释孔子仁义的概念，实则未得孔子仁义之真谛。孔子之仁义皆谓人而言。人以外之生物或无生物都不得言仁义问题。戴氏《原善》卷上说："生则有息，息则有生，天地所以成化也。生生者，仁乎！生生而条理者，礼与义乎！"又说："得乎生生者谓之仁，得乎条理者谓之智。"同书卷下说："仁者，德行之本，体万物而与天下共亲，是故忠其属也。义者，人道之宜，裁万物而与天下共睹，是故信其属也。"说生生谓仁，无异于说天地万物都有仁德，这就与孔子大不同了。孔子《易传》说"天地之大德曰生"，"生生之谓易"，生是天地自然界的特点，易就是生生的意思。孔子言仁只限于人。他说："仁者人也。"(《中庸》) 谓仁关乎人。他说："立人之道曰仁与义。"(《说卦传》) 又说："圣人之大宝曰位，何以守位曰仁。"(《系辞传下》) 亦谓仁关乎人。把仁扯到"体万物""裁万物""天下共亲""天下共睹"上去，显然偏离了孔子本旨。戴氏又说，"人之有欲也，通天下之欲，仁也"(《原善》卷下)。"遂己之欲，亦思遂人之欲，而仁不可胜用矣"(同上)。此只道出了行仁之途径，即孔子说的"己所不欲，勿施于人"，"己欲立而立人，己欲达而达人"，却未指明仁的对象是有差别的。总之，戴氏将仁的含义扩大到天地自然。以为万物皆生生，生生就是仁，是在根本之点上悖离了孔子。

综上所述，我们可以概括出以下诸点。戴震是第一个从哲学的高度彻底批判程朱陆王的勇士。他的批判比顾炎武、王夫之等人理论上更成熟、更系统，揭开了宋儒口称传承孔学，实则宣扬道家佛家思想的虚伪面孔。顾炎武、王夫之也注意及此，但远不若戴氏这般透辟。戴氏还从积极方面阐发了“六经”与孔、孟的某些哲学概念的内涵，使孔学在清代流传细而若线，然而毕竟不绝。

清代乾嘉考据学派兴盛至极，随后便产生了与之对立的公羊学派。这一派排斥东汉以章句训诂名物考证为主的古文经学而推崇西汉之寻求义理于语言文字之表的今文经学。这一派兴盛于道、咸年间而发轫于乾隆时之庄存与。这一派治学的方向不止于《春秋》公羊学，但主要在《春秋》公羊学。

这一派的创始人江苏常州的庄存与，字方耕，生于康熙五十八年（1719 年），卒于乾隆五十三年（1788 年）。主要著作有《春秋正辞》，收入《皇清经解》。属于这一学派的学者主要有孔广森、刘逢禄、宋翔凤、魏源、龚自珍。庄存与为学“于‘六经’皆能阐抉奥旨，不专为汉宋笺注之学，而独得先圣微言大义于语言文字之外”（阮元《庄方耕经说序》，载《味经斋遗书》）。孔广森，山东曲阜人，作《公羊通义》，不遵南宋以来谓《春秋》直书其事而无褒贬之义，亦不守何休三科九旨之义。刘逢禄，江苏武进人，庄存与之侄外孙，著有《公羊何氏释例》《公羊何氏解诂笺》《左氏春秋考证》等。其说主《春秋》有书法，书法有例，例宜依何休。何休所述三科九旨乃孔子微言大义之所在。其于《左传》，谓本名《左氏春秋》，与《吕氏春秋》《晏子春秋》为同类，不传《春秋》，不是《春秋》的传。刘氏推重何休公羊学而力排《左传》，在传承孔子《春秋》思想上是有功的，然而既尊何休，便不会是孔子《春秋》微言大义的真传，因为何休的《春秋》公羊学是不纯的。魏源，字默深，湖南邵阳人，生于乾隆五十九年（1794 年），卒于咸丰七年（1857 年）。著有《诗古微》《书古微》《董子春秋发微》等。为学求微言大义于经文而轻传注，于乾嘉学风颇致不满，诋毁戴震尤不遗余力，说戴氏诋程朱无非出于争名，学术道德皆不足取。龚自珍，字瑟人，别号盦庵，浙江仁和（今杭州）人。生于乾隆五十七年（1792 年），卒于道光二十一年（1841 年），是段玉裁之外孙，然而终生未拘拘于小学，于乾嘉正统之考据学亦无兴趣，曾从学于刘逢禄，习《春秋》公羊学，更深服宋翔凤，因为刘宋之学恰合其高谈阔论之志向。不喜欢其外祖父段玉裁之学，因为他认为学者当务精者巨者，小学家言不足治，治则为细儒。然而最后还是深入到高邮王氏小学训诂中去。魏源才气横溢，为学变动无定，无所底止。性格放宕轻狂，热中傲物。整个由庄存与开创的公羊学派，在孔学的传承上，主要的贡献是鼓吹公羊学，弘扬了孔子《春秋》大义，使孔学虽然不绝若线，但毕竟得以流传下来。

至清代晚期，公羊学派的学术活动与政治上的变法潮流会合，乃产生康有为、谭嗣同、梁启超的学问。康有为，字广厦，号长素，广东南海人，生于咸丰八年（1858 年），卒于民国十六年（1927 年），是变法运动的领袖人物。著作有《新学伪经考》《孔子改制考》《大同书》《春秋笔削大义微言考》《礼运注》《论语注》等多种，康氏对孔学的研究直接从呼吁变法的政治需要出发。首先他十分努力地改造孔子，承继汉人的观点，说孔子是个无冕的素王，是托古改制的人。孔子当然不是这样的人。在康氏看来，“六经”全是孔子作的，尤其《春秋》一书更是孔子改革的实行方案。康氏把自己的改革变法意图强加诸孔子头上。为了使《春秋》一书对他鼓吹的当代变法发挥理论的作用，康氏对何休《公羊解诂》胡诌出的“通三统”“张三世”说加以发挥。夏商周三个时代是随时变革的。这是“通三统”。“张三世”即据乱世、升平世、太平世，三世不断地变化，越变越好。这种思想固然不坏，但我们早已说过，《春秋》原本没有据乱、升平、太平三世的思想，那思想是何休构想而成的，与孔子无涉。他的《大同书》，据梁启超说："全书凡数十万言，有为虽著此书，然秘不示人，其弟子最初得读此书者唯陈千秋、梁启超。启超屡请印布，久不许，卒乃印诸《不忍杂志》中，仅三之一，杂志停版，竟不继印。"梁氏又说康氏重要三著，一曰《新学伪经考》，二曰《孔子改制考》，三曰《大同书》。"若以《新学伪经考》比飓风，则后二书其火山大喷火也，其大地震也"。前二书是整理旧学之作，"其自身创作则《大同书》也"（《清代学术概论》)。《大同书》的理论前提是孔子的仁义主张，与孟子的仁政学说也有关联。他为人类设计了走向极乐世界的十个步骤，其终极目标是无国家无家族无贫困，一切都有保障的大同社会，纯粹是空想主义，比孟子的仁政设想更不切实际。他的这种思想，渊源于何处，谁也难说清楚，但主要不是出自孔子则可以肯定。他抬举孔子，标榜孔子，只是要孔子的名义作为号召，实际宣扬的往往反其道而言之。

值得一提的还有谭嗣同的《仁学》一书。谭嗣同，字复生，号壮飞，湖南浏阳人。生于同治四年（1865年），光绪二十四年（1898年）变法失败，留下"我自横刀向天笑，去留肝胆两昆仑"的诗句后壮烈牺牲，为国家、民族的事业献出了年轻的生命，用实际行为实现了孔子"杀身成仁"的主张。有《谭嗣同全集》存世。著名的《仁学》一书是他的主要哲学著作。书名"仁学"，像似讲孔子的东西，实则是他吸取古今中外各类思想学说，摘其所需，杂糅而成。他说："凡为仁学者，于佛书当通《华严》及正宗、相宗之书。于西书当通《新约》及算学、格致、社会学之书。于中国书当通《易》《春秋公羊传》《论语》《礼记》《孟子》《庄子》《墨子》《史记》及陶渊明、周茂叔、张横渠、陆子静、王阳明、王船山、黄梨洲之书。"（中华书局1981年新版《谭嗣同全集》第 293 页）看他开列的这个书单子，就知道他的仁学绝不是孔子的东西。他采用孔子的概念却不取孔子的思想，合情合理。孔子的仁概念有号召力，所以吸取这个仁字。孔子的思想重点在强调秩序、强调稳定、强调和谐，适用于社会需要安定、需要建设的时期，而谭氏处在社会变革的前夜，他呼唤的是社会震动和破坏，孔学当然不是他需要的。

从明末到辛亥前夜这近 300 年当中，孔学的流传大体可划为上述四个阶段。四个阶段的情况用不绝若线四字概括是适宜的。不绝若线是指孔学说的。有人会说，孔子在清代极受重视，从京城到各县城都有孔庙，各类学堂都设孔子牌位供师生膜拜，《论语》是学子们必读的书，“五经”也颇受人们的尊重，谈不上“不绝”，更谈不上若线。孔子受到官方和学界乃至民间的尊重是事实，究竟是怎样的一种尊重则须分析。孔子的大名是国家维护，谁也碰不得的。只有太平天国坚决打倒孔子，因为孔子不利于他们变革天下的要求。但是孔子的学问受到的对待却不同。孔子的思想学说真正研究的人极少，顾炎武、王夫之、颜元等人划清了宋学和孔学的界限，戴震对孔学做过正面的、积极的研究，而且相当深刻，可是影响不大。影响广泛的是朱熹的《四书集注》和王阳明的心学。在科举考试和人们的哲学思维活动中朱熹和王阳明拥有事实上的权威性。孔子学说的威力则望尘莫及。孔子是个徒具虚名的伟大偶像，浑身光灿灿，内里是什么人们不大知道，也不想知道。旧道德、旧礼教倒是威力蛮大，但那功劳或者说罪过要归诸宋明理学。“饿死事小，失节事大”“存天理，灭人欲”，这些致人于死地的杀手锏是宋人造的。孔子生前根本没有节烈观，忠孝仁义礼义廉耻这几个道德范畴他都提倡过，但那仅仅是作为人的道德自觉意识提出的，做得到是君子，做不到也不算犯罪，更不算犯死罪。况且孔子的头脑极辩证，从不说死一件事，总是依时转移。孔子主张“臣事君以忠”，忠就是忠诚。其实孔子主张一个人对谁都应忠诚，孔子从未说臣应为君死节。相反，他倒是主张君如果有问题，臣可以走掉，所谓“邦有道则仕，邦无道则可卷而怀之”（《论语·卫灵公》）是也。对于女人，孔子只说“难养”，并未设置什么限制。孔子本人曾单独会见过卫灵公夫人南子，可见他不知道后世规定的那些男女间的大防。孔子经手编定的《仪礼》一书中明白无误地写着女人可以改嫁。孔子对待各色学生的态度颇具民主作风，任何问题都是可以讨论的，因此博得众多弟子的心悦诚服。在清代极受重视的旧礼教、旧道德，主要属于宋明理学，不属于孔子。属于孔子而又受重视的，只有他的名字所代表的偶像。说孔学不绝若线，岂不恰如其分！两千多年来孔学被《易》象数学、图书学、谶纬学、道家学说、佛学、宋明理学搞得黑白难辨，面目全非。我们有必要将孔学从那些东西的缠绕中解脱出来，让其中具有真理性和超时代性的部分为我们的时代服务。

五、孔学在20世纪处境转好

自有孔子以来，20世纪是孔学最受重视的时候。清王朝结束至今刚好80年，以1949年中华人民共和国成立为基准，前40年为一段，后40年为一段。前40年有两件事，一是“五四”时代的批孔，一是北洋政府和南京政府的尊孔。批孔的意义是推进民主革命，呼唤德先生和赛先生，当然是进步的。尊孔的意义是挽救反动统治，保住封建的礼教，当然是落后的。尊孔实质是保护封建礼教。批孔实质是批判封建礼教。两方面都以孔子为旗号。尊孔对孔学没起过好作用。批孔不但在唤起民众上起了积极的作用，而且激发人们对孔学的兴趣，孔学被逐步纳入学术研究的轨道。出现一批认真研究孔学或涉及孔学的学术著作，提出不少真知灼见。1929 年出版的钟泰著《中国哲学史》认为《论语》“六经”《孝经》都是研究孔子的重要史料。1933 年出版的吕思勉著《先秦学术概论》认为《易》与《春秋》是“孔门精义所在”。1936 年出版的梁启超著《孔子》说《易》与《春秋》是孔子哲学思想和政治思想的总汇，指出孔子的天是“自然现象的代名词，并非古人所说有意识的天”。1934 年出版的周予同著《孔子》认为道德哲学是“孔子思想核心的核心”。1932 年出版的嵇文甫著《先秦诸子政治社会思想述要》认为孔子是“人文主义者”，他的“礼本乎仁，是仁的表现，仁的象征”。1934 年吕振羽发表的《孔丘派哲学思想的发展》一文认为“孔子思想出发点的仁，是他的理论体系中的核心”。同年出版的吴博民著《中国人文思想概要》认为“孔子的根本观念是仁”。周予同还认为“孔子的真相，到现在还在学者间研究而没有完全解决”。“真的孔子死了”，历代统治者“为政治的原则而捧出一位假孔子，历经变迁，大家所知道的孔子，未必是真孔子”。这些学者尽管认识不同，认识的水平都有待于提高，力图研究真孔子、真孔学的愿望却是一样的。这是“五四”新文化运动“打倒孔家店”的功劳，也是从那时起马克思主义传入中国并逐步与中国革命实践相结合的结果。

“五四”新文化运动的几位著名人物如陈独秀、李大钊、鲁迅、胡适、吴虞等进行过严厉的批孔斗争，胡适把这一斗争形象地概括为“打倒孔家店”。有两点应该说清楚。一是这些人“打倒孔家店”，是要打倒用孔子大名包庇着的封建道德、封建礼教，不是要打倒孔子本人和孔子学说。纵然有些过分激烈的话也是出于“疗毒必刮骨”的用意。陈独秀在《宪法与孔教》中说：“孔教本失灵之偶像，过去之化石”，他在《偶像破坏论》中指出：“此等虚伪的偶像倘不破坏，宇宙间实在的真理和吾人心坎儿里彻底信仰永远不能合一”。李大钊说：“历代君主，莫不尊之祀之，奉为先师，崇为至圣。而孔子云者，遂非复个人之名称，而为保护君主政治之偶象矣。”“故余之掊击孔子，非掊击孔子之本身，乃掊击孔子为历代君主所雕塑之偶象的权威也。非掊击孔子，乃掊击专制政治之灵魂也。”（《李大钊文集》上册第 264 页）又说：“孔子于其生存时代之社会，确足为其社会之中枢，确足为其时代之圣哲，其说亦确足以代表其时代其社会之道德。”（《李大钊文集》上册第 263 页）“自从实在的孔子死去的那一天，便已活现于吾人的想象中，潜藏于吾人记忆中，今尚生存于人类历史中，将经历万劫而不灭”（《李大钊文集》下册第 718 页）。鲁迅在他发表于《新青年》上的《狂人日记》中说：“我翻开历史一查，这历史没有年代，歪歪斜斜的每页上都写着‘仁义道德’几个字。我横竖睡不着，仔细看了半夜，才从字缝里看出字来，满本都写着两个字是‘吃人’！”矛头明确指向旧道德和旧礼教。吴虞批孔颇激烈，曾在《新青年》发表响应《狂人日记》的文章《吃人与礼教》，举了历史上一些人吃人的实例，最后说：“孔二先生的礼教讲到极点，就非杀人吃人不成功，真是惨酷极了！一部历史里面，讲道德说仁义的人，时机一到，他就直接间接的都会吃起人肉来了。”他把吃人的旧礼教挂在孔子的名下，实在不过借用孔子为偶像便于掊击而已，他要反的是两千多年来积淀下来的封建礼教。二是“五四”新文化运动中的批孔，反映了革命的需要。当时的革命任务是反帝反封建，反封建包括反旧道德、旧礼教、旧文化的内容。这些旧东西一向贴着孔子的标签，反这些旧东西理当反及孔子。再者，孔子的仁义学说适用于和平建设时期，不适用于革命震荡时期。用孔子的仁义不能闹革命，“五四”

时代的批孔是合情合理的事情。至于局限性的问题，如新旧文化的继承、旧文化中精华与糟粕的区分等等，当时没能解决，是极其自然的，因为解决这些问题不是当时的任务。这些问题要以后解决。

“五四”时代的激烈批孔，既批判了旧道德、旧礼教，推动了新民主主义革命的进展，同时也事实上激发了人们研究孔子的兴趣和热情。20世纪40年代初，毛泽东在延安发表《新民主主义论》《改造我们的学习》《反对党八股》等重要文章，对“五四”新文化运动进行了马克思主义的反思。适时地指出“五四”新文化运动中一些领导人的形式主义缺点。“所谓坏的就是绝对的坏，一切皆坏；所谓好的就是绝对的好，一切皆好”，是毛泽东对新文化运动中形式主义毛病的基本概括。毛泽东说：“我们不应割断历史。从孔夫子到孙中山，我们应当给以总结，承继这一份珍贵的遗产。”“五四”时代没有解决的问题，现在解决了。

1949年中华人民共和国成立以后至今这40年在孔子问题上走了弯路。新中国成立初期到党的十一届三中全会召开前，“不断革命”论和“以阶级斗争为纲”，影响人们对孔子和孔学主要采取否定的态度，十年内乱期间发展到极点，孔子被认为是一切现代罪恶的总根源。十一届三中全会以后，由于拨乱反正，安定团结，国家进入和平稳定发展时期，传统思想文化的继承问题提上日程，孔子和孔子思想学说的研究，理所当然地受到重视。这期间孔子研究的深入程度和成果之多是历史上前所未有的，以至于一个不曾受到人们注意的问题开始体现出来，那就是：孔学与儒学是一还是二？这个问题的解决已经成为孔子研究继续深入的关键。

我们认为，孔学自是孔学，儒学自是儒学。孔学，研究孔子本人的思想。“六经”，尤其《春秋》和《周易》，是孔学的基础资料。儒学，特别汉和汉以后的儒学，固然宗师孔子，游文“六经”，但那更多的是标榜，其实质性的内容涵盖杂驳。汉学是儒学，宋学也是儒学，包含着老庄的东西，也包含着佛家的东西，还有各个时代自己的东西。儒学当然可以作为一门学问研究，但不要说那是孔学。儒学中对现代生活影响深的是宋明理学，即所谓新儒学。新儒学 300 年前早已受到顾炎武、王夫之等人的批判。20 世纪初以来又有人创立现代新儒学。现代新儒学不过是宋明理学的现代化，或者说把宋明理学加入现代意识，并且指望用它解决实际生活的现代化问题。现代新儒学宗师朱熹，孔子只是在实在不能避开时才被偶尔提到。朱熹的体系无论给予怎样理想的现代解释，或者用多么美好的现代精神去融会贯通它，它都绝不可能成为推动中国人走向现代化的精神动力。真正会充实现代中国人精神生活，伴随现代中国人挺进 21 世纪世界民族之林的，必是孔学。

附录一

子贡与孔学

吕文郁

子贡，复姓端木[①]，名赐，字子贡[②]，孔子弟子，卫国人。生于公元前520年，年龄比孔子小31岁。子贡是孔门弟子中最为出类拔萃的人物。他好学深思，有远见卓识；又能言善辩，机敏过人，很受孔子赏识。子贡具有多方面的才能。他不仅是一位杰出的外交家、军事家、社会活动家，同时也是一位闻名于天下的学者兼商人，故有的学者称他为儒商之鼻祖。不仅如此，子贡在中国文化史上也占有重要地位，这是因为子贡为捍卫孔子的思想和形象，为传播和弘扬孔子的伟大学说作出了重大的贡献。

一

子贡是孔子早年的及门弟子，他与子路、颜渊、冉有、公西

① 或作端沐。

② 或作子赣，贡、赣古音同。

华、宰我、冉伯牛、原宪、仲躬、子羔、闵子骞等都是孔子周游列国之前招收的学生，在孔门弟子中属前辈。他受教于孔子时间较长，与孔子之间的私人关系也很亲密。在孔门早期弟子中，有三人与孔子的关系比较特殊，一个是子路，一个是颜渊，另一个就是子贡。《韩诗外传》卷九有这样一段故事：

孔子与子贡、子路、颜渊游于戎山之上。孔子喟然叹曰："二三子各言尔志，予将览焉。由，尔何如？"对曰："得白羽如月，赤羽如日，击钟鼓者，上闻于天，旌旗翩翻，下蟠于地，使将而攻之，惟由为能。"孔子曰："勇士哉！赐，尔何如？"对曰："得素衣缟冠，使于两国之间，不持尺寸之兵，升斗之粮，使两国相亲如兄弟。"孔子曰："辩士哉！回，尔何如？"……颜渊曰："愿得明王圣主为之相，使城郭不治，沟池不凿，阴阳和调，家给人足，铸库兵以为农器。"孔子曰："大士哉！由来，区区汝何攻？赐来，便便汝何使？愿得衣冠，为子宰焉。"

这个故事在《说苑·指武》篇、《孔子家语·致思》篇也有大体相同的记载。毫无疑问，这个故事的主旨在于表彰颜渊，突出颜渊的志趣高尚。但这个故事基本上反映了子路、子贡、颜渊三人的性格和志向。子路在孔门弟子中年龄较大，仅比孔子小九岁。他为人正直、坦率，闻过则喜，有很强的行政能力，深受孔子喜爱。但他粗鲁、莽撞，好勇斗狠，因而也常受孔子批评乃至斥责。孔子外出，他常跟随左右，充当保镖。他既是孔子的学生，又是孔子的朋友，与孔子的关系极为亲密。颜渊是孔子最为得意的门生，孔子对颜渊非常赏识，甚至有些偏爱，他经常称赞颜渊刻苦自励和好学深思的精神，认为颜渊的学识和道德在他的学生中是无人能比的。然而孔子对颜渊也有批评，他曾说："回也非助我者也，于吾言无所不说。"[①] 颜渊是个书呆子，他"终日不违如愚"，从不提出和老师不同的观点。颜渊的社会活动能力和宣传鼓动能力都很差，又不幸短命夭折，在继承和发扬孔子学说方面没有什么大的贡献。子贡则不然。子贡与孔子之间的亲密感情和友谊并不亚于子路与孔子的关系，而子贡对孔子思想和学说的理解却远胜于子路。子贡在学识方面自认为比颜渊略逊一筹。当孔子问子贡"女与回也孰愈"时，子贡谦称："赐也何敢望回？回也闻一以知十，赐也闻一以知二。"[②] 孔子对子贡的回答虽然表示赞同，但这里明显包含着孔子激励子贡奋进的意味。事实上子贡具备许多颜渊所不具备的优点和长处，正是这些优点和长处才使子贡日后能为传播和弘扬孔子的思想学说而大展宏图。

众所周知，《论语》一书是由孔子的后学整理编纂而成的语录体著作，主要记载的是孔子及其弟子们的言论。全书共 512 章[③]，其中与子路相关的有 40 章，与子贡相关的有 35 章，与颜渊相关的有 20 章。涉及其他弟子的，子张有 18 章，子夏有 17 章，曾参有 15 章，冉求有 12 章，子游有 8 章，涉及其余弟子的，都在 5 章以下。《论语》中涉及某弟子次数的多少，一方面能够反映该弟子在孔门的地位和影响，一方面也能够反映该弟子与孔子间私人关系的深浅。孔子主张"有教无类"，他与学生之间的关系总体看非常融洽，但弟子们在天资、才能、性格等方面千差万别，与老师孔子的关系有远有近，或亲或疏，这也是客观存在的事实。因为子路跟

---

① 《论语·先进》。

② 《论语·公冶长》。

③ 《论语》篇章的分合，不同的版本、不同的注家互有出入。这里采用的是当代学者杨伯峻《论语译注》的说法。

随老师孔子的时间最长，作为保镖，与孔子接触的机会也最多，故《论语》中涉及子路的章节最多是不足为怪的。况且在这40章中，有很多是孔子对子路的批评和告戒，有时甚至是严厉的斥责。除子路之外，《论语》中涉及子贡的内容是最多的。不仅《论语》如此，在《庄子》《孟子》《荀子》《列子》《韩非子》《吕氏春秋》《淮南子》《说苑》《新序》《韩诗外传》《论衡》等战国秦汉典籍中，涉及子贡的材料也远远超过孔门其他弟子。《论语》书中与子贡相关的各章，多数都是孔子与子贡之间的问答或对某些问题的探讨。孔子把子贡当作自己的知心朋友，有什么心事常与子贡交谈。有一次子贡对孔子说："有美玉于斯，韫匵而藏诸？求善贾而沽诸？"孔子回答说："沽之哉！沽之哉！我待沽者也。"[①] 其实这是子贡在劝说、鼓动孔子仕进。他用美玉做比喻，问孔子是把美玉放在匣子里深藏不露，还是找一个识货者把它卖出去？孔子自然心领神会，马上回答说：卖掉它！卖掉它！ 我正在等待识货者哩！子贡虽然与孔子关系密切，但作为学生，不便直接向老师谈这样敏感的话题。子贡发挥他能说会道的专长，又擅长经商，故用匣中美玉做比喻，以含蓄而又委婉的方式提出问题，孔子则会心地向他表露心迹。这样的谈话只有在彼此十分了解的知心朋友之间才能进行。

以上这些都表明子贡在孔门的特殊地位以及子贡与孔子的特殊关系。《孟子·藤文公上》说：

昔者孔子没，三年之外，门人治任将归，入揖于子贡，相向而哭，皆失声，然后归。子贡反，筑室于场，独居三年，然后归。

---

① 《论语·子罕》。

《史记·孔子世家》亦云：

孔子既葬鲁城北泗上，弟子皆服三年。三年心丧毕，相诀而去，则哭，各复尽哀；或复留。唯子贡庐于冢上，凡六年，然后去。

可见，子贡与孔子的关系决非一般的师生关系，子贡对孔子的感情极为深厚，远非其他弟子所能比。孔子晚年，与他关系亲密的子路、颜渊都先后死去，在孔门弟子中，子贡是大家公认的领袖，他自然会认识到自己在弘扬孔学方面的重大责任。

子贡天资聪颖，识见过人，他的学问在孔门弟子中也是出类拔萃的。子贡经常与孔子讨论一些尖端的问题。《论语·学而》篇有这样的记载：

子贡曰："贫而无谄，富而无骄，何如？"子曰："可也；未若贫而乐，富而好礼者也。"子贡曰："《诗》云'如切如磋，如琢如磨'，其斯之谓与？"子曰："赐也，始可与言《诗》已矣，告诸往而知来者。"

《史记·孔子世家》说"孔子晚而喜《易》……读《易》，韦编三绝。"孔子晚年把《周易》看作最高深的学问，他的学生中很少有人真正懂得《周易》。而在汉墓帛书《易传·要》篇，详细地记述孔子与子贡讨论《周易》的问题。《要》篇说：

夫子老而好《易》，居则在席，行则在囊。子贡曰："夫子他日教此弟子曰：'德行亡者，神灵之趋；知谋远者，卜筮之蘩。'赐以此为然矣。以此言取之，赐缗行之为也。夫子何以老而好之乎？

接着孔子便回答了子贡的问题，并就自己对《周易》的认识过程以及《周易》的卜筮与易道等问题同子贡进行深入讨论。孔子喜《易》是晚年之事，这表明直到孔子晚年，子贡仍然经常与他讨论学术问题。可见，子贡绝不是一个只知赚钱的普通商人，也绝不是一个醉心于爵禄的一般政客。他始终关心学术，尤其关心老师孔子的思想学说。他对许多问题有自己的独到见解。他曾说过："纣之不善，不如是之甚也。是以君子恶居下流，天下之恶皆归焉。"①这表明他不轻信史书的记载，对世俗之见也不随波逐流，因此深得孔子赏识。

子贡出身于商人，有经商的杰出才能。孔子说："赐不受命，而货殖焉，亿则屡中。"②太史公司马迁也说：

子赣既学于仲尼，退而仕于卫，废著鬻财于曹、鲁之间，七十子之徒，赐最为饶益……子贡结驷连骑，束帛之币以聘享诸侯，所至，国君无不分庭与之抗礼。③

子贡因经商而至富，"家累千金"④，这为他传播和弘扬孔子的思想学说准备了雄厚的经济实力。如果没有充足的财力作基础，子贡即使再有热情、再有才华和能力，怕也力不从心。子贡凭借他卓越的外交和军事才能，享誉诸侯，各国之君"无不分庭与之抗礼"，可

---

① 《论语·子张》。

② 《论语·先进》。

③ 《史记·货殖列传》。

④ 《史记·仲尼弟子列传》。

谓呼风唤雨，在当时是一位有“国际影响”的重要人物。“故子贡一出，存鲁，乱齐，破吴，强晋而霸越。子贡一使，使势相破，十年之中，五国各有变。”[1]古人有云：人微言轻。一个人所做的宣传鼓动是否有分量，与他的地位和影响有直接关系。一种思想和学说的传播，也往往需要凭借外部的许多客观条件。孔子自己曾经说过：

> 自季孙之赐我千钟，而友益亲，自南宫敬叔之乘我车也，而道加行。故道有时而后重；有势而后行。微夫二子之赐，则丘之道几于废也。[2]

孔子这里所说的“季孙”即当时鲁国大夫季孙斯，谥曰桓，世称季桓子。季氏家臣阳虎专季氏之政，并执掌鲁国大权。阳虎逃到晋国后，季孙斯想借助于时任鲁国司寇的孔子之力铲除那些飞扬跋扈的家臣，因而以千钟粮食馈赠孔子。孔子没有推辞就高兴地收下了，并把这些粮食分给了那些比较贫困的学生。南宫敬叔，即鲁国孟僖子之子、孟懿子之兄南宫阅[3]。南宫敬叔和孟懿子都是孔子的学生，他曾陪同孔子去王城洛邑拜访学识渊博的周王朝守藏史老子。南宫敬叔奏请鲁君，鲁君特派遣一车、二马、一童、一御，在南宫敬叔的陪同下乘车西去洛邑，孔子引以为荣。孔子认为这两件事对于抬高自己的地位、扩大自己学说的影响很有帮助。孔子去世之后，子贡在各国的影响和他所拥有的财力都远远超过了季桓子和南宫敬叔。尤其重要的是，子贡具备季桓子和南宫敬叔所没有的才能以及对老师孔子的忠诚与景仰。以上这些条件，是孔门弟子中其他

---

① 《史记·仲尼弟子列传》。

② 《说苑·杂言》。《孔子家语·致思》篇记载略同。

③ 或称南宫说，说、阅二字古音同。

任何人都不可能具备的。这就是说，传播和弘扬孔学的重任历史地落到了子贡的身上。

二

孔子虽然是儒家鼻祖、一代宗师，但孔子生前的社会地位并不高。除孔门弟子外，社会上真正了解孔子的价值、孔子的思想和学说的人并不多。孔子为了推行自己的政治主张，带领一群弟子周游列国，“干七十余君无所遇”[①]，他所到之处，经常受到统治者的冷遇或奚落，他栖栖遑遑，“累累若丧家之狗”[②]，《列子·杨朱》篇曾这样描写孔子的不幸遭遇：

孔子明帝王之道，应时君之聘，伐树于宋，削迹于卫，穷于商、周，围于陈、蔡，受屈于季氏，见辱于阳虎，戚戚然以至于死，此天民之遑遽者也。

可见孔子当年处境之狼狈。这与后来子贡“结驷连骑，束帛之币以聘享诸侯，所至，国君无不分庭与之抗礼”的气派形成了鲜明的对照。正因为如此，当时社会上的许多人，上自国君、卿大夫，下至普通百姓，往往对孔子存在误解，甚至有人对孔子进行恶意攻击和诽谤。每遇这种情况，子贡总是挺身而出，或耐心地消除他人的误解，或义正词严地驳斥他人的攻击和诽谤。有一次，鲁国大夫叔孙武叔在朝上与其他大夫议论：“子贡贤于仲尼。”意思是说：子贡的才能超过了孔子。鲁国的另一位大夫子服景伯把这话告诉了子

① 《史记·儒林列传》。

② 《史记·孔子世家》。

贡。子贡并未因为有人说自己的才能超过老师而沾沾自喜。他严肃地对子服景伯说：

譬之宫墙，赐之墙也及肩，窥见室家之好。夫子之墙数仞，不得其门而入，不见宗庙之美、百官之富。得其门者或寡矣。夫子之云，不亦宜乎！①

子贡的这一比喻非常巧妙，他一方面摆正了老师和自己的位置，一方面又道出了引起他人误解的真正原因；既显示了自己的谦逊，又突出了老师学问的高深和人格的伟大。这样的误解不止一例。陈子禽也曾这样问过子贡："子为恭也，仲尼岂贤于子乎？"子贡则诚恳地回答说：

君子一言以为知，一言以为不知，言不可不慎也。夫子之不可及也，犹天之不可阶而升也。夫子之得邦家者，所谓立之斯立，道之斯行，绥之斯来，动之斯和。其生也荣，起死也哀，如之何其可及也？②

子贡这样地回答陈子禽，既婉地批评和驳斥了陈子禽的错误说法，又以巧妙的譬喻突出了孔子才能的高不可攀，同时也充分地表达了自己内心对老师孔子的由衷景仰。

由于孔子主张"有教无类"，很多出身贫苦的人都来求教于孔子，孔门弟子中，有的出身于农夫，有的出身于工匠，有的出身于商贾，有的出身于驵侩，有的出身于强盗，还有的曾是逃亡罪

① 《论语·子张》。

② 同注①。

犯。但孔子对他们不嫌弃，不歧视，而是耐心地开导、教育他们，有很多有前科劣迹的人经过孔子的教育而成为社会名流。《吕氏春秋·尊师》篇说：

子张，鲁之鄙家也；颜涿聚，梁父之大盗也；学于孔子……由此为天下名士显人，以终其寿，王公大人从而礼之。

《荀子·大略》篇说：

子赣、季路，故鄙人也，被文学，服礼义，为天下列士。

这是战国后期人们对孔子办学方针的评价。在孔子生活的春秋末期，由于“学在官府”的旧制度尚未完全破除，只有贵族才能受教育的观念还是根深蒂固的，因而当时人们对孔子兼收并蓄、“有教无类”的做法很不理解，社会上议论纷纷，甚至说孔门是藏污纳垢之处。《说苑·杂言》篇写道：

东郭子惠问于子贡曰：“夫子之门，何其杂也？”子贡曰：“夫隐括之旁多枉木，良医之门多疾人，砥砺之旁多顽钝。夫子修道以俟天下，来者不止，是以杂也。”①

子贡以形象、生动的譬喻回击了东郭子惠带有挑衅性的提问，让提问者无言以对。这充分地显示了子贡的机敏和技巧。还有一次鲁国的大夫叔孙武叔放肆地诋毁孔子。子贡知道后气愤地说：

① 此事又见载于《荀子·法行》篇和《尚书大传·略说》篇，文字略有差异。

无以为也！仲尼不可毁也。他人之贤者，丘陵也，犹可逾也；仲尼，日月也，无得而逾焉。人虽欲自绝，其何伤于日月乎？多见其不知量也。[①]

子贡对孔子的人格、境界、思想和学说都有深刻而独到的见解。他把捍卫孔子的形象、传播和弘扬孔子的思想学说当作自己的终身事业。无论是孔子生前还是孔子死后，他都为此而坚定不移地努力奋斗。

《韩诗外传》有这样一段记载：

齐景公谓子贡曰："先生何师？"对曰："鲁仲尼。"曰："仲尼贤乎？"曰："圣人也，岂直贤哉！"景公嘻然而笑曰："其圣何如？"子贡曰："不知也。"景公勃然作色曰："始言圣人，今言不知，何也？"子贡曰："臣终身戴天，不知天之高也；终身践地，不知地之厚也。若臣之事仲尼，譬犹渴操壶杓，就江海而饮之，满腹而去，又安之江海之深乎！"景公曰："先生之誉，得无太甚乎？"子贡曰："臣赐何敢甚言？尚虑不及耳！臣誉仲尼，譬犹两手捧土而附泰山，其无益亦明矣。使臣不誉仲尼，譬犹两手杷泰山，无损亦明矣。"景公曰："善！岂其然？善！岂其然？"[②]

其实齐景公对孔子的才能早就有所耳闻，他早年曾去鲁国访问，当时孔子尚年轻，但因学识渊博并兴办私学而声名鹊起。齐景公听说孔子有才干，曾放下身段向年轻的孔子问政。司马迁在《史记》中有这样的记载：

---

① 《论语·子张》。

② 《说苑·善说》篇亦载此事，文字略简。

鲁昭公之二十年，而孔子盖年三十矣。齐景公与晏婴来适鲁，景公问孔子曰："昔秦穆公国小处辟，其霸何也？"对曰："秦，国虽小，其志大；处虽辟，行中正。身举五羖，爵之大夫，起累绁之中，与语三日，授之以政。以此取之，虽王可也，其霸小矣。"景公说。①

五年后，孔子三十五岁，因鲁国内乱逃到齐国，做了齐国大夫高昭子的家臣，并通过高昭子拜见齐景公。齐景公再次问政于孔子。《史记·孔子世家》对此事记载如下：

景公问政孔子，孔子曰："君君，臣臣，父父，子子。"景公曰："善哉！信如君不君，臣不臣，父不父，子不子，虽有粟，吾岂得而食诸！"他日又复问政于孔子，孔子曰："政在节财。"景公说，将欲以尼溪田封孔子。晏婴进曰："夫儒者滑稽而不可轨法；倨傲自顺，不可以为下；崇丧遂哀，破产厚葬，不可以为俗；游说乞贷，不可以为国。自大贤之息，周室既衰。礼乐缺有间。今孔子盛容饰，繁登降之礼，趋详之节，累世不能殚其学，当年不能究其礼。君欲用之以移齐俗，非所以先细民也。"

由于齐相晏婴的谏阻，齐景公打消了以尼溪之田封孔子的念头。后来孔子在仕鲁期间，齐鲁两国的国君在两国交界的夹谷举行一次会盟，史称"夹谷之会"。孔子作为鲁定公的主要随从与齐国进行谈判，对手正是齐景公。由于孔子在会盟中大义凛然，据理力争，迫使齐国不得不作出让步，可知齐景公对孔子并不陌生，并亲

---

① 《史记·孔子世家》。

自领教过孔子的厉害。此时齐景公向子贡询问孔子的才能如何，是明知故问，显然是想试探子贡如何评价自己的老师。子贡如何回答，也就不是简单的两国君臣问答，而成了齐鲁两国间的外交辞令。子贡对齐景公的回答，真诚地表达了他的内心感受，维护了孔子的尊严，也充分地显示了子贡的外交才干。不难想象，如果子贡没有对恩师孔子的深厚感情和由衷敬意，仅凭他的“利口巧辞”，决不可能讲出这样的话。

孔子去世之后，孔门弟子各立门户，儒家内部先后出现了许多不同的学派。战国后期著名的法家学派代表人物韩非说：

自孔子之死也，有子张之儒，有子思之儒，有颜氏之儒，有孟氏之儒，有漆雕氏之儒，有仲良氏之儒，有孙氏之儒，有乐正氏之儒。①

关于孔子死后儒家分为“八派”之说只是韩非的一家之言，这种说法虽有一定根据，其实并不确切。如孔子的弟子子夏所创立的西河学派是孔子死后儒家的一个重要学派，而韩非对此却只字不提。子贡在孔子死后忙于政事和商务，他没有另立门户，广招门徒，也没有公开亮出自己的学派旗号，只是在晚年才培养了少数几位弟子。可是子贡对孔学所做的贡献要比韩非所说的“儒家八派”中任何一派都要大。这是因为子贡在传播和弘扬孔子的思想学说方面发挥了任何人都无法取代的重要作用。子贡作为杰出的商人、外交家、社会活动家，在当时的社会上有巨大的影响力。他“家累千金”，为天下巨富，然而他并不追求个人享乐。他走南闯北，奔波

① 《韩非子·显学》。

于诸侯之间，所到之处，不遗余力地捍卫孔子的思想和形象，弘扬孔子的学说，为后世的儒商树立了光辉的榜样。

太史公司马迁说过：

夫使孔子名布扬于天下者，子贡先后之也。此所谓得势而益彰者乎？[①]

司马迁认为：无论是孔子生前还是孔子死后，子贡都一如既往地宣传和捍卫孔子的思想和学说，由于子贡的特殊地位和巨大影响，发挥了其他任何人都无法取代的重大作用。这是极有见地、极为正确的评价。清代著名学者和辨伪学家崔述也曾说过：

子贡之推尊孔子，至矣！则孔子之道所以昌明于世者，大率由于子贡，其功不可没也。

又说：

子贡当孔子世，已显名于诸侯。仕宦之日既多，讲学之日必少，是以不为后学所宗耳……羽翼圣道于当世者，颜、闵、子贡、由、求之力，而子贡为尤著。[②]

崔述这样说是有充分根据的，也是恰如其分的。可见，子贡在中国文化史和中国儒学史上的地位是应当大书而特书的。

---

① 《史记·货殖列传》。

② 崔述：《洙泗考信余录》卷之一，见顾颉刚编订的《崔东壁遗书》，上海古籍出版社1983年版，第378—379页。

本文是作者2004年参加在马来西亚首都吉隆坡举行的儒学国际学术研讨会的学术论文，原载马来西亚孔学会编印的《孔学论文集》(一)，2004年9月吉隆坡出版。后曾编入其著《先秦诸子蠡测》一书，科学出版社2018年9月出版。

附录二

子夏与孔学

吕文郁

子夏是孔子最得意、最赏识的弟子之一。他虽为孔门之“后进”，即孔子晚年招收的门徒，但他勤奋好学，对儒家经典、孔子的思想和学说有深刻领悟，是能够经常与孔子探讨高深学问的少数几个弟子之一，因而常得孔子之赞扬，成为孔门“四科十哲”中以“文学”见长的杰出代表。孔子死后，他教授于西河，广招门徒，创立了闻名于世的“西河学派”，培养了大批有用的人才，为继承和弘扬孔子学说作出了重大的贡献。

吾师金景芳先生是研究孔子的专家。先生历来主张应把孔学与儒学做严格的区分。先生所说的孔学是指由孔子创立，由七十子之徒及其弟子和孟轲、荀况等人继承和发展的先秦原始儒学。金景芳先生是孔学家而不是儒学家。后世兴起的儒学则主要是指汉儒创立的经学和宋儒创立的理学，以及现代新儒家所标榜的现代新儒学。子夏等人所弘扬的当然是孔学而不是儒学。

《史记·孔子世家》说：

孔子以《诗》《书》《礼》《乐》教，弟子盖三千焉，身通六艺者七十有二人。如颜浊邹之徒，颇受业者甚众。

而《史记·仲尼弟子列传》则说："受业身通六艺者，七十有七人，皆异能之士也。"[①]可见孔门确实是精英荟萃。后世学者往往取其整数，统称孔门的这些高才生为"七十子"，或"七十子之徒"。在孔门的这些精英中，有好多都为继承和发扬孔学作出过重要的贡献。其中为弘扬孔学贡献最为突出的有两位，一位是子贡，另一位就是子夏。

众所周知，《论语》一书是由孔子的后学整理编纂而成的语录体著作，主要记载的是孔子及其弟子们的言论。《汉书·艺文志》说：

《论语》者，孔子应答弟子、时人及弟子相与言而接闻于夫子之语也。当时弟子各有所记。夫子既卒，门人相与辑而论纂，故谓之《论语》。

在《论语》一书中，子路（季路、仲由）的名字出现86次，子贡（赐）的名字出现61次日，颜渊（颜回）的名字出现33次，子夏（卜商）的名字出现27次。其次子张、曾参、冉求等人名字出现的频率也比较高，但都低于子夏等人。《论语》书中名字出现频率的高低，一方面能够反映该弟子在孔门的地位和影响，一方面也能够反映该弟子与孔子私人关系的远近和深浅。孔子主张"有教无类"，他与学生之间的关系总体看非常融洽，但弟子们在天资、

① 今本《史记·仲尼弟子列传》脱"六艺"二字。《孔子家语》亦云作"七十七人"。

才能、性格等方面千差万别，与老师孔子的关系有远有近，或亲或疏，这也是客观存在的事实。因为子路是孔门“先进”中的老大哥，是最早进入孔门的弟子之一，跟随老师孔子的时间最长，兼做孔子的私人保镖，平时与孔子接触的机会最多，在子路入仕之前，无论孔子走到哪里，子路常常与老师孔子形影不离。故《论语》中经常提到子路，这是不足为怪的。由于子路性格直率、鲁莽，说话口无遮拦，《论语》中有很多是孔子对子路的批评或告诫，有时甚至是严厉的斥责。在这些批评和斥责中也常常能够看出孔子对子路胸怀坦荡和闻过则喜性格的赞赏。颜渊是孔子最得意的门生，孔子经常夸奖或赞扬他，《论语》中频频提到颜渊也很正常。然而颜渊虽然很优秀，但孔子认为“回也非助我者也，于吾言无所不说”。[1]加之颜回短命，先于孔子而早逝，对弘扬孔学没有作出什么重要贡献。除子路和颜回之外，《论语》中涉及最多的孔子弟子就是子贡和子夏了。不仅《论语》如此，在《庄子》《孟子》《荀子》《列子》《韩非子》《吕氏春秋》《淮南子》《说苑》《新序》《韩诗外传》《论衡》等战国秦汉典籍中，涉及子贡和子夏的材料也远远超过孔门其他弟子，这表明子贡和子夏在孔门中的特殊地位。

子贡出身于商人，长于经商，家累千金，是孔门中的首富。又擅长辞令，是杰出的外交家。孔子在“四科”中把子贡列于“言语”科。司马迁曾评论说：

故子贡一出，存鲁，乱齐，破吴，强晋而霸越。子贡一使，使势相破，十年之中，五国各有变。[2]

① 《论语·先进》。

② 《史记·仲尼弟子列传》。

子贡具备多方面的才能，远不止于利口巧辞，善于雄辩。子贡在当时是孔门中最具影响力和知名度的大人物，他的知名度在一些诸侯国里甚至超过他的老师孔子。故有些地方流行“子贡贤于孔子”的说法。“子贡结驷连骑，束帛之币以聘享诸侯，所至，国君无不分庭与之抗礼。”[①]这与孔子当年周游列国时备受冷落，“累累若丧家之狗”[②]的狼狈不堪形成鲜明的对照。子贡凭借他的这些才能和优势，到处传播孔子思想学说。每逢遇到有人误解或怀疑孔子及其学说，他都循循善诱，耐心解说；有人故意贬低或诋毁孔子形象，子贡则挺身而出，据理驳斥。子贡凭借他的机敏和口才、渊博的学识和巨大的影响力，时时处处捍卫孔子的思想和学说，提高了孔子及其学说在各国的声望。正如司马迁所说：“夫使孔子名布扬于天下者，子贡先后之也。”[③]清人崔述也说：“子贡之推崇孔子至矣，则孔子之道所以昌明于世者，大率由于子贡。”[④]孔子的学说在战国时能够成为“世之显学”，子贡厥功甚伟。[⑤]

子夏对孔学的贡献，有别于他的师兄子贡。孔子死后，子贡主要忙于政务和商务，未能留下自己的著作，[⑥]他也无暇顾及教育和培养弟子，只是在晚年才培养了子服景伯等少数几位门徒。子夏在孔门弟子中以“文学”著称，孔子所说的“文学”指的是文采和学术。子夏凭借自己的“文学”优长，对孔学的弘扬和贡献主要体

---

① 《史记·货殖列传》。

② 《史记·孔子世家》。

③ 同注①。

④ 崔述：《洙泗考信余录》。

⑤ 详见吕文郁文《子贡与孔学》，原载于《孔学论文集》(一)，马来西亚孔学会编辑出版，2002年9月，吉隆坡；后收进吕文郁著论文集《先秦诸子蠡测》一书，科学出版社2018年9月版。

⑥ 《隋书·经籍志》认为《越绝书》是子贡所作，非是。

现在两个方面：其一是孔子死后他教授于西河，并创立了“西河学派”，为孔学的发展和传播培养了大批的人才，他在这方面的贡献是孔门弟子中无人企及的。其二是在儒家经典注释和传播方面发挥了他人无法取代的重要作用。

先看典籍中有关子夏兴办教育、培养人才的记载。《史记·仲尼弟子列传》说：

孔子既没，子夏居西河教授，为魏文侯师。

《史记·儒林列传》说：

自孔子卒后，七十子之徒散游诸侯，大者为师傅卿相，小者友教士大夫，……子张居陈，澹台子羽居楚，子夏居西河，子贡终于齐。如田子方，段干木、吴起、禽滑釐之属，皆受业于子夏之伦，为王者师。

《后汉书·徐防传》说：

子夏居西河，教弟子三百人。

关于魏文侯师事子夏一事，典籍中多有记载。《史记·太史公自序》说：“文侯慕义，子夏师之。”《史记正义》说：

文侯都安邑。孔子卒后，子夏教于西河之上，文侯师事之，咨问国政焉。

《史记·魏世家》也说：

文侯受子夏经艺，客段干木，过其闾，未尝不轼也。

《魏世家》又说：

魏成子以食禄千钟，什九在外，什一在内，是以东得卜子夏、田子方、段干木。此三人者，君皆师之。[①]

需知，田子方、段干木、吴起、禽滑釐之属都是响当当的风云人物，他们在战国初年或为著名的学者，或为杰出的政治家、思想家、改革家，他们都是子夏等人的弟子，也就是孔子的再传弟子。毫无疑问，子夏和他开创的"西河学派"适应战国初年政治发展的需要，并深受三晋文化的影响，具有明显的法家思想倾向，因而子夏的弟子和再传弟子如吴起、李悝等成为战国前期变法运动的重要推动者。从春秋末年的孔子到战国初年的子夏弟子、再传弟子，近百年间风云变幻，恰好是以知识分子为核心的士阶层迅猛崛起的时期[②]。时代的潮流竟然把那些原本默默无闻的书生推到了历史发展的最前沿，甚至被尊为王者之师，这种荣耀是当年的孔子和他的"先进"弟子们连做梦都难以想象的。由孔子创立的原始儒学正是依靠子夏和他开创的"西河学派"从春秋末年高歌猛进地跨入了战国时代，逐渐成为那个时代的显学。

对儒家经典的整理和研究是子夏对孔学继承、发展的最主要

① 《韩诗外传》卷三记载略同。

② 见吕文郁著《春秋战国时期的士》，《史学集刊》1984年第3期，后编入论文集《先秦诸子蠡测》，科学出版社2018年9月版。

的贡献。孔子作为一个伟大的教育家、思想家和文献学家，他晚年最重要的事业就是整理古代文化典籍，其中最重要的就是六经。孔子当时对六经的整理主要包括三个方面的工作：一是重新校刊。因为古代的这些经典的传播主要靠抄写，而在纸张产生之前这些典籍主要是抄写在竹简或木牍之上，也有少数抄写在丝织的帛上。传抄过程中难免出现错误，竹简和木牍阅读或存放时间长了，因韦编断烂，难免会产生错简等现象，因而必须对这些典籍进行校刊。二是重新编订目录。以竹简和木牍为载体的古代典籍都是分卷存放的，使用时间长了各卷或篇章的次序也会发生错乱，严重的甚至会导致无法阅读，因而调整次序、重新编订目录就必不可少了。三是进行必要的训释和解说。古代典籍往往都古奥、艰深，甚至诘屈聱牙，没有注释或解说，一般的读者很难读懂。因而训诂、解说就成为古代典籍整理最艰巨的任务。这项工作绝非任何人都能做的，只有学问高深、对这些古代典籍有深刻理解的人才能胜任。由此可见，整理六经这项繁重、艰巨的任务不可能全部由孔子一人来承担。孔门弟子中那些深通六艺的高才生都要参与这项艰巨的工作。子夏既然在孔门中以“文学”著称，因而就成为协助孔子整理和研究六经的主要助手。太史公司马迁在《史记》一书中对孔子整理和研究六经之事多有记载。司马迁说：

孔子之时，周室微而《礼》《乐》废，《诗》《书》缺。追迹三代之礼，序《书传》，上纪唐虞之际，下至秦缪，编次其事。[①]

这是有关孔子整理和编次《尚书》的记载。又说：

① 《史记·孔子世家》。

夫周室衰而《关雎》作，幽厉微而《礼》《乐》坏，诸侯恣行，政由强国。故孔子闵王路废而邪道兴，于是论次《诗》《书》，修起《礼》《乐》。适齐闻《韶》，三月不知肉味。自卫返鲁，然后《乐》正，《雅》《颂》各得其所。……故因史记作《春秋》，以当王法，以辞微而指博，后世学者多录焉。[①]

这是有关孔子整理《诗》《书》《礼》《乐》和写作《春秋》的记载。司马迁还说：

孔子晚而喜《易》，序《彖》《系》《象》《说卦》《文言》。读《易》，韦编三绝。曰："假我数年，若是，我于《易》则彬彬矣。"[②]

这是有关孔子整理、研究《周易》，并为《周易》作《传》的记载。

吾师金景芳先生是研究《周易》的名家，先生历来主张《易大传》即所谓"十翼"是孔子所作，并为此做过详细的论证。但先生主张"十翼"为孔子所作，是指"十翼"的基本思想属于孔子，并非认为"十翼"字字句句都像《春秋》一样出于孔子亲笔。

孔子在整理和注释六经及其他典籍时，因工程浩大，非一人之力所能完成，子夏既然以"文学"著称，当然要参与其事，子夏是孔子整理六经时的主要助手之一。孔子曾多次为弟子们讲授《周易》，"十翼"应是"子夏之徒"依据孔子的讲授记录整理而成的。据刘向《别录》记载，汉初曾有《子夏易传》一书流传，此书很可

---

① 《史记·儒林列传》。

② 《史记·孔子世家》。

能是子夏解《易》之作。但至刘向时《子夏易传》已经亡佚，故《汉书·艺文志》中未载《子夏易传》。近年出土的地下简帛文献所载商瞿、子夏、子张诸人皆经常与孔子研讨《周易》。子夏、子张皆为孔门"后进"当无疑义。商瞿少孔子二十九岁，又为孔子易学嫡传，据帛书《要》篇记载："夫子老而好《易》，居则在席，行则在囊。"商瞿、子贡、子夏等是孔门中与孔子论《易》最多的弟子。清人朱彝尊说：

盖自六经删述之后，《诗》《易》俱传自子夏，夫子又称其可与言《诗》，《仪礼》则有《丧服传》一篇，又尝与魏文侯言《乐》。郑康成谓《论语》为仲弓、子夏所撰。特《春秋》之作不赞一辞，夫子则曰《春秋》属商。其后公羊、穀梁二子皆子夏之门人。盖文章可得而闻者，子夏无不传之。文章传，性与天道亦传，是则子夏之功大矣。[①]

子夏传《易》，隋、唐人言之最明，且评价极高。《隋书·经籍志》云：

昔宓羲氏始画八卦，以通神明之德，以类万物之情，盖因而重之，为六十四卦。及乎三代，实为三《易》：夏曰《连山》，殷曰《归藏》，周文王作卦辞，谓之《周易》。周公又作爻辞。孔子为《彖》《象》《系辞》《文言》《序卦》《说卦》《杂卦》，而子夏为之传。

把子夏与宓羲、文王、周公、孔子这"易学四圣"并列，其赞

① 朱彝尊：《经义考》。

誉可谓不可复加。可惜的是，《子夏易传》早已亡佚，魏晋至隋唐时陆续出现几种不同版本的《子夏易传》，据学者研究，均属后人伪托。

除此之外，子夏曾为《诗》作《大序》，为《仪礼·丧服》作传，世称《丧服子夏传》，又汉初四家《诗》中的《毛诗》出自子夏亲传。《后汉书·徐防传》说："臣闻《诗》《书》《礼》《乐》，定自孔子；发明章句，始于子夏。"这是对子夏整理和传播六经最为简明扼要的总结和概括。司马迁在《史记·孔子世家》中说过：

孔子在位听讼，文辞有可与人共者，弗独有也。至于为《春秋》，笔则笔，削则削，子夏之徒不能赞一辞。

从上面的引述中我们不难发现，司马迁论述孔子和他的弟子们整理六经，时而称"论次"，时而称"修起"，时而称"作"，时而称"序"，时而又称"笔""削"，表明孔子和弟子们整理六经的任务是何等的艰难，何等的细致！

子夏在孔子生前就协助孔子整理六经，他凭借自己的才学成为孔子整理六经的主要助手。孔子去世后，子夏继续孔子未竟的事业。子夏的一些弟子和"西河学派"也为整理和传播儒家经典作出了重大的贡献。宋人洪迈说：

孔子弟子唯子夏于诸经独有书。虽传记杂言未可尽信，然要为与他人不同矣！于《易》则有《传》，于《诗》则有《序》。而《毛诗》之学，一云子夏授高行子，四传而至小毛公，一云子夏传曾申，五传而至大毛公。于《礼》则有《仪礼·丧服》一篇，马融、王肃诸儒多为之训说。于《春秋》，所云"不能赞一辞"，盖亦尝从事于斯矣。公羊高实受之于子夏，穀梁赤者，《风俗通》亦云子夏门人。于《论语》，郑康成以为仲弓、子夏等所撰定也。①

在先秦原始儒学的阵营中，对儒家经典的传播也有两位最杰出的人物，一位是孔子的及门弟子子夏，另一位就是原始儒学的殿军荀况。子夏把儒家经典由春秋末年传播到战国时代，为战国时期儒学的繁荣准备了充足的精神武器。而荀况则把儒家经典由战国末年传播到秦汉以后，为儒家经典的流传和汉代经学的繁荣作出了不可磨灭的贡献。清人汪中说：

盖自七十子之徒既殁，汉诸儒未兴，中更战国、暴秦之乱，六艺之传赖以不绝者，荀卿也。周公作之，孔子述之，荀卿传之，其揆一也。

又说：

盖荀卿于诸经无不通，而古籍阙亡，其授受不可尽知矣。②

民国时期国学大师刘师培也说：

子夏、荀卿者，集六经学术之大成者也。③

---

① 《容斋随笔·续笔》卷十四“子夏经学”条，上海古籍出版社 1978 年版，第 390 页。

② 汪中：《述学·荀卿子通论》。

③ 刘师培《经学教科书》第六课，见《刘申叔遗书》，江苏古籍出版社 1997 年版，第 2076 页。

汪中和刘师培的对于子夏、荀况为弘扬孔学和传播儒家经典作出的贡献给予了公正和恰当的评价。

本文是作者 2017 年 4 月参加在山西太原举办的全国首届子夏学术研讨会发表的会议论文。应《名作欣赏》编辑部之约，发表于该刊 2017 年第 3 期。前不久收入其著《先秦诸子蠡测》一书。

附录三

荀况与孔学

吕文郁

孟轲和荀况都是战国中后期儒家学派最重要的代表人物，他们都为宣传、捍卫和发展孔子创立的儒家学说作出过重大贡献。司马迁说：

天下并争于战国，儒术既绌焉，然齐鲁之间，学者独不废也。于威、宣之际，孟子、荀卿之列，咸遵夫子之业而润色之，以学显于当世。[①]

司马迁所说的“威、宣之际”，即指战国中后期的田齐威王和田齐宣王在位的时代，也即齐国的“稷下学宫”最为鼎盛的时期。孟轲所传承的主要是孔子所创立的原始儒学之道统，而荀况所传承的主要是先秦原始儒家之典籍，即后世经常提到的“六经”或“五

① 《史记·儒林列传序》。

经”。孟轲和荀况在中国思想史、文化史和学术史上都占有举足轻重的地位，儒学在战国时代能够成为“世之显学”[①]，孟轲、荀况功不可没。本文主要剖析的是荀况对原始儒学的发展和创新。

一

荀子在儒家经典的传承方面有重大贡献。西汉著名文献学家刘向在《荀子序录》中说：

> 方齐宣王、威王之时，聚天下贤士于稷下尊宠之……是时孙卿有秀才，年十五（依卢文弨说改正）始来游学，诸子之事皆以为非先王之法也。孙卿善为《诗》《礼》《易》《春秋》。至齐襄王时，孙卿最为老师。齐尚修列大夫之缺，而孙卿三为祭酒焉。

刘向为楚元王刘交之孙[②]，而楚元王刘交乃荀卿之再传弟子，故刘向的《荀子序录》所述必有根据。

首先看荀子与《诗》。清人汪中在《荀卿子通论》中曾历数荀子与《诗》学传授的关系：

> 《经典叙录·毛诗》：徐整云：……子夏传曾申，申传魏人李克，克传鲁人孟仲子，孟仲子传根牟子，根牟子传赵人孙卿子，孙卿子传鲁人大毛公。由此言之，《毛诗》，荀卿子之传也。《汉书·楚元王交传》：少时尝与鲁穆生、白生、申公同受《诗》于浮邱伯。伯者，孙卿门人也。《盐铁论》云：包邱子与李斯俱事荀卿。

---

① 《韩非子·显学》。

② 刘交为汉高祖刘邦之幼弟，刘邦即位后封刘交为楚元王，见《汉书·楚元王传》。

刘向《叙录》云：浮邱伯受业为名儒。《汉书·儒林传》：申公，鲁人也，少与楚元王交俱事齐人浮邱伯，受《诗》。……由是言之，《鲁诗》，荀卿子之传也。《韩诗》之存者，《外传》而已，其引荀卿子以说《诗》者四十有四。由是言之：《韩诗》，荀卿子之别子也。

可见，汉初的四家诗中，除《齐诗》以外，《毛诗》《鲁诗》《韩诗》三家之传授都与荀子有密切关系。

其次看荀子与《周易》。李学勤先生说：

荀子的《易》学来自传《易》的犴臂子弓。子弓是孔门再传，荀子所不及见，但荀子在稷下时，已以善为《易》而著称。《荀子》中的《易》说有三种表现方式：一种是征引《周易》经文，与孔子相似，如《非相》篇。一种是引用《易传》，如《大略》篇引《象传》《说卦》《序卦》。还有一种是发挥《易传》的思想，如《天论》篇本于《系辞》。汉初陆贾之学，得自荀子弟子浮邱伯。汉高祖十一年，即公元前196年，他著《新语》十二篇奏上，书中《道基》篇许多内容袭用《系辞》和《天论》，《明诫》篇也是如此，也证明《天论》篇确与《系辞》有因袭的关系。《道基》篇还记孔子定《易》之事。此外，浮邱伯的弟子穆生曾引《系辞》，见《汉书·楚元王传》。[①]

这表明《周易》经传的传播与荀子有关。

再次看荀子与《春秋》三传的关系。先看荀子与《左传》。《经典释文·叙录》云：

① 李学勤：《孔子与〈周易〉》，见《缀古集》，上海古籍出版社1998年版，第15页。

左丘明作《传》以授曾申，申传卫人吴起，起传其子期，期传楚人铎椒，椒传赵人虞卿，卿传同郡荀卿名况，况传武威张苍，苍传洛阳贾谊，谊传其孙嘉，嘉传赵人贯公，贯公传其少子长卿，长卿传京兆尹张敞及侍御史张禹。禹数为御史大夫萧望之言《左氏》，望之善之，荐禹，征待诏。未及问，会病死。禹传尹更始，更始传其子咸及翟方进、胡常。常授黎阳贾护，护授苍梧陈钦。①

《汉书·儒林传》亦云：

汉兴，北平侯张苍及梁太傅贾谊、京兆尹张敞、太中大夫刘公子皆修《春秋左氏传》。谊为《左氏传》训故，授赵人贯公，为河间献王博士，子长卿为荡阴令，授清河张禹长子……授尹更始，更始传子咸及翟方进、胡常。常授黎阳贾护季君，哀帝时待诏为郎，授苍梧陈钦子佚，以《左氏》授王莽，至将军。而刘歆从尹咸及翟方进受。由是言《左氏》者本之贾护、刘歆。

张苍为荀卿弟子，贾谊为荀卿再传弟子。据以上两书记载，可知《左传》在西汉流传有序，都与荀子密不可分。

再看荀子与《穀梁传》的关系。胡元仪《荀卿别传》云：

穀梁俶亦为经（按：指《春秋》）作传，传荀卿，卿传浮丘伯，伯传申公，申公传瑕丘江公，世为博士。

---

① 钱穆：《先秦诸子系年考辨·虞卿著书考》认为，“荀卿为前辈硕学，而虞卿乃后进游士，何从有虞卿著书以授荀卿哉？”但又说：“虞卿年寿既不详，此则亦姑备一说，非可据以推《左氏》之传统也。”见该书中华书局1985年版，第449—451页。

《汉书·儒林传》云：

瑕丘江公受《穀梁春秋》及《诗》于鲁申公，传子至孙为博士。武帝时，江公与董仲舒并。

鲁申公为浮丘伯的弟子，荀卿之再传弟子。可见，《穀梁春秋》之传承也与荀子有关。

荀子又善于治礼。“隆礼”是荀子学说中的基本要点。《汉书·儒林传》云：

孟喜字长卿，东海兰陵人也。父号孟卿，善为《礼》、《春秋》，授后苍、疏广。世所传《后氏礼》《疏氏春秋》，皆出孟卿。

兰陵是荀子去齐奔楚之后终老之地，荀子曾在这里任兰陵令，他的学说和学风在兰陵有着广泛的影响。刘向《叙录》云：“兰陵多善为学，盖以荀卿也。”胡元仪亦云：“至汉时，兰陵人多善为学，皆荀卿之门人也，汉人称之为兰陵人，喜字为卿，法荀卿也。教泽所受，盖亦远矣。”可知孟喜当为荀学之传人。朱熹对《礼记·乐记》与荀子的关系也有论述。他说：“《乐记》文章颇粹，怕不是汉儒做，自与《史记》、《荀子》是一套，怕只是荀子作。”[①] 清人谢墉也明确指出二戴礼与荀子有密切关系。他说：

小戴所传《三年问》全出《礼论》篇，《乐记》《乡饮酒义》所引俱出《乐论》篇，《聘义》子贡问贵玉贱珉亦与《法行》篇大同；

---

① 《朱子语类》卷八十四。中华书局 1994 年版，第 2187 页。

大戴所传《礼三本》篇亦出《礼论》篇，《劝学》篇即《荀子》首篇，而以《宥坐》篇末见大水一则附之，《哀公问五义》出《哀公》篇之首，则《荀子》语在二戴记者甚多。[①]

由此可见，汉代礼学传承确与荀子密不可分。

荀子作为战国后期的伟大学者、教育家和思想家，在传授儒家经典方面功勋卓著。清儒汪中说：

盖自七十子之徒既殁，汉诸儒未兴，中更战国暴秦之乱，六艺之传赖以不绝者，荀卿也。周公作之，孔子述之，荀卿传之，其揆一也。[②]

汉初的《周易》《鲁诗》《韩诗》《毛诗》、二戴《礼记》《左氏春秋》《穀梁传》等重要典籍的传授，均与荀子关系密切。梁启超说：

孔门之学，后衍为孟子、荀卿两派，荀传小康，孟传大同。汉代经师，不问为今文家古文家，皆出荀卿。二千年间，宗派屡变，壹皆盘旋于荀学肘下。[③]

梁启超是站在排荀的立场上说这番话的。但他指出汉代无论今文经学还是古文经学皆出自荀卿，是完全正确的。总体上看，汉代

---

① 谢墉：《荀子笺释·序》。

② 汪中：《荀卿子通论》。

③ 梁启超：《清代学术概论》二十五。见《梁启超论清学史二种》，复旦大学出版社1985年版，第68页。

的孟子和荀子地位并列，不分轩轾。荀子在汉代的政治地位虽不及孟子，但学术地位却高于孟子。孟子的影响主要在官方，而荀子的影响则主要在民间。陆贾、贾谊、董仲舒、司马迁、刘向、班固、王充等人及许多经师都深受荀子的影响。如刘向在《孙卿新书叙录》中就曾说过："如人君能用孙卿，庶几乎王。"《孟子》在汉文帝时曾一度列于学官，设博士传授[①]。而《荀子》却备受冷落，仅在民间默默流传。在长达千余年的时间里，《荀子》一书无人整理、更无人为之作注，荀学的这种命运直到中唐才有所改变。

二

唐朝中后期，荀学曾一度大放异彩。开一代风气之先的当推以儒家道统继承人自任的韩愈。韩愈说：

> 昔者孟轲好辩，孔道以明，辙环天下，卒老于行。荀卿守正，大论是弘；吐辞为经，举足为法，绝类离伦，优入圣域。[②]

韩愈对荀卿的评价相当高，认为荀卿已经达到了超凡入圣的境界，可以与孟轲比肩。由于韩愈是唐宋古文运动的主帅，著名的散文大师，当时的文坛领袖，他对荀子的评价有广泛影响。因此，中唐时期荀学的复兴韩愈是有推动之功的。中唐另一位对弘扬荀学作出重要贡献的是著名思想家、文学家、当时古文运动的副帅柳宗

① 此事《汉书》等书均不见记载。经学史家周予同曾对赵岐之说提出质疑。详参周予同《群经概论·孟子》，见《周予同经学史论着选集》，上海人民出版社1983年版，第289—290页。

② 韩愈：《进学解》，《韩昌黎文集校注》，古典文学出版社1957年版，第7页。

元。他从荀子学说中吸取了大量思想营养，在《天说》《天爵论》《天对》《时令论》《贞符》等一系列著作中，继承并发展了荀子的天人相分学说和无神论观点，可谓弘扬荀学的中流砥柱。中唐著名诗人刘禹锡是柳宗元的朋友，他在贞观九年与柳宗元同登进士第，后又同登博学鸿辞科。在政治上也与柳宗元是同道，共同参与了“二王八司马”的革新。他因柳宗元著《天说》而另著《天论》上、中、下三篇。他在许多具体问题的看法上与柳宗元颇多分歧，但在“天人相分”这一根本问题上与柳宗元一样，赞同荀子的观点，并提出了“天与人交相胜”的著名论点。他说：“天有形之大者也；人，动物之尤者也。天之能，人固不能也；人之能，天亦有所不能也。故余曰：天与人交相胜耳。”[①] 可谓对荀学的继承和发展。其他著名学者如李华、吕温、李筌、牛僧孺、杜牧等都对弘扬荀学作出了贡献[②]。杨倞更是勇为天下先，他的政治地位并不高，不过是个“大理评事”，在当时的学术界也没有多大影响，但他却是有史以来第一个为《荀子》作注的学者。他认为荀子“有功于时政”，并为“荀氏之书千载而未光焉”的现实大鸣不平，于是发愤为之作注。杨倞说：

观其立言指事，根极理要，敷陈往古，掎挈当世。拨乱兴理，易于反掌。真名世之士，王者之师。又其书亦所以羽翼六经，增光孔氏，非徒诸子之言也……所以胶固王道，至深至备。虽春秋之四夷交侵，战国之三纲弛绝，斯道竟不坠矣！[③]

① 刘禹锡：《天论上》，《刘禹锡集》卷五，上海人民出版社 1975 年版，第 53 页。
② 参见马积高：《荀学源流》，上海古籍出版社 2000 年版，第 230—233 页。
③ 杨倞：《荀子注序》。

杨倞可谓荀学之功臣。他的《荀子注》虽然还有不少疏漏之处，但经过他的整理注释，毕竟使《荀子》便于研读了，这无疑扩大了荀学的影响。杨倞在《荀子注》中多处引用韩愈之说，可见他注《荀子》与韩愈倡导荀学有关。

值得注意的是，韩愈虽然给荀子以很高的评价，但他对比孟荀，又认为荀子“大醇而小疵”，不如孟子醇而又醇。他说：

> 始吾读孟轲书，然后知孔子之道尊，圣人之道易行，王易王，霸易霸也。以为孔子之徒没，尊圣人者，孟氏而已。晚得扬雄书，益尊信孟氏，因雄书而孟氏益尊，则雄者亦圣人之徒欤？……及得荀氏书，于是又知有荀氏者也。考其辞，时若不粹，要其归与孔子异者鲜矣。抑犹在轲、雄之间乎……孟氏，醇乎醇者也。荀与扬，大醇而小疵。[①]

杨倞的《荀子注》完成于唐宪宗元和十三年（公元818年），而韩愈死于唐穆宗长庆四年（公元824年），即杨书写成后第六年韩愈便去世了。杨书完成后未必很快在社会上流传，因而韩愈生前读到杨书的可能性很小。学者多认为韩愈的《读荀子》作于三十八岁以前，当时韩愈读到的应是未经杨倞整理、注释的《荀子》。杨倞在《荀子注序》中特别指出：《荀子》一书因“编简烂脱，传写讹误”，致使“未知者谓异端不览，览者以脱误不终”，因而韩愈对《荀子》得出“大醇而小疵”，“考其辞，时若不粹”的结论，并不奇怪。但韩愈同时指出：“要其归与孔子异者鲜矣。”“大醇而小疵”的评价事实上等于为《荀子》定了性。这一评价对中唐以后的扬孟

① 韩愈：《读荀子》，见《韩昌黎文集校注》，古典文学出版社1957年版，第21页。

抑荀之风也曾产生很大的负面影响。韩愈的两个弟子皇甫湜和李翱则进一步扩大了韩愈的这种负面影响。皇甫湜作《孟子荀子言性论》，进一步发挥其师“性三品”说，其言曰：

孟子之心，以人性皆如尧舜，未至者斯勉矣；荀卿之言，以人性皆如桀跖，则不及者斯怠矣！《书》曰：“唯人最灵。”《记》曰：“人生而静，感于物而动。”则轲之言合经为多益，故为尤乎！①

可见皇甫湜扬孟抑荀之倾向已更加明显。李翱作《复性书》，开宗明义：

人之所以为圣人者，性也；人之所以惑其性者，情也。喜怒哀惧爱恶欲七者，皆情所为也。情既昏，性斯匿矣。非性之过也。七者循环而交来，故性不能统也。水之浑也，其流不清；火之烟也，其光不明；非水火清明之过。沙不浑，流斯清矣；烟不郁，光斯明矣。情不作，性斯统矣。②

李翱继承其师韩愈之说，认为人有性有情，性是善的，而情是恶的。人之性有如水和火，水本来是清的，火本来是明的，水因为泥沙才浑，火因为有烟才不明。排除泥沙水自清，使烟不郁而火自明。因此，只要人自觉地抵制乃至消除其情，便可成为圣人。李翱提倡“复性”，其立论之基础仍是孟子的性善论，而其矛头所指实际上就是荀子的性恶论。这在客观上为宋明时代的抑荀开了先河。

① 皇甫湜：《孟子荀子言性论》，见宋人姚铉编《唐文粹》第三十五卷。

② 李翱：《复性书》上篇，见宋人姚铉编《唐文粹》第四十四卷。

三

宋元明时代是中国历史上荀学发展的底谷。荀子及其学说在这一时期遭受了前所未有围攻和批判。特别值得注意的是，在围剿荀子及其学说的大军中，不仅有以程朱陆王为代表的几乎全部的理学家，还有以王安石为代表的一大批激进的政治家和思想家，这是很耐人寻味的。

北宋著名文学家苏轼，在政治上偏于保守。他既不在理学家之列，也不属于激进的政治家和思想家。但他的批荀言论却很有代表性。苏轼说：

昔者常怪李斯事荀卿，既而焚灭其书，大变古先圣王之法，于其师之道，不啻若寇仇。及今读荀卿之书，然后知李斯之所以事秦者皆出于荀卿，而不足怪也。

荀卿者，喜为异说而不让，敢为高论而不顾者也。其言愚人之所惊，小人之所喜也。子思、孟轲，世之所谓贤人君子也。荀卿独曰："乱天下者，子思、孟轲也。"天下之人，如此其众也；仁人义士，如此其多也，荀卿独曰："人性恶。桀、纣，性也；尧、舜，伪也，"由是观之，意其为人必也刚愎不逊，而自许太过。彼李斯者，又特甚者耳……焚烧夫子之六经，烹灭三代之诸侯，破坏周公之井田，此其发必有所恃者矣。彼见其师历诋天下之贤人，以自是其愚，以为古先圣王皆无足法者。不知荀卿特以快一时之论，而荀卿亦不知其祸之至于此也。[1]

① 苏轼：《荀卿论》，见《苏轼文集》（一），中华书局1986年版，第100页。

苏轼对荀卿的指责，主要可归结为三点：一是把李斯的所作所为，完全归罪于荀卿，二是荀卿曾批评过子思和孟轲等“天下之贤人”，三是荀卿主张人性恶。苏轼的指责多为不实之辞，也失之公充。如所谓“烹灭三代之诸侯，破坏周公之井田”云云，便是如此。三代之诸侯，固非李斯所烹灭，即或是李斯所烹灭，是其功也，而非其罪也。至于井田之制，早在李斯之前就已荡然无存。这种制度的破坏，乃历史发展之必然，更与李斯毫不相干。所谓“喜为异说而不让，敢为高论而不顾者也。其言愚人之所惊，小人之所喜也”，很明显是在含沙射影地攻击其政敌王安石。

王安石与苏轼政见虽不相同，但对荀学的态度却非常接近。他说：“甚哉，荀卿之好妄也！”他指责“荀卿生于乱世，不能考论先王之法，著之天下，而惑于乱世之俗”，“后世之士，尊荀卿以为大儒而继孟子者，吾不之信矣！”[①] 王安石在人性善恶问题上既不同于孟子，也不同于荀子。他说：“孟子言人之性善，荀子言人之性恶。夫太极生五行，而太极不可以利害言也。性生乎情，有情然后善恶形焉，而性不可以善恶言也。此吾所以异于二子。”[②] 他在天人关系上则主张天人合一，反对荀子的天人相分说。他还认为荀子“不知礼”。他在《礼论》中说：

呜呼！荀卿之不知礼也！其言曰：“圣人化性而起伪”，吾是以知其不知礼也。知礼者贵乎知礼之意，而荀卿盛称其法度节奏之美，至于言化，则以为伪也，亦乌知礼之意哉！故礼始于天而

① 王安石：《周公》，见《王文公文集》卷二十六，上海人民出版社 1974 年版，第 302 页。

② 王安石：《原性》，见《王文公文集》卷二十七，上海人民出版社 1974 年版，第 316 页。

成于人，知天而不知人则野，知人而不知天则伪。圣人恶其野而疾其伪，是以礼兴焉。今荀卿以谓圣人之化性起伪，则是不知天之过也。[①]

这可以看作王安石最激烈的批荀言论。

宋明时代的理学家们基本上都是“天人合一”论者，他们对主张“天人相分”的荀子持排斥态度，这不难理解。最令理学家们不能容忍的是荀子的“性恶”论。很多理学家们甚至把人性与“天理”相联系，主张“存天理，灭人欲”。这更与“性恶”论者荀子水火不兼容。在《孟子》升格为经书之后，《荀子》则进一步成为理学家们的众矢之的，长时间被打入冷宫，荀子其人最终被逐出孔庙，荀学遭遇了有史以来最冷酷的寒流。

理学家们虽然都排荀，但他们对待荀子及其学说的态度并不完全一致，有的宽容，有的苛刻；有的平和，有的激烈。有的严守韩愈设定的“大醇小疵”之藩篱，有的则对韩愈评价持完全否定的态度。前者可以程颢为代表。程颢说：

韩愈亦近世豪杰之士。如《原道》中言语虽有病，然自孟子而后，能将许大见识寻求者，才见此人。至如断曰：“孟氏醇乎醇”，又曰“荀与杨择焉而不精，语焉而不详”，若不是佗见得，岂千余年后便能断得如此分明也！[②]

① 王安石：《礼论》，见《王文公文集》卷二十九，上海人民出版社 1974 年版，第 337 页。

② 《端伯传师说》，见《二程遗书》卷一，上海古籍出版社《天地人丛书》2000 年版，第 55 页。

程颢完全赞同韩愈对荀子的评价。其弟程颐则不以为然。程颐可以看作另一类排荀理学家的代表。他说：

韩子称孟子甚善，非见得孟子意，亦道不到；其论荀、扬则非也。荀子极偏驳，只一句“性恶”，大本已失。[①]

程颐还说：

荀卿才高，其过多；扬雄才短，其过少。韩子称其大醇，非也。若二子，可谓大驳矣。然韩子责人甚恕。[②]

可见，程颐根本就不同意韩愈对荀子“大醇小疵”的评价，在这一问题上他与其兄程颢的观点也大相径庭。朱熹的态度比程颐还要激烈。他说：

韩退之谓荀、扬“大醇而小疵”。伊川曰：“韩子责人甚恕。”自今观之，他不是责人恕，乃是看人不破。[③]

程颐认为韩愈评论荀、扬“大醇而小疵”是对人过于宽宏，而朱熹则认为韩愈对荀、扬的评价失误不是因为过于宽宏，而是因为对荀、扬没有看透。这是对韩愈观点的彻底否定。

自朱熹以下，宋明理学家们的排荀、批荀言论林林总总，不胜枚举。在此期间，也有一些学者，包括部分理学家在内，对荀子学

---

① 《朱子语类》，卷一百三十七，中华书局 1994 年版，第 3254 页。

② 程颢、程颐：《二程遗书》卷一。

③ 同注①。

说中某些他们认为有价值的东西予以肯定，并不想把荀子“一棍子打死”。但从总体上看，他们排荀、批荀的态度基本一致。特别是在“天人相分”和“人性恶”等重要问题的态度上更是如此。这种状况直到明代中后期才略有改变。王廷相、李贽等人已经为荀学的复兴带来一线曙光。

四

清代是中国荀学复兴的时代。荀学在清代的复兴与考据学的发展有关。考据学又称汉学或朴学，是作为宋学的对立物而出现的。清代的考据学家们重视训诂考证，提倡无征不信，反对空谈义理，这是对宋明理学家们治学理路的根本否定。宋明理学是荀学的“天敌”，清代考据学的发展无疑为荀学的复兴带来了生机。

清代考据学家以求真务实的态度重新审视荀子及其学说，他们极力推翻理学家们的种种偏见，坚决排除历代批荀者对荀子的误解和非难，务求恢复荀学的本来面目和应有地位。

在清代荀学复兴运动中特别值得一提的重要人物是汪中。汪中字容甫，江都人。他出身贫苦，有奇才。不仅学识渊博，精于考据，还擅长骈文。著有《江都汪氏丛书》，其中以《述学》最为有名。他的《荀卿子通论》和《荀子年表》都在《述学》一书中。汪中可谓清代复兴荀学的旗手。他的《荀卿子通论》第一次以无可辩驳的事实证明了荀子对弘扬原始儒学，特别是传播儒家经典的重大贡献，这就为荀子地位的确立奠定了最稳固的基础。汪中此论在学界产生极大影响，为推动清代荀学的复兴发挥了重要作用。所以梁启超说：

乾隆间汪容甫著《荀卿子通论》《荀子年表》，于是《荀子》书复活，渐成为清代的显学。[1]

由于荀学呈现出空前繁荣的局面，乾嘉以降，研究和注释《荀子》的著作纷纷涌现。如卢文弨、谢墉各著《荀子笺释》，顾广圻著《荀子校》《荀子异同》，刘台拱著《荀子补注》，陈奂著《荀子异同》，郝懿行著《荀子补注》，陈昌奇著《荀子正误》，王念孙著《荀子杂志》，俞樾著《荀子平议》，王先谦著《荀子集解》，等等。这些著作无疑是清代荀学复兴的重要成果和标识。一些学者通过整理、注释《荀子》，为荀学大作翻案文章。如郝懿行在其《荀子补注》书末附有《与王引之伯申侍郎论荀卿书》，对韩愈的荀子"大醇小疵"论提出批评，认为荀子不是"大醇小疵"，而是"醇而又醇"，从而把一千年前韩愈为荀学定的调子全盘推翻。此外，还有一些学者，如戴震、凌廷堪、焦循、张惠言，等等，他们没有满足于对《荀子》一书的整理、校刊和注释，也没有停留在对荀学一般问题研究探讨上，而是把研究的重点放在了对荀子思想精髓的深入阐发方面，并取得了令人瞩目的研究成果，这就进一步把荀学的研究引向深入。

清代一些著名学者对荀学表现出异乎寻常的热情。汪中给自己的儿子取名"喜孙"，亦名"喜荀"。足见他对荀学情有独钟。晚清著名学者李慈铭把自己的书斋署名为"荀学斋"，以示他对荀学的热衷。另一位晚清著名学者、经学大师孙诒让有笔名曰"荀漾"。顾颉刚先生解释说：

① 梁启超：《中国近三百年学术史》第十四章，中华书局1936年版，第228页。

《太炎集》中署名“荀漾”者，即孙诒让也。以荀子亦名孙子，诒让二字反切为漾，仲容与太炎来往书札皆用此姓名。[①]

在晚清的学术界，曾出现过一股短暂的排荀思潮。梁启超在《清代学术概论》一书中称这一思潮为“排荀运动”。这种思潮的起因，与晚清今文学派的崛起及“戊戌变法”运动的酝酿有一定联系。当时排荀的主要代表人物就是大名鼎鼎的梁启超、谭嗣同，还有夏曾佑和宋恕等[②]。他们对荀子及其学说发动了一场凌厉的攻势，因而颇引人注目。但这种攻势不久便因“戊戌变法”的失败而销声匿迹。梁启超后来曾这样追忆当年发动排荀的动机：

清儒所做的汉学自命为“荀学”，我们要把当时垄断学界的汉学打倒，便用“擒贼擒王”的手段去打倒他们的老祖宗——荀子。倒底打倒没有呢？且不管。[③]

其实彼时想打倒荀子谈何容易！复兴后的荀学毕竟已根深蒂固，更何况当时的尊荀阵营与排荀阵营相比更加壮观：俞樾、李慈铭、孙诒让、王先谦、叶德辉、章太炎等等，都是尊荀阵营的主将，他们皆非等闲之辈！总之，晚清的排荀思潮并没有动摇荀学的根基。

---

① 顾颉刚：《孙诒让之着作环境》，见《顾颉刚书话》，浙江人民出版社 1998 年版，第 243 页。

② 朱维铮：《晚清汉学：“排荀”与“尊荀”》，见王元化主编的《学术集林》卷四。

③ 梁启超：《亡友夏惠卿先生》，见夏晓虹编《梁启超文选》上，中国广电出版社 1992 年版，第 374 页。

此文是作者参加在马来西亚首都吉隆坡举办的首届国际儒学研讨会提交的会议论文，论文原来题目为《荀子及其学说的历史命运》，见马来西亚儒学会编印的《孔学论文集》第三卷，后编入其著《先秦诸子蠡测》一书，科学出版社2018年9月出版。